U0204271

地球黏性流体力学

孙荀英　编著

北京大学出版社
PEKING UNIVERSITY PRESS

图书在版编目(CIP)数据

地球黏性流体力学/孙荀英编著. —北京:北京大学出版社,2013.3
ISBN 978-7-301-21881-5

Ⅰ.①地… Ⅱ.①孙… Ⅲ.①黏性流体-流体力学-应用-地球科学-高等学校-教材
Ⅳ.①O357 ②P

中国版本图书馆 CIP 数据核字(2013)第 002467 号

书　　　名：地球黏性流体力学
著作责任者：孙荀英　编著
责 任 编 辑：王剑飞　尹照原
标 准 书 号：ISBN 978-7-301-21881-5/P・0084
出 版 发 行：北京大学出版社
地　　　址：北京市海淀区成府路 205 号　100871
网　　　址：http://www.pup.cn
新 浪 微 博：@北京大学出版社
电 子 信 箱：zpup@pup.cn
电　　　话：邮购部 62752015　发行部 62750672　编辑部 62765014
　　　　　　出版部 62754962
印　刷　者：北京大学印刷厂
经　销　者：新华书店
　　　　　　787mm×1092mm　16 开本　18 印张　383 千字
　　　　　　2013 年 3 月第 1 版　2013 年 3 月第 1 次印刷
定　　　价：48.00 元

内 容 简 介

地球黏性流体力学主要介绍黏性流体力学的理论及其在地球科学研究中的应用. 全书共有 9 章，第 1～5 章分别介绍黏性流体力学的基本概念、黏性流体运动的基本方程、牛顿黏性流体运动的基本微分方程及黏性流体力学问题的建立、黏性流体运动的一般性质及其相似性原理. 第 6～9 章介绍运用黏性流体力学的理论与方法求解地球科学中的问题.

本书的特点是介绍黏性流体力学理论时尽量做到：概念清晰准确，公式推导详尽. 将该理论应用于地球科学问题时，从一维到三维、四维问题，方法包括解析法、球谐分析法、有限元方法，工具从普通计算机到并行计算机，力求介绍得清楚明了，解法多样，结果明确.

本书可供地球学科的研究人员和大专院校的教师、大学生、研究生阅读，还可供地震地质工作人员参考使用.

前　言

地球作为八大行星之一，是一颗比较靠近太阳的行星. 八大行星虽然运行轨道与太阳赤道平面很接近，但它们各自的体积、质量不同，绕太阳公转以及自转的角速度亦不同. 在地球形成的初期，其温度不超过 1000℃，所以全部处于固态；后来，由于长寿命放射性物质的衰变以及引力位能的释放，内部慢慢增温，以致原始地球所含的铁元素转化成液态，且由于密度大而流向地心，形成地核。释放的位能可使地球的温度升高约 2000℃，这就促进了化学分异过程，由地幔中分异出地壳，产生各种岩石，岩石又经大气和水的作用形成沉积岩，又由于受到地下排出的气体和液体的作用，以及温度、压力的影响，产生变质岩. 这些岩石继续受到上述作用，经过多次轮回的熔化与固结，在一些地方形成了一个个大陆的核心，并在以后增长为大陆. 同样海洋也是地球内部增温和分异的结果.

真实地球材料无论是地壳还是地幔以及地心都是非常黏的物体，虽然它们的变形很缓慢，但它们都随着时间的推移而变化，因而要考虑变形与时间的关系，即考虑变形速率. 另外，不仅要考虑应力、应变率随空间的变化，还要研究压力、温度随时间的变化. 因此黏性流体力学对于研究地球介质的运动和变形都是十分合适的.

黏性流体力学研究流体质点或流团的变形速率、应变率、应力、压力、温度各自与空间、时间的关系，所以可以用来研究地球的地表、地幔和地核在漫长的地质年代里的运动演化问题. Jefferys 早在 1917 年就首先将地球材料的变形考虑为非弹性过程，他用黏性流体力学的概念、方法把地球当做黏性流体进行研究.

黏性流体力学可分为牛顿黏性流体力学与非牛顿黏性流体力学两种. 在牛顿黏性流体力学中，应力与应变率成线性关系；在非牛顿黏性流体力学中，应力和应变率不成线性关系. 非牛顿黏性流体力学又有如下类型：

1. 时间无关流：在给定点处的应变率只取决于应力，与时间无关. 应变率与应力的关系可以是线性的，也可以是非线性的.

2. 时间相关流：应变率是应力及应变持续时间的函数. 其中，又可分为触变流和 Rheopetic 流.

3. 黏弹性流：这种流动是在应力去除后，部分弹性变形可以恢复的流动，其中，又可分为线性黏弹性流和非线性黏弹性流两种.

4. 黏塑性流：它是具有屈服应力的一种流体，在应力没有达到屈服应力时，物体只有弹性变形，达到屈服应力后，物体产生不可恢复的流动.

目前在地球科学中已经有不少研究工作将地球介质当做黏性流体对待，在本书的第 1 到第 5 章中详细介绍了黏性流体力学的基本概念，包括黏性流体的基本性质和假定，场论符号简介；介绍了分析流体运动的两种方法，引进了应变率张量、涡矢量以及应力分析；详细介绍了在各种坐标系下（不仅在笛卡儿坐标系下，而且在圆柱坐标系下，更在圆球坐标系下）黏性流体运动的基本方程，这些方程包括连续性方程、动量方程、能量迁移方程、热传导方程及状态方程；介绍了牛顿黏性流体运动的基本微分方程及黏性流体力学问题的建立；推出了黏性流体运动都是有旋的而且是有耗散的；详细介绍了黏性流体运动的相似性原理及相似性判据，为将黏性流体运动的非线性微分方程的线性化创造了条件.

从第 6 章开始陆续介绍运用黏性流体力学的理论与方法，求解地球科学中的问题. 先以较少篇幅介绍一维问题（如岩浆在岩筒中的流动问题）的求解；接着用较多篇幅介绍二维问题的求解；因为球谐分析方法是地球科学家们经常用到的方法，本书在第 8 章中对其进行了介绍，不仅介绍了理论，并介绍了用球谐分析方法研究球壳内流体流动的算例。

在本书的最后一章，详细介绍了用黏性流体有限元方法求解地球科学问题的算例. 这些算例都是我和我的学生们做的. 不同的算例要编写不同的程序、采用不同的算法，得到计算结果后还要对地球科学问题进行解释. 这一章不但对有限元的不同算法做了介绍，并且对不同的算例如何进行计算也做了详细介绍. 希望对读者今后的工作会有启发.

黏性流体力学不仅可用于研究地球介质的运动与演化问题，还可用于研究其他天体的运动与演化问题，因此其发展与应用前景是很大的.

孙荀英

2008 年 9 月 15 日于北大燕北园

目　录

第1章 黏性流体力学的基本概念

§1.1 黏性流体的基本性质和假定

流体(包括液体和气体)与固体相比在性质上有许多不同,因此首先要认识流体的基本性质,以下是根据这些性质作出的一些假定,这将有助于我们对流体基本性质的了解.

一、流体的连续性性质

1. 密度是连续的,即从宏观上看流体介质连续地充满它所占据的空间.
2. 位移速度是连续的.
3. 变形速度是连续的.

二、流体的易流动性

1. 不论多么小的剪应力作用在流体上,都会使流体产生流动.
2. 外力不去除,流动就不止.
3. 流体变形无限制,但对变形速度有限制.而固体则不然,在剪应力作用下只有微小的变形,变形到一定程度后虽有外力亦不再变形.

三、流体的可压缩性

1. 流体只可承受压力,不能承受拉力.
2. 在同一压力作用下不同的流体体积改变的情况不一样,即可压缩性不同.
3. 不可压缩流体假定:当压力变化很大时体积不变化的流体叫做不可压缩流体.压缩性较小的流体可以当做不可压缩流体处理.不可压缩流体假定是相对的:当流体作低速流动时可以把此流体看做不可压缩的;但当该流体快速流动时却可以把它当做可压缩流体对待,比如固体炸药在爆炸时,甚至岩石在爆炸时都可以作为可压缩流体对待.

四、液体的黏性

黏性是反映流体与流体之间、流体与器壁之间摩擦力大小的物理量,前者为内摩擦,后者为外摩擦,两者均为湿摩擦.无黏性流体称为理想流体.

1. 黏性与运动状态有关:静止的流体只有静水压力(正压力),无黏性力.只有流动着的流体才有黏性力.

2. 湿摩擦与干摩擦的区别:湿摩擦是反映流体与流体之间或流体与固体之间摩擦的

物理量，它依赖于相对速度的大小，截面上总的湿摩擦力与截面积成正比．干摩擦是固体与固体接触时在接触面上产生的摩擦力．

3．黏性是与正压力有关的量．

4．黏性是与温度有关的量，温度愈高黏度愈小．一般来说，随着从地表向地心距离的加大，地球介质的黏性会有所变化：地壳岩石层的黏度最大，上地幔的黏度稍小些，下地幔黏度更小些，地心的黏度最小．

5．由于无法直接获得地球深部的物质，因而无法准确测定地球深部介质间的摩擦力准确值；同样由于无法到达地球深部，也无法测定深部的温度值．在研究地球动力学的时候只能根据地震波与温度、压力的关系，推测地球深部的温度、压力值．在对地学问题的处理中，要根据不同问题作不同的处理．在局部地壳中，可以根据问题研究的范围把岩石层看做连续的或分块连续的，如研究不带断裂的小构造时可以把研究范围内的岩石层当做完整的岩石层，进而当做密度连续的流体对待，又如在考虑有较大的断层时把局部地壳中的岩石层作为有间断的流体分块处理．有些简单的构造问题可以用解析的方法进行求解，多数问题没有解析解，只能用数值方法进行求解．

在对全球地壳进行研究时，不能不考虑各个洋中脊、海沟及大的断裂带，因此就要把地壳岩石层考虑为分块连续的，即把每个板块考虑为连续的，而把洋中脊、海沟、大的断裂带作为间断面．此外，压力、温度和黏度也都要随深度而变化．

§1.2　场论符号简介

一、标量、矢量(向量)、张量

1．标量．

一个完全由实数值确定的物理量，或在更普遍的情况下由一个具有实数值的、空间点的函数值所确定的物理量，称为标量．若标量与坐标系的选择无关，则称为绝对标量．

2．矢量(向量)．

既具有大小又具有方向的量定义为矢量(向量)．矢量的特点有：

(1) 可以用粗体字 $\boldsymbol{a},\boldsymbol{b},\boldsymbol{c},\cdots$ 来表示不同的矢量(向量)．

(2) 矢量(向量)沿着坐标轴的分量是标量，例如 $\boldsymbol{a}$ 在直角坐标系下可以表示为

$$\boldsymbol{a} = a_x\boldsymbol{i} + a_y\boldsymbol{j} + a_z\boldsymbol{k}, \tag{1.2.1}$$

标量 a_x, a_y, a_z 就是矢量 $\boldsymbol{a}$ 在坐标轴上的投影，$\boldsymbol{i},\boldsymbol{j},\boldsymbol{k}$ 分别是坐标轴上的单位矢量(向量)．

(3) 矢量(向量)的大小可用矢量(向量)的模表示．

$$|\boldsymbol{a}| = a = \sqrt{a_x^2 + a_y^2 + a_z^2}. \tag{1.2.2}$$

3．张量．

(1) 一切张量都是由标量组所确定，这些标量称为张量的分量，相比之下标量只有一个

分量.

(2) 张量分量的基本性质用它们从一个坐标系到另一个坐标系的变换规律来表示，这个规律对一切张量都是一样的，而与它们的物理性质无关. 张量分量是非绝对的、可变的标量.

(3) 张量的阶等于变换公式右边各项相对于坐标量的变换系数，又等于其分量的指标之数目. 因此，绝对标量是零阶张量，矢量是一阶张量，在三维空间中 r 阶张量的分量总和等于 N，

$$N = 3^r. \tag{1.2.3}$$

(4) 过一点有无穷多个截面，每个截面上的应力都可以按三个坐标轴方向来分解；所有截面上的应力都可以用三个坐标平面上的应力来描述，而每个坐标平面上的应力又可以按坐标轴的方向分解.

因此所有应力的集合就是张量 $\hat{\boldsymbol{\sigma}}$. 同样应变率也是张量 $\hat{\dot{\boldsymbol{\varepsilon}}}$. 在均匀各向同性物体中，应力张量在直角坐标系下的写法：

$$\hat{\boldsymbol{\sigma}} = \begin{bmatrix} \sigma_{xx} & \sigma_{xy} & \sigma_{xz} \\ \sigma_{yx} & \sigma_{yy} & \sigma_{yz} \\ \sigma_{zx} & \sigma_{zy} & \sigma_{zz} \end{bmatrix}. \tag{1.2.4}$$

还可以写成下面的形式：

$$\hat{\boldsymbol{\sigma}} = \boldsymbol{p}_x \boldsymbol{i} + \boldsymbol{p}_y \boldsymbol{j} + \boldsymbol{p}_z \boldsymbol{k}, \tag{1.2.5}$$

其中

$$\boldsymbol{p}_x = \sigma_{xx} \boldsymbol{i} + \tau_{xy} \boldsymbol{j} + \tau_{xz} \boldsymbol{k},$$
$$\boldsymbol{p}_y = \tau_{yx} \boldsymbol{i} + \sigma_{yy} \boldsymbol{j} + \tau_{yz} \boldsymbol{k},$$
$$\boldsymbol{p}_z = \tau_{zx} \boldsymbol{i} + \tau_{yz} \boldsymbol{j} + \sigma_{zz} \boldsymbol{k}.$$

在直角坐标系下应变率张量的写法：

$$\hat{\dot{\boldsymbol{\varepsilon}}} = \begin{bmatrix} \dot{\varepsilon}_{xx} & \dot{\varepsilon}_{xy} & \dot{\varepsilon}_{xz} \\ \dot{\varepsilon}_{yx} & \dot{\varepsilon}_{yy} & \dot{\varepsilon}_{yz} \\ \dot{\varepsilon}_{zx} & \dot{\varepsilon}_{zy} & \dot{\varepsilon}_{zz} \end{bmatrix}. \tag{1.2.6}$$

还可以写成下面的形式：

$$\hat{\dot{\boldsymbol{\varepsilon}}} = \boldsymbol{q}_x \boldsymbol{i} + \boldsymbol{q}_y \boldsymbol{j} + \boldsymbol{q}_z \boldsymbol{k},$$

其中

$$\boldsymbol{q}_x = \dot{\varepsilon}_{xx} \boldsymbol{i} + \dot{\varepsilon}_{yx} \boldsymbol{j} + \dot{\varepsilon}_{zx} \boldsymbol{k}, \tag{1.2.7a}$$

$$\boldsymbol{q}_y = \dot{\varepsilon}_{yx} \boldsymbol{i} + \dot{\varepsilon}_{yy} \boldsymbol{j} + \dot{\varepsilon}_{zy} \boldsymbol{k}, \tag{1.2.7b}$$

$$\boldsymbol{q}_z = \dot{\varepsilon}_{zx} \boldsymbol{i} + \dot{\varepsilon}_{zy} \boldsymbol{j} + \dot{\varepsilon}_{zz} \boldsymbol{k}, \tag{1.2.7c}$$

$\boldsymbol{p}_x, \boldsymbol{p}_y, \boldsymbol{p}_z, \boldsymbol{q}_x, \boldsymbol{q}_y, \boldsymbol{q}_z$ 都是矢量.

二、梯度、散度、旋度

1. 梯度.

用 grad 表示,也可以用符号 ∇ 表示,即

$$\mathrm{grad} = \nabla = \left(\frac{\partial}{\partial x},\frac{\partial}{\partial y},\frac{\partial}{\partial z}\right). \tag{1.2.8}$$

标量的梯度是矢量：如果 A 是一个标量,则 A 的梯度是矢量,

$$\nabla A = \left(\frac{\partial}{\partial x}A,\frac{\partial}{\partial y}A,\frac{\partial}{\partial z}A\right)= \left(\frac{\partial}{\partial x}A\right)\boldsymbol{i} + \left(\frac{\partial}{\partial y}A\right)\boldsymbol{j} + \left(\frac{\partial}{\partial z}A\right)\boldsymbol{k}. \tag{1.2.9}$$

矢量的梯度是二阶张量：张量可以看做分量为矢量的量. 如果 $\boldsymbol{A}$ 是一个矢量,

$$\boldsymbol{A} = A_x\boldsymbol{i} + A_y\boldsymbol{j} + A_z\boldsymbol{k}, \tag{1.2.10}$$

其中 $\boldsymbol{i},\boldsymbol{j},\boldsymbol{k}$ 是固定的三个直角坐标标架上的单位矢量,则 $\boldsymbol{A}$ 的梯度是

$$\nabla \boldsymbol{A} = \left(\frac{\partial \boldsymbol{A}}{\partial x},\frac{\partial \boldsymbol{A}}{\partial y},\frac{\partial \boldsymbol{A}}{\partial z}\right)= \frac{\partial \boldsymbol{A}}{\partial x}\boldsymbol{i} + \frac{\partial \boldsymbol{A}}{\partial y}\boldsymbol{j} + \frac{\partial \boldsymbol{A}}{\partial z}\boldsymbol{k}, \tag{1.2.11}$$

其中$\frac{\partial \boldsymbol{A}}{\partial x},\frac{\partial \boldsymbol{A}}{\partial y},\frac{\partial \boldsymbol{A}}{\partial z}$都是矢量,

$$\frac{\partial \boldsymbol{A}}{\partial x} = \frac{\partial}{\partial x}(A_x\boldsymbol{i} + A_y\boldsymbol{j} + A_z\boldsymbol{k}) = \frac{\partial A_x}{\partial x}\boldsymbol{i} + \frac{\partial A_y}{\partial x}\boldsymbol{j} + \frac{\partial A_z}{\partial x}\boldsymbol{k}, \tag{1.2.12a}$$

$$\frac{\partial \boldsymbol{A}}{\partial y} = \frac{\partial}{\partial y}(A_x\boldsymbol{i} + A_y\boldsymbol{j} + A_z\boldsymbol{k}) = \frac{\partial A_x}{\partial y}\boldsymbol{i} + \frac{\partial A_y}{\partial y}\boldsymbol{j} + \frac{\partial A_z}{\partial y}\boldsymbol{k}, \tag{1.2.12b}$$

$$\frac{\partial \boldsymbol{A}}{\partial z} = \frac{\partial}{\partial z}(A_x\boldsymbol{i} + A_y\boldsymbol{j} + A_z\boldsymbol{k}) = \frac{\partial A_x}{\partial z}\boldsymbol{i} + \frac{\partial A_y}{\partial z}\boldsymbol{j} + \frac{\partial A_z}{\partial z}\boldsymbol{k}, \tag{1.2.12c}$$

合起来 $\nabla \boldsymbol{A}$ 也可以写成如下形式：

$$\nabla \boldsymbol{A} = \left(\frac{\partial A_x}{\partial x} + \frac{\partial A_x}{\partial y} + \frac{\partial A_x}{\partial z}\right)\boldsymbol{i} + \left(\frac{\partial A_y}{\partial x} + \frac{\partial A_y}{\partial y} + \frac{\partial A_y}{\partial z}\right)\boldsymbol{j} + \left(\frac{\partial A_z}{\partial x} + \frac{\partial A_z}{\partial y} + \frac{\partial A_z}{\partial z}\right)\boldsymbol{k}. \tag{1.2.13}$$

2. 散度.

散度用 div 表示,也可以用符号 $\nabla\cdot$ 表示,即

$$\mathrm{div} = \nabla\cdot = \frac{\partial}{\partial x} + \frac{\partial}{\partial y} + \frac{\partial}{\partial z}. \tag{1.2.14}$$

矢量的散度是标量. 如果 $\boldsymbol{A}$ 是一个矢量,则其散度为

$$\nabla\cdot\boldsymbol{A} = \frac{\partial A_x}{\partial x} + \frac{\partial A_y}{\partial y} + \frac{\partial A_z}{\partial z}. \tag{1.2.15}$$

张量的散度是矢量. 例如应力是张量,它的散度是矢量. $\boldsymbol{p}_x$ 是法向为 x 的坐标平面上之应力,$\boldsymbol{p}_y$,$\boldsymbol{p}_z$ 亦然.

$$\nabla\cdot\hat{\boldsymbol{\sigma}} = \frac{\partial}{\partial x}(\boldsymbol{p}_x) + \frac{\partial}{\partial y}(\boldsymbol{p}_y) + \frac{\partial}{\partial z}(\boldsymbol{p}_z)$$

$$= \frac{\partial}{\partial x}(p_{xx}\boldsymbol{i} + p_{xy}\boldsymbol{j} + p_{xz}\boldsymbol{k}) + \frac{\partial}{\partial y}(p_{yx}\boldsymbol{i} + p_{yy}\boldsymbol{j} + p_{yz}\boldsymbol{k}) + \frac{\partial}{\partial z}(p_{zx}\boldsymbol{i} + p_{zy}\boldsymbol{j} + p_{zz}\boldsymbol{k})$$
$$= \left(\frac{\partial \sigma_{xx}}{\partial x}\boldsymbol{i} + \frac{\partial \tau_{xy}}{\partial x}\boldsymbol{j} + \frac{\partial \tau_{xz}}{\partial x}\boldsymbol{k}\right) + \left(\frac{\partial \tau_{yx}}{\partial y}\boldsymbol{i} + \frac{\partial \sigma_{yy}}{\partial y}\boldsymbol{j} + \frac{\partial \tau_{yz}}{\partial y}\boldsymbol{k}\right) + \left(\frac{\partial \tau_{zx}}{\partial z}\boldsymbol{i} + \frac{\partial \tau_{zy}}{\partial z}\boldsymbol{j} + \frac{\partial \sigma_{zz}}{\partial z}\boldsymbol{k}\right)$$
$$= \left(\frac{\partial \sigma_{xx}}{\partial x} + \frac{\partial \tau_{yx}}{\partial y} + \frac{\partial \tau_{zx}}{\partial z}\right)\boldsymbol{i} + \left(\frac{\partial \tau_{xy}}{\partial x} + \frac{\partial \sigma_{yy}}{\partial y} + \frac{\partial \tau_{zy}}{\partial z}\right)\boldsymbol{j} + \left(\frac{\partial \tau_{xz}}{\partial x} + \frac{\partial \tau_{yz}}{\partial y} + \frac{\partial \sigma_{zz}}{\partial z}\right)\boldsymbol{k}.$$
(1.2.16)

3. 旋度.

旋度用 rot 表示，也可以用符号 ∇× 表示，即

$$\mathrm{rot} = \nabla\times = \begin{vmatrix} \boldsymbol{i} & \boldsymbol{j} & \boldsymbol{k} \\ \frac{\partial}{\partial x} & \frac{\partial}{\partial y} & \frac{\partial}{\partial z} \\ \vdots & \vdots & \vdots \end{vmatrix} = \left(\frac{\partial}{\partial y} - \frac{\partial}{\partial z}\right)\boldsymbol{i} + \left(\frac{\partial}{\partial z} - \frac{\partial}{\partial x}\right)\boldsymbol{j} + \left(\frac{\partial}{\partial x} - \frac{\partial}{\partial y}\right)\boldsymbol{k}.$$
(1.2.17)

矢量的旋度仍然是矢量，如 $\boldsymbol{A}$ 是一个矢量，则

$$\nabla\times\boldsymbol{A} = \begin{vmatrix} \boldsymbol{i} & \boldsymbol{j} & \boldsymbol{k} \\ \frac{\partial}{\partial x} & \frac{\partial}{\partial y} & \frac{\partial}{\partial z} \\ A_x & A_y & A_z \end{vmatrix} = \left(\frac{\partial A_z}{\partial y} - \frac{\partial A_y}{\partial z}\right)\boldsymbol{i} + \left(\frac{\partial A_x}{\partial z} - \frac{\partial A_z}{\partial x}\right)\boldsymbol{j} + \left(\frac{\partial A_y}{\partial x} - \frac{\partial A_x}{\partial y}\right)\boldsymbol{k}.$$
(1.2.18)

张量的旋度是张量，如 $\hat{\boldsymbol{\sigma}}$ 是一个张量，$\boldsymbol{p}$ 是一个矢量，$\boldsymbol{p} = p_x\boldsymbol{i} + p_y\boldsymbol{j} + p_z\boldsymbol{k}$，则

$$\nabla\times\hat{\boldsymbol{\sigma}} = \left(\frac{\partial p_z}{\partial y} - \frac{\partial p_y}{\partial z}\right)\boldsymbol{i} + \left(\frac{\partial p_x}{\partial z} - \frac{\partial p_z}{\partial x}\right)\boldsymbol{j} + \left(\frac{\partial p_y}{\partial x} - \frac{\partial p_x}{\partial y}\right)\boldsymbol{k}. \tag{1.2.19}$$

4. 矢量与矢量点乘为标量. 如果

$$\boldsymbol{a} = (a_x, a_y, a_z), \quad \boldsymbol{b} = (b_x, b_y, b_z),$$

则

$$\boldsymbol{a}\cdot\boldsymbol{b} = a_x b_x + a_y b_y + a_z b_z. \tag{1.2.20}$$

5. 矢量与矢量叉乘为矢量，即

$$\begin{aligned} \boldsymbol{a}\times\boldsymbol{b} &= \begin{vmatrix} \boldsymbol{i} & \boldsymbol{j} & \boldsymbol{k} \\ a_x & a_y & a_z \\ b_x & b_y & b_z \end{vmatrix} \\ &= (a_x\boldsymbol{i} + a_y\boldsymbol{j} + a_z\boldsymbol{k})\times(b_x\boldsymbol{i} + b_y\boldsymbol{j} + b_z\boldsymbol{k}) \\ &= (a_y b_z - a_z b_y)\boldsymbol{i} + (a_z b_x - a_x b_z)\boldsymbol{j} + (a_x b_y - a_y b_x)\boldsymbol{k}. \end{aligned} \tag{1.2.21}$$

上述公式是由 3×3 的行列式得来：第一行三个元素分别是 $\boldsymbol{i}, \boldsymbol{j}, \boldsymbol{k}$，第二行分别是 $\boldsymbol{a}$ 的三个分量，第三行分别是 $\boldsymbol{b}$ 的三个分量，将行列式展开即是叉乘的乘积.

§1.3 分析流体运动的两种方法

分析流体运动可以用两种方法：一种是拉格朗日方法，另一种是欧拉方法.欧拉方法还可以用场论的符号来描述.

一、拉格朗日方法

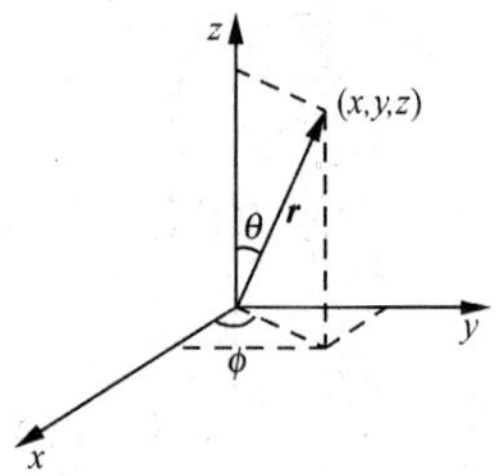

图 1.3.1 拉格朗日法的坐标系

该方法着眼于流体的每个质点，将物体运动看做质点系的运动.在用直角坐标系（此坐标系是固定的、不随时间变化的）时，假如开始时质点的坐标是(a,b,c)，在运动过程中t时刻该质点的位置为(x,y,z)，参见图1.3.1，此位置可以用下述表达式描述：

$$x = f_1(a,b,c,t), \tag{1.3.1a}$$

$$y = f_2(a,b,c,t), \tag{1.3.1b}$$

$$z = f_3(a,b,c,t). \tag{1.3.1c}$$

若时间为零时质点的坐标为x_0, y_0, z_0，则

$$x_0 = a = f_1(a,b,c,0), \tag{1.3.2a}$$

$$y_0 = b = f_2(a,b,c,0), \tag{1.3.2b}$$

$$z_0 = c = f_3(a,b,c,0). \tag{1.3.2c}$$

如果用矢量来表示质点的位置：从坐标原点到质点(x,y,z)的矢量为$\boldsymbol{r}$，则$\boldsymbol{r}=\boldsymbol{r}(a,b,c,t)$，进而可以建立质点的位置矢量与质点的坐标以及时间的关系：

$$\boldsymbol{r} = \boldsymbol{r}(a,b,c,t) = x\boldsymbol{i} + y\boldsymbol{j} + z\boldsymbol{k} = f_1(a,b,c,t)\boldsymbol{i} + f_2(a,b,c,t)\boldsymbol{j} + f_3(a,b,c,t)\boldsymbol{k}. \tag{1.3.3}$$

质点的速度（矢量）

$$\boldsymbol{v} = \boldsymbol{v}(a,b,c,t) = v_1(a,b,c,t)\boldsymbol{i} + v_2(a,b,c,t)\boldsymbol{j} + v_3(a,b,c,t)\boldsymbol{k}, \tag{1.3.4}$$

其中分量

$$v_1(a,b,c,t) = \frac{\partial x}{\partial t}, \tag{1.3.5a}$$

$$v_2(a,b,c,t) = \frac{\partial y}{\partial t}, \tag{1.3.5b}$$

$$v_3(a,b,c,t) = \frac{\partial z}{\partial t}. \tag{1.3.5c}$$

质点的加速度（矢量）

$$\boldsymbol{a} = a_1(a,b,c,t)\boldsymbol{i} + a_2(a,b,c,t)\boldsymbol{j} + a_3(a,b,c,t)\boldsymbol{k}, \tag{1.3.6}$$

其中分量

$$a_1(a,b,c,t) = \frac{\partial v_1(a,b,c,t)}{\partial t}, \tag{1.3.7a}$$

$$a_2(a,b,c,t) = \frac{\partial v_2(a,b,c,t)}{\partial t}, \tag{1.3.7b}$$

$$a_3(a,b,c,t) = \frac{\partial v_3(a,b,c,t)}{\partial t}. \tag{1.3.7c}$$

二、欧拉方法

该方法着眼于流场中的每一个空间点(x,y,z)，参见图1.3.2，研究流过此点处的流体运动随时间的变化. 流场坐标轴上的单位矢量为$\boldsymbol{i}_1,\boldsymbol{i}_2,\boldsymbol{i}_3$，流场空间点的坐标用$(x_1,x_2,x_3,t)$表示，其中$t$表示时间. 速度用$\boldsymbol{v}$表示，速度的分量用$v_1(x_1,x_2,x_3,t)$，$v_2(x_1,x_2,x_3,t)$，$v_3(x_1,x_2,x_3,t)$表示，压力用$p$表示，密度用$\rho$表示.

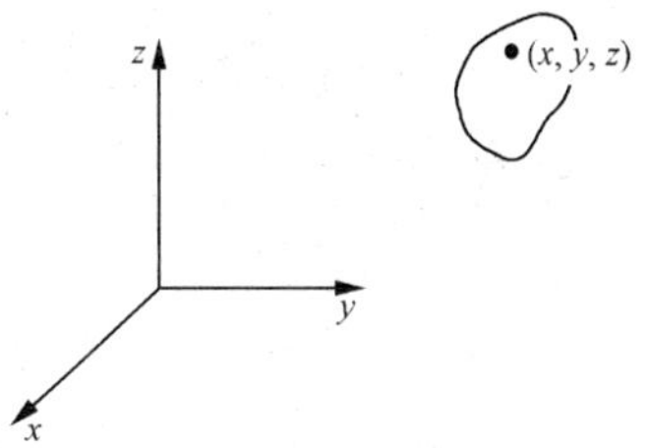

图1.3.2　欧拉法的坐标

1. 加速度用$\boldsymbol{a}$表示. 加速度分量用$\boldsymbol{a}_1(x_1,x_2,x_3,t)$，$\boldsymbol{a}_2(x_1,x_2,x_3,t)$，$\boldsymbol{a}_3(x_1,x_2,x_3,t)$表示.

2. 速度可以用速度分量表示为

$$\boldsymbol{v}(x_1,x_2,x_3,t) = v_1(x_1,x_2,x_3,t)\boldsymbol{i}_1 + v_2(x_1,x_2,x_3,t)\boldsymbol{i}_2 + v_3(x_1,x_2,x_3,t)\boldsymbol{i}_3. \tag{1.3.8}$$

3. 速度的分量

$$v_1(x_1,x_2,x_3,t) = \frac{\partial x_1}{\partial t}, \tag{1.3.9a}$$

$$v_2(x_1,x_2,x_3,t) = \frac{\partial x_2}{\partial t}, \tag{1.3.9b}$$

$$v_3(x_1,x_2,x_3,t) = \frac{\partial x_3}{\partial t}. \tag{1.3.9c}$$

4. 引进拉姆参量H_1,H_2,H_3，进而可以把速度写成

$$\boldsymbol{v} = \sum_{k=1}^{3} H_k v_k(x_1,x_2,x_3,t)\boldsymbol{i}_k, \quad k = 1,2,3. \tag{1.3.10}$$

(1) 对于笛卡儿坐标系(直角坐标系)：

$$H_1 = H_2 = H_3 = 1. \tag{1.3.11}$$

(2) 对于圆柱坐标系：

$$H_1 = 1, \quad H_2 = r, \quad H_3 = 1. \tag{1.3.12}$$

(3) 对于圆球坐标系：

$$H_1 = 1, \quad H_2 = r, \quad H_3 = r\sin\theta. \tag{1.3.13}$$

5. 压力

$$p = p(x_1, x_2, x_3, t). \tag{1.3.14}$$

6. 密度

$$\rho = \rho(x_1, x_2, x_3, t). \tag{1.3.15}$$

7. 在笛卡儿坐标系中加速度

$$\boldsymbol{a} = a_1(x_1, x_2, x_3, t)\boldsymbol{i}_1 + a_2(x_1, x_2, x_3, t)\boldsymbol{i}_2 + a_3(x_1, x_2, x_3, t)\boldsymbol{i}_3. \tag{1.3.16}$$

8. 加速度 $\boldsymbol{a}$ 与速度 $\boldsymbol{v}$ 之间的关系是

$$\boldsymbol{a} = \mathrm{d}\boldsymbol{v}/\mathrm{d}t = \partial\boldsymbol{v}/\partial t + (\boldsymbol{v}\cdot\nabla)\boldsymbol{v}, \tag{1.3.17}$$

其中，$\mathrm{d}\boldsymbol{v}/\mathrm{d}t$ 代表质点的全加速度，也叫质点的加速度；$\partial\boldsymbol{v}/\partial t$ 代表质点当地(局部)的加速度，它代表流场的不定场性；$(\boldsymbol{v}\cdot\nabla)\boldsymbol{v}$ 是质点的迁移(也叫随流)加速度，它代表流场的不均匀性. 在笛卡儿坐标系下

$$\begin{aligned}\mathrm{d}\boldsymbol{v}/\mathrm{d}t = &\left(\frac{\partial v_1}{\partial t} + \frac{\partial v_1}{\partial x_1}\frac{\partial x_1}{\partial t} + \frac{\partial v_1}{\partial x_2}\frac{\partial x_2}{\partial t} + \frac{\partial v_1}{\partial x_3}\frac{\partial x_3}{\partial t}\right)\boldsymbol{i}_1 \\ &+ \left(\frac{\partial v_2}{\partial t} + \frac{\partial v_2}{\partial x_1}\frac{\partial x_1}{\partial t} + \frac{\partial v_2}{\partial x_2}\frac{\partial x_2}{\partial t} + \frac{\partial v_2}{\partial x_3}\frac{\partial x_3}{\partial t}\right)\boldsymbol{i}_2 \\ &+ \left(\frac{\partial v_3}{\partial t} + \frac{\partial v_3}{\partial x_1}\frac{\partial x_1}{\partial t} + \frac{\partial v_3}{\partial x_2}\frac{\partial x_2}{\partial t} + \frac{\partial v_3}{\partial x_3}\frac{\partial x_3}{\partial t}\right)\boldsymbol{i}_3,\end{aligned} \tag{1.3.18}$$

其中

$$\begin{aligned}(\boldsymbol{v}\cdot\nabla)\boldsymbol{v} = &\left(\frac{\partial v_1}{\partial x_1}\frac{\partial x_1}{\partial t} + \frac{\partial v_1}{\partial x_2}\frac{\partial x_2}{\partial t} + \frac{\partial v_1}{\partial x_3}\frac{\partial x_3}{\partial t}\right)\boldsymbol{i}_1 \\ &+ \left(\frac{\partial v_2}{\partial x_1}\frac{\partial x_1}{\partial t} + \frac{\partial v_2}{\partial x_2}\frac{\partial x_2}{\partial t} + \frac{\partial v_2}{\partial x_3}\frac{\partial x_3}{\partial t}\right)\boldsymbol{i}_2 \\ &+ \left(\frac{\partial v_3}{\partial x_1}\frac{\partial x_1}{\partial t} + \frac{\partial v_3}{\partial x_2}\frac{\partial x_2}{\partial t} + \frac{\partial v_3}{\partial x_3}\frac{\partial x_3}{\partial t}\right)\boldsymbol{i}_3.\end{aligned} \tag{1.3.19}$$

写成分量的形式为

$$\frac{\mathrm{d}v_1}{\mathrm{d}t} = \frac{\partial v_1}{\partial t} + \frac{\partial v_1}{\partial x_1}\frac{\partial x_1}{\partial t} + \frac{\partial v_1}{\partial x_2}\frac{\partial x_2}{\partial t} + \frac{\partial v_1}{\partial x_3}\frac{\partial x_3}{\partial t}, \tag{1.3.20a}$$

$$\frac{\mathrm{d}v_2}{\mathrm{d}t} = \frac{\partial v_2}{\partial t} + \frac{\partial v_2}{\partial x_1}\frac{\partial x_1}{\partial t} + \frac{\partial v_2}{\partial x_2}\frac{\partial x_2}{\partial t} + \frac{\partial v_2}{\partial x_3}\frac{\partial x_3}{\partial t}, \tag{1.3.20b}$$

$$\frac{\mathrm{d}v_3}{\mathrm{d}t} = \frac{\partial v_3}{\partial t} + \frac{\partial v_3}{\partial x_1}\frac{\partial x_1}{\partial t} + \frac{\partial v_3}{\partial x_2}\frac{\partial x_2}{\partial t} + \frac{\partial v_3}{\partial x_3}\frac{\partial x_3}{\partial t}. \tag{1.3.20c}$$

又可以缩写成

$$\frac{\mathrm{d}v_k}{\mathrm{d}t} = \frac{\partial v_k}{\partial t} + \sum_{i=1}^{3}\frac{\partial v_k}{\partial x_i}\frac{\partial x_i}{\partial t}, \quad k = 1,2,3, \tag{1.3.21}$$

$$\frac{\mathrm{d}\boldsymbol{v}}{\mathrm{d}t} = \frac{\partial \boldsymbol{v}}{\partial t} + (\boldsymbol{v}\cdot\nabla)\boldsymbol{v} = \frac{\partial \boldsymbol{v}}{\partial t} + \sum_{k=1}^{3}\sum_{i=1}^{3}H_i\left[\left(\frac{\partial v_k}{\partial x_i}\right)\left(\frac{\partial x_i}{\partial t}\right)\right]\boldsymbol{i}_k. \tag{1.3.22}$$

对于任意量 $\boldsymbol{A}(x_1, x_2, x_3, t)$ 其全微商等于局部微商加随流微商. 即

$$\frac{\mathrm{d}\boldsymbol{A}}{\mathrm{d}t}=\frac{\partial \boldsymbol{A}}{\partial t}+(\boldsymbol{v}\cdot\nabla)\boldsymbol{A},\tag{1.3.23}$$

其中$\frac{\partial \boldsymbol{A}}{\partial t}$是局部微商，$(\boldsymbol{v}\cdot\nabla)\boldsymbol{A}$ 是随流微商. 引进拉姆参量 H_1,H_2,H_3，进而可以把加速度写成

$$\boldsymbol{a}=\frac{\mathrm{d}\boldsymbol{v}}{\mathrm{d}t}=\frac{\partial \boldsymbol{v}}{\partial t}+(\boldsymbol{v}\cdot\nabla)\boldsymbol{v}=\sum_{k=1}^{3}\left[\frac{\partial v_k}{\partial t}+\sum_{i=1}^{3}H_i\left(\frac{\partial v_k}{\partial x_i}\frac{\partial x_i}{\partial t}\right)\right]\boldsymbol{i}_k.\tag{1.3.24}$$

§1.4　流团的应变率张量、涡矢量分析

一、流团的应变率张量

流团的应变率分为平行于坐标轴的伸长应变率与平行于坐标面的剪切应变率.

1. 在笛卡儿坐标系下的应变率.

x 方向的伸长应变率为

$$\dot{\varepsilon}_{xx}=\frac{\partial}{\partial t}\left(\frac{\Delta x}{x_0}\right)=\frac{\partial u}{\partial x}.\tag{1.4.1a}$$

y 方向的伸长应变率为

$$\dot{\varepsilon}_{yy}=\frac{\partial}{\partial t}\left(\frac{\Delta y}{y_0}\right)=\frac{\partial v}{\partial y}.\tag{1.4.1b}$$

z 方向的伸长应变率为

$$\dot{\varepsilon}_{zz}=\frac{\partial}{\partial t}\left(\frac{\Delta z}{z_0}\right)=\frac{\partial w}{\partial z}.\tag{1.4.1c}$$

流动前后两坐标平面夹角随时间的变化率叫做剪切应变率. 在笛卡儿坐标系下：

xy 夹角的剪切应变率为

$$\dot{\varepsilon}_{xy}=\frac{\partial}{\partial t}\frac{1}{2}\left(\frac{\Delta x}{y_0}+\frac{\Delta y}{x_0}\right)=\frac{1}{2}\left(\frac{\partial u}{\partial y}+\frac{\partial v}{\partial x}\right).\tag{1.4.2a}$$

yz 夹角的剪切应变率为

$$\dot{\varepsilon}_{yz}=\frac{\partial}{\partial t}\frac{1}{2}\left(\frac{\Delta y}{z_0}+\frac{\Delta z}{y_0}\right)=\frac{1}{2}\left(\frac{\partial v}{\partial z}+\frac{\partial w}{\partial y}\right).\tag{1.4.2b}$$

zx 夹角的剪切应变率为

$$\dot{\varepsilon}_{zx}=\frac{\partial}{\partial t}\frac{1}{2}\left(\frac{\Delta z}{x_0}+\frac{\Delta x}{z_0}\right)=\frac{1}{2}\left(\frac{\partial w}{\partial x}+\frac{\partial u}{\partial z}\right).\tag{1.4.2c}$$

2. 在正交曲线坐标下的应变率.

(1) 正交曲线坐标为(q_1,q_2,q_3)，坐标线的线元为

$$\delta S_1=H_1\delta q_1,\tag{1.4.3a}$$

$$\delta S_2=H_2\delta q_2,\tag{1.4.3b}$$

$$\delta S_3=H_3\delta q_3,\tag{1.4.3c}$$

其中 H_1,H_2,H_3 是拉姆参量.

(2) 速度矢量 $\boldsymbol{v}=\boldsymbol{v}(v_1,v_2,v_3,t)$的分量也可以用曲线坐标表示为

$$v_1 = H_1\mathrm{d}q_1, \tag{1.4.4a}$$

$$v_2 = H_2\mathrm{d}q_2, \tag{1.4.4b}$$

$$v_3 = H_3\mathrm{d}q_3. \tag{1.4.4c}$$

3. 应变率张量.

应变率是一个张量,用 $\dot{\boldsymbol{\varepsilon}}$ 表示,$\dot{\boldsymbol{\varepsilon}}$ 是一个 3×3 的对称张量,因此它应有九个分量,当流体是均匀、各向同性的,应变率就由九个分量变成六个分量.

(1) 在正交曲线坐标系下坐标轴线元的平方可以表示为

$$\delta S^2 = \sum_{k=1}^{3} H_k^2 \delta q_k^2. \tag{1.4.5}$$

质点应变率的表达式分别为:

正应变率为

$$\dot{\varepsilon}_{ii} = \sum_{j=1}^{3} \frac{v_i}{H_i H_j}\frac{\partial H_j}{\partial q_i} + \frac{\partial\left(\dfrac{v_j}{H_j}\right)}{\partial q_j}, \quad i = 1,2,3. \tag{1.4.6}$$

二倍剪切应变率为

$$2\dot{\varepsilon}_{ij} = \frac{H_i}{H_j}\frac{\partial\left(\dfrac{v_i}{H_i}\right)}{\partial q_j} + \frac{H_j}{H_i}\frac{\partial\left(\dfrac{v_j}{H_j}\right)}{\partial q_i}, \quad i,j = 1,2,3. \tag{1.4.7}$$

(2) 在笛卡儿坐标系中,因为 $H_1=H_2=H_3=1$,坐标轴线元的平方可以表示为

$$\mathrm{d}S^2 = \mathrm{d}x^2 + \mathrm{d}y^2 + \mathrm{d}z^2. \tag{1.4.8}$$

正应变率为

$$\dot{\varepsilon}_{xx} = \frac{\partial u}{\partial x}, \tag{1.4.9a}$$

$$\dot{\varepsilon}_{yy} = \frac{\partial v}{\partial y}, \tag{1.4.9b}$$

$$\dot{\varepsilon}_{zz} = \frac{\partial w}{\partial z}. \tag{1.4.9c}$$

剪切应变率为

$$\dot{\varepsilon}_{xy} = \frac{1}{2}\left(\frac{\partial u}{\partial y} + \frac{\partial v}{\partial x}\right), \tag{1.4.10a}$$

$$\dot{\varepsilon}_{yz} = \frac{1}{2}\left(\frac{\partial v}{\partial z} + \frac{\partial w}{\partial y}\right), \tag{1.4.10b}$$

$$\dot{\varepsilon}_{zx} = \frac{1}{2}\left(\frac{\partial w}{\partial x} + \frac{\partial u}{\partial z}\right). \tag{1.4.10c}$$

(3) 在圆柱坐标系中,坐标用(r,ϕ,z)表示,坐标轴线元的平方可以表示为

$$\delta S^2 = \delta r^2 + r^2\delta\phi^2 + \delta z^2. \tag{1.4.11}$$

质点应变率的表达式分别为

正应变率为

$$\dot{\varepsilon}_{rr} = \frac{\partial v_r}{\partial r}, \tag{1.4.12a}$$

$$\dot{\varepsilon}_{\phi\phi} = \frac{1}{r}\frac{\partial v_\phi}{\partial \phi} + \frac{v_r}{r}, \tag{1.4.12b}$$

$$\dot{\varepsilon}_{zz} = \frac{\partial v_z}{\partial z}. \tag{1.4.12c}$$

二倍剪切应变率为

$$2\dot{\varepsilon}_{r\phi} = \left(\frac{1}{r}\frac{\partial v_r}{\partial \phi} + r\frac{\partial (v_\phi/r)}{\partial r}\right), \tag{1.4.13a}$$

$$2\dot{\varepsilon}_{\phi z} = \frac{\partial v_\phi}{\partial z} + \frac{1}{r}\frac{\partial v_z}{\partial \phi}, \tag{1.4.13b}$$

$$2\dot{\varepsilon}_{zr} = \frac{\partial v_z}{\partial r} + \frac{\partial v_r}{\partial z}. \tag{1.4.13c}$$

（4）在圆球坐标系中，坐标用(r,ϕ,θ)表示，坐标轴线元的平方可以表示为

$$\delta S^2 = \delta r^2 + r^2\delta\theta^2 + r^2\sin^2\theta\delta\phi^2. \tag{1.4.14}$$

质点应变率的表达式分别为：

正应变率为

$$\dot{\varepsilon}_{rr} = \frac{\partial v_r}{\partial r}, \tag{1.4.15a}$$

$$\dot{\varepsilon}_{\phi\phi} = \frac{1}{r\sin\theta}\frac{\partial v_\phi}{\partial \phi} + \frac{v_r}{r} + \frac{v_\theta\cot\theta}{r}, \tag{1.4.15b}$$

$$\dot{\varepsilon}_{\theta\theta} = \frac{1}{r}\frac{\partial v_\theta}{\partial \theta} + \frac{v_r}{r}. \tag{1.4.15c}$$

二倍剪切应变率为

$$2\dot{\varepsilon}_{r\theta} = \frac{1}{r}\frac{\partial v_r}{\partial \theta} + \frac{\partial v_\theta}{\partial r} - \frac{v_\theta}{r}, \tag{1.4.16a}$$

$$2\dot{\varepsilon}_{\theta\phi} = \frac{1}{r\sin\theta}\frac{\partial v_\theta}{\partial \phi} + \frac{1}{r}\frac{\partial v_\phi}{\partial \theta} - \frac{v_\phi\cot\theta}{r}, \tag{1.4.16b}$$

$$2\dot{\varepsilon}_{\phi r} = \frac{\partial v_\phi}{\partial r} + \frac{1}{r\sin\theta}\frac{\partial v_r}{\partial \phi} - \frac{v_\phi}{r}. \tag{1.4.16c}$$

二、涡矢量与流体速度、应变率的关系

1. 流体涡矢量.

流体涡矢量的定义为

$$\boldsymbol{\omega} = \frac{1}{2} \nabla \times \boldsymbol{v}. \tag{1.4.17}$$

涡矢量在笛卡儿坐标系中可表示为

$$\boldsymbol{\omega} = \frac{1}{2} [\omega_x \boldsymbol{i} + \omega_y \boldsymbol{j} + \omega_z \boldsymbol{k}], \tag{1.4.18}$$

其中

$$\omega_x = \frac{\partial w}{\partial y} - \frac{\partial v}{\partial z}, \tag{1.4.19a}$$

$$\omega_y = \frac{\partial u}{\partial z} - \frac{\partial w}{\partial x}, \tag{1.4.19b}$$

$$\omega_z = \frac{\partial v}{\partial x} - \frac{\partial u}{\partial y}. \tag{1.4.19c}$$

涡矢量在圆柱坐标系中的分量可以表示为

$$\omega_r = \frac{1}{2r}\left[\frac{\partial v_z}{\partial \phi} - \frac{\partial (r v_\phi)}{\partial z}\right], \tag{1.4.20a}$$

$$\omega_\phi = \frac{1}{2}\left(\frac{\partial v_r}{\partial z} - \frac{\partial v_z}{\partial r}\right), \tag{1.4.20b}$$

$$\omega_z = \frac{1}{2r}\left[\frac{\partial (r v_\phi)}{\partial r} - \frac{\partial v_r}{\partial \phi}\right]. \tag{1.4.20c}$$

涡矢量在圆球坐标系中的分量可以表示为

$$\omega_r = \frac{1}{2r^2 \sin\theta}\left[\frac{\partial (v_\phi r \sin\theta)}{\partial \theta} - \frac{\partial (r v_\theta)}{\partial \phi}\right], \tag{1.4.21a}$$

$$\omega_\theta = \frac{1}{2r \sin\theta}\left[\frac{\partial v_r}{\partial \phi} - \frac{\partial (v_\phi r \sin\theta)}{\partial r}\right], \tag{1.4.21b}$$

$$\omega_\phi = \frac{1}{2r}\left[\frac{\partial (r v_\theta)}{\partial r} - \frac{\partial v_r}{\partial \theta}\right]. \tag{1.4.21c}$$

2. 涡矢量与流体速度、应变率的关系.

(1) 在笛卡儿坐标系中任意点、任意时间即(x,y,z,t)处流体速度的各分量可以写成

$$\begin{aligned} u(x,y,z,t) = {} & u(x_0,y_0,z_0,t_0) + \dot{\varepsilon}_{xx}|_{t_0=0}\Delta x + \dot{\varepsilon}_{xy}|_{t_0=0}\Delta y + \dot{\varepsilon}_{xz}|_{t_0=0}\Delta z \\ & + \omega_y|_{t_0=0}\Delta z - \omega_z|_{t_0=0}\Delta y, \end{aligned} \tag{1.4.22a}$$

$$\begin{aligned} v(x,y,z,t) = {} & v(x_0,y_0,z_0,t_0) + \dot{\varepsilon}_{yy}|_{t_0=0}\Delta x + \dot{\varepsilon}_{yx}|_{t_0=0}\Delta y + \dot{\varepsilon}_{yz}|_{t_0=0}\Delta z \\ & + \omega_z|_{t_0=0}\Delta x - \omega_x|_{t_0=0}\Delta z, \end{aligned} \tag{1.4.22b}$$

$$\begin{aligned} w(x,y,z,t) = {} & w(x_0,y_0,z_0,t_0) + \dot{\varepsilon}_{zz}|_{t_0=0}\Delta x + \dot{\varepsilon}_{zx}|_{t_0=0}\Delta y + \dot{\varepsilon}_{zy}|_{t_0=0}\Delta z \\ & + \omega_x|_{t_0=0}\Delta y - \omega_y|_{t_0=0}\Delta x, \end{aligned} \tag{1.4.22c}$$

其中(x_0,y_0,z_0,t_0)是在开始时流体质点的位置；$\dot{\varepsilon}_{xx}|_{t_0=0}$，$\dot{\varepsilon}_{yy}|_{t_0=0}$，$\dot{\varepsilon}_{zz}|_{t_0=0}$，$\dot{\varepsilon}_{xy}|_{t_0=0}$，$\dot{\varepsilon}_{yz}|_{t_0=0}$，$\dot{\varepsilon}_{zx}|_{t_0=0}$是 $t_0=0$ 时，在(x_0,y_0,z_0)处的流体质点应变率张量的六个分量；$\omega_x|_{t_0=0}$，$\omega_y|_{t_0=0}$，

$\omega_z|_{t_0=0}$是当 $t_0=0$ 时，在(x_0,y_0,z_0)处的流体质点涡矢量的三个分量.

（2）在圆柱坐标系中任意点、任意时间，即(r,ϕ,z,t)处流体速度的各个分量可以写成

$$v_r(r,\phi,z,t)=v_r(r_0,\phi_0,z_0,t_0)+\dot{\varepsilon}_{rr}|_{t_0=0}\Delta r+\dot{\varepsilon}_{r\phi}|_{t_0=0}\Delta\phi+\varepsilon_{rz}|_{t_0=0}\Delta z$$
$$+\omega_\phi|_{t_0=0}\Delta z-\omega_z|_{t_0=0}\Delta\phi, \tag{1.4.23a}$$

$$v_\phi(r,\phi,z,t)=v_\phi(r_0,\phi_0,z_0,t_0)+\dot{\varepsilon}_{r\phi}|_{t_0=0}\Delta r+\dot{\varepsilon}_{\phi\phi}|_{t_0=0}\Delta\phi+\dot{\varepsilon}_{\phi z}|_{t_0=0}\Delta z$$
$$+\omega_z|_{t_0=0}\Delta r+\omega_r|_{t_0=0}\Delta z, \tag{1.4.23b}$$

$$v_2(r,\phi,z,t)=v_z(r_0,\phi_0,z_0,t_0)+\dot{\varepsilon}_{rz}|_{t_0=0}\Delta r+\dot{\omega}_{\phi z}|_{t_0=0}\Delta\phi+\dot{\varepsilon}_{zz}|_{t_0=0}\Delta z$$
$$+\omega_r|_{t_0=0}\Delta\phi+\omega_\phi|_{t_0=0}\Delta r. \tag{1.4.23c}$$

（3）在圆球坐标系中任意点、任意时间，即(r,θ,ϕ,t)处流体速度的各个分量可以写成

$$v_r(r,\theta,\phi,t)=v_r(r_0,\theta_0,\phi_0,t_0)+\dot{\varepsilon}_{rr}|_{t_0=0}\Delta r+\dot{\varepsilon}_{r}|_{t_0=0}\Delta\theta+\varepsilon_{r\phi}|_{t_0=0}\Delta\phi$$
$$+\omega_\theta|_{t_0=0}\Delta\phi-\omega_\phi|_{t_0=0}\Delta\theta, \tag{1.4.24a}$$

$$v_\theta(r,\theta,\phi,t)=v_\theta(r_0,\theta_0,\phi_0,t_0)+\dot{\varepsilon}_{r\theta}|_{t_0=0}\Delta r+\dot{\varepsilon}_{\theta\theta}|_{t_0=0}\Delta\theta+\dot{\varepsilon}_{\theta\phi}|_{t_0=0}\Delta\phi$$
$$+\omega_\phi|_{t_0=0}\Delta r-\omega_r|_{t_0=0}\Delta\phi, \tag{1.4.24b}$$

$$v_\phi(r,\theta,\phi,t)=v_\phi(r_0,\theta_0,\phi_0,t_0)+\dot{\varepsilon}_{r\phi}|_{t_0=0}\Delta r+\dot{\varepsilon}_{\theta\phi}|_{t_0=0}\Delta\theta+\dot{\varepsilon}_{\phi\phi}|_{t_0=0}\Delta\phi$$
$$+\omega_r|_{t_0=0}\Delta\theta-\omega_\theta|_{t_0=0}\Delta r. \tag{1.4.24c}$$

三、体积应变率

体积应变率的定义：三个坐标轴轴向应变率之和叫做体积应变率，用 $\dot{\theta}$ 表示.

在笛卡儿坐标系中体积应变率表示为：

$$\dot{\theta}=\dot{\varepsilon}_{xx}+\dot{\varepsilon}_{yy}+\dot{\varepsilon}_{zz}. \tag{1.4.25}$$

在圆柱坐标系中体积应变率表示为：

$$\dot{\theta}=\dot{\varepsilon}_{rr}+\dot{\varepsilon}_{\phi\phi}+\dot{\varepsilon}_{zz}. \tag{1.4.26}$$

在圆球坐标系中体积应变率表示为：

$$\dot{\theta}=\dot{\varepsilon}_{rr}+\dot{\varepsilon}_{\theta\theta}+\dot{\varepsilon}_{\phi\phi}. \tag{1.4.27}$$

四、任意坐标下的应变率张量的坐标变换

如果在笛卡儿坐标系(x,y,z)下的应变率张量的六个分量为 $\dot{\varepsilon}_{xx},\dot{\varepsilon}_{yy},\dot{\varepsilon}_{zz},\dot{\varepsilon}_{xy},\dot{\varepsilon}_{yz},\dot{\varepsilon}_{zx}$. 则在另外任意坐标系$(x',y',z')$下应变率张量的变化是

$$\dot{\varepsilon}_{x'x'}=l_1^2\dot{\varepsilon}_{xx}+m_1^2\dot{\varepsilon}_{yy}+n_1^2\dot{\varepsilon}_{zz}+2(l_1m_1\dot{\varepsilon}_{xy}+m_1n_1\dot{\varepsilon}_{yz}+n_1l_1\dot{\varepsilon}_{zx}), \tag{1.4.28a}$$

$$\dot{\varepsilon}_{y'y'}=l_2^2\dot{\varepsilon}_{xx}+m_2^2\dot{\varepsilon}_{yy}+n_2^2\dot{\varepsilon}_{zz}+2(l_2m_2\dot{\varepsilon}_{xy}+m_2n_2\dot{\varepsilon}_{yz}+n_2l_2\dot{\varepsilon}_{zx}), \tag{1.4.28b}$$

$$\dot{\varepsilon}_{z'z'}=l_3^2\dot{\varepsilon}_{xx}+m_3^2\dot{\varepsilon}_{yy}+n_3^2\dot{\varepsilon}_{zz}+2(l_3m_3\dot{\varepsilon}_{xy}+m_3n_3\dot{\varepsilon}_{yz}+n_3l_3\dot{\varepsilon}_{zx}), \tag{1.4.28c}$$

$$\dot{\varepsilon}_{x'y'} = (l_1 l_2 \dot{\varepsilon}_{xx} + m_1 m_2 \dot{\varepsilon}_{yy} + n_1 n_2 \dot{\varepsilon}_{zz}) + (l_1 m_2 + l_2 m_1)\dot{\varepsilon}_{xy} + (m_1 n_2 + m_2 n_1)\dot{\varepsilon}_{yz} + (n_1 l_2 + n_2 l_1)\dot{\varepsilon}_{zx}, \tag{1.4.28d}$$

$$\dot{\varepsilon}_{y'z'} = (l_2 l_3 \dot{\varepsilon}_{xx} + m_2 m_3 \dot{\varepsilon}_{yy} + n_2 n_3 \dot{\varepsilon}_{zz}) + (l_2 m_3 + l_3 m_2)\dot{\varepsilon}_{xy} + (m_2 n_3 + m_3 n_2)\dot{\varepsilon}_{yz} + (n_2 l_3 + n_3 l_2)\dot{\varepsilon}_{zx}, \tag{1.4.28e}$$

$$\dot{\varepsilon}_{z'x'} = (l_3 l_1 \dot{\varepsilon}_{xx} + m_3 m_1 \dot{\varepsilon}_{yy} + n_3 n_1 \dot{\varepsilon}_{zz}) + (l_1 m_3 + l_3 m_1)\dot{\varepsilon}_{xy} + (m_1 n_3 + m_3 n_1)\dot{\varepsilon}_{yz} + (n_1 l_3 + n_3 l_1)\dot{\varepsilon}_{zx}. \tag{1.4.28f}$$

其中(l_1, m_1, n_1)是x'轴在(x,y,z)坐标系中的方向余弦，(l_2, m_2, n_2)是y'轴在(x,y,z)坐标系中的方向余弦，(l_3, m_3, n_3)是z'轴在(x,y,z)坐标系中的方向余弦.

§1.5　流团的应力分析

一、应力的概念

1. 外力和内力.

外力是流团外部的物质作用到流团上的力；内力是流团内部物质与物质之间的作用力.如果流团所受外力平衡，则假想对流团切一刀，在切面上将内力暴露出来，则切面上的内力和切后与之属同一部分上所受的外力是平衡的.

2. 应力.

(1) 应力的概念：与固体力学中应力的概念一样.应力是在流体与流体或流体与固体接触面上单位面积所受到的其外部施与的内力，它的量纲是力/面积.其方向不一定与接触面的外法向平行，因此可以将此面积上所作用的应力按照该面积的局部坐标$(\boldsymbol{N},\boldsymbol{T},\boldsymbol{S})$进行分解，$\boldsymbol{N}$是该平面的外法向的单位矢量，$\boldsymbol{T}$是该平面上与$\boldsymbol{N}$垂直方向上的单位矢量，$\boldsymbol{S}$是在该平面上另一个与$\boldsymbol{N}$方向垂直的单位矢量，而且与$\boldsymbol{T}$互相垂直，$(\boldsymbol{N},\boldsymbol{T},\boldsymbol{S})$组成一个右手坐标系.应力$\boldsymbol{P}$可以按下式分解：

$$\boldsymbol{P} = \boldsymbol{P}_N + \boldsymbol{P}_T + \boldsymbol{P}_S. \tag{1.5.1}$$

(2) 应力的单位：应力的单位根据所取单位制的不同而不同.

在国际单位制中，应力的单位使用牛顿/米^2($\mathrm{N/m^2}$)、帕(Pa)、巴(bar)、标准大气压(atm)，它们之间的关系是：

$$1\,帕 = 1\,\mathrm{Pa} = 1\,\mathrm{N/m^2}, \tag{1.5.2}$$

$$1\,巴 = 1\,\mathrm{bar} = 10^5\,\mathrm{Pa}, \tag{1.5.3}$$

$$1\,大气压 = 1\,\mathrm{atm} = 1.01325\times 10^5\,\mathrm{Pa}. \tag{1.5.4}$$

在物理单位制中，应力的单位是达因/厘米^2.

在工程单位制中，应力的单位是千克力/厘米^2.工程单位与国际单位制中应力的换算：

$$1\,千克力/厘米^2 = 1\,\mathrm{kg\cdot g/cm^2} = 9.80665\,\mathrm{N/cm^2}.$$

二、应力张量

1. 应力张量的概念.

过流团一点处有无穷多个截面，所有截面上的应力构成一个应力张量. 如图 1.5.1 所示，对于过流团内某一点的一个固定平面而言，其上的应力是一个矢量，该应力可以按照该平面的法向和两个切向分解为三个应力分量. 但是，过该点有无穷多个截面，对每个截面都有三个应力分量，因此，对于过流团一点处无穷多个截面的全部应力组成一个应力张量 $\hat{\boldsymbol{\sigma}}$. 对于均匀、各向同性的流体介质，此张量可以用 3×3 的矩阵来表示，而且沿对角线两侧对应位置的应力是相等的. 其中

(1) 正应力：应力张量从西北到东南对角线上三个应力是正应力，分别用 $\sigma_{xx}, \sigma_{yy}, \sigma_{zz}$ 表示.

(2) 剪应力：应力张量中除去对角线上的三个正应力外其他六个应力是剪应力. 对于均匀、各向同性流体，应力张量中的剪应力，相对于从西北到东南对角线，处于对称位置的两个应力是相等的，即 $\tau_{ij}=\tau_{ji}$. 故

$$\hat{\boldsymbol{\sigma}} = \begin{bmatrix} \sigma_{xx} & \tau_{xy} & \tau_{xz} \\ \tau_{yx} & \sigma_{yy} & \tau_{yz} \\ \tau_{zx} & \tau_{zy} & \sigma_{zz} \end{bmatrix} = \begin{bmatrix} \sigma_{xx} & \tau_{xy} & \tau_{xz} \\ \tau_{xy} & \sigma_{yy} & \tau_{yz} \\ \tau_{xz} & \tau_{yz} & \sigma_{zz} \end{bmatrix}. \tag{1.5.5}$$

2. 外法线为任意方向的截面上的应力.

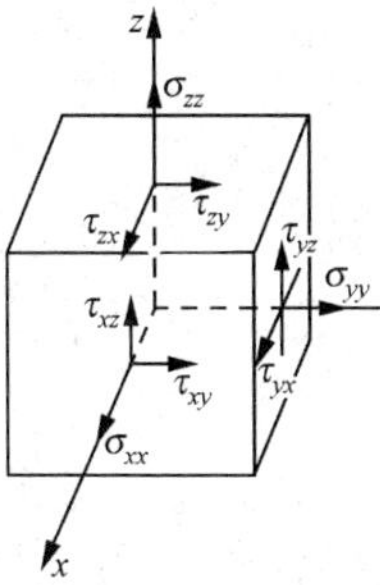

图 1.5.1　流团的应力张量

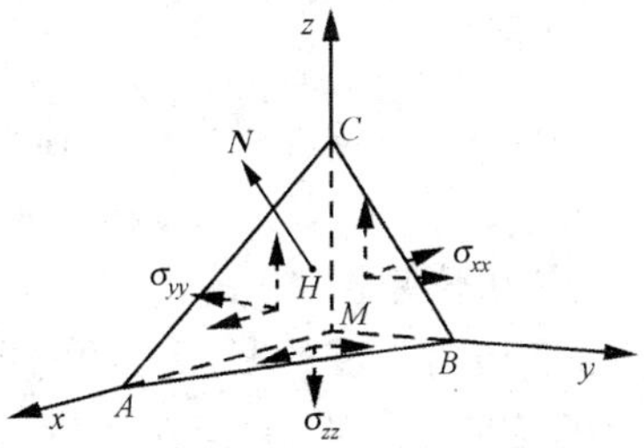

图 1.5.2　任意方向截面上的应力

如图 1.5.2 所示，空间有一个点 M，过 M 建立笛卡儿坐标系，它的坐标轴分别为 x, y, z，坐标轴上单位矢量分别为 $\boldsymbol{i}, \boldsymbol{j}, \boldsymbol{k}$. 在距 M 点为 h 的点 H 处建立一个与 MH 连线垂直的平面. 此平面外法向为 $\boldsymbol{N}$(即 $\boldsymbol{N}$ 与 MH 连线平行)，它与坐标轴分别交于 A, B, C 三点，在 ABC 平面建立 $\boldsymbol{N}, \boldsymbol{S}, \boldsymbol{T}$ 坐标系，$\boldsymbol{N}$ 垂直于该平面，$\boldsymbol{S}, \boldsymbol{T}$ 在 ABC 平面内. 假想沿着该平面把流体切开，该平面上作用着内力 $\boldsymbol{F}_N$，$\boldsymbol{F}_N$ 不一定和 $\boldsymbol{N}$ 平行或垂直，它可以按坐标轴方向分解为

$$\boldsymbol{F}_N = F_{Nx}\boldsymbol{i} + F_{Ny}\boldsymbol{j} + F_{Nz}\boldsymbol{k}, \tag{1.5.6}$$

其中

$$F_{Nx} = \sigma_{xx} l_1 + \tau_{xy} m_1 + \tau_{xz} n_1, \tag{1.5.7a}$$

$$F_{Ny} = \tau_{yx} l_1 + \sigma_{yy} m_1 + \tau_{yz} n_1, \tag{1.5.7b}$$

$$F_{Nz} = \tau_{zx} l_1 + \tau_{zy} m_1 + \sigma_{zz} n_1, \tag{1.5.7c}$$

而 $l_1 = \cos(\boldsymbol{N}, \boldsymbol{i})$，$m_1 = \cos(\boldsymbol{N}, \boldsymbol{j})$，$n_1 = \cos(\boldsymbol{N}, \boldsymbol{k})$.

当 $h \to 0$ 时，ABC 平面→M 点. $\boldsymbol{F}_N$ 即为过 M 点、外法向为 $\boldsymbol{N}$ 的截面上的内力.

过 M 点外法向为 $\boldsymbol{N}$ 的截面上的应力. 设该平面沿着 $\boldsymbol{N}, \boldsymbol{S}, \boldsymbol{T}$ 三个坐标轴上的单位矢量分别是 $\boldsymbol{N}_0, \boldsymbol{S}_0, \boldsymbol{T}_0$，则

$$\boldsymbol{i} = l_1 \boldsymbol{N}_0 + l_2 \boldsymbol{S}_0 + l_3 \boldsymbol{T}_0, \tag{1.5.8a}$$

$$\boldsymbol{j} = m_1 \boldsymbol{N}_0 + m_2 \boldsymbol{S}_0 + m_3 \boldsymbol{T}_0, \tag{1.5.8b}$$

$$\boldsymbol{k} = n_1 \boldsymbol{N}_0 + n_2 \boldsymbol{S}_0 + n_3 \boldsymbol{T}_0. \tag{1.5.8c}$$

反之

$$\boldsymbol{N}_0 = l_1 \boldsymbol{i} + m_1 \boldsymbol{j} + n_1 \boldsymbol{k}, \tag{1.5.9a}$$

$$\boldsymbol{S}_0 = l_2 \boldsymbol{i} + m_2 \boldsymbol{j} + n_2 \boldsymbol{k}, \tag{1.5.9b}$$

$$\boldsymbol{T}_0 = l_3 \boldsymbol{i} + m_3 \boldsymbol{j} + n_3 \boldsymbol{k}. \tag{1.5.9c}$$

外法线为 $\boldsymbol{N}$ 的截面上的应力可以沿 $\boldsymbol{N}, \boldsymbol{S}, \boldsymbol{T}$ 三个方向分解为

$$\begin{aligned}\boldsymbol{F}_N \cdot \boldsymbol{N}_0 &= \sigma_{NN} \\ &= (\sigma_{xx} l_1 + \tau_{xy} m_1 + \tau_{xz} n_1) l_1 + (\tau_{yx} l_1 + \sigma_{yy} m_1 + \tau_{yz} n_1) m_1 \\ &\quad + (\tau_{zx} l_1 + \tau_{zy} m_1 + \sigma_{zz} n_1) n_1,\end{aligned} \tag{1.5.10a}$$

$$\begin{aligned}\boldsymbol{F}_N \cdot \boldsymbol{S}_0 &= \tau_{NS} \\ &= (\sigma_{xx} l_1 + \tau_{xy} m_1 + \tau_{xz} n_1) l_2 + (\tau_{yx} l_1 + \sigma_{yy} m_1 + \tau_{yz} n_1) m_2 \\ &\quad + (\tau_{zx} l_1 + \tau_{zy} m_1 + \sigma_{zz} n_1) n_2,\end{aligned} \tag{1.5.10b}$$

$$\begin{aligned}\boldsymbol{F}_N \cdot \boldsymbol{T}_0 &= \tau_{NT} \\ &= (\sigma_{xx} l_1 + \tau_{xy} m_1 + \tau_{xz} n_1) l_3 + (\tau_{yx} l_1 + \sigma_{yy} m_1 + \tau_{yz} n_1) m_3 \\ &\quad + (\tau_{zx} l_1 + \tau_{zy} m_1 + \sigma_{zz} n_1) n_3.\end{aligned} \tag{1.5.10c}$$

3. 主应力与应力不变量.

(1) 主应力：剪应力为零的截面上的法向应力即为主应力. 在过一点无穷多个截面中只有三个截面上的剪应力为零，只有法向应力，也就是说这三个法向应力就是主应力 $\sigma_1, \sigma_2, \sigma_3$，这些截面的法线方向就是主方向. 主应力的大小可以由下式求出

$$\begin{vmatrix} \sigma_{xx} - \sigma_\nu & \tau_{xy} & \tau_{xz} \\ \tau_{yx} & \sigma_{yy} - \sigma_\nu & \tau_{yz} \\ \tau_{zx} & \tau_{zy} & \sigma_{zz} - \sigma_\nu \end{vmatrix} = 0. \tag{1.5.11}$$

展开此行列式得

$$-\sigma_\nu^3 + \sigma_1 \sigma_\nu^2 + \sigma_2 \sigma_\nu + \sigma_3 = 0, \tag{1.5.12}$$

系数 $\sigma_1, \sigma_2, \sigma_3$ 是主应力，它们可以表示为

$$\sigma_1 = \sigma_{xx} + \sigma_{yy} + \sigma_{zz}, \tag{1.5.13a}$$

$$\sigma_2 = -\sigma_{xx}\sigma_{yy} - \sigma_{yy}\sigma_{zz} - \sigma_{zz}\sigma_{xx} + \tau_{xy}\tau_{yx} + \tau_{yz}\tau_{zy} + \tau_{zx}\tau_{xz}, \tag{1.5.13b}$$

$$\sigma_3 = \begin{vmatrix} \sigma_{xx} & \tau_{xy} & \tau_{xz} \\ \tau_{yx} & \sigma_{yy} & \tau_{yz} \\ \tau_{zx} & \tau_{zy} & \sigma_{zz} \end{vmatrix}. \tag{1.5.13c}$$

当坐标系通过转动过渡到另一个坐标系时,式(1.5.12)中的系数 $\sigma_1,\sigma_2,\sigma_3$ 不变,称为应力张量的不变量. $\frac{1}{3}(\sigma_1+\sigma_2+\sigma_3)$ 称为平均正应力. 每个主应力所在平面的法向称为主法向. 应力主轴就是三个主应力的方向轴.

(2) 应力不变量: 如果把坐标轴的方向取得与所研究点的应力主轴方向一致,则应力不变量可以表示为

$$p_1 = \sigma_1 + \sigma_2 + \sigma_3, \tag{1.5.14a}$$

$$p_2 = -\sigma_1\sigma_2 - \sigma_2\sigma_3 - \sigma_3\sigma_1, \tag{1.5.14b}$$

$$p_3 = \sigma_1\sigma_2\sigma_3. \tag{1.5.14c}$$

如果将坐标轴的方向取为应力主轴的方向,则

$$\boldsymbol{p}_N = \sum_{k=1}^{3} p_k l_k \boldsymbol{i}_k. \tag{1.5.15}$$

现在取通过同一点的第二个面积,此面积的法向为 $\boldsymbol{N}'$, $\boldsymbol{N}'$ 的方向余弦为 $l_{k'}$,把应力矢量 $\boldsymbol{p}_N$ 投影到第二个面积的法线 $\boldsymbol{N}'$ 的方向上,可以得到

$$p_{NN'} = \sum_{k=1}^{3} p_k l_k l_k'. \tag{1.5.16}$$

如果取法向为 $\boldsymbol{N}'$ 的第二个面积上的应力矢量 $\boldsymbol{p}_{N'}$,并把它投影到第一个面积的法线上,则得到和上式右边相同的表达式. 因此,对于两个彼此成任意角度的面积上的应力,都可以得到应力的相互关系:

$$p_{NN'} = p_{N'N}. \tag{1.5.17}$$

把这个等式用到三个互相垂直的面积上,这三个面积的法向和任意坐标轴方向一致,则得到剪应力的相互关系或剪应力的共轭性:

$$p_{12} = p_{21}, \quad p_{23} = p_{32}, \quad p_{13} = p_{31}. \tag{1.5.18}$$

4. 应力椭球.

沿法向 $\boldsymbol{N}$ 取一线段 Ok, k 端的相对坐标记为 ξ_k,则有

$$\xi_k = \overrightarrow{Ok} l_k, \tag{1.5.19}$$

由此定出 l_k,并把它代入式(1.5.16)的右边,得到

$$\overrightarrow{Ok}^2 p_{NN} = \sum_{m=1}^{3}\sum_{k=1}^{3} p_{km}\xi_k\xi_m. \tag{1.5.20}$$

我们选择 Ok 的长度,使得

$$\overrightarrow{Ok}^2 p_{NN} = 1. \tag{1.5.21}$$

因此,若取一线段,使这线段长度的平方和与以此线段为法线的面积上的正应力的数值成反比,则此线段端点的方程式可以表示为

$$2F \equiv \sum_{m=1}^{3}\sum_{k=1}^{3} p_{km}\xi_k\xi_m = 1, \tag{1.5.22}$$

所得到的二次曲面叫做该点的应力曲面.应力曲面的主轴称为应力主轴,该二次曲面垂直于应力主轴的面积叫做主面积,在主面积上剪应力为零,应力矢量将和主面积的法线严格平行.因此,在主面积上将只有一个正应力,它叫做该点的主应力.

应力椭球的表达式为

$$\left(\frac{\xi}{\sigma_1}\right)^2 + \left(\frac{\eta}{\sigma_2}\right)^2 + \left(\frac{\zeta}{\sigma_3}\right)^2 = 1, \tag{1.5.23}$$

其中 $\sigma_1, \sigma_2, \sigma_3$ 是主应力;ξ, η, ζ 分别是椭球面的三个主长度.

5. 应力的球形张量与应力的偏张量.

(1) 应力的球形张量:它是各向同性张量.可写为

$$\begin{bmatrix} \sigma_0 & 0 & 0 \\ 0 & \sigma_0 & 0 \\ 0 & 0 & \sigma_0 \end{bmatrix} = \widehat{\sigma_0 \delta_{ij}}, \tag{1.5.24}$$

其中

$$\sigma_0 = \frac{1}{3}(\sigma_{xx} + \sigma_{yy} + \sigma_{zz}), \tag{1.5.25}$$

$$\delta_{ij} = \begin{cases} 1, & i = j, \\ 0, & i \neq j, \end{cases} \tag{1.5.26}$$

δ_{ij} 叫做克罗内克符号.

如果流体各向同性受拉或受压,外力仅仅能改变流体的体积,而不能改变流体的形状.

(2) 应力的偏张量

$$\hat{\sigma}'_{ij} = \begin{bmatrix} \sigma_{xx} - \sigma_0 & \tau_{xy} & \tau_{xz} \\ \tau_{xy} & \sigma_{yy} - \sigma_0 & \tau_{yz} \\ \tau_{xz} & \tau_{yz} & \sigma_{zz} - \sigma_0 \end{bmatrix} = \hat{\sigma}_{ij} - \widehat{\sigma_0 \delta_{ij}}. \tag{1.5.27}$$

物体受力后形状的改变只和应力的偏张量有关.

三、静水压力

流体静止时的应力状态与固体静止时的应力状态有显著的不同.

1. 流体一点处任意截面的应力:只有压应力,没有剪应力,且各点的压应力大小相等,即

$$\sigma_{xx} = \sigma_{yy} = \sigma_{zz} = -p, \tag{1.5.28}$$

$$\tau_{xy} = \tau_{yz} = \tau_{zx} = 0. \tag{1.5.29}$$

2. 压应力 p 的大小:p 只与该点在流体中的深度有关

$$p = \rho g z + p_0, \tag{1.5.30}$$

其中 p_0 是流体表面所受的压力,z 是流体质点所处的深度,g 是重力加速度,ρ 是流体的密度.

第 2 章　黏性流体运动的基本方程

§2.1　连续性方程(质量守恒方程)

一、拉格朗日变数的连续性方程

基本思想：t_0 时刻质点集合的质量等于 t 时刻质点集合的质量.如图 2.1.1 所示,在 t_0 时刻,在(x_0,y_0,z_0)处有流体体积 τ_0,到 t 时刻流到(x,y,z)处,体积变为 τ.在 t_0 时刻质点位于(x_0,y_0,z_0)处：

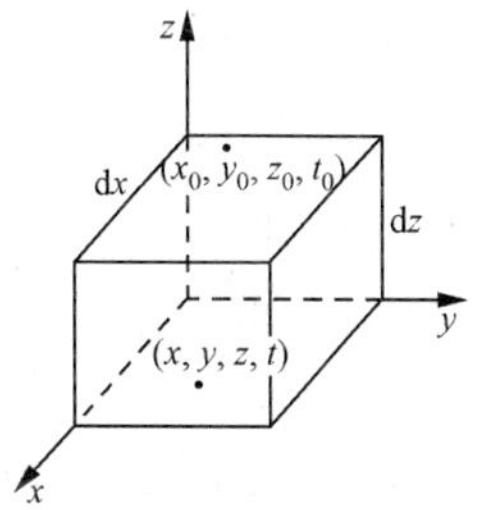

图 2.1.1　拉格朗日变数的坐标描述

$$x_0 = f_1(a,b,c,t_0), \tag{2.1.1}$$

$$y_0 = f_2(a,b,c,t_0), \tag{2.1.2}$$

$$z_0 = f_3(a,b,c,t_0), \tag{2.1.3}$$

$$\rho_0 = \rho_0(a,b,c,t_0). \tag{2.1.4}$$

到 t 时刻质点位于(x,y,z)处：

$$x = f_1(a,b,c,t), \tag{2.1.5}$$

$$y = f_2(a,b,c,t), \tag{2.1.6}$$

$$z = f_3(a,b,c,t), \tag{2.1.7}$$

$$\rho = \rho(a,b,c,t). \tag{2.1.8}$$

两个时刻总质量不变,即

$$\int_{\tau_0} \rho_0 \mathrm{d}x_0 \mathrm{d}y_0 \mathrm{d}z_0 = \int_{\tau} \rho \mathrm{d}x \mathrm{d}y \mathrm{d}z. \tag{2.1.9}$$

而 τ 和 τ_0 所对应的(a,b,c)质点集合为 Δ,则

$$\int_{\tau_0} \rho_0 \mathrm{d}x_0 \mathrm{d}y_0 \mathrm{d}z_0 = \int_{\Delta} \rho_0 D_0 \mathrm{d}a \mathrm{d}b \mathrm{d}c, \tag{2.1.10}$$

$$\int_{\tau} \rho \mathrm{d}x \mathrm{d}y \mathrm{d}z = \int_{\Delta} \rho D \mathrm{d}a \mathrm{d}b \mathrm{d}c, \tag{2.1.11}$$

其中

$$D_0 = \begin{vmatrix} \dfrac{\partial x_0}{\partial a} & \dfrac{\partial y_0}{\partial a} & \dfrac{\partial z_0}{\partial a} \\ \dfrac{\partial x_0}{\partial b} & \dfrac{\partial y_0}{\partial b} & \dfrac{\partial z_0}{\partial b} \\ \dfrac{\partial x_0}{\partial c} & \dfrac{\partial y_0}{\partial c} & \dfrac{\partial z_0}{\partial c} \end{vmatrix}, \tag{2.1.12}$$

$$D=\begin{vmatrix}\frac{\partial x}{\partial a} & \frac{\partial y}{\partial a} & \frac{\partial z}{\partial a}\\ \frac{\partial x}{\partial b} & \frac{\partial y}{\partial b} & \frac{\partial z}{\partial b}\\ \frac{\partial x}{\partial c} & \frac{\partial y}{\partial c} & \frac{\partial z}{\partial c}\end{vmatrix}. \tag{2.1.13}$$

D_0 是(x_0,y_0,z_0)与(a,b,c)进行变换的雅可比行列式,D 是(x,y,z)与(a,b,c)进行变换的雅可比行列式. 可以推知

$$\int_{\Delta}\rho_0 D_0\,\mathrm{d}a\mathrm{d}b\mathrm{d}c=\int_{\Delta}\rho D\,\mathrm{d}a\mathrm{d}b\mathrm{d}c. \tag{2.1.14}$$

由于 τ_0 的选择是任意的,故 Δ 亦是任意的. 所以

$$\rho_0 D_0=\rho D, \tag{2.1.15}$$

即

$$\rho_0(a,b,c,t_0)\begin{vmatrix}\frac{\partial x_0}{\partial a} & \frac{\partial y_0}{\partial a} & \frac{\partial z_0}{\partial a}\\ \frac{\partial x_0}{\partial b} & \frac{\partial y_0}{\partial b} & \frac{\partial z_0}{\partial b}\\ \frac{\partial x_0}{\partial c} & \frac{\partial y_0}{\partial c} & \frac{\partial z_0}{\partial c}\end{vmatrix}=\rho(a,b,c,t)\begin{vmatrix}\frac{\partial x}{\partial a} & \frac{\partial y}{\partial a} & \frac{\partial z}{\partial a}\\ \frac{\partial x}{\partial b} & \frac{\partial y}{\partial b} & \frac{\partial z}{\partial b}\\ \frac{\partial x}{\partial c} & \frac{\partial y}{\partial c} & \frac{\partial z}{\partial c}\end{vmatrix}. \tag{2.1.16}$$

二、欧拉变数的连续性方程

1. 基本思想：在空间微元体(如图 2.1.2 所示)内由于流体密度的变化引起质量的变化等于流进、流出微元体的质量之差.

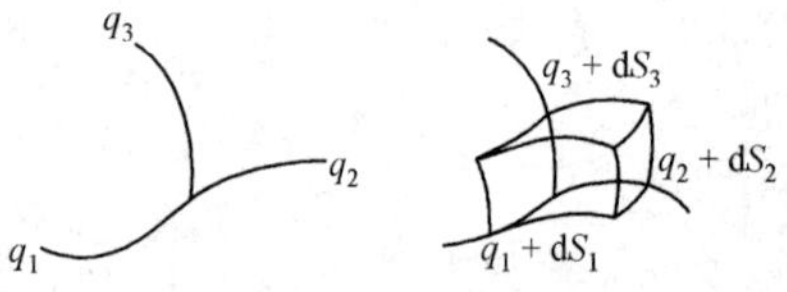

图 2.1.2　欧拉变数的坐标描述

2. 任意曲线坐标(q_1,q_2,q_3)下的连续性方程.

在任意曲线坐标下,一个质点的位置可以用三个正交曲线坐标(q_1,q_2,q_3)来确定,过此点引三个坐标线元 $\delta S_1,\delta S_2,\delta S_3$,它们与曲线坐标轴的线元之间有下述关系：

$$\delta S_1=H_1\delta q_1,\quad \delta S_2=H_2\delta q_2,\quad \delta S_3=H_3\delta q_3,$$

其中 H_1,H_2,H_3 是拉姆参数.

流体质点速度矢量 $\boldsymbol{v}=v_1\boldsymbol{e}_1+v_2\boldsymbol{e}_2+v_3\boldsymbol{e}_3$,其分量可以如下表示：

$$v_1=H_1\frac{\mathrm{d}q_1}{\mathrm{d}t},\quad v_2=H_2\frac{\mathrm{d}q_2}{\mathrm{d}t},\quad v_3=H_3\frac{\mathrm{d}q_3}{\mathrm{d}t}.$$

(1) 微元体内流体质量从 t 时刻到 $t+\Delta t$ 时刻的变化

$$[\rho(t+\Delta t)-\rho(t)]\delta S_1\delta S_2\delta S_3=\frac{\partial\rho}{\partial t}\delta S_1\delta S_2\delta S_3\Delta t=\frac{\partial\rho}{\partial t}H_1H_2H_3\delta q_1\delta q_2\delta q_3\Delta t. \tag{2.1.17}$$

(2) Δt 时间内流进、流出微元体的质量差为

$$[(\rho v_1)_{q_1}-(\rho v_1)_{q_1+\delta S_1}]\delta S_2\delta S_3\Delta t+[(\rho v_2)_{q_2}-(\rho v_2)_{q_2+\delta S_2}]\delta S_1\delta S_3\Delta t$$
$$+[(\rho v_3)_{q_3}-(\rho v_3)_{q_3+\delta S_3}]\delta S_1\delta S_2\Delta t, \tag{2.1.18}$$

其中 $\delta S_i\delta S_j$ 代表六面体不同的表面面积,以 q_i 为下标的是流进质量,以 $q_i+\delta S_i$ 为下标的是流出质量.

(3) 在任意曲线坐标(q_1,q_2,q_3)下的连续性方程:

固定曲面六面体质量的变化分为两部分:一部分是六面体内流体质量的变化;另一部分是经由界面流进、流出的质量.以流入为"+",流出为"-".

在 t 时刻六面体内流体的质量为

$$(\rho)_t H_1H_2H_3\delta q_1\delta q_2\delta q_3. \tag{2.1.19}$$

在 $t+\Delta t$ 时刻六面体内流体的质量为

$$(\rho)_{t+\Delta t}H_1H_2H_3\delta q_1\delta q_2\delta q_3=\left[(\rho)_t+\Delta t\frac{\partial\rho}{\partial t}+\cdots\right]H_1H_2H_3\delta q_1\delta q_2\delta q_3. \tag{2.1.20}$$

因此,在时间间隔 Δt 内六面体内流入减流出的质量等于

$$-\left[\frac{\partial(\rho v_1H_2H_3)}{\partial q_1}+\frac{\partial(\rho v_2H_1H_3)}{\partial q_2}+\frac{\partial(\rho v_3H_1H_2)}{\partial q_3}\right]\Delta t\delta q_1\delta q_2\delta q_3-\cdots. \tag{2.1.21}$$

假设六面体内流体没有源头,在时间间隔 Δt 内六面体内流体的质量的变化等于流入减流出的质量,即

$$\frac{\partial\rho}{\partial t}H_1H_2H_3\Delta t\delta q_1\delta q_2\delta q_3+\cdots$$
$$=-\left[\frac{\partial(\rho v_1H_2H_3)}{\partial q_1}+\frac{\partial(\rho v_2H_1H_3)}{\partial q_2}+\frac{\partial(\rho v_3H_1H_2)}{\partial q_3}\right]\Delta t\delta q_1\delta q_2\delta q_3-\cdots. \tag{2.1.22}$$

等式两边同除以 $H_1H_2H_3\Delta t\delta q_1\delta q_2\delta q_3$,且使 $\delta q_1\to0,\delta q_2\to0,\delta q_3\to0$,即使六面体缩为一点,并且使时间间隔趋于零,我们得到在曲线坐标中空间固定点处质量变化的方程式

$$\frac{\partial\rho}{\partial t}+\frac{1}{H_1H_2H_3}\left[\frac{\partial(\rho v_1H_2H_3)}{\partial q_1}+\frac{\partial(\rho v_2H_1H_3)}{\partial q_2}+\frac{\partial(\rho v_3H_1H_2)}{\partial q_3}\right]=0, \tag{2.1.23}$$

此式称为在任意曲线坐标下的连续性方程.它把流体密度的位置变化与对流变化同速度从一点到另一点的变化联系起来了,进而可改写成

$$\frac{\partial\rho}{\partial t}+\frac{1}{H_1H_2H_3}\left[(v_1H_2H_3)\frac{\partial\rho}{\partial q_1}+(v_2H_1H_3)\frac{\partial\rho}{\partial q_2}+(v_3H_1H_2)\frac{\partial\rho}{\partial q_3}\right]$$
$$+\frac{\rho}{H_1H_2H_3}\left[\frac{\partial(v_1H_2H_3)}{\partial q_1}+\frac{\partial(v_2H_1H_3)}{\partial q_2}+\frac{\partial(v_3H_1H_2)}{\partial q_3}\right]=0. \tag{2.1.24}$$

因为

$$\frac{\mathrm{d}\rho}{\mathrm{d}t}=\frac{\partial\rho}{\partial t}+\frac{1}{H_1H_2H_3}\left[(v_1H_2H_3)\frac{\partial\rho}{\partial q_1}+(v_2H_1H_3)\frac{\partial\rho}{\partial q_2}+(v_3H_1H_2)\frac{\partial\rho}{\partial q_3}\right], \tag{2.1.25}$$

而且

$$\nabla \cdot \boldsymbol{v} = \frac{1}{H_1 H_2 H_3}\left[\frac{\partial(v_1 H_2 H_3)}{\partial q_1} + \frac{\partial(v_2 H_1 H_3)}{\partial q_2} + \frac{\partial(v_3 H_1 H_2)}{\partial q_3}\right], \tag{2.1.26}$$

所以可以把任意曲线坐标下的连续性方程简写为

$$\frac{\mathrm{d}\rho}{\mathrm{d}t} + \rho \nabla \cdot \boldsymbol{v} = 0. \tag{2.1.27}$$

3. 笛卡儿坐标下的连续性方程.

由于 $H_1 = H_2 = H_3 = 1$，而且 $q_1 = x, q_2 = y, q_3 = z$，故而式(2.1.23)可写为

$$\frac{\partial \rho}{\partial t} + \left[\frac{\partial(\rho v_1)}{\partial x} + \frac{\partial(\rho v_2)}{\partial y} + \frac{\partial(\rho v_3)}{\partial z}\right] = 0, \tag{2.1.28}$$

即

$$\left(\frac{\partial \rho}{\partial t} + v_1 \frac{\partial \rho}{\partial x} + v_2 \frac{\partial \rho}{\partial y} + v_3 \frac{\partial \rho}{\partial z}\right) + \rho\left(\frac{\partial v_1}{\partial x} + \frac{\partial v_2}{\partial y} + \frac{\partial v_3}{\partial z}\right) = 0, \tag{2.1.29}$$

而

$$v_1 = \frac{\partial x}{\partial t}, \quad v_2 = \frac{\partial y}{\partial t}, \quad v_3 = \frac{\partial z}{\partial t}.$$

速度的散度为 $\nabla \cdot \boldsymbol{v} = \frac{\partial v_1}{\partial x} + \frac{\partial v_2}{\partial y} + \frac{\partial v_3}{\partial z}$，代表单位体积流体的膨胀率.

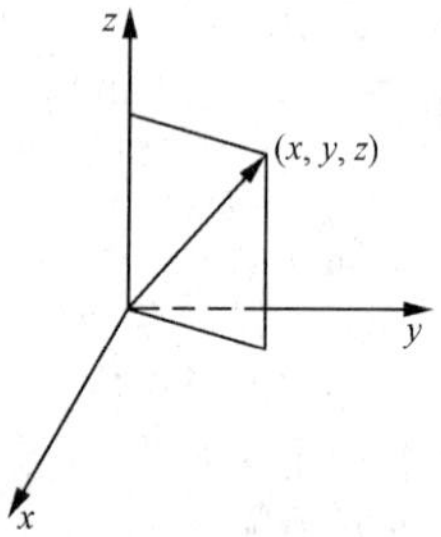

图 2.1.3　笛卡儿坐标

进而可把在笛卡儿坐标(如图 2.1.3 所示)下的连续性方程写为与式(2.1.27)相同的表达式

$$\frac{\mathrm{d}\rho}{\mathrm{d}t} + \rho \nabla \cdot \boldsymbol{v} = 0.$$

(1) 不可压缩流体在笛卡儿坐标下的连续性方程：

因为流体不可压缩，所以

$$\nabla \cdot \boldsymbol{v} = 0 \Longrightarrow \frac{\mathrm{d}\rho}{\mathrm{d}t} = 0 \Longrightarrow \rho = \text{const.}(\text{常数}). \tag{2.1.30}$$

(2) 有速度势流体笛卡儿坐标下的连续性方程：假定速度势为 ψ，速度与速度势的关系为

$$v_1 = \frac{1}{H_1}\frac{\partial \psi}{\partial q_1}, \quad v_2 = \frac{1}{H_2}\frac{\partial \psi}{\partial q_2}, \quad v_3 = \frac{1}{H_3}\frac{\partial \psi}{\partial q_3}.$$

因为

$$H_1 = H_2 = H_3 = 1,$$

所以

$$v_1 = \frac{\partial \psi}{\partial x}, \quad v_2 = \frac{\partial \psi}{\partial y}, \quad v_3 = \frac{\partial \psi}{\partial z}.$$

进而在笛卡儿坐标下有速度势流体的连续性方程为

$$\nabla \cdot \boldsymbol{v} = \frac{\partial^2 \psi}{\partial x^2} + \frac{\partial^2 \psi}{\partial y^2} + \frac{\partial^2 \psi}{\partial z^2} = \Delta \psi, \tag{2.1.31}$$

其中 Δ 是拉普拉斯算符.

4. 圆柱坐标下不可压缩流体的连续性方程.

如图 2.1.4 所示，在圆柱坐标下 $H_1=1, H_2=r, H_3=1$；坐标 $q_1=r, q_2=\phi, q_3=z$；速度 $v_1=v_r, v_2=v_\phi, v_3=v_z$.

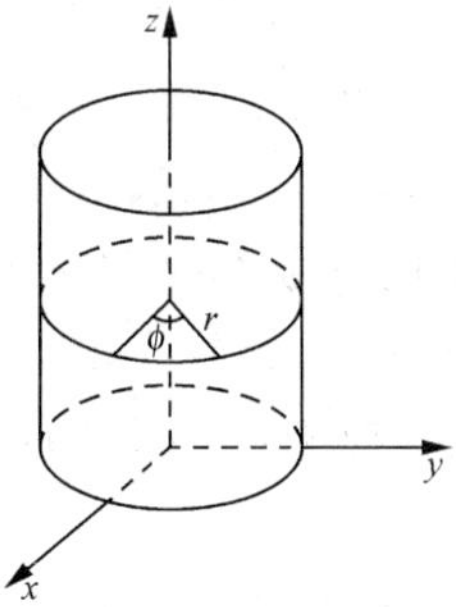

图 2.1.4 圆柱坐标

不可压缩条件为

$$\nabla\cdot\boldsymbol{v}=\frac{1}{r}\left[\frac{\partial(rv_r)}{\partial r}+\frac{\partial v_\phi}{\partial\phi}+\frac{\partial(rv_z)}{\partial z}\right]=0. \quad (2.1.32)$$

在圆柱坐标下的连续性方程

$$\frac{\partial\rho}{\partial t}+\frac{1}{r}\left[\frac{\partial(\rho rv_r)}{\partial r}+\frac{\partial(\rho v_\phi)}{\partial\phi}+\frac{\partial(\rho rv_z)}{\partial z}\right]=0. \quad (2.1.33)$$

5. 圆球坐标下的连续性方程.

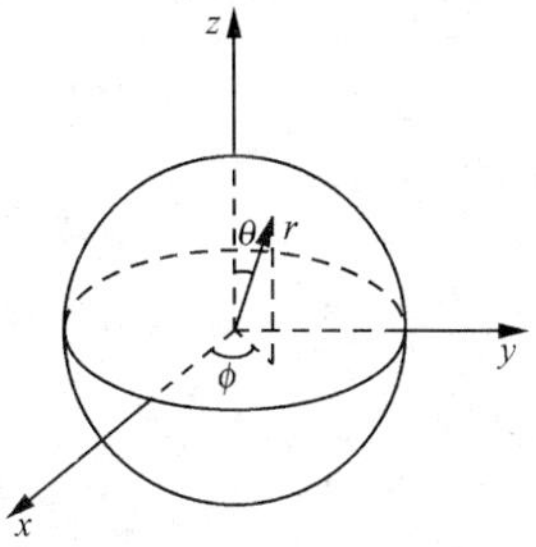

图 2.1.5 圆球坐标

如图 2.1.5 所示，在圆球坐标下 $H_1=1, H_2=r, H_3=r\sin\theta$；坐标 $q_1=r, q_2=\theta, q_3=\phi$；速度 $v_1=v_r, v_2=v_\theta, v_3=v_\phi$.

不可压缩条件为

$$\nabla\cdot\boldsymbol{v}=\frac{1}{r^2\sin\theta}\left[\frac{\partial(v_rr^2\sin\theta)}{\partial r}+\frac{\partial(v_\theta r\sin\theta)}{\partial\theta}+\frac{\partial(v_\phi r)}{\partial\phi}\right]=0, \quad (2.1.34)$$

在圆球坐标下的不可压缩连续性方程为

$$\frac{\partial\rho}{\partial t}+\frac{1}{r^2\sin\theta}\left[\frac{\partial(\rho v_rr^2\sin\theta)}{\partial r}+\frac{\partial(\rho v_\theta r\sin\theta)}{\partial\theta}+\frac{\partial(\rho rv_\phi)}{\partial\phi}\right]=0. \quad (2.1.35)$$

§2.2 动 量 方 程

一、动量的定义

质量与速度的乘积叫做动量.

二、动量定理

固定体积内动量的变化是由三部分原因引起的：一是外力的冲量，它是经由流体体积的界面流进、流出的质量与速度的乘积；二是外界质量力(体力)的冲量的作用；三是面力的冲量的作用. 所以动量的改变等于外力的冲量、体力的冲量与面力的冲量之和，这就是动量定理.

三、动量变化方程

1. 在任意坐标情况下六面体内空间固定点处动量变化的方程.

如果固定六面体的边长分别为 $\delta S_1, \delta S_2, \delta S_3$，$\boldsymbol{F}$ 表示作用在单位质量上的外力矢量，以 $\boldsymbol{p}_{-1}, \boldsymbol{p}_{-2}, \boldsymbol{p}_{-3}$ 表示在通过 O 点垂直于坐标线 q_1, q_2, q_3 的切线方向平面上的应力矢量. 下标中的负号表示这几个平面的法向与坐标线的正向相反. 在这种情况下，可以令

$$\boldsymbol{p}_{-1} = -\boldsymbol{p}_1, \quad \boldsymbol{p}_{-2} = -\boldsymbol{p}_2, \quad \boldsymbol{p}_{-3} = -\boldsymbol{p}_3.$$

在 t 时刻包含在六面体内的质量的动量矢量等于

$$(\rho \boldsymbol{v})_t H_1 H_2 H_3 \delta q_1 \delta q_2 \delta q_3, \tag{2.2.1}$$

在 $t+\Delta t$ 时刻，该六面体内的动量矢量等于

$$(\rho \boldsymbol{v})_{t+\Delta t} H_1 H_2 H_3 \delta q_1 \delta q_2 \delta q_3 = \left[(\rho \boldsymbol{v})_t + \frac{\partial}{\partial t}(\rho \boldsymbol{v})\Delta t + \cdots\right] H_1 H_2 H_3 \delta q_1 \delta q_2 \delta q_3. \tag{2.2.2}$$

如果内部没有使动量变化的其他来源，则固定六面体内动量矢量的增量等于

$$\frac{\partial}{\partial t}(\rho \boldsymbol{v}) H_1 H_2 H_3 \Delta t \delta q_1 \delta q_2 \delta q_3 + \cdots. \tag{2.2.3}$$

考虑经由垂直于坐标线 q_1 的切线之界面，经由此界面带入六面体内的动量矢量为

$$(\rho v_1 \boldsymbol{v} H_2 H_3)_{q_1} \delta q_2 \delta q_3 \Delta t,$$

经由六面体与上述界面相对的另一界面流出的质量将带出以下的动量矢量：

$$(\rho v_1 \boldsymbol{v} H_2 H_3)_{q_1+\delta q_1} \delta q_2 \delta q_3 \Delta t = \left[(\rho v_1 \boldsymbol{v} H_2 H_3)_{q_1} + \frac{\partial}{\partial q_1}(\rho v_1 \boldsymbol{v} H_2 H_3)\delta q_1 + \cdots\right] \delta q_2 \delta q_3 \Delta t, \tag{2.2.4}$$

因此，留在六面体内的动量矢量等于

$$-\frac{\partial}{\partial q_1}(\rho v_1 \boldsymbol{v} H_2 H_3)\delta q_1 \delta q_2 \delta q_3 \Delta t - \cdots. \tag{2.2.5}$$

对于另外两个界面也可以写出类似的式子，将三个式子相加，即可得到经由六面体的界面流入、流出而引起动量矢量的增量为

$$\left[-\frac{\partial}{\partial q_1}(\rho v_1 \boldsymbol{v} H_2 H_3) - \frac{\partial}{\partial q_2}(\rho v_2 \boldsymbol{v} H_1 H_3) - \frac{\partial}{\partial q_3}(\rho v_3 \boldsymbol{v} H_1 H_2)\right] \delta q_1 \delta q_2 \delta q_3 \Delta t - \cdots. \tag{2.2.6}$$

下面计算由于力的作用，引起的动量变化. 由于体力 $\boldsymbol{F}$ 的作用，六面体内质量的动量增量将等于此力的元冲量，即

$$\rho \boldsymbol{F} H_1 H_2 H_3 \delta q_1 \delta q_2 \delta q_3 \Delta t. \tag{2.2.7}$$

在垂直于坐标线 q_1 之切线的界面上，作用着应力矢量的冲量，它等于

$$\boldsymbol{p}_{-1} H_2 H_3 \delta q_2 \delta q_3 \Delta t = -(\boldsymbol{p}_1 H_2 H_3)_{q_1} \delta q_2 \delta q_3 \Delta t, \tag{2.2.8}$$

在对面的一个界面，其法线方向是坐标线的正向，作用在此界面上的冲量等于

$$(\boldsymbol{p}_1 H_2 H_3)_{q_1+\delta q_1}\delta q_2\delta q_3\Delta t=\left[(\boldsymbol{p}_1 H_2 H_3)_{q_1}+\frac{\partial}{\partial q_1}(\boldsymbol{p}_1 H_2 H_3)\delta q_1+\cdots\right]\delta q_2\delta q_3\Delta t, \tag{2.2.9}$$

因此,两个冲量合成等于

$$\frac{\partial}{\partial q_1}(\boldsymbol{p}_1 H_2 H_3)\delta q_1\delta q_2\delta q_3\Delta t+\cdots. \tag{2.2.10}$$

对于另外两个坐标线之切线的界面进行同样的讨论,然后三式相加,得到由于界面上应力的作用引起固定六面体内动量的增加为

$$\left[\frac{\partial}{\partial q_1}(\boldsymbol{p}_1 H_2 H_3)+\frac{\partial}{\partial q_2}(\boldsymbol{p}_2 H_3 H_1)+\frac{\partial}{\partial q_3}(\boldsymbol{p}_3 H_1 H_2)\right]\delta q_1\delta q_2\delta q_3\Delta t+\cdots. \tag{2.2.11}$$

如果六面体内没有别的使动量增加的来源,可以得到如下表达式:

$$\begin{aligned}\frac{\partial}{\partial t}(\rho\boldsymbol{v})H_1H_2H_3\delta q_1\delta q_2\delta q_3\Delta t+\cdots&=\rho\boldsymbol{F}H_1H_2H_3\delta q_1\delta q_2\delta q_3\Delta t\\&+\left[-\frac{\partial}{\partial q_1}(\rho v_1\boldsymbol{v}H_2H_3)-\frac{\partial}{\partial q_2}(\rho v_2\boldsymbol{v}H_1H_3)-\frac{\partial}{\partial q_3}(\rho v_3\boldsymbol{v}H_1H_2)\right]\delta q_1\delta q_2\delta q_3\Delta t-\cdots\\&+\left[\frac{\partial}{\partial q_1}(\boldsymbol{p}_1 H_2 H_3)+\frac{\partial}{\partial q_2}(\boldsymbol{p}_2 H_3 H_1)+\frac{\partial}{\partial q_3}(\boldsymbol{p}_3 H_1 H_2)\right]\delta q_1\delta q_2\delta q_3\Delta t+\cdots,\end{aligned} \tag{2.2.12}$$

两边除以 $H_1H_2H_3\delta q_1\delta q_2\delta q_3\Delta t$,并使六面体缩小为零,且时间间隔也趋于零,则得到在任意坐标情况下六面体内空间固定点处动量变化的方程:

$$\begin{aligned}&\frac{\partial}{\partial t}(\rho\boldsymbol{v})+\frac{1}{H_1H_2H_3}\left[\frac{\partial}{\partial q_1}(\rho v_1\boldsymbol{v}H_2H_3)+\frac{\partial}{\partial q_2}(\rho v_2\boldsymbol{v}H_1H_3)+\frac{\partial}{\partial q_3}(\rho v_3\boldsymbol{v}H_1H_2)\right]\\&\quad=\rho\boldsymbol{F}+\frac{1}{H_1H_2H_3}\left[\frac{\partial}{\partial q_1}(\boldsymbol{p}_1 H_2 H_3)+\frac{\partial}{\partial q_2}(\boldsymbol{p}_2 H_3 H_1)+\frac{\partial}{\partial q_3}(\boldsymbol{p}_3 H_1 H_2)\right].\end{aligned} \tag{2.2.13}$$

上式等号左侧的式子里含有 $\rho v_1\boldsymbol{v},\rho v_2\boldsymbol{v},\rho v_3\boldsymbol{v}$ 三个矢量,它们分别是流过垂直于坐标线之面积的质点迁移的动量矢量,这三个矢量组成一个张量,称之为质点动量的通量密度张量.式(2.2.13)也叫动量迁移方程,是麦克斯韦首次建立的.

2. 在固定六面体内笛卡儿坐标下以应力表示的动量变化方程为

$$\rho\frac{\mathrm{d}u}{\mathrm{d}t}=\rho F_x+\frac{\partial\sigma_{xx}}{\partial x}+\frac{\partial\tau_{xy}}{\partial y}+\frac{\partial\tau_{xz}}{\partial z}, \tag{2.2.14a}$$

$$\rho\frac{\mathrm{d}v}{\mathrm{d}t}=\rho F_y+\frac{\partial\tau_{yx}}{\partial x}+\frac{\partial\sigma_{yy}}{\partial y}+\frac{\partial\tau_{yz}}{\partial z}, \tag{2.2.14b}$$

$$\rho\frac{\mathrm{d}w}{\mathrm{d}t}=\rho F_z+\frac{\partial\tau_{zx}}{\partial x}+\frac{\partial\tau_{zy}}{\partial y}+\frac{\partial\sigma_{zz}}{\partial z}, \tag{2.2.14c}$$

应力张量的散度可以写为

$$\nabla\cdot\hat{\boldsymbol{\sigma}}=\frac{\partial}{\partial x}\boldsymbol{p}_x+\frac{\partial}{\partial y}\boldsymbol{p}_y+\frac{\partial}{\partial z}\boldsymbol{p}_z, \tag{2.2.15}$$

其中

$$\boldsymbol{p}_x=\sigma_{xx}\boldsymbol{i}+\tau_{xy}\boldsymbol{j}+\tau_{xz}\boldsymbol{k}, \tag{2.2.16a}$$

$$\boldsymbol{p}_y = \tau_{yx}\boldsymbol{i} + \sigma_{yy}\boldsymbol{j} + \tau_{yz}\boldsymbol{k}, \tag{2.2.16b}$$

$$\boldsymbol{p}_z = \tau_{zx}\boldsymbol{i} + \tau_{zy}\boldsymbol{j} + \sigma_{zz}\boldsymbol{k}. \tag{2.2.16c}$$

进而,应力张量的散度可以改写为

$$\nabla \cdot \hat{\boldsymbol{\sigma}} = \left(\frac{\partial \sigma_{xx}}{\partial x} + \frac{\partial \tau_{xy}}{\partial y} + \frac{\partial \tau_{xz}}{\partial z}\right)\boldsymbol{i} + \left(\frac{\partial \tau_{yx}}{\partial x} + \frac{\partial \sigma_{yy}}{\partial y} + \frac{\partial \tau_{yz}}{\partial z}\right)\boldsymbol{j} + \left(\frac{\partial \tau_{zx}}{\partial x} + \frac{\partial \tau_{zy}}{\partial y} + \frac{\partial \sigma_{zz}}{\partial z}\right)\boldsymbol{k}. \tag{2.2.17}$$

所以在笛卡儿坐标下以应力表示的动量变化方程为

$$\frac{\partial}{\partial t}(\rho \boldsymbol{v}) + \left[\frac{\partial}{\partial x}(\rho u \boldsymbol{v}) + \frac{\partial}{\partial y}(\rho v \boldsymbol{v}) + \frac{\partial}{\partial z}(\rho w \boldsymbol{v})\right] = \rho \boldsymbol{F} + \left[\frac{\partial \boldsymbol{P}_x}{\partial x} + \frac{\partial \boldsymbol{P}_y}{\partial y} + \frac{\partial \boldsymbol{P}_z}{\partial z}\right]. \tag{2.2.18}$$

3. 在圆柱坐标下以应力表示的动量变化方程.

由于 $H_1=1, H_2=r, H_3=1$,且 $q_1=r, q_2=\phi, q_3=z$,则式(2.2.13)变为下式

$$\frac{\partial}{\partial t}(\rho \boldsymbol{v}) + \frac{1}{r}\left[\frac{\partial}{\partial r}(\rho v_1 r \boldsymbol{v}) + \frac{\partial}{\partial \phi}(\rho v_2 \boldsymbol{v}) + \frac{\partial}{\partial z}(\rho v_3 r \boldsymbol{v})\right]$$
$$= \rho \boldsymbol{F} + \frac{1}{r}\left[\frac{\partial}{\partial r}(\boldsymbol{p}_1 r) + \frac{\partial}{\partial \phi}(\boldsymbol{p}_2) + \frac{\partial}{\partial z}(\boldsymbol{p}_3 r)\right], \tag{2.2.19}$$

其中

$$\boldsymbol{p}_1 = \sigma_{rr}\boldsymbol{r} + \tau_{r\phi}\boldsymbol{\phi} + \tau_{rz}\boldsymbol{z}, \tag{2.2.20a}$$

$$\boldsymbol{p}_2 = \tau_{\phi r}\boldsymbol{r} + \sigma_{\phi\phi}\boldsymbol{\phi} + \tau_{\phi z}\boldsymbol{z}, \tag{2.2.20b}$$

$$\boldsymbol{p}_3 = \tau_{zr}\boldsymbol{r} + \tau_{z\phi}\boldsymbol{\phi} + \sigma_{zz}\boldsymbol{z}. \tag{2.2.20c}$$

$\boldsymbol{r}, \boldsymbol{\phi}, \boldsymbol{z}$ 是圆柱坐标的单位矢量.

4. 在圆球坐标下以应力表示的动量变化方程.

由于 $H_1=1, H_2=r, H_3=r\sin\theta, q_1=r, q_2=\theta, q_3=\phi$,

$$\frac{\partial}{\partial t}(\rho \boldsymbol{v}) + \frac{1}{r^2\sin\theta}\left[\frac{\partial}{\partial r}(\rho v_r \boldsymbol{v} r^2\sin\theta) + \frac{\partial}{\partial \theta}(\rho v_\theta \boldsymbol{v} r\sin\theta) + \frac{\partial}{\partial \phi}(\rho v_\phi \boldsymbol{v} r)\right]$$
$$= \rho \boldsymbol{F} + \frac{1}{r^2\sin\theta}\left[\frac{\partial}{\partial r}(\boldsymbol{p}_1 r^2\sin\theta) + \frac{\partial}{\partial \theta}(\boldsymbol{p}_2 r\sin\theta) + \frac{\partial}{\partial \phi}(\boldsymbol{p}_3 r)\right], \tag{2.2.21}$$

其中

$$\boldsymbol{p}_1 = \sigma_{rr}\boldsymbol{r} + \tau_{r\theta}\boldsymbol{\theta} + \tau_{r\phi}\boldsymbol{\phi}, \tag{2.2.22a}$$

$$\boldsymbol{p}_2 = \tau_{\theta r}\boldsymbol{r} + \sigma_{\theta\theta}\boldsymbol{\theta} + \tau_{\theta\phi}\boldsymbol{\phi}, \tag{2.2.22b}$$

$$\boldsymbol{p}_3 = \tau_{\phi r}\boldsymbol{r} + \tau_{\phi\theta}\boldsymbol{\theta} + \sigma_{\phi\phi}\boldsymbol{\phi}, \tag{2.2.22c}$$

$\boldsymbol{r}, \boldsymbol{\theta}, \boldsymbol{\phi}$ 是圆球坐标的单位矢量.

§2.3 能量迁移方程

一、总能量定理

单位时间内一定体积的流团之总能量(动能+内能)的变化等于单位时间内该体积所受体力做功加上面力做功再加上由外界传入该体积之热流.

1. Δt 时间间隔内六面体内滞留的总能量.

t 时刻六面体内所含质量具有的动能为$\frac{1}{2}\rho v^2$,内能为 $U=J\rho cT$,其中 ρ 是密度,J 是热功当量,c 是比热容,T 是绝对温度.

如果流团是一个边长为 $\delta S_1,\delta S_2,\delta S_3$ 的固定六面体,则

(1) 在 t 时刻六面体内所含质量具有的总能量等于

$$\left[\rho\left(\frac{v^2}{2}+U\right)\right]_t H_1 H_2 H_3 \delta q_1 \delta q_2 \delta q_3. \tag{2.3.1}$$

(2) 在 $t+\Delta t$ 时刻,六面体内质量具有的总能量等于

$$\begin{aligned}&\left[\rho\left(\frac{v^2}{2}+U\right)\right]_{t+\Delta t} H_1 H_2 H_3 \delta q_1 \delta q_2 \delta q_3\\&\quad=\left\{\left[\rho\left(\frac{v^2}{2}+U\right)\right]_t+\frac{\partial}{\partial t}\left[\rho\left(\frac{v^2}{2}+U\right)\right]\Delta t+\cdots\right\} H_1 H_2 H_3 \delta q_1 \delta q_2 \delta q_3.\end{aligned} \tag{2.3.2}$$

(3) 因此,固定体积内的总能量在时间间隔 Δt 内的增量可表示为

$$\left\{\frac{\partial}{\partial t}\left[\rho\left(\frac{v^2}{2}+U\right)\right]\Delta t+\cdots\right\} H_1 H_2 H_3 \delta q_1 \delta q_2 \delta q_3, \tag{2.3.3}$$

其中 v 是速度的大小,U 是单位时间、单位密度、单位体积的内能.

2. 在时间间隔 Δt 内由于质量经由界面流入及流出所引起的在固定体积内的总能量.

(1) 考虑在时间间隔 Δt 内经由点 O 且垂直于坐标线 q_1 的切线之界面流入六面体内的质量所带入的总能量为

$$\left[\rho v_1\left(\frac{v^2}{2}+U\right)H_2 H_3\right]_{q_1} \delta q_2 \delta q_3 \Delta t, \tag{2.3.4}$$

而对面的界面在时间间隔 Δt 内经由此界面流出的质量所带出的总能量为

$$\begin{aligned}&\left[\rho v_1\left(\frac{v^2}{2}+U\right)H_2 H_3\right]_{q_1+\delta q_1} \delta q_2 \delta q_3 \Delta t\\&\quad=\left\{\rho v_1\left[\left(\frac{v^2}{2}+U\right)H_2 H_3\right]_{q_1}+\frac{\partial}{\partial q_1}\left[\rho v_1\left(\frac{v^2}{2}+U\right)H_2 H_3\right]\delta q_1+\cdots\right\}\delta q_2 \delta q_3 \Delta t,\end{aligned} \tag{2.3.5}$$

因此在时间间隔 Δt 内滞留在六面体内的总能量为沿垂直于坐标线 q_1 的切线之界面流入六面体内的质量所带入的总能量减去流出的质量所带走的总能量为

$$-\frac{\partial}{\partial q_1}\left[\rho v_1\left(\frac{v^2}{2}+U\right)H_2H_3\right]\delta q_1\delta q_2\delta q_3\Delta t-\cdots. \tag{2.3.6}$$

(2) 对于垂直于坐标线 q_2 及 q_3 之切线的界面重复进行同样的讨论，就可得到类似的表达式，将三个表达式相加，即可得到

$$-\left\{\frac{\partial}{\partial q_1}\left[\rho v_1\left(\frac{v^2}{2}+U\right)H_2H_3\right]+\frac{\partial}{\partial q_2}\left[\rho v_2\left(\frac{v^2}{2}+U\right)H_3H_1\right]+\frac{\partial}{\partial q_3}\left[\rho v_3\left(\frac{v^2}{2}+U\right)H_1H_2\right]\right\}\delta q_1\delta q_2\delta q_3\Delta t-\cdots. \tag{2.3.7}$$

3. 体力 $\boldsymbol{F}$ 所做的功引起的总能量之变化为

$$\rho\boldsymbol{F}\cdot\boldsymbol{v}H_1H_2H_3\Delta t\delta q_1\delta q_2\delta q_3, \tag{2.3.8}$$

其中 $\boldsymbol{v}$ 是速度矢量.

(1) 分布在垂直于坐标线 q_1 的切线之界面上的应力所作用的元功为

$$\boldsymbol{p}_{-1}\cdot\boldsymbol{v}\Delta tH_2H_3\delta q_2\delta q_3=-(\boldsymbol{p}_1\cdot\boldsymbol{v}H_2H_3)_{q_1}\delta q_2\delta q_3\Delta t, \tag{2.3.9}$$

其中 $\boldsymbol{p}_1$ 是在垂直于坐标线 q_1 之切线的界面上之应力，$\boldsymbol{p}_{-1}$ 是在垂直于坐标线 q_1 之切线的反向界面上之应力. 分布在两个对面界面上的应力所作的元功将等于

$$(\boldsymbol{p}_1\cdot\boldsymbol{v}H_2H_3)_{q_1+\delta q_1}\delta q_2\delta q_3\Delta t=\left[(\boldsymbol{p}_1\cdot\boldsymbol{v}H_2H_3)_{q_1}+\frac{\partial}{\partial q_1}(\boldsymbol{p}_1\cdot\boldsymbol{v}H_2H_3)\delta q_1+\cdots\right]\delta q_2\delta q_3\Delta t, \tag{2.3.10}$$

这两个元功的代数和等于

$$\frac{\partial}{\partial q_1}(\boldsymbol{p}_1\cdot\boldsymbol{v}H_2H_3)\delta q_1\delta q_2\delta q_3\Delta t+\cdots. \tag{2.3.11}$$

(2) 同理，$\boldsymbol{p}_2$ 与 $\boldsymbol{p}_{-2}$ 分别是在垂直于坐标线 q_2 之切线的正向与反向界面上之应力，$\boldsymbol{p}_3$ 与 $\boldsymbol{p}_{-3}$ 分别是在垂直于坐标线 q_3 之切线的正向与反向界面上之应力. 同样，对另外两个界面进行同样的讨论，可得

$$\frac{\partial}{\partial q_2}(\boldsymbol{p}_2\cdot\boldsymbol{v}H_1H_3)\delta q_1\delta q_2\delta q_3\Delta t+\cdots, \tag{2.3.12}$$

$$\frac{\partial}{\partial q_3}(\boldsymbol{p}_3\cdot\boldsymbol{v}H_1H_2)\delta q_1\delta q_2\delta q_3\Delta t+\cdots. \tag{2.3.13}$$

(3) 把前面三个式子相加，即可得到由于分布在界面上的应力所做的元功而引起固定体积内总能量的变化为

$$\left[\frac{\partial}{\partial q_1}(\boldsymbol{p}_1\cdot\boldsymbol{v}H_2H_3)+\frac{\partial}{\partial q_2}(\boldsymbol{p}_2\cdot\boldsymbol{v}H_1H_3)+\frac{\partial}{\partial q_3}(\boldsymbol{p}_3\cdot\boldsymbol{v}H_1H_2)\right]\delta q_1\delta q_2\delta q_3\Delta t+\cdots. \tag{2.3.14}$$

4. 流进、流出的热量对总能量的影响.

在时间间隔 Δt 内经由垂直于坐标线为 q_1 的切线之界面流进的热量为

$$-\left(k\frac{\partial T}{H_1\partial q_1}H_2H_3\right)_{q_1}\delta q_2\delta q_3\Delta t, \tag{2.3.15}$$

在同一时间间隔内经由同一界面流出的热量等于

$$-\left(k\frac{\partial T}{H_1\partial q_1}H_2H_3\right)_{q_1+\delta q_1}\delta q_2\delta q_3\Delta t$$

$$=-\left[\left(k\frac{\partial T}{\partial q_1}\frac{H_2H_3}{H_1}\right)+\frac{\partial}{\partial q_1}\left(k\frac{\partial T}{\partial q_1}\frac{H_2H_3}{H_1}\right)\delta q_1+\cdots\right]\delta q_2\delta q_3\Delta t,\quad(2.3.16)$$

六面体内增加的热量为流进减流出的热量，即

$$\frac{\partial}{\partial q_1}\left(k\frac{\partial T}{\partial q_1}\frac{H_2H_3}{H_1}\right)\delta q_1\delta q_2\delta q_3\Delta t+\cdots.\quad(2.3.17)$$

对六面体其他界面做同样的讨论，得

$$\frac{\partial}{\partial q_2}\left(k\frac{\partial T}{\partial q_2}\frac{H_1H_3}{H_2}\right)\delta q_1\delta q_2\delta q_3\Delta t+\cdots,\quad(2.3.18)$$

$$\frac{\partial}{\partial q_3}\left(k\frac{\partial T}{\partial q_3}\frac{H_1H_2}{H_3}\right)\delta q_1\delta q_2\delta q_3\Delta t+\cdots.\quad(2.3.19)$$

把上面三个式子相加，除以功热当量 A，即得到固定体积内总能量因热传导而引起的增量为

$$\frac{1}{A}\left[\frac{\partial}{\partial q_1}\left(k\frac{\partial T}{\partial q_1}\frac{H_2H_3}{H_1}\right)+\frac{\partial}{\partial q_2}\left(k\frac{\partial T}{\partial q_2}\frac{H_1H_3}{H_2}\right)+\frac{\partial}{\partial q_3}\left(k\frac{\partial T}{\partial q_3}\frac{H_1H_2}{H_3}\right)\right]\delta q_1\delta q_2\delta q_3\Delta t+\cdots,\quad(2.3.20)$$

其中 k 是导温系数(热扩散系数).

5. 将所有能量的公式相加，并把等式两边除以 $H_1H_2H_3\delta q_1\delta q_2\delta q_3\Delta t$，并令六面体缩为一点，即得到总能量变化的方程式为

$$\begin{aligned}&\frac{\partial}{\partial t}\left[\rho\left(\frac{v^2}{2}+U\right)\right]\\&\quad+\frac{1}{H_1H_2H_3}\left\{\frac{\partial}{\partial q_1}\left[\rho v_1\left(\frac{v^2}{2}+U\right)H_2H_3\right]+\frac{\partial}{\partial q_2}\left[\rho v_2\left(\frac{v^2}{2}+U\right)H_1H_3\right]\right.\\&\quad\left.+\frac{\partial}{\partial q_3}\left[\rho v_3\left(\frac{v^2}{2}+U\right)H_1H_2\right]\right\}\\&=\rho\boldsymbol{F}\cdot\boldsymbol{v}+\frac{1}{H_1H_2H_3}\left[\frac{\partial}{\partial q_1}(\boldsymbol{p}_1\cdot\boldsymbol{v}H_2H_3)+\frac{\partial}{\partial q_2}(\boldsymbol{p}_2\cdot\boldsymbol{v}H_1H_3)+\frac{\partial}{\partial q_3}(\boldsymbol{p}_3\cdot\boldsymbol{v}H_1H_2)\right]\\&\quad+\frac{1}{AH_1H_2H_3}\left[\frac{\partial}{\partial q_1}\left(k\frac{\partial T}{\partial q_1}\frac{H_2H_3}{H_1}\right)+\frac{\partial}{\partial q_2}\left(k\frac{\partial T}{\partial q_2}\frac{H_1H_3}{H_2}\right)+\frac{\partial}{\partial q_3}\left(k\frac{\partial T}{\partial q_3}\frac{H_1H_2}{H_3}\right)\right],\end{aligned}\quad(2.3.21)$$

其中 A 是功的热当量，上述方程也叫做总能量迁移的方程式.

二、内能变化的方程式

将总能量迁移的方程式加以改变：

1. 内能变化的方程式.

因为

$$\frac{1}{2}v^2 = \frac{1}{2}\boldsymbol{v}\cdot\boldsymbol{v}, \tag{2.3.22}$$

$$\frac{\partial}{\partial t}\left(\frac{v^2}{2}\right) = \frac{\partial}{\partial t}\left(\frac{1}{2}\boldsymbol{v}\cdot\boldsymbol{v}\right), \tag{2.3.23}$$

所以,总能量迁移的方程式可以改写为

$$\begin{aligned}
&\rho\boldsymbol{v}\cdot\left\{\frac{\partial \boldsymbol{v}}{\partial t} + \frac{v_1}{H_1}\frac{\partial \boldsymbol{v}}{\partial q_1} + \frac{v_2}{H_2}\frac{\partial \boldsymbol{v}}{\partial q_2} + \frac{v_3}{H_3}\frac{\partial \boldsymbol{v}}{\partial q_3}\right.\\
&\quad\left. - \boldsymbol{F} - \frac{1}{\rho H_1 H_2 H_3}\left[\frac{\partial}{\partial q_1}(\boldsymbol{p}_1 H_2 H_3) + \frac{\partial}{\partial q_2}(\boldsymbol{p}_2 H_1 H_3) + \frac{\partial}{\partial q_3}(\boldsymbol{p}_3 H_1 H_2)\right]\right\}\\
&\quad + \left(\frac{v^2}{2} + U\right)\left\{\frac{\partial \rho}{\partial t} + \frac{1}{H_1 H_2 H_3}\left[\frac{\partial}{\partial q_1}(\rho v_1 H_2 H_3) + \frac{\partial}{\partial q_2}(\rho v_2 H_3 H_1) + \frac{\partial}{\partial q_3}(\rho v_3 H_1 H_2)\right]\right\}\\
&\quad + \rho\left(\frac{\partial U}{\partial t} + \frac{v_1}{H_1}\frac{\partial U}{\partial q_1} + \frac{v_2}{H_2}\frac{\partial U}{\partial q_2} + \frac{v_3}{H_3}\frac{\partial U}{\partial q_3}\right)\\
&= \boldsymbol{p}_1\cdot\frac{\partial \boldsymbol{v}}{H_1\partial q_1} + \boldsymbol{p}_2\cdot\frac{\partial \boldsymbol{v}}{H_2\partial q_2} + \boldsymbol{p}_3\cdot\frac{\partial \boldsymbol{v}}{H_3\partial q_3}\\
&\quad + \frac{1}{AH_1 H_2 H_3}\left[\frac{\partial}{\partial q_1}\left(k\frac{\partial T}{\partial q_1}\frac{H_2 H_3}{H_1}\right) + \frac{\partial}{\partial q_2}\left(k\frac{\partial T}{\partial q_2}\frac{H_3 H_1}{H_2}\right) + \frac{\partial}{\partial q_3}\left(k\frac{\partial T}{\partial q_3}\frac{H_1 H_2}{H_3}\right)\right].
\end{aligned} \tag{2.3.24}$$

从运动方程可知,第一个花括号等于零;从连续性方程知,第二个花括号也等于零.因此,上述方程可以改写为:

$$\begin{aligned}
&\rho\left[\frac{\partial U}{\partial t} + \frac{v_1}{H_1}\frac{\partial U}{\partial q_1} + \frac{v_2}{H_2}\frac{\partial U}{\partial q_2} + \frac{v_3}{H_3}\frac{\partial U}{\partial q_3}\right]\\
&\quad = \boldsymbol{p}_1\cdot\frac{\partial \boldsymbol{v}}{H_1\partial q_1} + \boldsymbol{p}_2\cdot\frac{\partial \boldsymbol{v}}{H_2\partial q_2} + \boldsymbol{p}_3\cdot\frac{\partial \boldsymbol{v}}{H_3\partial q_3}\\
&\quad\quad + \frac{1}{AH_1 H_2 H_3}\left[\frac{\partial}{\partial q_1}\left(k\frac{\partial T}{\partial q_1}\frac{H_2 H_3}{H_1}\right) + \frac{\partial}{\partial q_2}\left(k\frac{\partial T}{\partial q_2}\frac{H_3 H_1}{H_2}\right) + \frac{\partial}{\partial q_3}\left(k\frac{\partial T}{\partial q_3}\frac{H_1 H_2}{H_3}\right)\right].
\end{aligned} \tag{2.3.25}$$

2. 在笛卡儿坐标中,$H_1 = H_2 = H_3 = 1, q_1 = x, q_2 = y, q_3 = z$,内能变化方程式写为

$$\begin{aligned}
&\rho\left(\frac{\partial U}{\partial t} + u\frac{\partial U}{\partial x} + v\frac{\partial U}{\partial y} + w\frac{\partial U}{\partial z}\right)\\
&\quad = \boldsymbol{p}_x\cdot\frac{\partial \boldsymbol{v}}{\partial x} + \boldsymbol{p}_y\cdot\frac{\partial \boldsymbol{v}}{\partial y} + \boldsymbol{p}_z\cdot\frac{\partial \boldsymbol{v}}{\partial z}\\
&\quad\quad + \frac{1}{A}\left[\frac{\partial}{\partial x}\left(k\frac{\partial T}{\partial x}\right) + \frac{\partial}{\partial y}\left(k\frac{\partial T}{\partial y}\right) + \frac{\partial}{\partial z}\left(k\frac{\partial T}{\partial z}\right)\right].
\end{aligned} \tag{2.3.26}$$

展开上式右边的前三项,得到

$$\boldsymbol{p}_x\cdot\frac{\partial \boldsymbol{v}}{\partial x} + \boldsymbol{p}_y\cdot\frac{\partial \boldsymbol{v}}{\partial y} + \boldsymbol{p}_z\cdot\frac{\partial \boldsymbol{v}}{\partial z}$$

$$= \left(\sigma_{xx}\frac{\partial u}{\partial x}+\tau_{xy}\frac{\partial v}{\partial x}+\tau_{xz}\frac{\partial w}{\partial x}\right)+\left(\tau_{yx}\frac{\partial u}{\partial y}+\sigma_{yy}\frac{\partial v}{\partial y}+\tau_{yz}\frac{\partial w}{\partial y}\right)$$

$$+\left(\tau_{zx}\frac{\partial u}{\partial z}+\tau_{yz}\frac{\partial v}{\partial z}+\sigma_{zz}\frac{\partial w}{\partial z}\right)$$

$$= \left(\sigma_{xx}\frac{\partial u}{\partial x}+\sigma_{yy}\frac{\partial v}{\partial y}+\sigma_{zz}\frac{\partial w}{\partial z}\right)+\left[\tau_{xy}\left(\frac{\partial u}{\partial y}+\frac{\partial v}{\partial x}\right)+\tau_{yz}\left(\frac{\partial v}{\partial z}+\frac{\partial w}{\partial y}\right)+\tau_{zx}\left(\frac{\partial u}{\partial z}+\frac{\partial w}{\partial x}\right)\right]$$

$$= (\sigma_{xx}\dot{\varepsilon}_{xx}+\sigma_{yy}\dot{\varepsilon}_{yy}+\sigma_{zz}\dot{\varepsilon}_{zz})+2[(\tau_{xy}\dot{\varepsilon}_{xy})+(\tau_{yz}\dot{\varepsilon}_{yz})+(\tau_{zx}\dot{\varepsilon}_{zx})], \tag{2.3.27}$$

进而可以写成

$$\boldsymbol{p}_x\cdot\frac{\partial \boldsymbol{v}}{\partial x}+\boldsymbol{p}_y\cdot\frac{\partial \boldsymbol{v}}{\partial y}+\boldsymbol{p}_z\cdot\frac{\partial \boldsymbol{v}}{\partial z}$$
$$= (\sigma_{xx}\dot{\varepsilon}_{xx}+\sigma_{yy}\dot{\varepsilon}_{yy}+\sigma_{zz}\dot{\varepsilon}_{zz})+2[(\tau_{xy}\dot{\varepsilon}_{xy})+(\tau_{yz}\dot{\varepsilon}_{yz})+(\tau_{zx}\dot{\varepsilon}_{zx})]. \tag{2.3.28}$$

最后,利用广义牛顿假设,可以写成下式

$$\boldsymbol{p}_x\cdot\frac{\partial \boldsymbol{v}}{\partial x}+\boldsymbol{p}_y\cdot\frac{\partial \boldsymbol{v}}{\partial y}+\boldsymbol{p}_z\cdot\frac{\partial \boldsymbol{v}}{\partial z}$$
$$=-p\theta+\left(\lambda'-\frac{2}{3}\mu\right)\theta^2+2\mu[\dot{\varepsilon}_{xx}^2+\dot{\varepsilon}_{yy}^2+\dot{\varepsilon}_{zz}^2+2(\dot{\varepsilon}_{xy}^2+\dot{\varepsilon}_{yz}^2+\dot{\varepsilon}_{zx}^2)], \tag{2.3.29}$$

其中 μ 是第一黏滞系数,λ' 是第二黏滞系数,θ 是体变速度,p 是压强.

3. 在笛卡儿坐标中用速度、压力表示的内能变化方程式为

$$\rho\left(\frac{\partial U}{\partial t}+u\frac{\partial U}{\partial x}+v\frac{\partial U}{\partial y}+w\frac{\partial U}{\partial z}\right)$$
$$=\boldsymbol{p}_x\frac{\partial \boldsymbol{v}}{\partial x}+\boldsymbol{p}_y\frac{\partial \boldsymbol{v}}{\partial y}+\boldsymbol{p}_z\frac{\partial \boldsymbol{v}}{\partial z}+\frac{1}{A}\left[\frac{\partial}{\partial x}\left(k\frac{\partial T}{\partial x}\right)+\frac{\partial}{\partial y}\left(k\frac{\partial T}{\partial y}\right)+\frac{\partial}{\partial z}\left(k\frac{\partial T}{\partial z}\right)\right], \tag{2.3.30}$$

其中 T 是温度,A 是功热当量.将等号右边前三项用应力及应变率展开,将有

$$\boldsymbol{p}_x\cdot\frac{\partial \boldsymbol{v}}{\partial x}+\boldsymbol{p}_y\cdot\frac{\partial \boldsymbol{v}}{\partial y}+\boldsymbol{p}_z\cdot\frac{\partial \boldsymbol{v}}{\partial z}$$
$$= (\sigma_{xx}\dot{\varepsilon}_{xx}+\sigma_{yy}\dot{\varepsilon}_{yy}+\sigma_{zz}\dot{\varepsilon}_{zz})+2[(\tau_{xy}\dot{\varepsilon}_{xy})+(\tau_{yz}\dot{\varepsilon}_{yz})+(\tau_{zx}\dot{\varepsilon}_{zx})]. \tag{2.3.31}$$

利用广义牛顿假设,上式可以写成

$$\boldsymbol{p}_x\cdot\frac{\partial \boldsymbol{v}}{\partial x}+\boldsymbol{p}_y\cdot\frac{\partial \boldsymbol{v}}{\partial y}+\boldsymbol{p}_z\cdot\frac{\partial \boldsymbol{v}}{\partial z}$$
$$=-p\theta+\left(\lambda'-\frac{2\mu}{3}\right)\theta^2+2\mu[\dot{\varepsilon}_{xx}^2+\dot{\varepsilon}_{yy}^2+\dot{\varepsilon}_{zz}^2+2(\dot{\varepsilon}_{xy}^2+\dot{\varepsilon}_{yz}^2+\dot{\varepsilon}_{zx}^2)]. \tag{2.3.32}$$

因此,在确定的质点处黏性流体的内能变化方程可以表示为:

$$\rho\left(\frac{\partial U}{\partial t}+u\frac{\partial U}{\partial x}+v\frac{\partial U}{\partial y}+w\frac{\partial U}{\partial z}\right)$$
$$=\frac{1}{A}\left[\frac{\partial}{\partial x}\left(k\frac{\partial T}{\partial x}\right)+\frac{\partial}{\partial y}\left(k\frac{\partial T}{\partial y}\right)+\frac{\partial}{\partial z}\left(k\frac{\partial T}{\partial z}\right)\right]$$
$$-p\theta+\left(\lambda'-\frac{2\mu}{3}\right)\theta^2+2\mu[\dot{\varepsilon}_{xx}^2+\dot{\varepsilon}_{yy}^2+\dot{\varepsilon}_{zz}^2+2(\dot{\varepsilon}_{xy}^2+\dot{\varepsilon}_{yz}^2+\dot{\varepsilon}_{zx}^2)]. \tag{2.3.33}$$

此式可以认为是在单位时间内黏性流体中确定质点的内能流之方程式. 黏性流体质点的内能变化的原因有下列几点：

(1) 由于热传导过程而传输的热量；

(2) 压强所做的功,此功是由质点密度变化引起的；

(3) 黏滞应力所做的部分功.

对于理想气体,单位质量的内能等于

$$U=\frac{C_vT}{A}. \tag{2.3.34}$$

如果把热容量 C_v 当做常数,把 U 的值带入方程(2.3.33)中,再由式(1.4.9)和(1.4.10)可以得到理想黏滞气体的热流方程式：

$$\begin{aligned}\frac{\rho C_v}{A}\left(\frac{\partial T}{\partial t}+u\frac{\partial T}{\partial x}+v\frac{\partial T}{\partial y}+w\frac{\partial T}{\partial z}\right)&=\frac{1}{A}\left[\frac{\partial}{\partial x}\left(k\frac{\partial T}{\partial x}\right)+\frac{\partial}{\partial y}\left(k\frac{\partial T}{\partial y}\right)+\frac{\partial}{\partial z}\left(k\frac{\partial T}{\partial z}\right)\right]\\&\quad-p\theta+\left(\lambda'-\frac{2\mu}{3}\right)\theta^2+2\mu\left[\left(\frac{\partial u}{\partial x}\right)^2+\left(\frac{\partial v}{\partial y}\right)^2+\left(\frac{\partial w}{\partial z}\right)^2+\frac{1}{2}\left(\frac{\partial v}{\partial x}+\frac{\partial u}{\partial y}\right)^2\right.\\&\quad\left.+\frac{1}{2}\left(\frac{\partial w}{\partial x}+\frac{\partial u}{\partial z}\right)^2+\frac{1}{2}\left(\frac{\partial u}{\partial z}+\frac{\partial w}{\partial x}\right)^2\right].\end{aligned} \tag{2.3.35}$$

§2.4　热传导方程

一、内部无热源情况下的热传导方程

1. 物理意义：单位时间间隔内,体积为 τ 的流团,其热量的增量等于从其表面传进的热量.

2. 傅里叶公式：单位时间经面积 $\mathrm{d}S$ 传进的热流矢量等于热传导系数乘以温度梯度. 写成下列表达式

$$\mathrm{d}Q=k\frac{\partial T}{\partial n}\mathrm{d}S, \tag{2.4.1}$$

改写成

$$\int_S\mathrm{d}Q=\int_S k\frac{\partial T}{\partial n}\mathrm{d}S, \tag{2.4.2}$$

其中 Q 是单位时间内由外界向物体传进的热量,$\mathrm{d}Q$ 是单位时间经过面积 $\mathrm{d}S$ 传进的热流矢量,k 是热扩散率(导温系数),$\boldsymbol{n}$ 是 $\mathrm{d}S$ 的外法向,$\frac{\partial T}{\partial n}$是温度梯度.

3. 奥高公式.

因为

$$\frac{\partial T}{\partial n}=\frac{\partial T}{\partial x}\frac{\mathrm{d}x}{\mathrm{d}n}+\frac{\partial T}{\partial y}\frac{\mathrm{d}y}{\mathrm{d}n}+\frac{\partial T}{\partial z}\frac{\mathrm{d}z}{\mathrm{d}n}=\frac{\partial T}{\partial x}n_x+\frac{\partial T}{\partial y}n_y+\frac{\partial T}{\partial z}n_z, \tag{2.4.3}$$

其中 n_x,n_y,n_z 是外法向 $\boldsymbol{n}$ 的方向余弦. 进而可用奥高公式将面积积分换成体积积分

$$Q = \int_\tau \rho q \mathrm{d}\tau = \int_\tau \nabla \cdot (k \nabla T) \mathrm{d}\tau. \tag{2.4.4}$$

4. 内部无热源时的热传导公式.

因为 τ 是任意的,所以可以得到无热源时的热传导方程

$$\rho q = \nabla \cdot (k \nabla T), \tag{2.4.5}$$

其中 ∇是梯度算子,$\nabla \cdot$ 是散度算子,Q 是单位时间内由外界向该物体传进的热量,q 是单位时间、单位质量的热增量,k 是温度 T 的函数. 若流体中温差不大,可以近似地将 k 看做常数,则

$$\rho q = k \nabla^2 T. \tag{2.4.6}$$

在任意曲线坐标下

$$\nabla^2 = \frac{1}{H_1 H_2 H_3}\left[\frac{\partial}{\partial q_1}\left(\frac{H_2 H_3}{H_1}\frac{\partial}{\partial q_1}\right)+\frac{\partial}{\partial q_2}\left(\frac{H_1 H_3}{H_2}\frac{\partial}{\partial q_2}\right)+\frac{\partial}{\partial q_3}\left(\frac{H_1 H_2}{H_3}\frac{\partial}{\partial q_3}\right)\right]; \tag{2.4.7}$$

在笛卡儿坐标下

$$\nabla^2 = \frac{\partial^2}{\partial x^2} + \frac{\partial^2}{\partial y^2} + \frac{\partial^2}{\partial z^2}; \tag{2.4.8}$$

在圆柱坐标下

$$\nabla^2 = \frac{\partial^2}{\partial r^2} + \frac{1}{r}\frac{\partial}{\partial r} + \frac{1}{r^2}\frac{\partial^2}{\partial \phi^2} + \frac{\partial^2}{\partial z^2}; \tag{2.4.9}$$

在圆球坐标下

$$\nabla^2 = \frac{\partial^2}{\partial r^2} + \frac{2}{r}\frac{\partial}{\partial r} + \frac{1}{r^2}\frac{\partial^2}{\partial \theta^2} + \frac{\cot\theta}{r^2}\frac{\partial}{\partial \theta} + \frac{1}{r^2 \sin^2\theta}\frac{\partial^2}{\partial \phi^2}. \tag{2.4.10}$$

二、内部有热源的热传导公式

内部有热源的热传导公式:

$$\rho \frac{\mathrm{d}}{\mathrm{d}t}(C_v T) = \nabla \cdot (k \nabla T) + H. \tag{2.4.11}$$

一般来说,C_v 是内部热容量,它与温度有关,若温差不大,可将 C_v 看做常数,k 亦看做常数,H 是内部产热率(即单位时间的产热量),则

$$\rho C_v \frac{\mathrm{d}T}{\mathrm{d}t} = k \nabla^2 T + H, \tag{2.4.12}$$

其中

$$\frac{\mathrm{d}T}{\mathrm{d}t} = \frac{\partial T}{\partial t} + u\frac{\partial T}{\partial x} + v\frac{\partial T}{\partial y} + w\frac{\partial T}{\partial z} = \frac{\partial T}{\partial t} + \nabla^2 T. \tag{2.4.13}$$

三、地球介质的热传导方程

1. 能量方程: 因地球介质的变形速度极小,故动能、体力功率、面力功率均可忽略,J 是

热功当量，q 是单位时间、单位质量的热增量，能量方程变成：

$$\rho \frac{\mathrm{d}}{\mathrm{d}t}(C_v TJ) = J\rho q. \tag{2.4.14}$$

2. 地球介质内部无热源的热传导方程：将式(2.4.14)两端去掉 J，得

$$\rho \frac{\mathrm{d}}{\mathrm{d}t}(C_v T) = \rho q = \nabla \cdot (k \nabla T). \tag{2.4.15}$$

3. 地球介质内部有热源的热传导方程：一般 C_v 与温度有关，若温度不高，可将 C_v 看做常数，k 亦看做常数，H 为内部产热率，则得地球介质内部有热源的热传导方程

$$\rho C_v \frac{\mathrm{d}T}{\mathrm{d}t} = k \nabla^2 T + H. \tag{2.4.16}$$

§2.5　状态方程(Birch-Murnaghan 方程)

一、用变形后的矢径表示变形前的矢径

如果变形前连接两个质点的矢径为 $\mathrm{d}x_i'$，变形后此两点的矢径为 $\mathrm{d}x_i$，如果将变形前的矢径用变形后的矢径表述，则两者有如下关系：

$$\mathrm{d}x_i' = \mathrm{d}x_i - \mathrm{d}u_i, \tag{2.5.1}$$

其中 $\mathrm{d}u_i$ 是两点的相对位移.

二、用变形后的距离表示变形前的距离

如果变形前的距离为 $\mathrm{d}l'$，变形后的距离为 $\mathrm{d}l$，则变形前

$$\mathrm{d}x_i' = (\mathrm{d}x_1', \mathrm{d}x_2', \mathrm{d}x_3'), \tag{2.5.2}$$

变形后

$$\mathrm{d}x_i = (\mathrm{d}x_1, \mathrm{d}x_2, \mathrm{d}x_3), \tag{2.5.3}$$

相对位移

$$\mathrm{d}u_i = (\mathrm{d}u_1, \mathrm{d}u_2, \mathrm{d}u_3), \tag{2.5.4}$$

则变形后的距离为

$$(\mathrm{d}l)^2 = \sum_{i=1}^{3} (\mathrm{d}x_i)^2, \tag{2.5.5}$$

且变形前的距离为

$$(\mathrm{d}l')^2 = \sum_{i=1}^{3} (\mathrm{d}x_i')^2 = \sum_{i=1}^{3} (\mathrm{d}x_i - \mathrm{d}u_i)^2. \tag{2.5.6}$$

用变形后距离和应变分量表示变形前距离为

$$\begin{aligned}
(\mathrm{d}l')^2 &= (\mathrm{d}x_1 - \mathrm{d}u_1)^2 + (\mathrm{d}x_2 - \mathrm{d}u_2)^2 + (\mathrm{d}x_3 - \mathrm{d}u_3)^2 \\
&= [(\mathrm{d}x_1)^2 + (\mathrm{d}x_2)^2 + (\mathrm{d}x_3)^2] + [(\mathrm{d}u_1)^2 + (\mathrm{d}u_2)^2 + (\mathrm{d}u_3)^2] \\
&\quad - 2(\mathrm{d}x_1 \mathrm{d}u_1 + \mathrm{d}x_2 \mathrm{d}u_2 + \mathrm{d}x_3 \mathrm{d}u_3),
\end{aligned}$$

因为

$$\mathrm{d}u_1 = \frac{\partial u_1}{\partial x_1}\mathrm{d}x_1 + \frac{\partial u_1}{\partial x_2}\mathrm{d}x_2 + \frac{\partial u_1}{\partial x_3}\mathrm{d}x_3,$$

$$\mathrm{d}u_2 = \frac{\partial u_2}{\partial x_1}\mathrm{d}x_1 + \frac{\partial u_2}{\partial x_2}\mathrm{d}x_2 + \frac{\partial u_2}{\partial x_3}\mathrm{d}x_3,$$

$$\mathrm{d}u_3 = \frac{\partial u_3}{\partial x_1}\mathrm{d}x_1 + \frac{\partial u_3}{\partial x_2}\mathrm{d}x_2 + \frac{\partial u_3}{\partial x_3}\mathrm{d}x_3,$$

所以

$$\begin{aligned}(\mathrm{d}u_1)^2 =& \left(\frac{\partial u_1}{\partial x_1}\right)^2(\mathrm{d}x_1)^2 + \left(\frac{\partial u_1}{\partial x_2}\right)^2(\mathrm{d}x_2)^2 + \left(\frac{\partial u_1}{\partial x_3}\right)^2(\mathrm{d}x_3)^2 \\ &+ 2\left(\frac{\partial u_1}{\partial x_1}\frac{\partial u_1}{\partial x_2}\mathrm{d}x_1\mathrm{d}x_2 + \frac{\partial u_1}{\partial x_1}\frac{\partial u_1}{\partial x_3}\mathrm{d}x_1\mathrm{d}x_3 + \frac{\partial u_1}{\partial x_2}\frac{\partial u_1}{\partial x_3}\mathrm{d}x_2\mathrm{d}x_3\right),\end{aligned}$$

$$\begin{aligned}(\mathrm{d}u_2)^2 =& \left(\frac{\partial u_2}{\partial x_1}\right)^2(\mathrm{d}x_1)^2 + \left(\frac{\partial u_2}{\partial x_2}\right)^2(\mathrm{d}x_2)^2 + \left(\frac{\partial u_2}{\partial x_3}\right)^2(\mathrm{d}x_3)^2 \\ &+ 2\left(\frac{\partial u_2}{\partial x_1}\frac{\partial u_2}{\partial x_2}\mathrm{d}x_1\mathrm{d}x_2 + \frac{\partial u_2}{\partial x_1}\frac{\partial u_2}{\partial x_3}\mathrm{d}x_1\mathrm{d}x_3 + \frac{\partial u_2}{\partial x_2}\frac{\partial u_2}{\partial x_3}\mathrm{d}x_2\mathrm{d}x_3\right),\end{aligned}$$

$$\begin{aligned}(\mathrm{d}u_3)^2 =& \left(\frac{\partial u_3}{\partial x_1}\right)^2(\mathrm{d}x_1)^2 + \left(\frac{\partial u_3}{\partial x_2}\right)^2(\mathrm{d}x_2)^2 + \left(\frac{\partial u_3}{\partial x_3}\right)^2(\mathrm{d}x_3)^2 \\ &+ 2\left(\frac{\partial u_3}{\partial x_1}\frac{\partial u_3}{\partial x_2}\mathrm{d}x_1\mathrm{d}x_2 + \frac{\partial u_3}{\partial x_1}\frac{\partial u_3}{\partial x_3}\mathrm{d}x_1\mathrm{d}x_3 + \frac{\partial u_3}{\partial x_2}\frac{\partial u_3}{\partial x_3}\mathrm{d}x_2\mathrm{d}x_3\right).\end{aligned}$$

又因为

$$\dot{\varepsilon}_{11} = \frac{\partial u_1}{\partial x_1},\quad \dot{\varepsilon}_{22} = \frac{\partial u_2}{\partial x_2},\quad \dot{\varepsilon}_{33} = \frac{\partial u_3}{\partial x_3},\quad \dot{\varepsilon}_{12} = \frac{1}{2}\left(\frac{\partial u_1}{\partial x_2} + \frac{\partial u_2}{\partial x_1}\right),$$

$$\dot{\varepsilon}_{23} = \frac{1}{2}\left(\frac{\partial u_2}{\partial x_3} + \frac{\partial u_3}{\partial x_2}\right),\quad \dot{\varepsilon}_{31} = \frac{1}{2}\left(\frac{\partial u_3}{\partial x_1} + \frac{\partial u_1}{\partial x_3}\right),$$

代入式(2.5.6)得

$$\begin{aligned}(\mathrm{d}l')^2 =& (\mathrm{d}l)^2 + \left(\frac{\partial u_1}{\partial x_1}\mathrm{d}x_1 + \frac{\partial u_1}{\partial x_2}\mathrm{d}x_2 + \frac{\partial u_1}{\partial x_3}\mathrm{d}x_3\right)^2 + \left(\frac{\partial u_2}{\partial x_1}\mathrm{d}x_1 + \frac{\partial u_2}{\partial x_2}\mathrm{d}x_2 + \frac{\partial u_2}{\partial x_3}\mathrm{d}x_3\right)^2 \\ &+ \left(\frac{\partial u_3}{\partial x_1}\mathrm{d}x_1 + \frac{\partial u_3}{\partial x_2}\mathrm{d}x_2 + \frac{\partial u_3}{\partial x_3}\mathrm{d}x_3\right)^2 - 2\Big[\left(\frac{\partial u_1}{\partial x_1}\mathrm{d}x_1 + \frac{\partial u_1}{\partial x_2}\mathrm{d}x_2 + \frac{\partial u_1}{\partial x_3}\mathrm{d}x_3\right)\mathrm{d}x_1 \\ &+ \left(\frac{\partial u_2}{\partial x_1}\mathrm{d}x_1 + \frac{\partial u_2}{\partial x_2}\mathrm{d}x_2 + \frac{\partial u_2}{\partial x_3}\mathrm{d}x_3\right)\mathrm{d}x_2 + \left(\frac{\partial u_3}{\partial x_1}\mathrm{d}x_1 + \frac{\partial u_3}{\partial x_2}\mathrm{d}x_2 + \frac{\partial u_3}{\partial x_3}\mathrm{d}x_3\right)\mathrm{d}x_3\Big] \\ =& (\mathrm{d}l)^2 + \Big[\left(\frac{\partial u_1}{\partial x_1}\right)^2(\mathrm{d}x_1)^2 + \left(\frac{\partial u_2}{\partial x_2}\right)^2(\mathrm{d}x_2)^2 + \left(\frac{\partial u_3}{\partial x_3}\right)^2(\mathrm{d}x_3)^2 + \left(\frac{\partial u_1}{\partial x_2}\right)^2(\mathrm{d}x_2)^2 \\ &+ \left(\frac{\partial u_2}{\partial x_3}\right)^2(\mathrm{d}x_3)^2 + \left(\frac{\partial u_2}{\partial x_1}\right)^2(\mathrm{d}x_1)^2 + \left(\frac{\partial u_3}{\partial x_1}\right)^2(\mathrm{d}x_1)^{+}\left(\frac{\partial u_3}{\partial x_2}\right)^2(\mathrm{d}x_2)^2 + \left(\frac{\partial u_1}{\partial x_3}\right)^2(\mathrm{d}x_3)^2\Big] \\ &+ 2\left(\frac{\partial u_1}{\partial x_1}\frac{\partial u_1}{\partial x_2}\mathrm{d}x_1\mathrm{d}x_2 + \frac{\partial u_1}{\partial x_2}\frac{\partial u_1}{\partial x_3}\mathrm{d}x_2\mathrm{d}x_3 + \frac{\partial u_1}{\partial x_1}\frac{\partial u_1}{\partial x_3}\mathrm{d}x_1\mathrm{d}x_3\right)\end{aligned}$$

$$
\begin{aligned}
&+2\left(\frac{\partial u_2}{\partial x_1}\frac{\partial u_2}{\partial x_2}\mathrm{d}x_1\mathrm{d}x_2+\frac{\partial u_2}{\partial x_2}\frac{\partial u_2}{\partial x_3}\mathrm{d}x_2\mathrm{d}x_3+\frac{\partial u_2}{\partial x_1}\frac{\partial u_2}{\partial x_3}\mathrm{d}x_1\mathrm{d}x_3\right)\\
&+2\left(\frac{\partial u_3}{\partial x_1}\frac{\partial u_3}{\partial x_2}\mathrm{d}x_1\mathrm{d}x_2+\frac{\partial u_3}{\partial x_2}\frac{\partial u_3}{\partial x_3}\mathrm{d}x_2\mathrm{d}x_3+\frac{\partial u_3}{\partial x_1}\frac{\partial u_3}{\partial x_3}\mathrm{d}x_1\mathrm{d}x_3\right)\\
&-2\left[\left(\frac{\partial u_1}{\partial x_1}\mathrm{d}x_1+\frac{\partial u_1}{\partial x_2}\mathrm{d}x_2+\frac{\partial u_1}{\partial x_3}\mathrm{d}x_3\right)\mathrm{d}x_1+\left(\frac{\partial u_2}{\partial x_1}\mathrm{d}x_1+\frac{\partial u_2}{\partial x_2}\mathrm{d}x_2+\frac{\partial u_2}{\partial x_3}\mathrm{d}x_3\right)\mathrm{d}x_2\right.\\
&\left.+\left(\frac{\partial u_3}{\partial x_1}\mathrm{d}x_1+\frac{\partial u_3}{\partial x_2}\mathrm{d}x_2+\frac{\partial u_3}{\partial x_3}\mathrm{d}x_3\right)\mathrm{d}x_3\right]\\
=&(\mathrm{d}l)^2+\left[\left(\frac{\partial u_1}{\partial x_1}\right)^2(\mathrm{d}x_1)^2+\left(\frac{\partial u_2}{\partial x_2}\right)(\mathrm{d}x_2)^2+\left(\frac{\partial u_3}{\partial x_3}\right)^2(\mathrm{d}x_3)^2\right]\\
&-\left[\left(\frac{\partial u_1}{\partial x_1}\right)(\mathrm{d}x_1)^2+\left(\frac{\partial u_2}{\partial x_2}\right)(\mathrm{d}x_2)^2+\left(\frac{\partial u_3}{\partial x_3}\right)(\mathrm{d}x_3)^2\right]\\
&-2\left[\frac{1}{2}\left(\frac{\partial u_1}{\partial x_2}+\frac{\partial u_2}{\partial x_1}\right)\mathrm{d}x_1\mathrm{d}x_2+\frac{1}{2}\left(\frac{\partial u_2}{\partial x_3}+\frac{\partial u_3}{\partial x_2}\right)\mathrm{d}x_2\mathrm{d}x_3\right.\\
&\left.+\frac{1}{2}\left(\frac{\partial u_1}{\partial x_3}+\frac{\partial u_3}{\partial x_1}\right)\mathrm{d}x_1\mathrm{d}x_3\right]+\cdots\\
=&(\mathrm{d}l)^2+[(\dot{\varepsilon}_{11})^2(\mathrm{d}x_1)^2+(\dot{\varepsilon}_{22})^2(\mathrm{d}x_2)^2+(\dot{\varepsilon}_{33})^2(\mathrm{d}x_3)^2]\\
&-[\dot{\varepsilon}_{11}(\mathrm{d}x_1)^2+\dot{\varepsilon}_{22}(\mathrm{d}x_2)^2+\dot{\varepsilon}_{33}(\mathrm{d}x_3)^2]\\
&-2(\dot{\varepsilon}_{12}\mathrm{d}x_1\mathrm{d}x_2+\dot{\varepsilon}_{23}\mathrm{d}x_2\mathrm{d}x_3+\dot{\varepsilon}_{31}\mathrm{d}x_3\mathrm{d}x_1)+\cdots,
\end{aligned}
\tag{2.5.7}
$$

其中 $\dot{\varepsilon}_{ij}(i,j=1,2,3)$为应变率分量.

三、静水压力(或静岩压力)下的应变

在静岩压力下

$$
\begin{cases}\varepsilon_{11}=\varepsilon_{22}=\varepsilon_{33}=\varepsilon,\\ \varepsilon_{ij}=0,\quad i\neq j,\end{cases}\tag{2.5.8}
$$

忽略 ε_{ij} 的高次项,则

$$
(\mathrm{d}l')^2=[(\mathrm{d}x_1)^2+(\mathrm{d}x_2)^2+(\mathrm{d}x_3)^2](1-2\varepsilon)=(1-2\varepsilon)(\mathrm{d}l)^2.\tag{2.5.9}
$$

因为在静水压力下,压力为负值,故应变亦为负值.令

$$
f=-\varepsilon,\tag{2.5.10}
$$

则

$$
(\mathrm{d}l')^2=(1+2f)(\mathrm{d}l)^2,\tag{2.5.11}
$$

$$
\mathrm{d}l'=(1+2f)^{1/2}\mathrm{d}l.\tag{2.5.12}
$$

因此密度与压应变的关系

$$
\frac{\rho}{\rho_0}=\frac{V_0}{V}=\frac{(\mathrm{d}l')^3}{(\mathrm{d}l)^3}=(1+2f)^{3/2}.\tag{2.5.13}
$$

ρ_0,V_0 为变形前的密度、体积,ρ,V 为变形后的密度、体积,f 是压应变.

四、用变形后的密度与体积表示变形前的密度与体积

1. 压力与自由能的关系.

设 ψ 是变形时的自由能,亦即亥姆霍兹自由能

$$\psi = af^2 + bf^3 + cf^4 + \cdots, \tag{2.5.14}$$

其中 a,b,c 是温度的函数,f 是压应变. 由热力学公式知,压力与自由能的关系为

$$p = -\left(\frac{\partial \psi}{\partial V}\right)_T = -\left(\frac{\partial \psi}{\partial f}\right)_T \frac{\mathrm{d}f}{\mathrm{d}V}, \tag{2.5.15}$$

V_0 是变形前的体积,V 是变形后的体积. 由式(2.5.13)知

$$V = V_0(1+2f)^{-3/2}, \tag{2.5.16a}$$

$$V_0 = V(1+2f)^{3/2}. \tag{2.5.16b}$$

在式(2.5.16a)等号两边对 V 求导数得

$$1 = -3V_0(1+2f)^{-5/2}\frac{\mathrm{d}f}{\mathrm{d}V}, \tag{2.5.17}$$

所以

$$\frac{\mathrm{d}f}{\mathrm{d}V} = -\frac{1}{3V_0}(1+2f)^{5/2} = -\frac{1+2f}{3V}, \tag{2.5.18}$$

代入式(2.5.15)中,得

$$p = \frac{1}{3V_0}(1+2f)^{5/2}(2af + 3bf^2 + 4cf^3 + \cdots). \tag{2.5.19}$$

由式(2.5.16b)知

$$V_0 = V(1+2f)^{3/2}, \tag{2.5.20}$$

代入式(2.5.19)得

$$p = \frac{1}{3V}(1+2f)(2af + 3bf^2 + 4cf^3 + \cdots). \tag{2.5.21}$$

进而得

$$\begin{aligned}\left(\frac{\partial p}{\partial V}\right)_T =& -\frac{1}{3V^2}(1+2f)(2af + 3bf^2 + 4cf^3 + \cdots)\\ &+ \frac{1}{3V}[2(2af + 3bf^2 + 4cf^3 + \cdots) + (1+2f)(2a + 6bf + 12cf^2 + \cdots)]\frac{\mathrm{d}f}{\mathrm{d}V}\\ =& -\frac{1+2f}{3V^2}(2af + 3bf^2 + 4cf^3 + \cdots)\\ &+ \frac{1}{3V}[2(2af + 3bf^2 + 4cf^3 + \cdots) + (1+2f)(2a + 6bf + 12cf^2 + \cdots)]\left(-\frac{1+2f}{3V}\right).\end{aligned} \tag{2.5.22}$$

2. 引进物体等温体积弹性模量

$$k_T = -V\left(\frac{\partial p}{\partial V}\right)_T, \tag{2.5.23a}$$

$$k_{T_0} = -V_0\left(\frac{\partial p}{\partial V}\right)_{T_0}, \tag{2.5.23b}$$

其中 k_{T_0}，k_T 分别是初始等温体积弹性模量及其他时刻等温体积弹性模量，所以将式(2.5.22)代入式(2.5.23a)得

$$\begin{aligned} k_T = -V\left(\frac{\partial p}{\partial V}\right)_T &= \frac{1+2f}{3V}(2af+3bf^2+4cf^3+\cdots) \\ &+ \frac{1+2f}{9V}[2(2af+3bf^2+4cf^3+\cdots)+(1+2f)(2a+3bf+12cf^2+\cdots)]. \end{aligned} \tag{2.5.24}$$

因为式(2.5.21)，所以

$$k_T = p + \frac{1+2f}{9V}[2(2af+3bf^2+4cf^3+\cdots)+(1+2f)(2a+6bf+12cf^2+\cdots)], \tag{2.5.25}$$

推得

$$p = k_T - \frac{1+2f}{9V}[2(2af+3bf^2+4cf^3+\cdots)+(1+2f)(2a+6bf+12cf^2+\cdots)].$$

3. 如果 ψ 只取到三阶项，即令

$$\psi = af^2 + bf^3, \tag{2.5.26}$$

及

$$p = -\left(\frac{\partial \psi}{\partial V}\right)_T = -\left(\frac{\partial \psi}{\partial f}\right)_T\left(\frac{\mathrm{d}f}{\mathrm{d}V}\right), \tag{2.5.27}$$

将式(2.5.26)和(2.5.18)代入式(2.5.27)得

$$p = \frac{1}{3V}(1+2f)(2af+3bf^2). \tag{2.5.28}$$

所以

$$\left(\frac{\partial p}{\partial V}\right)_T = -\frac{1+2f}{3V^2}(2af+3bf^2) - \frac{1+2f}{9V^2}[2(2af+3bf^2)+(1+2f)(2a+6bf)]. \tag{2.5.29}$$

又因为

$$k_T = -V\left(\frac{\partial p}{\partial V}\right)_T = -V\left(\frac{\partial p}{\partial f}\right)_T\left(\frac{\mathrm{d}f}{\mathrm{d}V}\right) = \frac{5}{9V}(1+2f)(2af+3bf^2) + \frac{1}{9V}(1+2f)^2(2a+6bf), \tag{2.5.30}$$

将式(2.5.28)代入上式得

$$k_T = \frac{2}{3}p + \frac{1}{3V}(1+2f)(2af+3bf^2) + \frac{1}{9V}(1+2f)^2(2a+6bf), \tag{2.5.31}$$

可推出

$$p = \frac{3}{2}k_T - \frac{1}{2V}(1+2f)(2af+3bf^2) - \frac{1}{6V}(1+2f)^2(2a+6bf). \tag{2.5.32}$$

五、二阶 Birch 状态方程

由式(2.5.31),(2.5.32),(2.5.16)及(2.5.13)可以推出下式

$$p=\frac{3}{2}k_{T_0}\left[\left(\frac{\rho}{\rho_0}\right)^{7/3}-\left(\frac{\rho}{\rho_0}\right)^{5/3}\right], \tag{2.5.33}$$

其中 p 是总压强,k_{T_0} 是初始时的等温体积模量,ρ 是任意时刻的密度,ρ_0 是初始时刻的密度.

六、三阶 Birch 状态方程

$$p=\frac{3}{2}k_{T_0}\left[\left(\frac{\rho}{\rho_0}\right)^{7/3}-\left(\frac{\rho}{\rho_0}\right)^{5/3}\right]\left\{1-\frac{3}{4}\left[4-\left(\frac{\partial k_T}{\partial p}\right)_{t=0}\right]\left[\left(\frac{\rho}{\rho_0}\right)^{2/3}-1\right]\right\}, \tag{2.5.34}$$

其中 k_T 是任意时刻的等温体积模量,k_{T_0} 是初始时刻的等温体积模量.

七、Birch-Murnaghan 状态方程

Birch-Murnaghan 状态方程为

$$p=p_T+p_S, \tag{2.5.35}$$

其中

$$\begin{cases} p_S=\dfrac{3}{2}K_{S0}\left[\left(\dfrac{\rho}{\rho_0}\right)^{7/3}-\left(\dfrac{\rho}{\rho_0}\right)^{5/3}\right]\left\{1-\dfrac{3}{4}(4-K'_{S0})\left[\left(\dfrac{\rho}{\rho_0}\right)^{2/3}-1\right]\right\}, \\ p_T=\gamma_0\rho_0C_V\left\{T-T_0\exp\left[\gamma_0\left(1-\dfrac{\rho_0}{\rho}\right)\right]\right\}, \end{cases} \tag{2.5.36}$$

上式中的 p_S 是等熵压强,p_T 是恒定体积下的热压强,K_{S0} 是等熵体积模量,K'_{S0} 是等熵体积模量对压强的导数,ρ 是密度,ρ_0 是初始密度,γ_0 是 Gruneisen 参数,C_V 是等容比热,T 是绝对温度,T_0 是初始绝对温度.

第 3 章　牛顿黏性流体运动的基本微分方程及黏性流体力学问题的建立

§3.1　牛顿对流体黏滞性的假设

一、实验现象

水在水槽中流动，水的顶部放置一块木板，木板以速度 $\boldsymbol{u}$ 沿水平方向随水运动，而水槽底部平板不动. 在流动前，沿着一个垂直断面，用显示液显示着断面的颜色. 木板和水运动后，可以看到原来竖直的显示液断面变成倾斜的平面. 分析其原因如下：

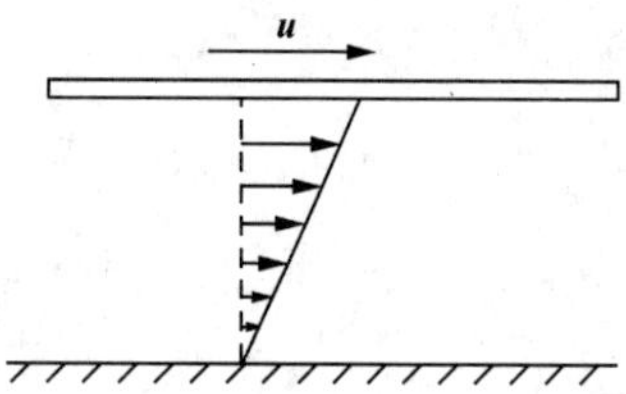

图 3.1.1　流体存在黏滞性实验

1. 由于木板与流体之间有摩擦力，木板运动带动了上部液体流动.

2. 由于液体与液体间有内摩擦作用，上层液体带动其下的液体流动.

上述现象说明：木板和液体间或液体与液体间的摩擦造成了流体的黏滞性.

二、牛顿假设

一维情况下牛顿对流体黏滞性的假设.

在一维情况下，剪应力与运动速度沿着垂直于运动方向的变化率成正比，即

$$\tau = \mu \frac{\partial u}{\partial n}, \tag{3.1.1}$$

其中 τ 是剪应力，u 是流体运动速度，n 是垂直于速度的方向，μ 是动力黏性系数.

力的单位：$1\,\mathrm{N}=1\,\mathrm{kg}\cdot\mathrm{m/s^2}$；$\tau$ 的单位：$1\,\mathrm{Pa}=1\,\mathrm{N/m^2}$；$n$ 的单位为 m.

三、黏性系数

1. 动力黏性系数 μ 的公式

$$\mu = \frac{\tau}{\frac{\partial u}{\partial n}}, \tag{3.1.2}$$

其量纲为$[\mu]=\dfrac{[\text{应力}]}{[\text{速度梯度}]}=\dfrac{\left[\mathrm{kg}\cdot\dfrac{\mathrm{m}}{\mathrm{s^2}}\cdot\dfrac{1}{\mathrm{m^2}}\right]}{\left[\dfrac{\mathrm{m}}{\mathrm{s}}\cdot\dfrac{1}{\mathrm{m}}\right]}=\left[\dfrac{\mathrm{N}\cdot\mathrm{s}}{\mathrm{m^2}}\right]$，其单位为帕秒，即 Pa · s.

2. 运动黏性系数的公式

$$\nu=\frac{\mu}{\rho}, \tag{3.1.3}$$

其量纲为$[\nu]=\left[\frac{\mu}{\rho}\right]=\left[\frac{\mathrm{kg\cdot m\cdot s}}{\mathrm{s^2\cdot m^2}}\cdot\frac{\mathrm{m^3}}{\mathrm{kg}}\right]=\left[\frac{\mathrm{m^2}}{\mathrm{s}}\right]$,其单位为 $\mathrm{m^2/s}$. 运动黏性系数亦称为视黏性系数.

3. 黏度系数的性质.

(1) 黏度与温度有关:气体的黏度系数随温度增高而增高,液体的黏度系数随温度的增高而降低,地质体的黏度系数随温度的增高而降低.

(2) 黏度与压力有关:无硅酸盐熔体的黏度随着压力增大而加大,硅酸盐熔体的黏度随着压力的增加而减小.

(3) 黏度与组分有关:硅酸盐熔体的黏度系数随着成网离子 Si^{4+} 和四配位体 Al^{3+} 的增加而增加,而随着非成网离子 Mg^{2+},Fe^{2+},Ca^{2+} 的增加而降低.

(4) 黏度与固化度 ϕ 有关:随着固化度的增高,黏度亦增大,当固化度 $\phi\to$ 晶体最大堆积体积比 ϕ_m 时,熔体可以从液态变到固态,黏度很快地增加.

4. 熔融岩浆的黏度公式

$$\mu=\mu_0\exp\left(\frac{E^*+V^*p}{RT}\right)\exp\left(\frac{1}{1-\phi/\phi_m}\right), \tag{3.1.4}$$

其中 E^* 是活化能,V^* 是活化体积,p 是压力,T 是绝对温度,R 是气体常数,ϕ 是固化体积(固化度),ϕ_m 是晶体最大堆积体积比,μ_0 是 $T\to\infty$ 时或 $\phi\to\phi_m$ 时的熔度,也叫"指前项".

§3.2 广义牛顿假设

一、第一广义牛顿假设

在三维运动状态下,流体剪应力与剪应变率的二倍成正比. 即

$$\tau_{ij}=2\mu\dot{\varepsilon}_{ij},\quad \begin{cases} i,j=x,y,z,\\ i\neq j,\end{cases} \tag{3.2.1}$$

而

$$\dot{\varepsilon}_{ij}=\frac{1}{2}\left(\frac{\partial u_i}{\partial x_j}+\frac{\partial u_j}{\partial x_i}\right), \tag{3.2.2}$$

其中 μ 是第一黏滞系数,τ_{ij} 是剪应力,$\dot{\varepsilon}_{ij}$ 是剪应变率,u_i,u_j 是流体流动速度.

二、第二广义牛顿假设

在任意流动状况下,流体内每一点的平均正应力是由一个与应变率无关的压力以及另一个与体积应变率成正比的附加应力所组成,即

$$\frac{1}{3}(\sigma_{xx}+\sigma_{yy}+\sigma_{zz})=\frac{1}{3}(\sigma_1+\sigma_2+\sigma_3)=-p+\lambda'\dot{\theta}, \tag{3.2.3}$$

其中 $\sigma_1,\sigma_2,\sigma_3$ 是主应力；p 是流动时的总压力，只与点的位置有关，与应变率无关，

$$p=p_0+p', \tag{3.2.4}$$

p_0 是静岩(静水)压力，p'是动压力；$\lambda'\dot{\theta}$ 是附加应力，λ'是第二黏滞系数，$\dot{\theta}$ 是体积应变率，其定义为

$$\dot{\theta}=\dot{\varepsilon}_{xx}+\dot{\varepsilon}_{yy}+\dot{\varepsilon}_{zz}=\dot{\varepsilon}_1+\dot{\varepsilon}_2+\dot{\varepsilon}_3, \tag{3.2.5}$$

$\dot{\theta}$ 是应变率张量的第一不变量，$\dot{\varepsilon}_1,\dot{\varepsilon}_2,\dot{\varepsilon}_3$ 是主应变率.

§3.3　任意可压缩牛顿黏性流体的本构方程

一、任意可压缩牛顿黏性流体的本构方程

1. 利用第一广义牛顿假设，已知剪应力与剪应变率的关系是

$$\tau_{ij}=2\mu\dot{\varepsilon}_{ij},\quad i\neq j. \tag{3.3.1}$$

由第一广义牛顿假设以及最大剪应力与主应力的关系可知：在一个与主应力作用平面相垂直的平面上，最大剪应力等于另外两个主应力之差的二分之一，即

$$\begin{cases}\tau_{\max}^k=\dfrac{1}{2}(\sigma_i-\sigma_j),\\ \dot{\varepsilon}_{\max}^k=\dfrac{1}{2}(\dot{\varepsilon}_i-\dot{\varepsilon}_j),\end{cases}\quad k,i,j=1,2,3. \tag{3.3.2}$$

而

$$\tau_{\max}^k=2\mu\dot{\varepsilon}_{\max}^k, \tag{3.3.3}$$

所以

$$\frac{1}{2}(\sigma_i-\sigma_j)=2\mu\,\frac{1}{2}(\dot{\varepsilon}_i-\dot{\varepsilon}_j), \tag{3.3.4}$$

即

$$\sigma_i-\sigma_j=2\mu(\dot{\varepsilon}_i-\dot{\varepsilon}_j),\quad i,j=1,2,3. \tag{3.3.5}$$

2. 再与第二广义牛顿假设联立，根据第二广义牛顿假设，由式(3.2.3)知

$$\frac{1}{3}(\sigma_1+\sigma_2+\sigma_3)=-p+\lambda'\dot{\theta}. \tag{3.3.6}$$

由上式及式(3.3.5)可将 σ_1 继续推导为

$$\begin{aligned}\sigma_1&=-p+\lambda'\dot{\theta}+\frac{2\mu[(\dot{\varepsilon}_1-\dot{\varepsilon}_2)+(\dot{\varepsilon}_1-\dot{\varepsilon}_3)]}{3}\\&=-p+\lambda'\dot{\theta}+\frac{6\mu}{3}\dot{\varepsilon}_1-\frac{2\mu}{3}(\dot{\varepsilon}_1+\dot{\varepsilon}_2+\dot{\varepsilon}_3)\end{aligned}$$

$$=-p+2\mu\dot{\varepsilon}_1+\left(\lambda'-\frac{2\mu}{3}\right)\dot{\theta}, \tag{3.3.7a}$$

同理

$$\sigma_2=-p+2\mu\dot{\varepsilon}_2+\left(\lambda'-\frac{2\mu}{3}\right)\dot{\theta}, \tag{3.3.7b}$$

$$\sigma_3=-p+2\mu\dot{\varepsilon}_3+\left(\lambda'-\frac{2\mu}{3}\right)\dot{\theta}, \tag{3.3.7c}$$

可将上述三式统一写为

$$\sigma_i=-p+2\mu\dot{\varepsilon}_i+\left(\lambda'-\frac{2}{3}\mu\right)\dot{\theta}, \quad i=1,2,3, \tag{3.3.8}$$

其中 μ 是第一黏滞系数，λ' 是第二黏滞系数.

二、任意截面上正应力与应变率的关系

如果主应力的方向分别为 (x',y',z')，(x,y,z) 在 (x',y',z') 坐标系中的方向余弦分别为 (l_1,m_1,n_1)，(l_2,m_2,n_2)，(l_3,m_3,n_3)，根据应力与应变率的坐标变换可知

$$\begin{cases}\sigma_x=\sigma_1 l_1^2+\sigma_2 m_1^2+\sigma_3 n_1^2,\\ \sigma_y=\sigma_1 l_2^2+\sigma_2 m_2^2+\sigma_3 n_2^2,\\ \sigma_z=\sigma_1 l_3^2+\sigma_2 m_3^2+\sigma_3 n_3^2,\end{cases} \tag{3.3.9}$$

$$\begin{cases}\dot{\varepsilon}_x=\dot{\varepsilon}_1 l_1^2+\dot{\varepsilon}_2 m_1^2+\dot{\varepsilon}_3 n_1^2,\\ \dot{\varepsilon}_y=\dot{\varepsilon}_1 l_2^2+\dot{\varepsilon}_2 m_2^2+\dot{\varepsilon}_3 n_2^2,\\ \dot{\varepsilon}_z=\dot{\varepsilon}_1 l_3^2+\dot{\varepsilon}_2 m_3^2+\dot{\varepsilon}_3 n_3^2,\end{cases} \tag{3.3.10}$$

而

$$l_i^2+m_i^2+n_i^2=1, \quad i=1,2,3. \tag{3.3.11}$$

推得

$$\begin{aligned}\sigma_x=&\left[-p+2\mu\dot{\varepsilon}_1+\left(\lambda'-\frac{2}{3}\mu\right)\dot{\theta}\right]l_1^2+\left[-p+2\mu\dot{\varepsilon}_2+\left(\lambda'-\frac{2}{3}\mu\right)\dot{\theta}\right]m_1^2\\ &+\left[-p+2\mu\dot{\varepsilon}_3+\left(\lambda'-\frac{2}{3}\mu\right)\dot{\theta}\right]n_1^2\\ =&\left[-p+\left(\lambda'-\frac{2}{3}\mu\right)\dot{\theta}\right](l_1^2+m_1^2+n_1^2)+2\mu(\dot{\varepsilon}_1 l_1^2+\dot{\varepsilon}_2 m_1^2+\dot{\varepsilon}_3 n_1^2)\\ =&-p+\left(\lambda'-\frac{2}{3}\mu\right)\dot{\theta}+2\mu\dot{\varepsilon}_x.\end{aligned} \tag{3.3.12a}$$

同理

$$\begin{cases}\sigma_y=-p+\left(\lambda'-\frac{2}{3}\mu\right)\dot{\theta}+2\mu\dot{\varepsilon}_y, & (3.3.12\text{b})\\ \sigma_z=-p+2\left(\lambda'-\frac{2}{3}\mu\right)\dot{\theta}+2\mu\dot{\varepsilon}_z. & (3.3.12\text{c})\end{cases}$$

三、应力与应变率的关系——任意牛顿黏性流体的本构关系

$$\sigma_{ij} = \left[-p + \left(\lambda' - \frac{2}{3}\mu\right)\dot{\theta}\right]\delta_{ij} + 2\mu\dot{\varepsilon}_{ij}, \tag{3.3.13}$$

其中，$\delta_{ij} = \begin{cases}1, & i=j,\\ 0, & i\neq j\end{cases}$是克罗内克符号.

进而可推出任意牛顿黏性流体的本构关系

$$\sigma_{ij} = \begin{cases}-p + \left(\lambda' - \dfrac{2}{3}\mu\right)\dot{\theta} + 2\mu\dot{\varepsilon}_{ii}, & i = j,\\ 2\mu\dot{\varepsilon}_{ij}, & i \neq j,\end{cases} \tag{3.3.14}$$

有：(1) 这是一个线性本构关系，即应力与应变率之间是线性关系；(2) 黏度系数 λ'，μ 可以是温度和压力的函数，同时亦可以是时间和空间的函数，但不是应力或应变率的函数.

四、不可压缩牛顿黏性流体的本构方程

此时

$$\dot{\theta} = 0, \tag{3.3.15}$$

可推出

$$\sigma_{ij} = -p\delta_{ij} + 2\mu\dot{\varepsilon}_{ij}. \tag{3.3.16}$$

§3.4　任意曲线坐标下牛顿黏性流体运动的纳维-斯托克斯方程

一、直角坐标下应力与速度的关系

由任意牛顿黏性流体的本构关系(3.3.13)出发，利用应变率与速度的关系，推导应力与速度之关系. 由应变率的定义知

$$\dot{\varepsilon}_{ii} = \frac{\partial u_i}{\partial x_i}, \quad i = 1,2,3. \tag{3.4.1}$$

而

$$\dot{\varepsilon}_{ij} = \frac{1}{2}\left(\frac{\partial u_i}{\partial x_j} + \frac{\partial u_j}{\partial x_i}\right), \quad i,j = 1,2,3,\ i \neq j. \tag{3.4.2}$$

且

$$\dot{\theta} = \frac{\partial u}{\partial x} + \frac{\partial v}{\partial y} + \frac{\partial w}{\partial z}, \tag{3.4.3}$$

可推出应力与速度的关系：

$$\sigma_{ij} = \left[-p + \left(\lambda' - \frac{2}{3}\mu\right)\dot{\theta}\right]\delta_{ij} + \mu\left(\frac{\partial u_i}{\partial x_j} + \frac{\partial u_j}{\partial x_i}\right), \quad \begin{cases}i = j, & \delta_{ij} = 1,\\ i \neq j, & \delta_{ij} = 0.\end{cases} \tag{3.4.4}$$

在笛卡儿坐标系下

$$\begin{cases}\sigma_{xx} = -p + \left(\lambda' - \dfrac{2}{3}\mu\right)\dot{\theta} + 2\mu\dfrac{\partial u}{\partial x}, & (3.4.5a)\\ \sigma_{yy} = -p + \left(\lambda' - \dfrac{2}{3}\mu\right)\dot{\theta} + 2\mu\dfrac{\partial v}{\partial y}, & (3.4.5b)\\ \sigma_{zz} = -p + \left(\lambda' - \dfrac{2}{3}\mu\right)\dot{\theta} + 2\mu\dfrac{\partial w}{\partial z}; & (3.4.5c)\end{cases}$$

$$\begin{cases}\sigma_{xy} = \mu\left(\dfrac{\partial u}{\partial y} + \dfrac{\partial v}{\partial x}\right), & (3.4.5d)\\ \sigma_{yz} = \mu\left(\dfrac{\partial v}{\partial z} + \dfrac{\partial w}{\partial y}\right), & (3.4.5e)\\ \sigma_{zx} = \mu\left(\dfrac{\partial w}{\partial x} + \dfrac{\partial u}{\partial z}\right). & (3.4.5f)\end{cases}$$

二、任意可压缩变黏度牛顿黏性流体的运动方程——纳维-斯托克斯方程

1. 动量方程加应力与速度的关系等于运动方程，即纳维-斯托克斯(简称 N-S)方程：

$$\begin{cases}\rho\dfrac{\mathrm{d}\boldsymbol{v}}{\mathrm{d}t} = \rho\boldsymbol{F} + \dfrac{\partial \boldsymbol{P}_x}{\partial x} + \dfrac{\partial \boldsymbol{P}_y}{\partial y} + \dfrac{\partial \boldsymbol{P}_z}{\partial z},\\ \sigma_{ij} = \left[-p + \left(\lambda' - \dfrac{2}{3}\mu\right)\dot{\theta}\right]\delta_{ij} + 2\mu\dot{\varepsilon}_{ij},\end{cases} \tag{3.4.6}$$

其中

$$\begin{cases}\boldsymbol{p}_x = \sigma_{xx}\boldsymbol{i} + \tau_{xy}\boldsymbol{j} + \tau_{xz}\boldsymbol{k},\\ \boldsymbol{p}_y = \tau_{yx}\boldsymbol{i} + \sigma_{yy}\boldsymbol{j} + \tau_{yz}\boldsymbol{k},\\ \boldsymbol{p}_z = \tau_{zx}\boldsymbol{i} + \tau_{zy}\boldsymbol{j} + \sigma_{zz}\boldsymbol{k}.\end{cases}$$

2. N-S 方程在 x 方向的投影

$$\begin{aligned}\rho\frac{\mathrm{d}u}{\mathrm{d}t} &= \rho F_x + \frac{\partial \sigma_{xx}}{\partial x} + \frac{\partial \tau_{xy}}{\partial y} + \frac{\partial \tau_{xz}}{\partial z}\\ &= \rho F_x + \frac{\partial}{\partial x}\left[-p + \left(\lambda' - \frac{2\mu}{3}\right)\dot{\theta} + 2\mu\frac{\partial u}{\partial x}\right] + \frac{\partial}{\partial y}\left[\mu\left(\frac{\partial u}{\partial y} + \frac{\partial v}{\partial x}\right)\right]\\ &\quad + \frac{\partial}{\partial z}\left[\mu\left(\frac{\partial w}{\partial x} + \frac{\partial u}{\partial z}\right)\right]\\ &= \rho F_x - \frac{\partial p}{\partial x} + \frac{\partial}{\partial x}\left[\left(\lambda' - \frac{2}{3}\mu\right)\dot{\theta}\right] + \mu\left(\frac{\partial^2 u}{\partial x^2} + \frac{\partial^2 u}{\partial y^2} + \frac{\partial^2 u}{\partial z^2}\right) + \cdots\\ &= \rho F_x - \frac{\partial p}{\partial x} + \frac{\partial}{\partial x}\left[\left(\mu + \lambda' - \frac{2}{3}\mu\right)\dot{\theta}\right] + \mu\nabla^2 u + \nabla\mu\cdot\nabla u\\ &= \rho F_x - \frac{\partial p}{\partial x} + \frac{\partial}{\partial x}\left[\left(\lambda' + \frac{1}{3}\mu\right)\dot{\theta}\right] + \mu\nabla^2 u + \nabla\mu\cdot\nabla u.\end{aligned} \tag{3.4.7}$$

3. N-S 方程在 y 方向的投影

$$\rho \frac{\mathrm{d}v}{\mathrm{d}t}=\rho F_y-\frac{\partial p}{\partial y}+\frac{\partial}{\partial y}\left[\left(\lambda'+\frac{1}{3}\mu\right)\dot{\theta}\right]+\mu\nabla^2 v+\nabla\mu\cdot\nabla v. \tag{3.4.8}$$

4. N-S 方程在 z 方向的投影

$$\rho \frac{\mathrm{d}w}{\mathrm{d}t}=\rho F_z-\frac{\partial p}{\partial z}+\frac{\partial}{\partial z}\left[\left(\lambda'+\frac{1}{3}\mu\right)\dot{\theta}\right]+\mu\nabla^2 w+\nabla\mu\cdot\nabla w. \tag{3.4.9}$$

5. 任意可压缩变黏度牛顿黏性流体,引进

$$\boldsymbol{v}=u\boldsymbol{i}+v\boldsymbol{j}+w\boldsymbol{k},$$
$$\boldsymbol{F}=F_x\boldsymbol{i}+F_y\boldsymbol{j}+F_z\boldsymbol{k},$$

运动方程变为

$$\rho \frac{\mathrm{d}\boldsymbol{v}}{\mathrm{d}t}=\rho\boldsymbol{F}+\nabla\left[-p+\left(\lambda'+\frac{1}{3}\mu\right)\dot{\theta}\right]+\mu\nabla^2\boldsymbol{v}+\nabla\mu\cdot\nabla\boldsymbol{v}. \tag{3.4.10}$$

上式就是矢量形式的 N-S 方程.

三、笛卡儿坐标下、均匀温度场中变黏度、不可压缩牛顿黏性流体的运动方程——N-S 方程

若为不可压缩,体应变为零,体应变率为零,即

$$\theta=0 \quad 和 \quad \dot{\theta}=0, \tag{3.4.11}$$

则在笛卡儿坐标系中,不可压缩牛顿黏性流体的运动方程为

$$\begin{cases}\rho \dfrac{\mathrm{d}u}{\mathrm{d}t}=\rho F_x-\dfrac{\partial p}{\partial x}+\mu\nabla^2 u+\nabla\mu\cdot\nabla u, & (3.4.12\mathrm{a})\\ \rho \dfrac{\mathrm{d}v}{\mathrm{d}t}=\rho F_y-\dfrac{\partial p}{\partial y}+\mu\nabla^2 v+\nabla\mu\cdot\nabla v, & (3.4.12\mathrm{b})\\ \rho \dfrac{\mathrm{d}w}{\mathrm{d}t}=\rho F_z-\dfrac{\partial p}{\partial z}+\mu\nabla^2 w+\nabla\mu\cdot\nabla w, & (3.4.12\mathrm{c})\end{cases}$$

写成矢量形式为

$$\rho \frac{\mathrm{d}\boldsymbol{v}}{\mathrm{d}t}=\rho\boldsymbol{F}+\nabla(-p)+\mu\nabla^2\boldsymbol{v}+\nabla\mu\cdot\nabla\boldsymbol{v}, \tag{3.4.13}$$

其中 $\boldsymbol{v}$ 是速度矢量,$\boldsymbol{v}=u\boldsymbol{e}_x+v\boldsymbol{e}_y+w\boldsymbol{e}_z$,其中 $\boldsymbol{e}_x,\boldsymbol{e}_y,\boldsymbol{e}_z$ 分别是 x,y,z 坐标轴方向的单位坐标矢量. u,v,w 分别是 x,y,z 方向的速度分量.

四、任意曲线坐标下、均匀温度场中,不可压缩牛顿黏性流体运动的 N-S 方程

$$\begin{aligned}\rho\frac{\partial\boldsymbol{v}}{\partial t}+\rho\sum_{k=1}^{3}\frac{v_k}{H_k}\frac{\partial\boldsymbol{v}}{\partial q_k}&=\rho\boldsymbol{F}+\frac{1}{H_1H_2H_3}\sum_{k=1}^{3}\frac{\partial}{\partial q_k}\left\{\left(\frac{H_1H_2H_3}{H_k}\right)\left[-p+2\mu\sum_{l=1}^{3}\left(\frac{v_l}{H_lH_k}\right)\left(\frac{\partial H_k}{\partial q_l}\right)\right]\right\}\boldsymbol{e}_k\\&+\frac{1}{H_1H_2H_3}\sum_{k=1}^{3}\sum_{l=1}^{3}\frac{\partial}{\partial q_l}\left\{\left(\frac{H_1H_2H_3}{H_l}\right)\mu\left[\frac{H_k}{H_l}\frac{\partial}{\partial q_l}\left(\frac{v_k}{H_k}\right)+\frac{H_l}{H_k}\frac{\partial}{\partial q_k}\left(\frac{v_l}{H_l}\right)\right]\right\}\boldsymbol{e}_k,\end{aligned} \tag{3.4.14}$$

其中 v_k,v_l 都是速度的分量,$\boldsymbol{e}_k,\boldsymbol{e}_l$ 都是曲线坐标的基向量,相当于笛卡儿坐标中的单位坐标向量.

§3.5 以速度、压力表示的能量方程

因为

$$\begin{cases}\rho\dfrac{\mathrm{d}}{\mathrm{d}t}\left(\dfrac{v^2}{2}+JC_pT\right)=\rho\boldsymbol{F}\cdot\boldsymbol{v}+\nabla\cdot(\hat{\boldsymbol{\sigma}}\cdot\boldsymbol{v})+J\rho q,\\ \sigma_{ij}=\left[-p+\left(\lambda'-\dfrac{2}{3}\mu\right)\dot{\theta}\right]\delta_{ij}+2\mu\dot{\varepsilon}_{ij},\\ \dot{\varepsilon}_{ij}=\dfrac{1}{2}(v_{i,j}+v_{j,i}),\end{cases}\tag{3.5.1}$$

可推出能量方程

$$\rho\frac{\mathrm{d}}{\mathrm{d}t}\left(\frac{v^2}{2}+JC_pT\right)=\rho\boldsymbol{F}\cdot\boldsymbol{v}+J\rho q+\nabla\cdot\hat{\boldsymbol{\sigma}}\cdot\boldsymbol{v}+\hat{\boldsymbol{\sigma}}\cdot\nabla\boldsymbol{v}.\tag{3.5.2}$$

§3.6 牛顿黏性流体运动问题的建立

一、任意曲线坐标下的不可压缩黏性流体运动的 N-S 方程

$$\begin{aligned}&\rho\frac{\partial\boldsymbol{v}}{\partial t}+\rho\sum_{k=1}^{3}\frac{v_k}{H_k}\frac{\partial\boldsymbol{v}}{\partial q_k}\\&=\rho\boldsymbol{F}+\frac{1}{H_1H_2H_3}\sum_{k=1}^{3}\frac{\partial}{\partial q_k}\left\{\left(\frac{H_1H_2H_3}{H_k}\right)\left[-p+2\mu\sum_{l=1}^{3}\left(\frac{v_l}{H_kH_l}\right)\left(\frac{\partial H_k}{\partial q_l}\right)\right]\right\}\boldsymbol{e}_k\\&\quad+\frac{1}{H_1H_2H_3}\sum_{k=1}^{3}\sum_{l=1}^{3}\frac{\partial}{\partial q_l}\left\{\frac{H_1H_2H_3}{H_l}\mu\left[\frac{H_k}{H_l}\frac{\partial}{\partial q_l}\left(\frac{v_k}{H_k}\right)+\frac{H_l}{H_k}\frac{\partial}{\partial q_k}\left(\frac{v_l}{H_l}\right)\right]\right\}\boldsymbol{e}_l.\end{aligned}\tag{3.6.1}$$

二、可压缩与不可压缩黏性流体动力学问题的建立

1. 任意牛顿黏性流体，有 18 个未知量，其中包括：
速度——3 个未知量；
应变率——6 个未知量；
应力——6 个未知量；
压力、温度、密度各 1 个未知量.
2. 基本方程也有 18 个，包括：
连续性方程、能量方程、状态方程各 1 个；
动量方程 3 个；
几何方程 6 个；
本构方程 6 个.

由此可知,未知量个数与方程个数一致.

3. 牛顿黏性流体流动问题的建立.

(1) 不可压缩牛顿黏性流体流动问题及等温问题,即

$$\begin{cases}\rho = C_1,\\ T = C_2.\end{cases}\tag{3.6.2}$$

这样,未知量只有4个,其中速度3个和压力1个;而方程也只需要4个,即只需要连续性方程及N-S方程.

(2) 可压缩牛顿黏性流体流动问题.未知量为5个,即:速度3个,压力1个,密度1个;方程为:连续性方程1个,N-S方程3个,状态方程1个,共计5个方程.

4. 可压缩黏性流体流动问题的初始条件与边界条件.

(1) 初始条件:

① 非定常问题:各种物理量都是时间的函数,因此需要给出初始条件.

初始速度

$$\boldsymbol{v}_0 = \boldsymbol{v}(x,y,z,t_0),\tag{3.6.3}$$

初始压力

$$p_0 = p(x,y,z,t_0),\tag{3.6.4}$$

初始密度

$$\rho = C,\tag{3.6.5a}$$

$$\rho_0 = \rho(x,y,z,t_0),\tag{3.6.5b}$$

初始温度

$$T_0 = T(x,y,z,t_0),\tag{3.6.6}$$

其中 $\dot{\theta}=0$(见式(3.3.15))代表不可压缩问题,$\dot{\theta}\neq 0$ 代表可压缩问题.

② 定常问题:不需要提初始条件.

(2) 边界条件:

① 刚性固壁上的边界条件:设固壁的外法向为 $\boldsymbol{N}$,另外两个切向分别是 $\boldsymbol{\tau}$ 与 $\boldsymbol{S}$.

运动学边界条件:固壁运动时,沿固壁法向固体与流体的运动速度相等,即

$$v_{N固} = v_{N流}.\tag{3.6.7}$$

动力学边界条件:在法向为 N 的固壁上,固壁的切向摩擦力 $p_{N\tau}$ 与两者相对切向速度之差成正比,即

$$p_{N\tau} = f(v_{\tau固} - v_{\tau流}),\tag{3.6.8}$$

其中 f 是流体与固壁间的摩擦系数.固壁上的合摩擦力 $\boldsymbol{p}_{N\tau}$ 与切向摩擦力 $\boldsymbol{p}_N$ 以及法向摩擦力 $\boldsymbol{p}_{NN}$ 之间的关系为

$$\boldsymbol{p}_{N\tau} = \boldsymbol{p}_N - \boldsymbol{p}_{NN}.\tag{3.6.9}$$

在笛卡儿坐标系中可将法向为 N 的固壁上的合摩擦力写成下式:

$$\boldsymbol{p}_N = p_{Nx}\boldsymbol{i} + p_{Ny}\boldsymbol{j} + p_{Nz}\boldsymbol{k},\tag{3.6.10}$$

其法向摩擦力可写成下式：

$$\boldsymbol{p}_{NN}=(\boldsymbol{p}_N\cdot\boldsymbol{N})\boldsymbol{N}=(p_{Nx}l+p_{Ny}m+p_{Nz}n)\boldsymbol{N},\tag{3.6.11}$$

且

$$\boldsymbol{v}_{\tau固}-\boldsymbol{v}_{\tau流}=(\boldsymbol{v}_{固}-\boldsymbol{v}_{流})-(\boldsymbol{v}_{N固}-\boldsymbol{v}_{N流})(\boldsymbol{v}_{固}-\boldsymbol{v}_{流}),\tag{3.6.12}$$

下标“固”代表固壁；下标“流”代表流体. 所以

$$\boldsymbol{p}_N-\boldsymbol{p}_{NN}=f(\boldsymbol{v}_{固}-\boldsymbol{v}_{流}),\tag{3.6.13}$$

即

$$p_{Nx}-(p_{Nx}l+p_{Ny}m+p_{Nz}n)l=f(u_{固}-u_{流}),\tag{3.6.14a}$$

$$p_{Ny}-(p_{Nx}l+p_{Ny}m+p_{Nz}n)m=f(v_{固}-v_{流}),\tag{3.6.14b}$$

$$p_{Nz}-(p_{Nx}l+p_{Ny}m+p_{Nz}n)n=f(w_{固}-w_{流}).\tag{3.6.14c}$$

实验表明：$f\to\infty$. 故 $\boldsymbol{p}_N-\boldsymbol{p}_{NN}$ 要有界必须满足

$$\boldsymbol{v}_{固}-\boldsymbol{v}_{流}=0,\tag{3.6.15}$$

所以

$$\begin{cases}u_{固}=u_{流}, & (3.6.16a)\\ v_{固}=v_{流}, & (3.6.16b)\\ w_{固}=w_{流}. & (3.6.16c)\end{cases}$$

如果固壁不动，则

$$u_{固}=v_{固}=w_{固}\equiv 0,\tag{3.6.17}$$

可推出

$$u_{流}=v_{流}=w_{流}=0.\tag{3.6.18}$$

② 两种不可混合的流体界面上的边界条件：

运动学边界条件：两种流体质点速度的法向分量相等，即

$$v_{N1}=v_{N2}.\tag{3.6.19}$$

动力学边界条件：沿分界面法向应力相等，即

$$(p_{NN})_1=(p_{NN})_2.\tag{3.6.20}$$

沿分界面两种流体的切向应力相等，等于两种流体间的摩擦力，即

$$(p_{N\tau})_1=(p_{N\tau})_2=f_{1,2}(v_{\tau1}-v_{\tau2}).\tag{3.6.21}$$

③ 自由面边界条件：流体和大气(密度非常小)的分界面叫自由面. 在自由面上法向应力等于一个大气压力，而切向应力为零. 如果把自由面的物理量之下标取为“2”，则

$$(p_{NN})_2=-p_0,\tag{3.6.22}$$

$$(p_{N\tau})_2=0,\tag{3.6.23}$$

$$f_{1,2}=0.\tag{3.6.24}$$

④ 温度边界条件：在不同情况下要给出不同的边界条件.

· 给出边界上温度的分布.

· 给出每秒钟通过边界单位面积的热量——相当于给出热流，即给出$\frac{\partial T}{\partial n}$.

三、几种流体力学问题

1. 理想流体力学问题：包括定常问题、非定常问题；可压缩问题、不可压缩问题；有势问题、无势问题.

2. 牛顿黏性流体力学问题：定常问题$\frac{\partial}{\partial t}=0$，非定常问题$\frac{\partial}{\partial t}\neq 0$；可压缩问题 $\rho\neq$ const. 且 $\nabla\cdot\boldsymbol{v}\neq 0$，不可压缩问题 $\rho=$ const. 且 $\nabla\cdot\boldsymbol{v}=0$；永远是无势问题.

3. 非牛顿黏性流体力学问题：根据不同的本构方程和动量方程建立运动方程.

第 4 章　黏性流体运动的一般性质

§ 4.1　黏性流体运动都是有旋的

一、不可压缩、体力有势、常黏度的黏性流体运动都是有旋的

1. N-S 方程为

$$\rho \frac{\mathrm{d}\boldsymbol{v}}{\mathrm{d}t} = \rho \boldsymbol{F} - \nabla p + \mu \nabla^2 \boldsymbol{v}. \tag{4.1.1}$$

不可压缩流体连续性方程为

$$\nabla \cdot \boldsymbol{v} = 0. \tag{4.1.2}$$

涡量方程为

$$\boldsymbol{\omega} = \frac{1}{2}\begin{vmatrix} \boldsymbol{i} & \boldsymbol{j} & \boldsymbol{k} \\ \dfrac{\partial}{\partial x} & \dfrac{\partial}{\partial y} & \dfrac{\partial}{\partial z} \\ u & v & w \end{vmatrix} \Longrightarrow \begin{cases} \omega_x = \dfrac{1}{2}\left(\dfrac{\partial w}{\partial y} - \dfrac{\partial v}{\partial z}\right), \\ \omega_y = \dfrac{1}{2}\left(\dfrac{\partial u}{\partial z} - \dfrac{\partial w}{\partial x}\right), \\ \omega_z = \dfrac{1}{2}\left(\dfrac{\partial v}{\partial x} - \dfrac{\partial u}{\partial y}\right). \end{cases} \tag{4.1.3}$$

2. 将 N-S 方程写成分量形式,先将方程左端加以改写为

$$\begin{aligned} \frac{\partial u}{\partial t} + u\frac{\partial u}{\partial x} + v\frac{\partial u}{\partial y} + w\frac{\partial u}{\partial z} &= \frac{\partial u}{\partial t} + 2\left[\frac{1}{2}\left(\frac{\partial u}{\partial z} - \frac{\partial w}{\partial x}\right)w - \frac{1}{2}\left(\frac{\partial v}{\partial x} - \frac{\partial u}{\partial y}\right)v\right] \\ &\quad + u\frac{\partial u}{\partial x} + v\frac{\partial v}{\partial x} + w\frac{\partial w}{\partial x} \\ &= \frac{\partial u}{\partial t} + 2(\omega_y w - \omega_z v) + \frac{1}{2}\frac{\partial}{\partial x}(V^2), \end{aligned} \tag{4.1.4}$$

其中

$$V^2 = u^2 + v^2 + w^2, \tag{4.1.5}$$

同理可以写出

$$\frac{\partial v}{\partial t} + u\frac{\partial v}{\partial x} + v\frac{\partial v}{\partial y} + w\frac{\partial v}{\partial z} = \frac{\partial v}{\partial t} + 2(\omega_z u - \omega_x w) + \frac{1}{2}\frac{\partial}{\partial y}(V^2), \tag{4.1.6}$$

$$\frac{\partial w}{\partial t} + u\frac{\partial w}{\partial x} + v\frac{\partial w}{\partial y} + w\frac{\partial w}{\partial z} = \frac{\partial w}{\partial t} + 2(\omega_x v - \omega_y u) + \frac{1}{2}\frac{\partial}{\partial z}(V^2). \tag{4.1.7}$$

二、涡量与速度叉乘

$$\boldsymbol{\omega} \times \boldsymbol{v} = (\omega_y w - \omega_z v)\boldsymbol{i} + (\omega_z u - \omega_x w)\boldsymbol{j} + (\omega_x v - \omega_y u)\boldsymbol{k}. \tag{4.1.8}$$

三、体力有势

$$\boldsymbol{F}=\nabla U,\tag{4.1.9}$$

其中 U 是力势,在将左端改写后的 N-S 方程中,两端除以 ρ,方程进一步改写为

$$\frac{\partial \boldsymbol{v}}{\partial t}+2\boldsymbol{\omega}\times\boldsymbol{v}+\nabla\left(\frac{V^2}{2}\right)=\nabla\left(U-\frac{p}{\rho}\right)+\frac{\mu}{\rho}\nabla^2\boldsymbol{v}.\tag{4.1.10}$$

不可压缩连续性方程为

$$\nabla\cdot\boldsymbol{v}=0.\tag{4.1.11}$$

将两者联立,得

$$\begin{cases}\dfrac{\partial \boldsymbol{v}}{\partial t}+2\boldsymbol{\omega}\times\boldsymbol{v}=\nabla\left(U-\dfrac{p}{\rho}-\dfrac{V^2}{2}\right)+\dfrac{\mu}{\rho}\nabla^2\boldsymbol{v},\\ \nabla\cdot\boldsymbol{v}=0,\end{cases}\tag{4.1.12}$$

其中

$$\nabla\left(\frac{V^2}{2}\right)=\nabla\left[\frac{1}{2}(u^2+v^2+w^2)\right]=\frac{1}{2}(\nabla u^2+\nabla v^2+\nabla w^2)$$
$$=\left[\left(u\frac{\partial u}{\partial x}+v\frac{\partial v}{\partial x}+w\frac{\partial w}{\partial x}\right)\boldsymbol{i}+\left(u\frac{\partial u}{\partial y}+v\frac{\partial v}{\partial y}+w\frac{\partial w}{\partial y}\right)\boldsymbol{j}+\left(u\frac{\partial u}{\partial z}+v\frac{\partial v}{\partial z}+w\frac{\partial w}{\partial z}\right)\boldsymbol{k}\right].\tag{4.1.13}$$

四、无旋与有速度势的关系

1. 若运动是无旋的,则 $\omega_x=\omega_y=\omega_z=0$,即

$$\boldsymbol{\omega}=0.\tag{4.1.14}$$

2. 如有速度势 ψ,则

$$u=\frac{\partial\psi}{\partial x},\quad v=\frac{\partial\psi}{\partial y},\quad w=\frac{\partial\psi}{\partial z}.\tag{4.1.15}$$

3. 无旋与有速度势的关系.

由涡量定义可知:

$$\omega_x=\frac{1}{2}\left(\frac{\partial w}{\partial y}-\frac{\partial v}{\partial z}\right)=\frac{1}{2}\left(\frac{\partial^2\psi}{\partial y\partial z}-\frac{\partial^2\psi}{\partial y\partial z}\right)\equiv 0,\tag{4.1.16}$$

$$\omega_y=\frac{1}{2}\left(\frac{\partial u}{\partial z}-\frac{\partial w}{\partial x}\right)=\frac{1}{2}\left(\frac{\partial^2\psi}{\partial x\partial z}-\frac{\partial^2\psi}{\partial x\partial z}\right)\equiv 0,\tag{4.1.17}$$

$$\omega_z=\frac{1}{2}\left(\frac{\partial v}{\partial x}-\frac{\partial u}{\partial y}\right)=\frac{1}{2}\left(\frac{\partial^2\psi}{\partial x\partial y}-\frac{\partial^2\psi}{\partial x\partial y}\right)\equiv 0.\tag{4.1.18}$$

因此,有速度势则无旋,无速度势则有旋,反之无旋则有速度势.

五、不可压缩黏性流体运动都是有旋的

采用反证法:假设无旋则一定无黏,所以有黏一定有旋.

1. 假设无旋,则有速度势,即

$$u = \frac{\partial \psi}{\partial x}, \quad v = \frac{\partial \psi}{\partial y}, \quad w = \frac{\partial \psi}{\partial z}, \tag{4.1.19}$$

也就是

$$\boldsymbol{v} = \nabla \psi = \left(\frac{\partial \psi}{\partial x}, \frac{\partial \psi}{\partial y}, \frac{\partial \psi}{\partial z}\right). \tag{4.1.20}$$

2. 由不可压缩的连续性方程知

$$\nabla \cdot \boldsymbol{v} = \nabla \cdot \nabla \psi = \nabla^2 \psi = 0, \tag{4.1.21}$$

$$\nabla^2 u = \nabla^2 \frac{\partial \psi}{\partial x} = \frac{\partial}{\partial x} \nabla^2 \psi = 0, \tag{4.1.22}$$

$$\nabla^2 v = \nabla^2 \frac{\partial \psi}{\partial y} = \frac{\partial}{\partial y} \nabla^2 \psi = 0, \tag{4.1.23}$$

$$\nabla^2 w = \nabla^2 \frac{\partial \psi}{\partial z} = \frac{\partial}{\partial z} \nabla^2 \psi = 0. \tag{4.1.24}$$

3. N-S 方程可改写为

$$\nabla \frac{\partial \psi}{\partial t} + 2\boldsymbol{\omega} \times \boldsymbol{v} = \nabla \left(U - \frac{p}{\rho} - \frac{V^2}{2}\right) + \frac{\mu}{\rho} \nabla^2 \boldsymbol{v}. \tag{4.1.25}$$

因为无旋,所以 $\boldsymbol{\omega}=0$,而且不可压缩,则 $\nabla^2 \boldsymbol{v}=0$,可推出

$$\nabla \left(-\frac{\partial \psi}{\partial t} + U - \frac{p}{\rho} - \frac{V^2}{2}\right) = 0, \tag{4.1.26}$$

进而推出

$$-\frac{\partial \psi}{\partial t} + U - \frac{p}{\rho} - \frac{V^2}{2} = f(t). \tag{4.1.27}$$

在此方程中没有黏性项,说明是理想无黏流体满足的方程,亦即由无旋推出无黏. 换言之,黏性流体流动必须是有旋的.

§ 4.2 黏性流体运动都是有耗散的

一、内能变化方程

下面的推导不仅对牛顿黏性流体适用,对非牛顿黏性流体亦适用.

1. 从能量方程出发,将面力做功的功率写成两部分,一部分与体力做功合并,另一部分影响内能,即

$$\rho \frac{\mathrm{d}}{\mathrm{d}t}\left(\frac{V^2}{2} + JCT\right) = \rho \boldsymbol{F} \cdot \boldsymbol{v} + \nabla \cdot (\hat{\boldsymbol{\sigma}} \cdot \boldsymbol{v}) + J\rho q. \tag{4.2.1}$$

等式左端

$$\rho \frac{\mathrm{d}}{\mathrm{d}t}\left(\frac{V^2}{2}\right) + \rho \frac{\mathrm{d}(JCT)}{\mathrm{d}t} = \rho \frac{\mathrm{d}\boldsymbol{v}}{\mathrm{d}t} \cdot \boldsymbol{v} + \rho \frac{\mathrm{d}(JCT)}{\mathrm{d}t}, \tag{4.2.2}$$

等式右端第二项面力做功的功率可以写成两部分：

$$\begin{aligned}\nabla\cdot(\hat{\boldsymbol{\sigma}}\cdot\boldsymbol{v})&=\frac{\partial}{\partial x}(\boldsymbol{p}_x\cdot\boldsymbol{v})+\frac{\partial}{\partial y}(\boldsymbol{p}_y\cdot\boldsymbol{v})+\frac{\partial}{\partial z}(\boldsymbol{p}_z\cdot\boldsymbol{v})\\&=\left(\frac{\partial\boldsymbol{p}_x}{\partial x}+\frac{\partial\boldsymbol{p}_y}{\partial y}+\frac{\partial\boldsymbol{p}_z}{\partial z}\right)\cdot\boldsymbol{v}+\left(\boldsymbol{p}_x\cdot\frac{\partial\boldsymbol{v}}{\partial x}+\boldsymbol{p}_y\cdot\frac{\partial\boldsymbol{v}}{\partial y}+\boldsymbol{p}_z\cdot\frac{\partial\boldsymbol{v}}{\partial z}\right)\\&=(\nabla\cdot\hat{\boldsymbol{\sigma}})\cdot\boldsymbol{v}+\hat{\boldsymbol{\sigma}}\cdot\nabla\,\boldsymbol{v}.\end{aligned}\tag{4.2.3}$$

改写能量方程得

$$\rho\frac{\mathrm{d}\boldsymbol{v}}{\mathrm{d}t}\cdot\boldsymbol{v}-\rho\boldsymbol{F}\cdot\boldsymbol{v}-(\nabla\cdot\hat{\boldsymbol{\sigma}})\cdot\boldsymbol{v}+\rho\frac{\mathrm{d}(JCT)}{\mathrm{d}t}=J\rho q+\hat{\boldsymbol{\sigma}}\cdot\nabla\,\boldsymbol{v},\tag{4.2.4}$$

即

$$\left(\rho\frac{\mathrm{d}\boldsymbol{v}}{\mathrm{d}t}-\rho\boldsymbol{F}-\nabla\cdot\hat{\boldsymbol{\sigma}}\right)\cdot\boldsymbol{v}+\rho\frac{\mathrm{d}(JCT)}{\mathrm{d}t}=J\rho q+\hat{\boldsymbol{\sigma}}\cdot\nabla\,\boldsymbol{v}.\tag{4.2.5}$$

2. 从动量方程知

$$\rho\frac{\mathrm{d}\boldsymbol{v}}{\mathrm{d}t}-\rho\boldsymbol{F}-\nabla\cdot\hat{\boldsymbol{\sigma}}=0,\tag{4.2.6}$$

推得

$$\rho\frac{\mathrm{d}(JCT)}{\mathrm{d}t}=J\rho q+\hat{\boldsymbol{\sigma}}\cdot\nabla\,\boldsymbol{v}.\tag{4.2.7}$$

由此可知：

(1) 动能的变化是由体力做功及一部分面力做功引起的. 即

$$\rho\frac{\mathrm{d}\boldsymbol{v}}{\mathrm{d}t}\cdot\boldsymbol{v}=\rho\boldsymbol{F}\cdot\boldsymbol{v}+(\nabla\cdot\hat{\boldsymbol{\sigma}})\cdot\boldsymbol{v}.\tag{4.2.8}$$

(2) 内能的变化是由外界传热及另一部分面力做功引起的. 即

$$\rho\frac{\mathrm{d}(J\rho q)}{\mathrm{d}t}=J\rho q+\hat{\boldsymbol{\sigma}}\cdot\nabla\,\boldsymbol{v}.\tag{4.2.9}$$

二、内能耗散定理

1. 耗散能的定义.

在面力做功中能引起内能改变的部分叫做耗散能，即

$$\hat{\boldsymbol{\sigma}}\cdot\nabla\,\boldsymbol{v}=\boldsymbol{p}_x\cdot\frac{\partial\boldsymbol{v}}{\partial x}+\boldsymbol{p}_y\cdot\frac{\partial\boldsymbol{v}}{\partial y}+\boldsymbol{p}_z\cdot\frac{\partial\boldsymbol{v}}{\partial z}.\tag{4.2.10}$$

这一部分能量转化为热能耗散掉了，所以称为耗散能.

2. 不可压缩牛顿流体的耗散能总为正，因为

$$\begin{aligned}\hat{\boldsymbol{\sigma}}\cdot\nabla\,\boldsymbol{v}=&(\sigma_{xx}\boldsymbol{i}+\tau_{xy}\boldsymbol{j}+\tau_{xz}\boldsymbol{k})\cdot\frac{\partial\boldsymbol{v}}{\partial x}+(\tau_{yx}\boldsymbol{i}+\sigma_{yy}\boldsymbol{j}+\tau_{yz}\boldsymbol{k})\cdot\frac{\partial\boldsymbol{v}}{\partial y}\\&+(\tau_{zx}\boldsymbol{i}+\tau_{zy}\boldsymbol{j}+\sigma_{zz}\boldsymbol{k})\cdot\frac{\partial\boldsymbol{v}}{\partial z}\end{aligned}$$

$$
\begin{aligned}
&= \left(\sigma_{xx}\frac{\partial u}{\partial x}+\tau_{xy}\frac{\partial v}{\partial x}+\tau_{xz}\frac{\partial w}{\partial x}\right)+\left(\tau_{yx}\frac{\partial u}{\partial y}+\sigma_{yy}\frac{\partial v}{\partial y}+\tau_{yz}\frac{\partial w}{\partial y}\right)\\
&\quad+\left(\tau_{xz}\frac{\partial u}{\partial z}+\tau_{yz}\frac{\partial v}{\partial z}+\sigma_{zz}\frac{\partial w}{\partial z}\right)\\
&= \left(\sigma_{xx}\frac{\partial u}{\partial x}+\sigma_{yy}\frac{\partial v}{\partial y}+\sigma_{zz}\frac{\partial w}{\partial z}\right)+\tau_{xy}\left(\frac{\partial u}{\partial y}+\frac{\partial v}{\partial x}\right)+\tau_{yz}\left(\frac{\partial v}{\partial z}+\frac{\partial w}{\partial y}\right)+\tau_{zx}\left(\frac{\partial w}{\partial x}+\frac{\partial u}{\partial z}\right),
\end{aligned}
\tag{4.2.11}
$$

又因为不可压缩,故 $\dot{\theta}=0$. 由应力与应变率的关系以及应变率的定义知

$$
\sigma_{ij}=-p\delta_{ij}+\mu\left(\frac{\partial u_i}{\partial x_j}+\frac{\partial u_j}{\partial x_i}\right),\quad i,j=1,2,3;
\tag{4.2.12}
$$

$$
\begin{aligned}
\hat{\boldsymbol{\sigma}}\cdot\nabla\boldsymbol{v}=&\left[\left(-p+2\mu\frac{\partial u}{\partial x}\right)\frac{\partial u}{\partial x}+\left(-p+2\mu\frac{\partial v}{\partial y}\right)\frac{\partial v}{\partial y}+\left(-p+2\mu\frac{\partial w}{\partial z}\right)\frac{\partial w}{\partial z}\right]\\
&+\mu\left[\left(\frac{\partial u}{\partial y}+\frac{\partial v}{\partial x}\right)^2+\left(\frac{\partial v}{\partial z}+\frac{\partial w}{\partial y}\right)^2+\left(\frac{\partial w}{\partial x}+\frac{\partial u}{\partial z}\right)^2\right]\\
=&-p\left(\frac{\partial u}{\partial x}+\frac{\partial v}{\partial y}+\frac{\partial w}{\partial z}\right)+2\mu\left[\left(\frac{\partial u}{\partial x}\right)^2+\left(\frac{\partial v}{\partial y}\right)^2+\left(\frac{\partial w}{\partial z}\right)^2\right]\\
&+\mu\left[\left(\frac{\partial u}{\partial y}+\frac{\partial v}{\partial x}\right)^2+\left(\frac{\partial v}{\partial z}+\frac{\partial w}{\partial y}\right)^2+\left(\frac{\partial w}{\partial x}+\frac{\partial u}{\partial z}\right)^2\right],
\end{aligned}
\tag{4.2.13}
$$

由不可压缩连续性方程知 $\nabla\cdot\boldsymbol{v}=0$,故可推出

$$
\left(\frac{\partial u}{\partial x}+\frac{\partial v}{\partial y}+\frac{\partial w}{\partial z}\right)=0,
\tag{4.2.14}
$$

则

$$
\begin{aligned}
\hat{\boldsymbol{\sigma}}\cdot\nabla\boldsymbol{v}=&\ 2\mu\left[\left(\frac{\partial u}{\partial x}\right)^2+\left(\frac{\partial v}{\partial y}\right)^2+\left(\frac{\partial w}{\partial z}\right)^2\right]+\mu\left[\left(\frac{\partial u}{\partial y}+\frac{\partial v}{\partial x}\right)^2\right.\\
&\left.+\left(\frac{\partial v}{\partial z}+\frac{\partial w}{\partial y}\right)^2+\left(\frac{\partial w}{\partial x}+\frac{\partial u}{\partial z}\right)^2\right],
\end{aligned}
\tag{4.2.15}
$$

因为等号右端的全是平方项相加,故

$$
\hat{\boldsymbol{\sigma}}\cdot\nabla\boldsymbol{v}\geqslant 0,
\tag{4.2.16}
$$

即耗散能总为正.

3. 能量耗散定理.

除非不可压缩牛顿流体像刚体一样只有平动和转动,没有变形,否则在任何变形情况下都将发生机械能的损失,亦即为了克服内摩擦,一部分面力做功将转化为热而耗散掉.

第5章 黏性流体运动的相似性原理

§5.1 问题的提出

用实验(物理模拟)的方法得到的流动现象与数据能不能代表真实流动?真实流体运动与模型流体运动的关系要满足哪些条件才相似?比如地幔流动问题、冰后回升问题等地球大尺度、长时间缓慢流动问题,用什么样的尺度之模型才能模拟它?这里面就牵扯到模拟的相似性问题.

§5.2 相似性概念与参量化的无量纲化

一、相似的定义

两个物理现象之间,所有对应点上的所有对应物理量都成比例,则称这两个物理现象为相似.

二、相似性种类

1. 几何相似.

所有几何大小尺寸(坐标、位移、长、宽、高、半径等)都具有同一个比例系数.即

$$\frac{\boldsymbol{r}_{\mathrm{t}}}{\boldsymbol{r}_{\mathrm{m}}}=\frac{\Delta\boldsymbol{r}_{\mathrm{t}}}{\Delta\boldsymbol{r}_{\mathrm{m}}}=\frac{l_{\mathrm{t}}}{l_{\mathrm{m}}}=\frac{b_{\mathrm{t}}}{b_{\mathrm{m}}}=\frac{h_{\mathrm{t}}}{h_{\mathrm{m}}}=\frac{R_{\mathrm{t}}}{R_{\mathrm{m}}}=\cdots=C_{1},\tag{5.2.1}$$

其中,所有以 t 为下标的量都是真实流动的尺寸;所有以 m 为下标的量都是模型流动的尺寸.

(1) 所有几何尺寸具有同一个比例系数 C_1.

(2) 如果每个物理现象取一个特征尺寸,所有的几何量均可表示为特征尺寸与无量纲几何量的乘积.每一个几何量均可写成特征尺寸与无量纲量的乘积.真实物理现象的特征尺寸取为 L_{ot},模型几何现象的特征尺寸取为 L_{om},则

$$\begin{cases}\boldsymbol{r}_{\mathrm{t}}=L_{\mathrm{ot}}\boldsymbol{r},\\ \boldsymbol{r}_{\mathrm{m}}=L_{\mathrm{om}}\boldsymbol{r},\end{cases}\quad\begin{cases}l_{\mathrm{t}}=L_{\mathrm{ot}}l,\\ l_{\mathrm{m}}=L_{\mathrm{om}}l,\end{cases}\quad\begin{cases}b_{\mathrm{t}}=L_{\mathrm{ot}}b,\\ b_{\mathrm{m}}=L_{\mathrm{om}}b,\end{cases}\quad\begin{cases}h_{\mathrm{t}}=L_{\mathrm{ot}}h,\\ h_{\mathrm{m}}=L_{\mathrm{om}}h.\end{cases}\tag{5.2.2}$$

真实几何尺寸等于真实特征尺寸乘以无量纲尺寸;模型几何尺寸等于模型特征尺寸乘以无量纲尺寸.

真实几何长度与模型几何长度之比等于 $C_l=\dfrac{L_{\mathrm{ot}}}{L_{\mathrm{om}}}$,其中 C_l 是长度相似系数.不带下标

的量 $\boldsymbol{r},l,b,h,\cdots$都是无量纲量.

2. 运动相似.

(1) 时间、速度、加速度各自分别成比例,即

$$\frac{t_{\mathrm{t}}}{t_{\mathrm{m}}}=C_t,\quad \frac{\boldsymbol{v}_{\mathrm{t}}}{\boldsymbol{v}_{\mathrm{m}}}=C_v,\quad \frac{\boldsymbol{a}_{\mathrm{t}}}{\boldsymbol{a}_{\mathrm{m}}}=C_a; \tag{5.2.3}$$

$$\begin{cases} C_v=\dfrac{\boldsymbol{v}_{\mathrm{t}}}{\boldsymbol{v}_{\mathrm{m}}}=\dfrac{L_{\mathrm{t}}/t_{\mathrm{t}}}{L_{\mathrm{m}}/t_{\mathrm{m}}}=\dfrac{L_{\mathrm{t}}/L_{\mathrm{m}}}{t_{\mathrm{t}}/t_{\mathrm{m}}}=C_l/C_t, \\ C_a=\dfrac{\boldsymbol{a}_{\mathrm{t}}}{\boldsymbol{a}_{\mathrm{m}}}=\dfrac{L_{\mathrm{t}}/t_{\mathrm{t}}^2}{L_{\mathrm{m}}/t_{\mathrm{m}}^2}=\dfrac{L_{\mathrm{t}}/L_{\mathrm{m}}}{t_{\mathrm{t}}^2/t_{\mathrm{m}}^2}=C_l/C_t^2, \end{cases} \tag{5.2.4}$$

其中,C_t 是时间相似系数,C_v 是速度相似系数,C_a 是加速度相似系数. C_v 与 C_a 不可能是任意的,它们是与 C_l 和 C_t 有关的.

(2) 运动学的量——时间、速度、加速度均可表示为特征运动学量与无量纲运动学量的乘积. 即

时间:

$$\begin{cases} t_{\mathrm{t}}=t_{\mathrm{ot}}t, \\ t_{\mathrm{m}}=t_{\mathrm{om}}t, \end{cases}\quad \frac{t_{\mathrm{t}}}{t_{\mathrm{m}}}=\frac{t_{\mathrm{ot}}}{t_{\mathrm{om}}}=C_t; \tag{5.2.5}$$

速度:

$$\begin{cases} \boldsymbol{v}_{\mathrm{t}}=v_{\mathrm{ot}}\boldsymbol{v}, \\ \boldsymbol{v}_{\mathrm{m}}=v_{\mathrm{om}}\boldsymbol{v}, \end{cases}\quad \frac{\boldsymbol{v}_{\mathrm{t}}}{\boldsymbol{v}_{\mathrm{m}}}=\frac{v_{\mathrm{ot}}}{v_{\mathrm{om}}}=C_v; \tag{5.2.6}$$

加速度:

$$\begin{cases} \boldsymbol{a}_{\mathrm{t}}=a_{\mathrm{ot}}\boldsymbol{a}, \\ \boldsymbol{a}_{\mathrm{m}}=a_{\mathrm{om}}\boldsymbol{a}, \end{cases}\quad \frac{\boldsymbol{a}_{\mathrm{t}}}{\boldsymbol{a}_{\mathrm{m}}}=\frac{a_{\mathrm{ot}}}{a_{\mathrm{om}}}=C_a. \tag{5.2.7}$$

3. 动力相似.

(1) 动力相似的条件:密度成比例,对应的力成比例,黏度系数成比例.

(2) 每个动力学量都可以写成特征动力学量与无量纲动力学量的乘积. 即

$$\begin{cases} \rho_{\mathrm{t}}=\rho_{\mathrm{ot}}\rho, \\ \rho_{\mathrm{m}}=\rho_{\mathrm{om}}\rho, \end{cases}\quad \frac{\rho_{\mathrm{t}}}{\rho_{\mathrm{m}}}=\frac{\rho_{\mathrm{ot}}}{\rho_{\mathrm{om}}}=c_\rho, \tag{5.2.8a}$$

其中 ρ_{ot} 为真实特征密度,ρ_{om} 为模型特征密度,ρ 为无量纲密度,C_ρ 为密度相似系数. 同理可写出力的相似系数 C_f 及黏度的相似系数 C_μ,即

$$\begin{cases} \boldsymbol{F}_{\mathrm{t}}=\boldsymbol{F}_{\mathrm{ot}}\boldsymbol{F}, \\ \boldsymbol{F}_{\mathrm{m}}=\boldsymbol{F}_{\mathrm{om}}\boldsymbol{F}, \end{cases}\quad \frac{\boldsymbol{F}_{\mathrm{t}}}{\boldsymbol{F}_{\mathrm{m}}}=\frac{\boldsymbol{F}_{\mathrm{ot}}}{\boldsymbol{F}_{\mathrm{om}}}=C_f; \tag{5.2.8b}$$

$$\begin{cases} \mu_{\mathrm{t}}=\mu_{\mathrm{ot}}\mu, \\ \mu_{\mathrm{m}}=\mu_{\mathrm{om}}\mu, \end{cases}\quad \frac{\mu_{\mathrm{t}}}{\mu_{\mathrm{m}}}=\frac{\mu_{\mathrm{ot}}}{\mu_{\mathrm{om}}}=C_\mu. \tag{5.2.8c}$$

§5.3　运动微分方程的无量纲化与相似性判据

一、连续性方程的相似性

对于可压缩流体，连续性方程可以写成

$$\frac{\mathrm{d}\rho}{\mathrm{d}t}+\rho\nabla\cdot\boldsymbol{v}=0, \tag{5.3.1}$$

或写成

$$\frac{\partial\rho}{\partial t}+\nabla\cdot(\rho\boldsymbol{v})=0. \tag{5.3.2}$$

将每一个参量写成特征量与无量纲量的乘积，即

对真实流动，有

$$\begin{cases}\rho=\rho_{\mathrm{ot}}\rho', \\ u=u_{\mathrm{ot}}u', \\ v=v_{\mathrm{ot}}v', \\ w=w_{\mathrm{ot}}w',\end{cases}\quad \begin{cases}x=L_{\mathrm{ot}}x', \\ y=L_{\mathrm{ot}}y', \\ z=L_{\mathrm{ot}}z',\end{cases}\quad t=t_{\mathrm{ot}}t'; \tag{5.3.3}$$

对模拟流动，有

$$\begin{cases}\rho=\rho_{\mathrm{om}}\rho', \\ u=u_{\mathrm{om}}u', \\ v=v_{\mathrm{om}}v', \\ w=w_{\mathrm{om}}w',\end{cases}\quad \begin{cases}x=L_{\mathrm{om}}x', \\ y=L_{\mathrm{om}}y', \\ z=L_{\mathrm{om}}z',\end{cases}\quad t=t_{\mathrm{om}}t'. \tag{5.3.4}$$

将真实流动的参量代入真实流动的连续性方程中，模拟流动的参量代入模拟流动的连续性方程中，得到

$$\begin{cases}\dfrac{\rho_{\mathrm{ot}}}{t_{\mathrm{ot}}}\dfrac{\partial\rho'}{\partial t'}+\dfrac{\rho_{\mathrm{ot}}v_{\mathrm{ot}}}{L_{\mathrm{ot}}}\left[\dfrac{\partial(\rho'u')}{\partial x'}+\dfrac{\partial(\rho'v')}{\partial y'}+\dfrac{\partial(\rho'w')}{\partial z'}\right]=0, \\ \dfrac{\rho_{\mathrm{om}}}{t_{\mathrm{om}}}\dfrac{\partial\rho'}{\partial t'}+\dfrac{\rho_{\mathrm{om}}v_{\mathrm{om}}}{L_{\mathrm{om}}}\left[\dfrac{\partial(\rho'u')}{\partial x'}+\dfrac{\partial(\rho'v')}{\partial y'}+\dfrac{\partial(\rho'w')}{\partial z'}\right]=0.\end{cases} \tag{5.3.5}$$

两式两端分别除以 $\dfrac{\rho_{\mathrm{ot}}}{t_{\mathrm{ot}}}$ 和 $\dfrac{\rho_{\mathrm{om}}}{t_{\mathrm{om}}}$，得到

$$\begin{cases}\dfrac{\partial\rho'}{\partial t'}+\dfrac{t_{\mathrm{ot}}v_{\mathrm{ot}}}{L_{\mathrm{ot}}}\left[\dfrac{\partial(\rho'u')}{\partial x'}+\dfrac{\partial(\rho'v')}{\partial y'}+\dfrac{\partial(\rho'w')}{\partial z'}\right]=0, \\ \dfrac{\partial\rho'}{\partial t'}+\dfrac{t_{\mathrm{om}}v_{\mathrm{om}}}{L_{\mathrm{om}}}\left[\dfrac{\partial(\rho'u')}{\partial x'}+\dfrac{\partial(\rho'v')}{\partial y'}+\dfrac{\partial(\rho'w')}{\partial z'}\right]=0.\end{cases} \tag{5.3.6}$$

若$\dfrac{t_{\mathrm{ot}}v_{\mathrm{ot}}}{L_{\mathrm{ot}}}=\dfrac{t_{\mathrm{om}}v_{\mathrm{om}}}{L_{\mathrm{om}}}$，则两个方程就完全一致了. 引进 Strouhal 数 $St\equiv\dfrac{v_0t_0}{L_0}$，其中 v_0 是特征速度，t_0 是特征时间，L_0 是特征长度. 如果两种流动的 Strouhal 数相同，那么两种流动满足

同一个连续性方程,即

$$\frac{\partial \rho'}{\partial t'} + St\left[\frac{\partial(\rho' u')}{\partial x'} + \frac{\partial(\rho' v')}{\partial y'} + \frac{\partial(\rho' w')}{\partial z'}\right] = 0 \tag{5.3.7}$$

称为无量纲的连续性方程.

二、以速度、压力表示的动量方程的相似性

以不可压缩黏性牛顿流体、常黏度为例,其动量方程为

$$\rho \frac{\mathrm{d}\boldsymbol{v}}{\mathrm{d}t} = \rho \boldsymbol{F} - \nabla p + \mu \nabla^2 \boldsymbol{v}, \tag{5.3.8}$$

其 x 方向的分量方程两端同除以 ρ 之后为

$$\frac{\partial u}{\partial t} + u\frac{\partial u}{\partial x} + v\frac{\partial u}{\partial y} + w\frac{\partial u}{\partial z} = F_x - \frac{1}{\rho}\frac{\partial p}{\partial x} + \frac{\mu}{\rho}\left(\frac{\partial^2 u}{\partial x^2} + \frac{\partial^2 v}{\partial y^2} + \frac{\partial^2 w}{\partial z^2}\right), \tag{5.3.9}$$

无量纲化

$$\begin{aligned} &\frac{v_{\mathrm{ot}}}{t_{\mathrm{ot}}}\frac{\partial u'}{\partial t'} + \frac{v_{\mathrm{ot}}^2}{L_{\mathrm{ot}}}\left(u'\frac{\partial u'}{\partial x'} + v'\frac{\partial u'}{\partial y'} + w'\frac{\partial u'}{\partial z'}\right) \\ &= f_{\mathrm{ot}}F_x' - \frac{p_{\mathrm{ot}}}{\rho_{\mathrm{ot}}\rho' L_{\mathrm{ot}}}\frac{\partial p'}{\partial x'} + \frac{\mu_{\mathrm{ot}}v_{\mathrm{ot}}}{\rho_{\mathrm{ot}}L_{\mathrm{ot}}^2}\left(\frac{\partial^2 u'}{\partial x'^2} + \frac{\partial^2 v'}{\partial y'^2} + \frac{\partial^2 w'}{\partial z'^2}\right)\frac{\mu'}{\rho'} = 0, \end{aligned} \tag{5.3.10}$$

两端分别除以 $\frac{v_{\mathrm{ot}}^2}{L_{\mathrm{ot}}}$,上式变为下式:

$$\begin{aligned} &\frac{L_{\mathrm{ot}}}{v_{\mathrm{ot}}t_{\mathrm{ot}}}\frac{\partial u'}{\partial t'} + \left(u'\frac{\partial u'}{\partial x'} + v'\frac{\partial v'}{\partial y'} + w'\frac{\partial w'}{\partial z'}\right) \\ &= \frac{f_{\mathrm{ot}}L_{\mathrm{ot}}}{v_{\mathrm{ot}}^2}F_x' - \frac{p_{\mathrm{ot}}}{\rho_{\mathrm{ot}}v_{\mathrm{ot}}^2\rho'}\frac{\partial p'}{\partial x'} + \frac{\mu_{\mathrm{ot}}\mu'}{\rho_{\mathrm{ot}}\rho' v_{\mathrm{ot}}L_{\mathrm{ot}}}\left(\frac{\partial^2 u'}{\partial x'^2} + \frac{\partial^2 v'}{\partial y'^2} + \frac{\partial^2 w'}{\partial z'^2}\right). \end{aligned} \tag{5.3.11}$$

同理,可以写出模型流动的 x 方向的分量的形式:

$$\begin{aligned} &\frac{L_{\mathrm{om}}}{v_{\mathrm{om}}t_{\mathrm{om}}}\frac{\partial u'}{\partial t'} + \left(u'\frac{\partial u'}{\partial x'} + v'\frac{\partial v'}{\partial y'} + w'\frac{\partial w'}{\partial z'}\right) \\ &= \frac{f_{\mathrm{om}}L_{\mathrm{om}}}{v_{\mathrm{om}}^2}F_x' - \frac{p_{\mathrm{om}}}{\rho_{\mathrm{om}}v_{\mathrm{om}}^2\rho'}\frac{\partial p'}{\partial x'} + \frac{\mu_{\mathrm{om}}\mu'}{\rho_{\mathrm{om}}\rho' L_{\mathrm{om}}}\left(\frac{\partial^2 u'}{\partial x'^2} + \frac{\partial^2 v'}{\partial y'^2} + \frac{\partial^2 w'}{\partial z'^2}\right). \end{aligned} \tag{5.3.12}$$

如果要两个式子完全相同,则各项系数应该分别相等,即

$$\frac{L_{\mathrm{ot}}}{v_{\mathrm{ot}}t_{\mathrm{ot}}} = \frac{L_{\mathrm{om}}}{v_{\mathrm{om}}t_{\mathrm{om}}}, \tag{5.3.13}$$

$$\frac{f_{\mathrm{ot}}L_{\mathrm{ot}}}{v_{\mathrm{ot}}^2} = \frac{f_{\mathrm{om}}L_{\mathrm{om}}}{v_{\mathrm{om}}^2}, \tag{5.3.14}$$

$$\frac{p_{\mathrm{ot}}}{\rho_{\mathrm{ot}}v_{\mathrm{ot}}^2} = \frac{p_{\mathrm{om}}}{\rho_{\mathrm{om}}v_{\mathrm{om}}^2}, \tag{5.3.15}$$

$$\frac{\mu_{\mathrm{ot}}}{\rho_{\mathrm{ot}}L_{\mathrm{ot}}} = \frac{\mu_{\mathrm{om}}}{\rho_{\mathrm{om}}L_{\mathrm{om}}}. \tag{5.3.16}$$

体力一般是重力,即 $f_{ot}=f_{om}=g$,则令

$$St=\frac{v_0 t_0}{L_0} \text{ —— Strouhal 数,} \tag{5.3.17}$$

$$Fr=\frac{v_0^2}{gL_0} \text{ —— Froude 数,} \tag{5.3.18}$$

$$Eu=\frac{p_0}{\rho_0 v_0^2} \text{ —— Euler(欧拉)数,} \tag{5.3.19}$$

$$Re=\frac{\rho_0 L_0 v_0}{\mu_0} \text{ —— Reynolds(雷诺)数.} \tag{5.3.20}$$

如果模型流动的这四个数与真实流动的四个数完全相等,则能保证两种流动均能满足相同的动量方程.

三、以速度、压力表示的能量方程之相似性

1. 可压缩牛顿流体的能量方程.

$$\begin{aligned}
\rho\frac{\mathrm{d}}{\mathrm{d}t}\left(\frac{V^2}{2}+JC_pT\right)=&\rho\boldsymbol{F}\cdot\boldsymbol{v}+J\rho q\boldsymbol{v}\cdot\left[-p+\left(\lambda'-\frac{2}{3}\mu\right)\dot{\theta}\right]+\left[-p+\left(\lambda'-\frac{2}{3}\mu\right)\dot{\theta}\right]\nabla\cdot\boldsymbol{v}\\
&+\mu\boldsymbol{v}\cdot[\nabla^2V^2+\nabla(\nabla\cdot\boldsymbol{v})]+\mu\left[\left(\frac{\partial u}{\partial x}\right)^2+\left(\frac{\partial v}{\partial y}\right)^2+\left(\frac{\partial w}{\partial z}\right)^2\right]\\
&+\mu\left[\left(\frac{\partial v}{\partial x}+\frac{\partial u}{\partial y}\right)^2+\left(\frac{\partial v}{\partial z}+\frac{\partial w}{\partial y}\right)^2+\left(\frac{\partial w}{\partial x}+\frac{\partial u}{\partial z}\right)^2\right]\\
=&\mu\boldsymbol{v}\cdot[\nabla^2V^2+\nabla(\nabla\cdot\boldsymbol{v})]+\mu\left[\left(\frac{\partial u}{\partial x}\right)^2+\left(\frac{\partial v}{\partial y}\right)^2+\left(\frac{\partial w}{\partial z}\right)^2\right]\\
&+\mu\left[\left(\frac{\partial u}{\partial y}+\frac{\partial v}{\partial x}\right)^2+\left(\frac{\partial v}{\partial z}+\frac{\partial w}{\partial y}\right)^2+\left(\frac{\partial w}{\partial x}+\frac{\partial u}{\partial z}\right)^2\right].
\end{aligned} \tag{5.3.21}$$

2. 不可压缩牛顿流体的能量方程.

由连续性方程式(2.1.27)和式(1.2.14)知 $\nabla\cdot\boldsymbol{v}=0$,亦即 $\dot{\theta}=0$,将连续性方程两端除以 ρ,再分开写成

$$\begin{aligned}
&\frac{\partial}{\partial t}\left(\frac{V^2}{2}\right)+\boldsymbol{v}\cdot\nabla\left(\frac{V^2}{2}\right)+\left[\frac{\partial}{\partial t}(JCT)+\boldsymbol{v}\cdot\nabla(JCT)\right]\\
&=\boldsymbol{F}\cdot\boldsymbol{v}+\frac{1}{\rho}J\rho q+\frac{1}{\rho}\boldsymbol{v}\cdot\nabla(-p)+\frac{\mu}{\rho}\left[\left(\frac{\partial u}{\partial x}\right)^2+\left(\frac{\partial v}{\partial y}\right)^2+\left(\frac{\partial w}{\partial z}\right)^2\right]\\
&\quad+\frac{\mu}{\rho}\left[\left(\frac{\partial u}{\partial y}+\frac{\partial v}{\partial x}\right)^2+\left(\frac{\partial w}{\partial y}+\frac{\partial v}{\partial z}\right)^2+\left(\frac{\partial w}{\partial x}+\frac{\partial u}{\partial z}\right)^2\right]\\
&=\boldsymbol{F}\cdot\boldsymbol{v}+\frac{1}{\rho}\kappa\nabla^2T+\frac{1}{\rho}\boldsymbol{v}\cdot\nabla(-p)+\frac{\mu}{\rho}\left[\left(\frac{\partial u}{\partial x}\right)^2+\left(\frac{\partial v}{\partial y}\right)^2+\left(\frac{\partial w}{\partial z}\right)^2\right]\\
&\quad+\frac{\mu}{\rho}\left[\left(\frac{\partial u}{\partial y}+\frac{\partial v}{\partial x}\right)^2+\left(\frac{\partial v}{\partial z}+\frac{\partial w}{\partial y}\right)^2+\left(\frac{\partial w}{\partial x}+\frac{\partial u}{\partial z}\right)^2\right],
\end{aligned} \tag{5.3.22}$$

其中 $\kappa\nabla^2T=J\rho q$. 将上式无量纲化

$$
\left\{\frac{v_{\text{ot}}^2}{t_{\text{ot}}}\frac{\partial}{\partial t'}\left(\frac{v'^2}{2}\right)+\frac{v_{\text{ot}}^3}{L_{\text{ot}}}\left[u'\frac{\partial(v'^2/2)}{\partial x'}+v'\frac{\partial(v'^2/2)}{\partial y'}+w'\frac{\partial(v'^2/2)}{\partial z'}\right]\right\}
$$
$$
+\left\{\frac{C_{\text{ot}}T_{\text{ot}}}{t_{\text{ot}}}\frac{\partial(JC'T')}{\partial t'}+\frac{C_{\text{ot}}T_{\text{ot}}v_{\text{ot}}}{L_{\text{ot}}}\left[u'\frac{\partial(JC'T')}{\partial x'}+v'\frac{\partial(JC'T')}{\partial y'}+w'\frac{\partial(JC'T')}{\partial z'}\right]\right\}
$$
$$
=f_{\text{ot}}v_{\text{ot}}(F_x'u'+F_y'v'+F_z'w')+\frac{k_{\text{ot}}T_{\text{ot}}}{\rho_{\text{ot}}L_{\text{ot}}^2}\frac{1}{\rho'}k'\nabla^2T'+\frac{v_{\text{ot}}p_{\text{ot}}}{\rho_{\text{ot}}L_{\text{ot}}}\frac{1}{\rho'}\boldsymbol{v}'\cdot\nabla(-p')
$$
$$
+\frac{\mu_{\text{ot}}v_{\text{ot}}^2}{\rho_{\text{ot}}L_{\text{ot}}^2}\frac{\mu'}{\rho'}\left[\left(\frac{\partial u'}{\partial x'}\right)^2+\left(\frac{\partial v'}{\partial y'}\right)^2+\left(\frac{\partial w'}{\partial z'}\right)^2\right]
$$
$$
+\frac{\mu_{\text{ot}}v_{\text{ot}}^2}{\rho_{\text{ot}}L_{\text{ot}}^2}\frac{\mu'}{\rho'}\left[\left(\frac{\partial u'}{\partial y'}+\frac{\partial v'}{\partial x'}\right)^2+\left(\frac{\partial v'}{\partial z'}+\frac{\partial w'}{\partial y'}\right)^2+\left(\frac{\partial w'}{\partial x'}+\frac{\partial u'}{\partial z'}\right)^2\right]. \tag{5.3.23}
$$

等式两边各除以$\frac{v_{\text{ot}}^3}{L_{\text{ot}}}$,除后各项系数为:

(1) 第一项系数为

$$
\frac{L_{\text{ot}}}{v_{\text{ot}}t_{\text{ot}}}, \tag{5.3.24}
$$

是 Strouhal 数的倒数;

(2) 第二项系数为 1;

(3) 第三项系数为

$$
\frac{C_{\text{ot}}T_{\text{ot}}}{t_{\text{ot}}}\frac{L_{\text{ot}}}{v_{\text{ot}}^3}; \tag{5.3.25}
$$

(4) 第四项系数为

$$
\frac{C_{\text{ot}}T_{\text{ot}}}{v_{\text{ot}}^2}; \tag{5.3.26}
$$

(5) 第五项系数为

$$
\frac{f_{\text{ot}}L_{\text{ot}}}{v_{\text{ot}}^2}, \tag{5.3.27}
$$

是 Froude 数的倒数;

(6) 第六项系数为

$$
\frac{\kappa_{\text{ot}}T_{\text{ot}}}{\rho_{\text{ot}}L_{\text{ot}}v_{\text{ot}}^3}; \tag{5.3.28}
$$

(7) 第七项系数为

$$
\frac{p_{\text{ot}}}{\rho_{\text{ot}}v_{\text{ot}}^2}, \tag{5.3.29}
$$

是 Euler 数;

(8) 第八项系数为

$$
\frac{\mu_{\text{ot}}}{\rho_{\text{ot}}v_{\text{ot}}L_{\text{ot}}}, \tag{5.3.30}
$$

是 Reynolds 数的倒数;

(9) 第九项系数与第八项系数完全相同,也是 Reynolds 数的倒数.

真实流动的能量方程中,除去第二项系数为1以外,其余各项系数还有八个,同理,模型流动方程的无量纲化也可得到这八个系数. 如果两种流动规律完全相同,则各个对应的系数要分别相等. 因为$\frac{L_{ot}}{t_{ot}}=v_{ot}$,所以第三项和第四项完全相同. 第三项和第四项的倒数命名为 Eckert 数,即

$$Ec=\frac{v_o^2}{C_o T_o}. \tag{5.3.31}$$

将第四项与第八项相乘再除以第六项,得到 Prandtl 数,即

$$Pr=\frac{\mu_o C_o}{\kappa_o}. \tag{5.3.32}$$

不可压缩牛顿流体黏性流动的相似性判据就是 Strouhal 数、Eckert 数、Froude 数、Euler 数、Reynolds 数和 Prandtl 数这六个数.

四、相似性判据的物理意义

1. Strouhal 数: 以符号 St 代表,它表示就地(局部)惯性项的大小,若为定常运动时,此项可不考虑.

2. Froud 数: 以符号 Fr 代表,它是与体积力有关的系数,如果可以忽略体力,则不考虑此项.

3. Euler 数: 以符号 Eu 代表,它是与压力项有关的系数.

4. Reynolds 数: 以符号 Re 代表,它是与黏性有关的系数,黏性愈大、Reynolds 数愈小. 它表征惯性力/黏性力的大小.

5. Eckert 数: 以符号 Ec 代表,它是与温度有关的系数,代表动能/内能.

6. Prandtl 数: 以符号 Pr 代表,它是与黏性、热传导有关的系数,表征黏性/热传导.

五、相似性判据的关系

1. 定常运动时,不需要 Strouhal 判据. 因为定常时$\frac{\partial}{\partial t}=0$.

2. 如果选择速度作为特征量,则压强可写成速度的函数,即 $p_o=\rho_o v_o^2$,则 $Eu=1$.

3. 如果不考虑温度变化,且只考虑定常时,则 $Ec=1$,则独立的相似判据只剩下 Fr,Re 和 Pr.

六、相似性定理

1. 第一相似定理: 如果两个现象相似,则对应的相似判据数值相等.

2. 第二相似定理: 两个现象相似时,由相似判据组成的关系式相同.

3. 第三相似定理: 两个现象相似,必须满足:

(1) 几何相似.

(2) 动力相似.

(3) 单值条件相似：使方程有存在且唯一解的条件，如边界条件、初始条件等，这些条件要相似.

(4) 对应的相似判据分别相等.

其中(1)，(2)，(4)三个条件保证方程的相似(无量纲化后相同)，条件(3)保证边界条件及初始条件相似(无量纲化后相同)．这样解的结果相同，才能保证两个流动规律相同.

§ 5.4 运动微分方程的线性化——Stokes 近似方程

求解 N-S 方程的真正困难在于其惯性项(随流项)使得方程变成非线性方程，如何使其线性化？

Stokes 近似方程：从动量方程无量纲化过程中知道

$$\frac{v_\circ}{t_\circ}\frac{\partial u'}{\partial t'}+\frac{v_\circ^2}{L_\circ}\left(u'\frac{\partial u'}{\partial x'}+v'\frac{\partial u'}{\partial y'}+w'\frac{\partial u'}{\partial z'}\right)$$
$$=f_\circ F'_x-\frac{p_\circ}{\rho_\circ L_\circ}\frac{1}{\rho'}\frac{\partial p'}{\partial x'}+\frac{\mu_\circ v_\circ}{\rho_\circ L_\circ^2}\frac{\mu'}{\rho'}\left(\frac{\partial^2 u'}{\partial x'^2}+\frac{\partial^2 u'}{\partial y'^2}+\frac{\partial^2 u'}{\partial z'^2}\right), \tag{5.4.1}$$

两端分别乘以$\frac{L_\circ^2\rho_\circ}{\mu_\circ v_\circ}$，则

$$\frac{L_\circ^2\rho_\circ}{\mu_\circ t_\circ}\frac{\partial u'}{\partial t'}+\frac{L_\circ\rho_\circ v_\circ}{\mu_\circ}\left(u'\frac{\partial u'}{\partial x'}+v'\frac{\partial u'}{\partial y'}+w'\frac{\partial u'}{\partial z'}\right)$$
$$=\frac{f_\circ L_\circ^2\rho_\circ}{\mu_\circ v_\circ}F'_x-\frac{p_\circ L_\circ}{\mu_\circ v_\circ}\frac{1}{\rho'}\frac{\partial p'}{\partial x'}+\frac{\mu'}{\rho'}\nabla^2 u',$$

即

$$\frac{Re}{St}\frac{\partial u'}{\partial t'}+Re\left(u'\frac{\partial u'}{\partial x'}+v'\frac{\partial u'}{\partial y'}+w'\frac{\partial u'}{\partial z'}\right)=\frac{Re}{Fr}F'_x-EuRe\frac{1}{\rho'}\frac{\partial p'}{\partial x'}+\frac{\mu'}{\rho'}\nabla^2 u'. \tag{5.4.2}$$

如果$\frac{Re}{St}>1$ 而 $Re\ll1$，$\frac{Re}{Fr}>1$，$EuRe>1$，则可将式(5.4.2)等号左端第二项去掉，变成下式

$$\frac{Re}{St}\frac{\partial u'}{\partial t'}=\frac{Re}{Fr}F'_x-EuRe\frac{1}{\rho'}\frac{\partial p'}{\partial x'}+\frac{\mu'}{\rho'}\nabla^2 u'. \tag{5.4.3}$$

原动量方程组变成线性化方程组

$$\begin{cases}\dfrac{\partial u}{\partial t}=F_x-\dfrac{1}{\rho}\dfrac{\partial p}{\partial x}+\dfrac{\mu}{\rho}\nabla^2 u,\\[2mm] \dfrac{\partial v}{\partial t}=F_y-\dfrac{1}{\rho}\dfrac{\partial p}{\partial y}+\dfrac{\mu}{\rho}\nabla^2 v,\\[2mm] \dfrac{\partial w}{\partial t}=F_z-\dfrac{1}{\rho}\dfrac{\partial p}{\partial z}+\dfrac{\mu}{\rho}\nabla^2 w.\end{cases} \tag{5.4.4}$$

此方程组是小 Reynolds 数时的 Stokes 近似方程组.

第 6 章　一维黏性流体运动及其在地球科学中的应用

§6.1　一维定常不可压缩牛顿黏性流体直线运动问题

一、问题的提出、方程及边界条件

当流体不可压时，$\rho=C \Longrightarrow \nabla\cdot\boldsymbol{v}=0$；问题是定常问题，即$\dfrac{\partial \boldsymbol{v}}{\partial t}=0$.

1. 定常运动微分方程.

因为定常，所以$\dfrac{\partial}{\partial t}=0$，N-S 方程可写为

$$\boldsymbol{v}\cdot\nabla\boldsymbol{v}=\boldsymbol{F}-\frac{1}{\rho}\nabla p+\frac{\mu}{\rho}\nabla^2\boldsymbol{v}. \tag{6.1.1}$$

式(6.1.1)在笛卡儿坐标系中可以写为

$$\begin{cases} u\dfrac{\partial u}{\partial x}+v\dfrac{\partial u}{\partial y}+w\dfrac{\partial u}{\partial z}=F_x-\dfrac{1}{\rho}\dfrac{\partial p}{\partial x}+\nu\nabla^2 u, \\ u\dfrac{\partial v}{\partial x}+v\dfrac{\partial v}{\partial y}+w\dfrac{\partial v}{\partial z}=F_y-\dfrac{1}{\rho}\dfrac{\partial p}{\partial y}+\nu\nabla^2 v, \\ u\dfrac{\partial w}{\partial x}+v\dfrac{\partial w}{\partial y}+w\dfrac{\partial w}{\partial z}=F_z-\dfrac{1}{\rho}\dfrac{\partial p}{\partial z}+\nu\nabla^2 w, \end{cases} \tag{6.1.2}$$

其中，$\nu=\dfrac{\mu}{\rho}$是运动黏性系数.

2. 不可压缩连续性方程.

$\nabla\cdot\boldsymbol{v}=0$，即

$$\frac{\partial u}{\partial x}+\frac{\partial v}{\partial y}+\frac{\partial w}{\partial z}=0. \tag{6.1.3}$$

3. 直线运动.

质点的运动轨迹是直线，取该直线方向为 x 方向，故质点速度的分量分别为

$$\begin{cases} u=u(x), \\ v=0, \\ w=0. \end{cases} \tag{6.1.4}$$

二、方程组及边界条件

1. 方程组.

由连续性方程得

$$\frac{\partial u}{\partial x}=0 \Longrightarrow u=u(y,z). \tag{6.1.5}$$

代入 N-S 方程，得

$$\begin{cases}0=F_x-\dfrac{1}{\rho}\dfrac{\partial p}{\partial x}+\nu\nabla^2 u,\\ 0=F_y-\dfrac{1}{\rho}\dfrac{\partial p}{\partial y},\\ 0=F_z-\dfrac{1}{\rho}\dfrac{\partial p}{\partial z}.\end{cases} \tag{6.1.6}$$

可推出

$$\begin{cases}F_x=\dfrac{1}{\rho}\dfrac{\partial p}{\partial x}-\nu\nabla^2 u,\\ F_y=\dfrac{1}{\rho}\dfrac{\partial p}{\partial y},\\ F_z=\dfrac{1}{\rho}\dfrac{\partial p}{\partial z}.\end{cases} \tag{6.1.7}$$

令 $p=p_s+p_m$，其中 p_s 是因质量力作用产生的静压力，p_m 是动压力. 因静止时体力与面力平衡，所以

$$\begin{cases}F_x=\dfrac{1}{\rho}\dfrac{\partial p_s}{\partial x},\\ F_y=\dfrac{1}{\rho}\dfrac{\partial p_s}{\partial y},\\ F_z=\dfrac{1}{\rho}\dfrac{\partial p_s}{\partial z},\end{cases} \tag{6.1.8}$$

可推出

$$\begin{cases}\dfrac{1}{\rho}\dfrac{\partial p_m}{\partial x}-\nu\nabla^2 u=0,\\ \dfrac{1}{\rho}\dfrac{\partial p_m}{\partial y}=0,\\ \dfrac{1}{\rho}\dfrac{\partial p_m}{\partial z}=0.\end{cases} \tag{6.1.9}$$

在上式中因 $\rho\neq\infty$，推出动压力 p_m 与 y,z 无关，只与 x 有关，即 $p_m=p_m(x)$.

又因为

$$u=u(y,z),$$

所以

$$\frac{\partial u}{\partial x}=0,\quad \frac{\partial^2 u}{\partial x^2}=0.$$

代入式(6.1.9)得

$$\nabla^2 u=\frac{\partial^2 u}{\partial x^2}+\frac{\partial^2 u}{\partial y^2}+\frac{\partial^2 u}{\partial z^2}=\frac{\partial^2 u}{\partial y^2}+\frac{\partial^2 u}{\partial z^2},\tag{6.1.10}$$

由式(6.1.9)得出

$$\frac{\partial p_{\mathrm{m}}}{\partial x}=\mu\left(\frac{\partial^2 u}{\partial y^2}+\frac{\partial^2 u}{\partial z^2}\right).\tag{6.1.11}$$

等号左端只与 x 有关,等号右端只与 y,z 有关,所以,只有两者都为相同的常数时,等式才能成立.即

$$\frac{\partial^2 u}{\partial y^2}+\frac{\partial^2 u}{\partial z^2}=\frac{1}{\mu}\frac{\partial p_{\mathrm{m}}}{\partial x}=\text{const.}\quad \text{(泊松方程)},\tag{6.1.12}$$

因此,求解定常不可压缩牛顿流体直线运动方程归结为求解泊松方程.

2. 边界条件.

边界平行于 x 轴线,一种边界是固定不动的固壁,另一种是以速度 U 运动的动壁.

在固壁上：　　$u=0$;

在动壁上：　　$u=U$.

解上述方程时可作如下变换,令

$$u=\psi+\frac{1}{4\mu}\frac{\partial p_{\mathrm{m}}}{\partial x}(y^2+z^2),\tag{6.1.13}$$

则

$$\frac{\partial^2 \psi}{\partial y^2}+\frac{\partial^2 \psi}{\partial z^2}=0.\tag{6.1.14}$$

此方程叫做 Laplace 方程,其边界条件是

在固壁上：

$$\psi=-\frac{1}{4\mu}\frac{\partial p_{\mathrm{m}}}{\partial x}(y^2+z^2);\tag{6.1.15}$$

在动壁上：

$$\psi=-\frac{1}{4\mu}\frac{\partial p_{\mathrm{m}}}{\partial x}(y^2+z^2)+U.\tag{6.1.16}$$

§6.2　岩浆在岩筒中的流动

一、圆筒中水的流动

层流与紊流的转化：

(1) 实验现象：当把水管龙头开小时，水中的彩色线基本上呈直线；如果把水管流量稍微开大时，彩色线就不稳定，呈现出上下波动；再开大，彩色就会呈现紊乱的样子.

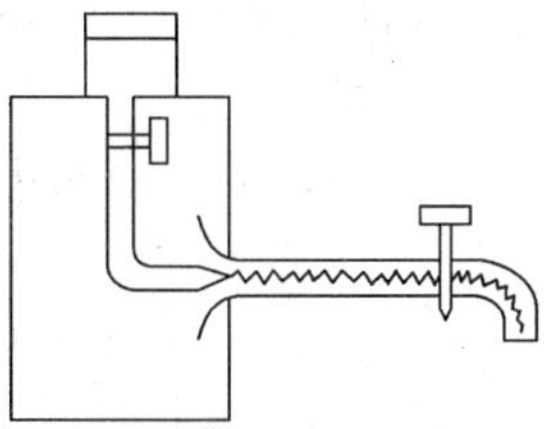
图 6.2.1 层流与紊流转化实验装置

(2) 两种临界速度：

$$V < V_c^{(1)} \text{—— 层流流动}, \tag{6.2.1}$$

$$V > V_c^{(2)} \text{—— 紊流流动}, \tag{6.2.2}$$

$$V_c^{(1)} < V < V_c^{(2)}. \tag{6.2.3}$$

在式(6.2.3)中，速度由小变大尚未超过 $V_c^{(1)}$ 时，仍可能为层流；速度由大变小尚未小于 $V_c^{(2)}$ 时，则可能为紊流. $V_c^{(1)}$ 叫做下临界流速；$V_c^{(2)}$ 叫做上临界流速.

(3) 层流与紊流转化的影响因素包括流速、管径、密度、黏度，即与 Reynolds 数 Re 有关. 黏度愈大 Reynolds 数愈小.

(4) 临界 Reynolds 数：不同的人用不同的公式、做不同的实验，可以得出不同的数据：上临界 Reynolds 数(紊流临界数)从 12000～13000；下临界 Reynolds 数(层流临界数)有的是 1900～2000，甚至到 2200，有的是 1100～1400，甚至到 2200 等，不一而足.

二、岩筒中岩浆的流动

1. 在直立形岩筒中岩浆受到围岩对岩浆的压力与压浆自重的压力两种压力之压差所驱动，压差为

$$\Delta p = (\rho_s - \rho_l)gh = -(\rho_s - \rho_l)gx = -\Delta\rho g x, \tag{6.2.4}$$

其中 $\rho_s gh$ 是围岩对岩浆的压力，$\rho_l gh$ 是岩浆自重的压力，x 为柱坐标的轴向，沿着岩筒轴向上为正，h 为岩筒的深度，向下为正. 如果岩筒上下一般粗，R 为岩筒内壁半径. 则动压梯度

$$\frac{\partial p_m}{\partial x} = \frac{\partial \Delta p}{\partial x} = -(\rho_s - \rho_l)g = -\Delta\rho g. \tag{6.2.5}$$

因为岩浆的黏度非常大，而且流动速度随时间由小变大，其速度不会达到紊流的临界速度.

2. 在极坐标情况下的泊松方程

$$\frac{\partial^2 u}{\partial r^2} + \frac{1}{r}\frac{\partial u}{\partial r} + \frac{1}{r^2}\frac{\partial^2 u}{\partial \phi^2} = \frac{1}{\mu}\frac{\partial p_m}{\partial x}. \tag{6.2.6}$$

3. 方程的改变及边界条件.

由于轴对称性，故$\dfrac{\partial u}{\partial \phi} \equiv 0$，代入式(6.2.6)，因等式左端是 r 的函数，可推出

$$\frac{\partial^2 u}{\partial r^2} + \frac{1}{r}\frac{\partial u}{\partial r} = \frac{1}{\mu}\frac{\partial p_m}{\partial x} = \text{const.}, \tag{6.2.7}$$

改写成

$$\frac{1}{r}\frac{\mathrm{d}}{\mathrm{d}r}\left(r\frac{\mathrm{d}u}{\mathrm{d}r}\right) = \frac{1}{\mu}\frac{\partial p_m}{\partial x} = \text{const.}, \tag{6.2.8}$$

边界条件：当 $r=R$ 时，$u=0$.

4. 解方程.

将方程(6.2.8)两边同乘 $r/2$，然后再对 r 积分得

$$u=\int\left[\left(\frac{1}{2\mu}\frac{\partial p_{\mathrm{m}}}{\partial x}\right)r+\frac{c_1}{r}\right]\mathrm{d}r=\left(\frac{1}{4\mu}\frac{\partial p_{\mathrm{m}}}{\partial x}\right)r^2+c_1\ln r+c_2. \tag{6.2.9}$$

(1) 由于 u 在任意 r 情况下应有界，当 $r\to 0$ 时，$\ln r\to-\infty$，故 $c_1=0$.

(2) 由边界条件知 $r=R$ 时 $u=0$，故 $c_2=-\dfrac{1}{4\mu}\dfrac{\partial p_{\mathrm{m}}}{\partial x}R^2$，其中 R 是岩筒的内半径.

代入式(6.2.9)可推出

$$u=\frac{1}{4\mu}\frac{\partial p_{\mathrm{m}}}{\partial x}(r^2-R^2)=-\frac{\Delta\rho g}{4\mu}(r^2-R^2). \tag{6.2.10}$$

由式(6.2.5)知

$$\frac{\partial p_{\mathrm{m}}}{\partial x}=-\Delta\rho g=-(\rho_s-\rho_l)g,$$

故动压梯度

$$\frac{\partial p_{\mathrm{m}}}{\partial x}<0. \tag{6.2.11}$$

表明速度沿岩筒横截面的分布是一个抛物面.

5. 求剪应力、流量、平均流速、最大流速、阻力系数.

(1) 剪应力：圆柱流体层与层之间单位面积上的黏滞力

$$\tau_r=\mu\frac{\partial u}{\partial r}=\frac{1}{2}\frac{\partial p_{\mathrm{m}}}{\partial x}r=-\frac{r}{2}\Delta\rho g. \tag{6.2.12}$$

从岩筒中心沿径向线性分布，至筒壁剪应力最大，且方向向下.

(2) 流量：宽度为 $\mathrm{d}r$ 的小圆环上的流量为

$$\mathrm{d}Q=2\pi ru\,\mathrm{d}r, \tag{6.2.13}$$

其中 Q 为整个横截面上的流量，则

$$\begin{aligned}Q&=\int_0^R 2\pi ru\,\mathrm{d}r=\int_0^R 2\pi r\frac{1}{4\mu}\frac{\partial p_{\mathrm{m}}}{\partial x}(r^2-R^2)\mathrm{d}r=\frac{\pi}{2\mu}\frac{\partial p_{\mathrm{m}}}{\partial x}\left(\frac{r^4}{4}\Big|_0^R-\frac{R^2r^2}{2}\Big|_0^R\right)\\&=\frac{\pi}{2\mu}\frac{\partial p_{\mathrm{m}}}{\partial x}\left(\frac{R^4}{4}-\frac{R^4}{2}\right)=-\frac{\pi}{8}\frac{\partial p_{\mathrm{m}}}{\partial x}\frac{R^4}{\mu}=\frac{\pi R^4}{8\mu}\Delta\rho g.\end{aligned} \tag{6.2.14}$$

用测得的流量计算黏滞系数

$$\mu=\frac{\pi}{8}\left(-\frac{\partial p_{\mathrm{m}}}{\partial x}\right)\frac{R^4}{Q}=\frac{\pi}{8}\left(\frac{rH}{l}\right)\frac{R^4}{Q}, \tag{6.2.15}$$

其中 R 是上部粗岩筒的半径，H 为上部粗岩筒的高度，l 为下部细岩筒的高度，细岩筒入口处的压强等于岩浆柱的重量加上大气压强 p_{a}，岩筒出口处压强等于 p_{a}，即

$$[p_{\mathrm{a}}-(p_{\mathrm{a}}+\gamma H)]/l=-\frac{\gamma H}{l}=\frac{\partial p_{\mathrm{m}}}{\partial x}. \tag{6.2.16}$$

(3) 平均流速

$$\bar{u}=\frac{Q}{\pi R^2}=-\frac{R^2}{8\mu}\frac{\partial p_{\mathrm{m}}}{\partial x}=\frac{R^2}{8\mu}\Delta\rho g \Longrightarrow \frac{\partial p_{\mathrm{m}}}{\partial x}=-\frac{8\mu}{R^2}\bar{u}. \tag{6.2.17}$$

(4) 最大流速：在 $r=0$ 处流速最大，

$$u_{\max}=2\bar{u}=-\frac{R^2}{4\mu}\frac{\partial p_{\mathrm{m}}}{\partial x}=\frac{R^2}{4\mu}\Delta\rho g. \tag{6.2.18}$$

最大流速与平均流速之比为

$$\frac{u_{\max}}{\bar{u}}=2. \tag{6.2.19}$$

(5) 岩浆流的阻力系数：

① 阻力系数一

$$f_1=\frac{\tau_{\max}}{\frac{1}{2}\rho\bar{u}^2}, \tag{6.2.20}$$

其中

$$\tau_{\max}=\left|\frac{R}{2}\frac{\partial p_{\mathrm{m}}}{\partial x}\right|=-\frac{R}{2}\frac{\partial p_{\mathrm{m}}}{\partial x}=\frac{4\bar{u}\mu}{R} \tag{6.2.21}$$

是岩筒壁上单位面积的黏滞力. 将 $\tau_{\max}$ 及 $\bar{u}$ 的值代入，得到

$$f_1\equiv\frac{8\mu}{\rho R\bar{u}}. \tag{6.2.22}$$

令

$$Re\equiv\frac{R\bar{u}}{\nu}, \tag{6.2.23}$$

则

$$f_1=\frac{8}{Re}. \tag{6.2.24}$$

如令

$$Re=\frac{D\bar{u}}{\nu}, \tag{6.2.25}$$

此时 $D=2R$ 是直径，则

$$f_1=\frac{16}{Re}. \tag{6.2.26}$$

② 阻力系数二

$$f_2\equiv\frac{4\tau_{\max}}{\frac{1}{2}\rho\bar{u}^2}=\frac{32\mu}{\rho R\bar{u}}=\frac{64\mu}{\rho D\bar{u}}. \tag{6.2.27}$$

根据 Reynolds 数的定义：

$$Re=\frac{D\bar{u}}{\nu},\quad \text{则}\quad f_2=\frac{64}{Re}. \tag{6.2.28}$$

总之，阻力系数与 Reynolds 数成反比.

三、岩筒中紊流时的速度分布公式

1. 平均流速和时均速度以及脉动速度的关系为

$$\bar{u} = u + u', \tag{6.2.29}$$

其中 $\bar{u}$ 是平均流速，u 是时均速度，按照理论力学的概念，u 是流团质点的速度等于随流速度（质心运动速度）加上相对于质心的运动速度，u'是脉动速度. 以后所说的速度分布即是指时均速度的分布.

2. 实验结果与拟合曲线.

Nikuradse 于 1932 年对 $4\times10^3\leqslant Re\leqslant 3\cdot 2\times10^6$ 的光滑圆管的速度分布进行了测定，由实验可知：

（1）速度分布与 Re 的大小有关：在轴心处速度大，为 $u_{\max}$；在管壁处速度小，为零.

（2）在同一位置，Re 愈大则$\dfrac{\bar{u}}{u_{\max}}$愈大.

（3）Re 愈大$\dfrac{\bar{u}}{u_{\max}}$的方次 n 愈大.

3. 平均流速与最大流速的关系.

令 $y=R-r$，则

$$\begin{aligned}\bar{u} &= (\pi R^2)^{-1}\int_0^R 2\pi r u\,\mathrm{d}r = \frac{1}{R^2}\int_0^R u_{\max}\left(\frac{y}{R}\right)^{\frac{1}{n}} 2r\mathrm{d}r \\ &= \frac{1}{R^2}\int_0^R u_{\max}\left(\frac{R-r}{R}\right)^{\frac{1}{n}} 2r\mathrm{d}r.\end{aligned} \tag{6.2.30}$$

令$\dfrac{R-r}{R}=x$，即 $r=R(1-x)$，

$$\mathrm{d}r = -R\mathrm{d}x, \quad \begin{cases} r=0, & x=1, \\ r=R, & x=0. \end{cases} \tag{6.2.31}$$

则

$$\frac{\bar{u}}{u_{\max}} = 2\int_0^1 x^{\frac{1}{n}}(1-x)\mathrm{d}x. \tag{6.2.32}$$

可以得到第一类欧拉积分

$$\mathrm{B}(p,q) = \int_0^1 x^{p-1}(1-x)^{q-1}\mathrm{d}x, \quad p>0,\ q>0. \tag{6.2.33}$$

又有欧拉定理

$$\mathrm{B}(p,q) = \frac{\Gamma(p)\Gamma(q)}{\Gamma(p+q)}, \quad 其中\begin{cases} p = 1+\dfrac{1}{n}, \\ q = 2, \end{cases} \tag{6.2.34}$$

得

$$\frac{\bar{u}}{u_{\max}} = \frac{2\Gamma\left(\dfrac{1}{n}+1\right)\Gamma(2)}{\Gamma\left(\dfrac{1}{n}+3\right)} = \frac{2n^2}{(n+1)(2n+1)}, \tag{6.2.35}$$

此处

$$\Gamma(p)=\int_0^{\infty}\mathrm{e}^{-x}x^{p-1}\mathrm{d}x=2\int_0^{\infty}\mathrm{e}^{-t^2}t^{2(p-1)}\mathrm{d}t \tag{6.2.36}$$

是第二类欧拉积分.

表 6.2.1　平均流速与最大流速比与 n 的关系

n	6	7	8	9	10
$\dfrac{\bar{u}}{u_{\max}}$	0.791	0.817	0.837	0.852	0.856

§6.3　考虑热平衡的管流问题

一、热平衡

1. 提出问题.

(1) 定常(温度场不随时间变化)的管流问题;

(2) 忽略黏性耗损及摩擦生热的热平衡问题.

2. 单位时间内热量的迁移.

(1) 轴向随流迁移走的热量:

在单位时间内流进的热量为 $2\pi r\mathrm{d}ru\rho CT(x)$;流出的热量为 $2\pi r\mathrm{d}ru\rho CT(x+\mathrm{d}x)$.

流出热量－流入热量＝迁移走的热量,即

$$2\pi r\mathrm{d}ru\rho C[T(x+\mathrm{d}x)-T(x)]\approx 2\pi r\mathrm{d}ru\rho C\frac{\partial T}{\partial x}\mathrm{d}x, \tag{6.3.1}$$

其中 x 是管轴方向,C 是比热,T 是绝对温度,$2\pi r\mathrm{d}ru$ 是单位时间流进的体积.

(2) 沿径向经由热传导传递的热量:

单位时间传入的热量为

$$2\pi(r+\mathrm{d}r)\mathrm{d}xq_r(r+\mathrm{d}r); \tag{6.3.2}$$

单位时间传出的热量为

$$2\pi r\mathrm{d}xq_r(r); \tag{6.3.3}$$

沿径向经由热传导传递的热量,即传入减传出的热量为

$$2\pi\mathrm{d}x[(r+\mathrm{d}r)q_r(r+\mathrm{d}r)-rq_r(r)], \tag{6.3.4}$$

其中 $q_r(r)$是径向热通量,代表单位时间单位面积传导的热量.规定:由管壁向内传入的热量为负,向外传出的为正.将式(6.3.4)中右端方括号中第一项展开:

$$(r+\mathrm{d}r)q_r(r+\mathrm{d}r)=\left[q_r(r)+\frac{\partial q_r}{\partial r}\mathrm{d}r+\cdots\right](r+\mathrm{d}r), \tag{6.3.5}$$

代入式(6.3.4),忽略 $\mathrm{d}r$ 的高阶项得到传入减传出的热量,等于

$$2\pi \mathrm{d}x\left(r\frac{\partial q_r}{\partial r}+q_r\right)_r \mathrm{d}r, \tag{6.3.6}$$

由 Fourier 定律知

$$q_r = k\frac{\partial T}{\partial r}, \tag{6.3.7}$$

其中 k 是热导率. 所以单位时间从管壁向中心经由径向热传导传递的热量为

$$2\pi \mathrm{d}x\mathrm{d}rk\left(r\frac{\partial^2 T}{\partial r^2}+\frac{\partial T}{\partial r}\right). \tag{6.3.8}$$

3. 热平衡问题.

因热传导增加的热量等于随流体流走的热量,即通过管壁传导增加的热量等于跟随流体流走的热量,也就是轴向随流迁移走的热量等于经由管壁沿径向热传导传递的热量:

$$2\pi r\mathrm{d}ru\rho C\frac{\partial T}{\partial x}\mathrm{d}x = 2\pi \mathrm{d}x\mathrm{d}rk\left(r\frac{\partial^2 T}{\partial r^2}+\frac{\partial T}{\partial r}\right), \tag{6.3.9}$$

两端消去 $2\pi r\mathrm{d}r\mathrm{d}x$ 得

$$u\rho C\frac{\partial T}{\partial x} = k\left(\frac{\partial^2 T}{\partial r^2}+\frac{1}{r}\frac{\partial T}{\partial r}\right). \tag{6.3.10}$$

二、管内温度分布及径向热通量

1. 管内流动为层流时的温度分布与径向热通量.

设管壁温度 T_{w} 随 x 线性分布,即

$$T_{\mathrm{w}} = c_1x + c_2, \tag{6.3.11}$$

它代表岩筒温度随高度线性变化.

管内流体温度分布为在管壁随 x 线性变化的基础上再加上随半径的变化 $Q(r)$:

$$T(r,x) = T_{\mathrm{w}} + Q(r) = c_1x + c_2 + Q(r). \tag{6.3.12}$$

又有

$$\begin{cases} u = 2\bar{u}\left[1-\left(\dfrac{r}{R}\right)^2\right], \\ u\rho C\dfrac{\partial T}{\partial x} = k\left(\dfrac{\partial^2 T}{\partial r^2}+\dfrac{1}{r}\dfrac{\partial T}{\partial r}\right). \end{cases} \tag{6.3.13}$$

在管壁处 $Q(R)|_{r=R}=0$,在中心处$\left.\dfrac{\partial Q}{\partial r}\right|_{r=0}=0$,径向热通量为零,可推出

$$\frac{\partial T}{\partial x} = c_1, \quad \frac{\partial T}{\partial r} = \frac{\partial Q}{\partial r}, \quad \frac{\partial^2 T}{\partial r^2} = \frac{\partial^2 Q}{\partial r^2}. \tag{6.3.14}$$

代入式(6.3.13),得

$$2\bar{u}\left[1-\left(\frac{r}{R}\right)^2\right]\rho Cc_1 = k\left(\frac{\partial^2 Q}{\partial r^2}+\frac{1}{r}\frac{\partial Q}{\partial r}\right). \tag{6.3.15}$$

边界条件:　　　　当 $r=R$ 时,$T=T_{\mathrm{w}}$,$Q(R)=0$,$\left.\dfrac{\partial Q}{\partial r}\right|_{r=0}=0$;

$$当\ r=0\ 时,\ q_r=0,\ Q(R)=0,\ \left.\frac{\partial Q}{\partial r}\right|_{r=0}=0. \tag{6.3.16}$$

通过解方程

$$Q(r)=\frac{\rho Cc_1\bar{u}R^2}{8k}\left(3-4\frac{r^2}{R^2}+\frac{r^4}{R^4}\right). \tag{6.3.17}$$

代入

$$T(r,x)=c_1x+c_2+\frac{\rho Cc_1\bar{u}R^2}{8k}\left(3-4\frac{r^2}{R^2}+\frac{r^4}{R^4}\right), \tag{6.3.18}$$

由径向热通量

$$q_r=k\frac{\partial T}{\partial r}=\frac{1}{8}\rho Cc_1\bar{u}R^2\left(-8\frac{r}{R^2}+4\frac{r^3}{R^4}\right) \tag{6.3.19}$$

以及 $r=R$ 可得管壁热通量

$$q_w=-\frac{1}{2}\rho C\bar{u}Rc_1, \tag{6.3.20}$$

它是一个常数,与 x 无关.

若 $c_1>0$,则 $q_w<0$,表明流入管内的热通量为负,管壁温度沿 x 上升;若 $c_1<0$,则 $q_w>0$,表明流出管外的热通量为正,管壁温度沿 x 下降.

2. 管内流动为紊流时,因为固体地球内部的物质流动速度太小,达不到紊流状态,所以在此不讨论这个问题.

三、管内流体流动时的径向热通量与静止时热通量的比较

1. 管内流体的流动平均温度.

假设 T 是管内流体温度,T_w 是管壁温度,q_w 是管壁热通量,$\bar{T}$ 是管内流体的流动平均温度,θ 是管内流体的剩余温度,$\bar{\theta}$ 是流动平均剩余温度,k 是热导率,u 是管内流体平均流动速度.

若

$$T=T_w+Q, \tag{6.3.21}$$

则

$$\bar{T}=T_w+\bar{Q}, \tag{6.3.22}$$

因此

$$\bar{T}=\frac{2\pi\int_0^R Tur\,dr}{\pi\bar{u}R^2}=\frac{\int_0^R 2\pi(T_w+Q)ur\,dr}{\pi R^2\bar{u}}=T_w+\frac{2\pi\int_0^R Qur\,dr}{\pi R^2\bar{u}}. \tag{6.3.23}$$

2. 层流时的传热系数.

令

$$q_w=h(\bar{T}-T_w)=h\bar{Q}, \tag{6.3.24}$$

而

$$\bar{Q} \equiv \frac{2\pi\int_0^R Qur\,\mathrm{d}r}{\pi R^2 \bar{u}} = \frac{-11\rho C c_1 \bar{u} R^2}{48k}, \tag{6.3.25}$$

可推出层流时的传热系数

$$h = \frac{q_w}{\bar{Q}} = -\frac{1}{2}\rho C c_1 \bar{u} R \frac{48k}{-11\rho C c_1 \bar{u} R^2} = \frac{48k}{11D}. \tag{6.3.26}$$

3. 传热系数的度量.

令

$$Nu \equiv \frac{hD}{k} = \frac{48}{11} = 4.36, \tag{6.3.27}$$

Nu 称为 Nusselt 数，它是为具有热变化的管流定义的，它是度量传热过程效率的数.

4. 静止时管壁上的热通量

$$q_c = \frac{k(\bar{T} - T_w)}{D} = \frac{kq_w}{Dh} = (Nu)^{-1} q_w = \frac{1}{4.36} q_w. \tag{6.3.28}$$

层流时，流动流体的管壁热通量是静止时管壁热通量的 4.36 倍.

第7章 二维黏性流体运动及其在地球科学中的应用

§7.1 二维黏性流体运动的基本方程

一、二维流动的定义

$$\begin{cases} u = u(x,y), \\ v = v(x,y), \\ w = 0. \end{cases} \tag{7.1.1}$$

二、二维流动的基本方程

1. 连续性方程

$$\frac{\mathrm{d}\rho}{\mathrm{d}t} + \rho \cdot \nabla \boldsymbol{v} = 0, \tag{7.1.2}$$

可压缩时：

$$\frac{\partial \rho}{\partial t} + u\frac{\partial \rho}{\partial x} + v\frac{\partial \rho}{\partial y} + \rho\left(\frac{\partial u}{\partial x} + \frac{\partial v}{\partial y}\right) = 0, \tag{7.1.3}$$

不可压缩时：

$$\rho = \text{const.} \Longrightarrow \frac{\partial \rho}{\partial t} = \frac{\partial \rho}{\partial x} = \frac{\partial \rho}{\partial y} = 0 \Longrightarrow \frac{\partial u}{\partial x} + \frac{\partial v}{\partial y} = 0, \quad \rho \neq 0, \quad 即\ \dot{\theta} = 0. \tag{7.1.4}$$

2. 运动方程(N-S方程).

根据式(1.2.9)，标量的梯度是矢量. 在笛卡儿坐标系中，黏度系数 μ 的梯度为矢量，是一阶张量：

$$\nabla \mu = \frac{\partial \mu}{\partial x}\boldsymbol{i} + \frac{\partial \mu}{\partial y}\boldsymbol{j} + \frac{\partial \mu}{\partial z}\boldsymbol{k}. \tag{7.1.5}$$

根据式(1.2.10)—(1.2.12)知，矢量的梯度是二阶张量. 在笛卡儿坐标系中，速度 $\boldsymbol{v}$ 的梯度为二阶张量：

$$\begin{aligned} \nabla \boldsymbol{v} &= \nabla(u\boldsymbol{i} + v\boldsymbol{j} + w\boldsymbol{k}) = \frac{\partial \boldsymbol{v}}{\partial x}\boldsymbol{i} + \frac{\partial \boldsymbol{v}}{\partial y}\boldsymbol{j} + \frac{\partial \boldsymbol{v}}{\partial z}\boldsymbol{k} \\ &= \frac{\partial}{\partial x}(u\boldsymbol{i} + v\boldsymbol{j} + w\boldsymbol{k}) + \frac{\partial}{\partial y}(u\boldsymbol{i} + v\boldsymbol{j} + w\boldsymbol{k}) + \frac{\partial}{\partial z}(u\boldsymbol{i} + v\boldsymbol{j} + w\boldsymbol{k}) \\ &= \frac{\partial u}{\partial x}\boldsymbol{i} + \frac{\partial v}{\partial x}\boldsymbol{j} + \frac{\partial w}{\partial x}\boldsymbol{k} + \frac{\partial u}{\partial y}\boldsymbol{i} + \frac{\partial v}{\partial y}\boldsymbol{j} + \frac{\partial w}{\partial y}\boldsymbol{k} + \frac{\partial u}{\partial z}\boldsymbol{i} + \frac{\partial v}{\partial z}\boldsymbol{j} + \frac{\partial w}{\partial z}\boldsymbol{k} \end{aligned}$$

$$= \left(\frac{\partial u}{\partial x}+\frac{\partial u}{\partial y}+\frac{\partial u}{\partial z}\right)\boldsymbol{i}+\left(\frac{\partial v}{\partial x}+\frac{\partial v}{\partial y}+\frac{\partial v}{\partial z}\right)\boldsymbol{j}+\left(\frac{\partial w}{\partial x}+\frac{\partial w}{\partial y}+\frac{\partial w}{\partial z}\right)\boldsymbol{k}. \qquad (7.1.6)$$

矢量与二阶张量的"点乘"

$$\begin{aligned}\nabla\mu\cdot\nabla\boldsymbol{v}= &\left(\frac{\partial\mu}{\partial x}\boldsymbol{i}+\frac{\partial\mu}{\partial y}\boldsymbol{j}+\frac{\partial\mu}{\partial z}\boldsymbol{k}\right)\cdot\left[\left(\frac{\partial u}{\partial x}+\frac{\partial u}{\partial y}+\frac{\partial u}{\partial z}\right)\boldsymbol{i}\right.\\ &\left.+\left(\frac{\partial v}{\partial x}+\frac{\partial v}{\partial y}+\frac{\partial v}{\partial z}\right)\boldsymbol{j}+\left(\frac{\partial w}{\partial x}+\frac{\partial w}{\partial y}+\frac{\partial w}{\partial z}\right)\boldsymbol{k}\right]\\ =&\frac{\partial\mu}{\partial x}\left(\frac{\partial u}{\partial x}+\frac{\partial u}{\partial y}+\frac{\partial u}{\partial z}\right)+\frac{\partial\mu}{\partial y}\left(\frac{\partial v}{\partial x}+\frac{\partial v}{\partial y}+\frac{\partial v}{\partial z}\right)\\ &+\frac{\partial\mu}{\partial z}\left(\frac{\partial w}{\partial x}+\frac{\partial w}{\partial y}+\frac{\partial w}{\partial z}\right).\end{aligned} \qquad (7.1.7)$$

矢量的二阶微分运算(见《常用数学公式大全》)

$$\begin{aligned}\Delta\boldsymbol{v}=\nabla^2\boldsymbol{v}=&\nabla(\nabla\cdot\boldsymbol{v})-\nabla\times(\nabla\times\boldsymbol{v})=(\Delta u,\Delta v,\Delta w)\\ =&\left(\frac{\partial^2 u}{\partial x^2}+\frac{\partial^2 u}{\partial y^2}+\frac{\partial^2 u}{\partial z^2}\right)\boldsymbol{i}+\left(\frac{\partial^2 v}{\partial x^2}+\frac{\partial^2 v}{\partial y^2}+\frac{\partial^2 v}{\partial z^2}\right)\boldsymbol{j}\\ &+\left(\frac{\partial^2 w}{\partial x^2}+\frac{\partial^2 w}{\partial y^2}+\frac{\partial^2 w}{\partial z^2}\right)\boldsymbol{k},\end{aligned} \qquad (7.1.8)$$

其中 $\Delta=\nabla^2$ 为拉普拉斯算子.

由式(3.4.6)知可压缩黏性流体的N-S方程.因为流体可压缩,$\dot{\theta}\neq 0$,$\mu\neq$常数,N-S方程可写为

$$\frac{\mathrm{d}\boldsymbol{v}}{\mathrm{d}t}=\boldsymbol{F}-\frac{1}{\rho}\nabla p+\frac{1}{\rho}\nabla\left[\left(\lambda'+\frac{\mu}{3}\right)\dot{\theta}\right]+\frac{\mu}{\rho}\nabla^2\boldsymbol{v}+\frac{1}{\rho}\nabla\mu\cdot\nabla\boldsymbol{v}-\frac{\nabla\mu\dot{\theta}}{\rho}. \qquad (7.1.9)$$

在二维情况下,由式(3.4.7)和(3.4.8)可推出可压缩黏性流体的N-S方程(7.1.9),写成笛卡儿坐标系中的分量形式(7.1.10).因为可压缩,故 $\dot{\theta}\neq 0$,$\mu\neq$常数,因此在二维情况下N-S方程写成直角坐标的形式如下:

$$\left\{\begin{aligned}\frac{\mathrm{d}u}{\mathrm{d}t}=&F_x-\frac{1}{\rho}\frac{\partial p}{\partial x}+\frac{1}{\rho}\frac{\partial}{\partial x}\left[\left(\lambda'+\frac{\mu}{3}\right)\left(\frac{\partial u}{\partial x}+\frac{\partial v}{\partial y}\right)\right]+\frac{\mu}{\rho}\nabla^2 u\\ &+\frac{1}{\rho}\left[\frac{\partial\mu}{\partial x}\left(\frac{\partial u}{\partial x}+\frac{\partial u}{\partial y}\right)+\frac{\partial\mu}{\partial y}\left(\frac{\partial v}{\partial x}+\frac{\partial v}{\partial y}\right)\right]-\frac{1}{\rho}\frac{\partial\mu}{\partial x}\left(\frac{\partial u}{\partial x}+\frac{\partial v}{\partial y}\right), \qquad (7.1.10\mathrm{a})\\ \frac{\mathrm{d}v}{\mathrm{d}t}=&F_y-\frac{1}{\rho}\frac{\partial p}{\partial y}+\frac{1}{\rho}\frac{\partial}{\partial y}\left[\left(\lambda'+\frac{\mu}{3}\right)\left(\frac{\partial u}{\partial x}+\frac{\partial v}{\partial y}\right)\right]+\frac{\mu}{\rho}\nabla^2 v\\ &+\frac{1}{\rho}\left[\frac{\partial\mu}{\partial x}\left(\frac{\partial v}{\partial x}+\frac{\partial v}{\partial y}\right)+\frac{\partial\mu}{\partial y}\left(\frac{\partial v}{\partial x}+\frac{\partial v}{\partial y}\right)\right]-\frac{1}{\rho}\left(\frac{\partial u}{\partial x}+\frac{\partial v}{\partial y}\right)\frac{\partial\mu}{\partial y}. \qquad (7.1.10\mathrm{b})\end{aligned}\right.$$

可压缩时:$\dot{\theta}=\left(\frac{\partial u}{\partial x}+\frac{\partial v}{\partial y}\right)\neq 0$,$\mu\neq$常数,写成矢量形式为

$$\frac{\mathrm{d}\boldsymbol{v}}{\mathrm{d}t}=\boldsymbol{F}-\frac{1}{\rho}\nabla p+\frac{1}{\rho}\nabla\left[\left(\lambda'+\frac{\mu}{3}\right)\dot{\theta}\right]+\frac{\mu}{\rho}\nabla^2\boldsymbol{v}+\frac{2}{\rho}\nabla\mu\cdot\nabla\boldsymbol{v}-\frac{\nabla\mu\dot{\theta}}{\rho}, \qquad (7.1.11)$$

写成二维笛卡儿坐标形式为

$$\begin{cases}\dfrac{\mathrm{d}u}{\mathrm{d}t}=F_x-\dfrac{1}{\rho}\dfrac{\partial p}{\partial x}+\dfrac{1}{\rho}\dfrac{\partial}{\partial x}\left[\left(\lambda'+\dfrac{\mu}{3}\right)\left(\dfrac{\partial u}{\partial x}+\dfrac{\partial v}{\partial y}\right)\right]+\dfrac{\mu}{\rho}\left(\dfrac{\partial^2 u}{\partial x^2}+\dfrac{\partial^2 u}{\partial y^2}\right)\\ \qquad+\dfrac{1}{\rho}\nabla\mu\cdot\nabla u+\dfrac{1}{\rho}\nabla\mu\cdot\dfrac{\partial \boldsymbol{v}}{\partial x}-\dfrac{\partial\mu}{\partial x}\dot{\theta}, & (7.1.12\mathrm{a})\\ \dfrac{\mathrm{d}v}{\mathrm{d}t}=F_y-\dfrac{1}{\rho}\dfrac{\partial p}{\partial y}+\dfrac{1}{\rho}\dfrac{\partial}{\partial y}\left[\left(\lambda'+\dfrac{\mu}{3}\right)\left(\dfrac{\partial u}{\partial x}+\dfrac{\partial v}{\partial y}\right)\right]+\dfrac{\mu}{\rho}\left(\dfrac{\partial^2 v}{\partial x^2}+\dfrac{\partial^2 v}{\partial y^2}\right)\\ \qquad+\dfrac{1}{\rho}\nabla\mu\cdot\nabla v+\dfrac{1}{\rho}\nabla\mu\cdot\dfrac{\partial \boldsymbol{v}}{\partial y}-\dfrac{\partial\mu}{\partial y}\dot{\theta}. & (7.1.12\mathrm{b})\end{cases}$$

不可压缩时：不可压缩黏性流体的 N-S 方程，写成二维笛卡儿坐标系中的分量形式. 因为不可压缩，所以 $\dot{\theta}=0$，$\mu=$常数，因此在二维情况下 N-S 方程写成直角坐标的形式如下：

$$\frac{\mathrm{d}\boldsymbol{v}}{\mathrm{d}t}=\boldsymbol{F}-\frac{1}{\rho}\nabla p+\frac{\mu}{\rho}\nabla^2\boldsymbol{v}, \tag{7.1.13}$$

即

$$\begin{cases}\dfrac{\mathrm{d}u}{\mathrm{d}t}=F_x-\dfrac{1}{\rho}\dfrac{\partial p}{\partial x}+\dfrac{\mu}{\rho}\left(\dfrac{\partial^2 u}{\partial x^2}+\dfrac{\partial^2 u}{\partial y^2}\right), & (7.1.14\mathrm{a})\\ \dfrac{\mathrm{d}v}{\mathrm{d}t}=F_y-\dfrac{1}{\rho}\dfrac{\partial p}{\partial y}+\dfrac{\mu}{\rho}\left(\dfrac{\partial^2 v}{\partial x^2}+\dfrac{\partial^2 v}{\partial y^2}\right). & (7.1.14\mathrm{b})\end{cases}$$

§7.2 流函数与流线

一、二维不可压缩黏性流体

由连续性方程知

$$\frac{\partial u}{\partial x}+\frac{\partial v}{\partial y}=0. \tag{7.2.1}$$

二、流函数定义

流函数是在二维流动中可自动满足连续性方程的、沿流线为常数的标量函数. 二维不可压缩黏性流体，可以引入流函数 $\psi(x,y)$，令

$$\begin{cases}u\equiv\dfrac{\partial\psi}{\partial y},\\ v\equiv-\dfrac{\partial\psi}{\partial x},\end{cases} \tag{7.2.2}$$

则自动满足连续性方程 $\dfrac{\partial u}{\partial x}+\dfrac{\partial v}{\partial y}=0$，即

$$\frac{\partial^2\psi}{\partial x\partial y}-\frac{\partial^2\psi}{\partial x\partial y}\equiv 0.$$

三、流线

1. 流线定义.

在给定时间 t,一个曲线上任一点的切向与该点的速度方向一致,此曲线称为流线.

2. 流线表达式.

流线在平面上的表达式:

$$\frac{\mathrm{d}x}{u(x,y,t)}=\frac{\mathrm{d}y}{v(x,y,t)};\tag{7.2.3}$$

流线在空间的表达式:

$$\frac{\mathrm{d}x}{u(x,y,z,t)}=\frac{\mathrm{d}y}{v(x,y,z,t)}=\frac{\mathrm{d}z}{w(x,y,z,t)}.\tag{7.2.4}$$

3. 在平面上,流函数在任一条流线上保持常数值. 因为在平面流线上,由式(7.2.3)知

$$u\mathrm{d}y-v\mathrm{d}x=0.$$

由流函数的定义知

$$\frac{\partial\psi}{\partial y}\mathrm{d}y-\left(-\frac{\partial\psi}{\partial x}\right)\mathrm{d}x=0,\tag{7.2.5}$$

即

$$\mathrm{d}\psi=0\implies\psi=C.\tag{7.2.6}$$

所以平面上流函数的等值线就是流线.

4. 流体流过两点间任意曲线的流量等于该两点流函数之差,与曲线形状无关. 该时刻流体质点的速度为

$$\boldsymbol{v}=u\boldsymbol{i}+v\boldsymbol{j}+w\boldsymbol{k},$$

故流量

$$\begin{aligned}Q&=\int_A^B\boldsymbol{v}\cdot\boldsymbol{n}\mathrm{d}S=\int_A^B[u\cos(\boldsymbol{n},x)+v\sin(\boldsymbol{n},y)]\mathrm{d}S\\&=\int_A^B(u\sin\theta-v\cos\theta)\mathrm{d}S\\&=\int_A^B(u\mathrm{d}y-v\mathrm{d}x)=\int_A^B\left(\frac{\partial\psi}{\partial y}\mathrm{d}y+\frac{\partial\psi}{\partial x}\mathrm{d}x\right)\\&=\int_A^B\mathrm{d}\psi=\psi(B)-\psi(A)=\psi(x_2,y_2)-\psi(x_1,y_1).\end{aligned}\tag{7.2.7}$$

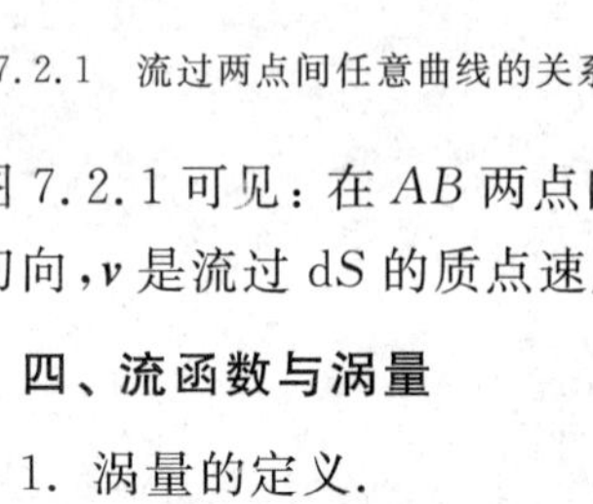

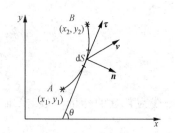

图 7.2.1　流过两点间任意曲线的关系图

由图 7.2.1 可见:在 AB 两点间任意曲线的微元 $\mathrm{d}S$ 上,$\boldsymbol{n}$ 是垂直 $\mathrm{d}S$ 的法向,$\boldsymbol{\tau}$ 是与 $\mathrm{d}S$ 相切的切向,$\boldsymbol{v}$ 是流过 $\mathrm{d}S$ 的质点速度,Q 是流过 AB 两点任意曲线的流量,θ 是 $\boldsymbol{\tau}$ 与 x 轴的夹角.

四、流函数与涡量

1. 涡量的定义.

涡量是定量描述流体有旋运动的物理量,是涡矢量的简称,记为

$$\boldsymbol{\omega} = \nabla \times \boldsymbol{v}. \tag{7.2.8}$$

2. 涡量的表达式.

因为

$$\boldsymbol{\omega} = \frac{1}{2}\begin{vmatrix} \boldsymbol{i} & \boldsymbol{j} & \boldsymbol{k} \\ \dfrac{\partial}{\partial x} & \dfrac{\partial}{\partial y} & \dfrac{\partial}{\partial z} \\ u & v & w \end{vmatrix} = \omega_x \boldsymbol{i} + \omega_y \boldsymbol{j} + \omega_z \boldsymbol{k}, \tag{7.2.9a}$$

在二维情况下

$$\begin{cases} \omega_x = \dfrac{1}{2}\left(\dfrac{\partial w}{\partial y} - \dfrac{\partial v}{\partial z}\right) = 0, \\ \omega_y = \dfrac{1}{2}\left(\dfrac{\partial u}{\partial z} - \dfrac{\partial w}{\partial x}\right) = 0, \\ \omega_z = \dfrac{1}{2}\left(\dfrac{\partial v}{\partial x} - \dfrac{\partial u}{\partial y}\right) \neq 0. \end{cases} \tag{7.2.9b}$$

3. 涡线.

流场中处处与涡矢量相切的曲线叫做涡线. 涡线邻近的流体微团绕涡线的切线方向旋转. 确定涡线的微分方程为

$$\boldsymbol{\omega}(x, y, z, t) \times \mathrm{d}\boldsymbol{r} = 0, \tag{7.2.10a}$$

即

$$\frac{\mathrm{d}x}{\omega_x} = \frac{\mathrm{d}y}{\omega_y} = \frac{\mathrm{d}z}{\omega_z}, \tag{7.2.10b}$$

其中 $\mathrm{d}\boldsymbol{r} = \mathrm{d}x\boldsymbol{i} + \mathrm{d}y\boldsymbol{j} + \mathrm{d}z\boldsymbol{k}$ 是涡线的弧元素矢量. 涡线可以给出流场旋涡分布的当地涡轴方向.

4. 涡量等于流函数的调和函数(不等于双调和函数). 黏性、不可压缩流体的流函数不满足调和方程. 因为流函数的调和函数等于涡量,并且不为零,故不满足调和方程.

5. 有旋运动与无旋运动. 流体质点发生转动的流动为有旋运动,否则是无旋运动.

§7.3　小 Reynolds 数时的 Stokes 方程及双调和方程

一、小 Reynolds 数、二维流动时流函数满足双调和方程

小 Reynolds 数时的 Stokes 方程: 从相似性分析知道,动量方程无量纲化时有

$$\frac{v_0}{t_0}\frac{\partial u'}{\partial t'} + \frac{v_0^2}{L_0}\left(u'\frac{\partial u'}{\partial x'} + v'\frac{\partial u'}{\partial y'} + w'\frac{\partial u'}{\partial z'}\right) = f_0 F' - \frac{p_0}{\rho_0 L_0}\frac{1}{\rho'}\frac{\partial p}{\partial x'}$$
$$+ \frac{v_0 \mu_0}{L_0^2 \rho_0}\left[\frac{\mu'}{\rho'}\left(\frac{\partial^2 u'}{\partial x'^2} + \frac{\partial^2 u'}{\partial y'^2} + \frac{\partial^2 u'}{\partial z'^2}\right)\right].$$

两端均乘以$\dfrac{\rho_0 L_0^2}{\mu_0 v_0}$,使方括号前的系数为 1,得

$$\frac{\rho_0 L_0^2 v_0}{\mu_0 v_0 t_0}\frac{\partial u'}{\partial t'}+\frac{\rho_0 L_0 v_0}{\mu_0}\left(u'\frac{\partial u'}{\partial x'}+v'\frac{\partial u'}{\partial y'}+w'\frac{\partial u'}{\partial z'}\right)$$
$$=\frac{f_0\rho_0 L_0^2}{\mu_0 v_0}F'-\frac{p_0 L_0}{\mu_0 v_0\rho'}\frac{\partial p'}{\partial x'}+\left(\frac{\partial^2 u'}{\partial x'^2}+\frac{\partial^2 u'}{\partial y'^2}\right)\frac{\mu'}{\rho'},$$

二维流动时按照笛卡儿坐标可以写成两个式子.即

$$\begin{cases}\dfrac{Re}{St}\dfrac{\partial u'}{\partial t'}+Re\left(u'\dfrac{\partial u'}{\partial x'}+v'\dfrac{\partial u'}{\partial y'}\right)=\dfrac{Re}{Fr}F'_x-EuRe\dfrac{1}{\rho'}\dfrac{\partial p'}{\partial x'}+\dfrac{\mu'}{\rho'}\nabla^2 u',\\ \dfrac{Re}{St}\dfrac{\partial v'}{\partial t'}+Re\left(u'\dfrac{\partial v'}{\partial x'}+v'\dfrac{\partial v'}{\partial y'}\right)=\dfrac{Re}{Fr}F'_y-EuRe\dfrac{1}{\rho'}\dfrac{\partial p'}{\partial y'}+\dfrac{\mu'}{\rho'}\nabla^2 v'.\end{cases}$$

若 $Re\ll 1,\dfrac{Re}{St}>1,\dfrac{Re}{Fr}>1,EuRe>1$ 时,则惯性平方项的影响很小,可以忽略惯性平方项,平面情况下动量方程变成下式

$$\begin{cases}\dfrac{\partial u}{\partial t}=F_x-\dfrac{1}{\rho}\dfrac{\partial p}{\partial x}+\dfrac{\mu}{\rho}\nabla^2 u, & (7.3.1\text{a})\\ \dfrac{\partial v}{\partial t}=F_y-\dfrac{1}{\rho}\dfrac{\partial p}{\partial y}+\dfrac{\mu}{\rho}\nabla^2 v. & (7.3.1\text{b})\end{cases}$$

空间情况下再加上一个方程

$$\frac{\partial w}{\partial t}=F_z-\frac{1}{\rho}\frac{\partial p}{\partial z}+\frac{\mu}{\rho}\nabla^2 w. \qquad (7.3.1\text{c})$$

二、二维定常、不可压缩、小 Reynolds 数、质量力为零流动时,满足双调和方程

1. 无质量力时 $F_x=0,F_y=0$.

2. 二维问题满足 $w=0,\dfrac{\partial u}{\partial z}=\dfrac{\partial v}{\partial z}=0$.

3. 二维定常、不可压缩、小 Reynolds 数、无质量力时运动方程满足 N-S 方程,即满足 Stokes 方程及连续性方程

$$\begin{cases}-\dfrac{\partial p}{\partial x}+\mu\nabla^2 u=0,\\ -\dfrac{\partial p}{\partial y}+\mu\nabla^2 v=0,\\ \dfrac{\partial u}{\partial x}+\dfrac{\partial v}{\partial y}=0.\end{cases} \qquad (7.3.2)$$

4. 用二维流函数法,引入 $u=\dfrac{\partial\psi}{\partial y}$ 和 $v=-\dfrac{\partial\psi}{\partial x}$.加上定常、不可压缩、小 Reynolds 数、无质量力条件,则

$$\begin{cases}-\dfrac{\partial p}{\partial x}+\mu\left(\dfrac{\partial^3\psi}{\partial x^2\partial y}+\dfrac{\partial^3\psi}{\partial y^3}\right)=0, & (7.3.3\text{a})\\ -\dfrac{\partial p}{\partial y}-\mu\left(\dfrac{\partial^3\psi}{\partial x^3}+\dfrac{\partial^3\psi}{\partial x\partial y^2}\right)=0. & (7.3.3\text{b})\end{cases}$$

让式(7.3.3a)对 y 求偏导,再让式(7.3.3b)对 x 求偏导,之后两式相减可得

$$\mu\left(\frac{\partial^4\psi}{\partial y^4}+2\frac{\partial^4\psi}{\partial x^2\partial y^2}+\frac{\partial^4\psi}{\partial x^4}\right)=0,$$

即

$$\nabla^2\nabla^2\psi=0 \tag{7.3.4}$$

是双调和方程.所以,二维定常,不可压缩,小 Reynolds 数,质量力为零时,满足双调和方程.

三、二维定常、不可压缩、小 Reynolds 数、质量力为重力时亦满足双调和方程

1. 质量力为重力,即

$$\begin{cases}F_x=0,\\ F_y=g,\end{cases} \tag{7.3.5}$$

其动量方程为

$$\begin{cases}-\dfrac{\partial p}{\partial x}+\mu\nabla^2u=0,\\ \rho g-\dfrac{\partial p}{\partial y}+\mu\nabla^2v=0.\end{cases} \tag{7.3.6a}$$

2. 引进动压力 $\bar{p}=p-\rho gy$,则

$$\begin{cases}\dfrac{\partial\bar{p}}{\partial x}=\dfrac{\partial p}{\partial x},\\ \dfrac{\partial\bar{p}}{\partial y}=\dfrac{\partial p}{\partial y}-\rho g.\end{cases} \tag{7.3.6b}$$

3. 二维定常、不可压缩、小 Reynolds 数、质量力为重力时亦满足的方程

$$-\frac{\partial\bar{p}}{\partial x}+\mu\nabla^2u=0, \tag{7.3.6c}$$

$$-\frac{\partial\bar{p}}{\partial y}+\mu\nabla^2v=0. \tag{7.3.6d}$$

4. 引入流函数,令

$$\begin{cases}u=\dfrac{\partial\psi}{\partial y},\\ v=-\dfrac{\partial\psi}{\partial x},\end{cases} \tag{7.3.7}$$

让式(7.3.6c)对 y 求偏导数,式(7.3.6d)对 x 求偏导数,两者相减,亦可得

$$\nabla^2\nabla^2\psi=0, \tag{7.3.8}$$

则表明,此类问题亦满足双调和方程.

§7.4 冰后回升问题

一、问题的提出

1. 地质考察表明:北欧 Fenoscandia 及其他北欧部分地区(如苏格兰、冰岛)、以及南面

新地岛、南新西兰、南极洲等陆地，在不断上升，问题是这种上升是什么原因造成的？

2. 古登堡等人提出：在更新世冰期(两万年前)时这些地区被厚厚的冰川覆盖. 在一万年前左右，冰川开始消融，被压陷下去的地盾开始回升. 这是地质学家的看法.

3. 地球物理学家及力学家试图回答：随着时间的推移，凹陷区上升的规律是什么？他们或通过高温高压实验对宏观资料进行反演、或进行微观研究、或进行计算，以便对该问题求得解答.

二、力学问题的建立

1. 问题.

冰川消融后，初始表面为 $y=w_{\mathrm{m}}=w_{\mathrm{m0}}\cos\dfrac{2\pi x}{\lambda}$ 的牛顿流体，它在竖直平面内如何运动？其中 λ 是两倍凹陷区的宽度，w_{m0} 是凹陷区中心的凹陷深度，w_{m} 是距凹陷中心为 x 处的凹陷深度.

流体表面形状为 $y=w(x,t)$，其值为多少？

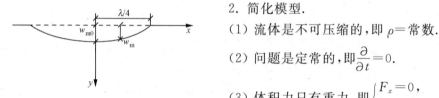

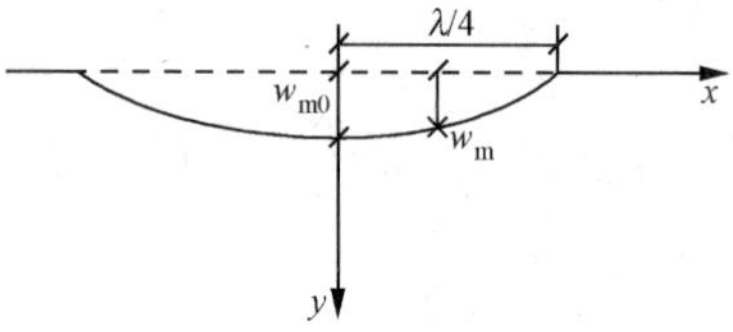

图 7.4.1　冰后回升示意图

2. 简化模型.

(1) 流体是不可压缩的，即 $\rho=$ 常数.

(2) 问题是定常的，即 $\dfrac{\partial}{\partial t}=0$.

(3) 体积力只有重力，即 $\begin{cases} F_x=0, \\ F_y=g. \end{cases}$

(4) 地盾上升速度缓慢，即 $\dfrac{\mathrm{d}\boldsymbol{v}}{\mathrm{d}t}\doteq 0$ 或 $Re\ll 1$.

(5) 地盾表面是垂直运动，没有水平速度.

3. 方程的建立.

(1) Haskell 在 1935 年从柱坐标的 N-S 方程出发进行求解，但不是用流函数法.

(2) 流函数法：用双调和函数对二维、定常、不可压、小 Reynolds 数、有重力问题进行求解. 所用方程即为

$$\nabla^2\nabla^2\psi=0.$$

4. 边界条件与初始条件.

(1) 初始条件：以冰川消融后陆地开始回升作为起点，即 $t=0$ 时该地区自由面的形状为

$$w=w_{\mathrm{m}}=w_{\mathrm{m0}}\cos\frac{2\pi x}{\lambda},$$

可得

$$\begin{cases} w_{\mathrm{m}} = w_{\mathrm{m0}}, & \text{当 } x = 0 \text{ 时}, \\ w_{\mathrm{m}} = 0, & \text{当 } x = \dfrac{\lambda}{4} \text{ 时}. \end{cases} \tag{7.4.1}$$

(2) 边界条件：

① 在自由面上，水平速度分量为零，即

$$u|_{y=w} = 0; \tag{7.4.2}$$

② 在自由面上，竖直应力为零，即

$$\sigma_{yy}|_{y=w} = 0. \tag{7.4.3}$$

三、问题的求解

1. 构造流函数，因为

$$\begin{cases} u = \dfrac{\partial\psi}{\partial y}, \\ v = -\dfrac{\partial\psi}{\partial x}, \end{cases}$$

且在表面上

$$\begin{cases} u|_{y=w} = Y'(y)\sin\dfrac{2\pi x}{\lambda}, \\ v|_{y=w} = -Y(y)\dfrac{2\pi}{\lambda}\cos\dfrac{2\pi x}{\lambda}, \end{cases} \tag{7.4.4}$$

所以，可以构造一个解

$$\psi = Y(y)\sin\frac{2\pi x}{\lambda}, \tag{7.4.5}$$

如果它是解，首先它要满足双调和方程. 因此要验证它是否满足双调和方程，如果满足，就需要

$$\nabla^2\nabla^2\psi = \frac{\partial^4\psi}{\partial x^4} + 2\frac{\partial^4\psi}{\partial x^2\partial y^2} + \frac{\partial^4\psi}{\partial y^4} = 0.$$

先求

$$\begin{cases} \psi_y^{(1)} = Y^{(1)}\sin\dfrac{2\pi x}{\lambda}, \\ \psi_y^{(2)} = Y^{(2)}\sin\dfrac{2\pi x}{\lambda}, \\ \psi_y^{(4)} = Y^{(4)}\sin\dfrac{2\pi x}{\lambda}, \\ \psi_x^{(4)} = Y\left(\dfrac{2\pi}{\lambda}\right)^4\sin\dfrac{2\pi x}{\lambda}, \\ \psi_{xy}^{(4)} = -\left(\dfrac{2\pi}{\lambda}\right)^2 Y^{(2)}\sin\dfrac{2\pi x}{\lambda}, \end{cases} \tag{7.4.6}$$

代入双调和方程,得

$$\psi_x^{(4)} + 2\psi_{xy}^{(4)} + \psi_y^{(4)} - Y\left(\frac{2\pi}{\lambda}\right)^4 \sin\frac{2\pi x}{\lambda} - 2\left(\frac{2\pi}{\lambda}\right)^2 Y^{(2)} \sin\frac{2\pi x}{\lambda} + Y^{(4)} \sin\frac{2\pi x}{\lambda}$$
$$= \sin\frac{2\pi x}{\lambda}\left[Y_y^{(4)} - 2\left(\frac{2\pi}{\lambda}\right)^2 Y^{(2)} + \left(\frac{2\pi}{\lambda}\right)^4 Y\right] = 0,$$

上式要成立,必须

$$Y_y^{(4)} - 2\left(\frac{2\pi}{\lambda}\right)^2 Y^{(2)} + \left(\frac{2\pi}{\lambda}\right)^4 Y = 0. \tag{7.4.7}$$

设 $Y = e^{my}$,代入式(7.4.7),得

$$\sin\frac{2\pi x}{\lambda}\left[m^4 - 2\left(\frac{2\pi}{\lambda}\right)^2 m^2 + \left(\frac{2\pi}{\lambda}\right)^4\right] e^{my} = 0, \tag{7.4.8}$$

由于 $\sin\frac{2\pi x}{\lambda}$ 与 e^{my} 不会恒为0,则可得

$$m^4 - 2\left(\frac{2\pi}{\lambda}\right)^2 m^2 + \left(\frac{2\pi}{\lambda}\right)^4 = 0. \tag{7.4.9}$$

此式是双调和方程的特征方程,可推出

$$\left[m^2 - \left(\frac{2\pi}{\lambda}\right)^2\right]^2 = 0, \tag{7.4.10}$$

即

$$\left[\left(m + \frac{2\pi}{\lambda}\right)\left(m - \frac{2\pi}{\lambda}\right)\right]^2 = 0, \tag{7.4.11}$$

得

$$m = \pm\frac{2\pi}{\lambda}, \tag{7.4.12}$$

则 $Y(y)$ 的特解为

$$e^{\frac{2\pi y}{\lambda}}, e^{\frac{-2\pi y}{\lambda}}, y e^{\frac{2\pi y}{\lambda}}, y e^{\frac{-2\pi y}{\lambda}}, \tag{7.4.13}$$

其通解为

$$Y(y) = A e^{\frac{-2\pi y}{\lambda}} + B y e^{\frac{-2\pi y}{\lambda}} + C e^{\frac{2\pi y}{\lambda}} + D y e^{\frac{2\pi y}{\lambda}}, \tag{7.4.14}$$

代入式(7.4.5)得

$$\psi = \left(A e^{\frac{-2\pi y}{\lambda}} + B y e^{\frac{-2\pi y}{\lambda}} + C e^{\frac{2\pi y}{\lambda}} + D y e^{\frac{2\pi y}{\lambda}}\right)\sin\frac{2\pi x}{\lambda}. \tag{7.4.15}$$

2. 确定系数.

(1) 当 $y \to \infty$ 时,解有界. 可推出 $C=0, D=0$. 代入式(7.4.15)解得

$$\begin{cases} \psi = (A + By) e^{\frac{-2\pi y}{\lambda}} \sin\frac{2\pi x}{\lambda}, \\ u = \frac{\partial \psi}{\partial y} = \left[\frac{-2\pi}{\lambda}(A + By) + B\right] e^{\frac{-2\pi y}{\lambda}} \sin\frac{2\pi x}{\lambda}, \\ v = -\frac{\partial \psi}{\partial x} = -\frac{2\pi}{\lambda}(A + By) e^{\frac{-2\pi y}{\lambda}} \cos\frac{2\pi x}{\lambda}. \end{cases} \tag{7.4.16}$$

(2) 由式(7.4.4)知,在 $y=w$ 处,水平速度分量为零,即 $u_{y=w}=0$.

但是,当 $w\ll\lambda$($\lambda\doteq3000\,\mathrm{km}$,$w_0\doteq300\,\mathrm{m}$,两者相差1万倍),所以 $u_{y=w}\doteq u_{y=0}=0$,可以用 $y=0$ 处的 $u=0$ 来定 B,因为 $y=0$,所以 $\mathrm{e}^{\frac{-2\pi y}{\lambda}}=1$,即

$$u_{y=0}=\left(-\frac{2\pi}{\lambda}A+B\right)\sin\frac{2\pi x}{\lambda}=0,$$

$\sin\dfrac{2\pi x}{\lambda}$不可能永远为0,所以 $B=\dfrac{2\pi}{\lambda}A$. 可推出

$$\begin{cases}\psi=A\left(1+\dfrac{2\pi y}{\lambda}\right)\mathrm{e}^{\frac{-2\pi y}{\lambda}}\sin\dfrac{2\pi x}{\lambda},\\ u=-A\left(\dfrac{2\pi}{\lambda}\right)^2 y\mathrm{e}^{\frac{-2\pi y}{\lambda}}\sin\dfrac{2\pi x}{\lambda},\\ v=-A\left(\dfrac{2\pi}{\lambda}\right)\left(1+\dfrac{2\pi y}{\lambda}\right)\mathrm{e}^{\frac{-2\pi y}{\lambda}}\cos\dfrac{2\pi x}{\lambda}.\end{cases}\tag{7.4.17}$$

3. 求自由面随时间变化的表达式.

(1) 自由面的空间形态:

① 从本构方程出发,因为

$$\sigma_{yy}\big|_{y=w}=\left(-p+2\mu\frac{\partial v}{\partial y}\right)_{y=w}=\left[-(\bar{p}+\rho g y)+2\mu\frac{\partial v}{\partial y}\right]_{y=w},$$

又因为 $w\ll\lambda$,可以将 $y=w$ 近似看做 $y=0$. 但是 $\rho g y\doteq\rho g w$,可推出

$$-\bar{p}_{y=w}\doteq-\rho g y\bar{p}_{y=0}\big|_{y=w}=\rho g w,$$

由$\left.\dfrac{\partial v}{\partial y}\right|_{y=w}\doteq\left.\dfrac{\partial v}{\partial y}\right|_{y=0}$可推出自由面上正应力

$$\sigma_{yy}\big|_{y=w}=-\bar{p}_{y=0}-\rho g w+2\mu\left.\frac{\partial v}{\partial y}\right|_{y=0}=0.$$

推出

$$w=\frac{1}{\rho g}\left(-\bar{p}_{y=0}+2\mu\left.\frac{\partial v}{\partial y}\right|_{y=0}\right).\tag{7.4.18}$$

② 由式(7.4.17)可推知

$$\frac{\partial u}{\partial x}=-A\left(\frac{2\pi}{\lambda}\right)^3 y\mathrm{e}^{\frac{-2\pi y}{\lambda}}\cos\frac{2\pi x}{\lambda},$$

$$\frac{\partial^2 u}{\partial x^2}=A\left(\frac{2\pi}{\lambda}\right)^4 y\mathrm{e}^{\frac{-2\pi y}{\lambda}}\sin\frac{2\pi x}{\lambda},$$

$$\frac{\partial u}{\partial y}=-A\left(\frac{2\pi}{\lambda}\right)^2\left(1-\frac{2\pi}{\lambda}y\right)\mathrm{e}^{\frac{-2\pi y}{\lambda}}\sin\frac{2\pi x}{\lambda},$$

$$\frac{\partial^2 u}{\partial y^2}=-A\left(\frac{2\pi}{\lambda}\right)^2\left[\frac{-2\pi}{\lambda}-\frac{2\pi}{\lambda}\left(1-\frac{2\pi}{\lambda}y\right)\right]\mathrm{e}^{\frac{-2\pi y}{\lambda}}\sin\frac{2\pi x}{\lambda},$$

将$\dfrac{\partial^2 u}{\partial x^2}$与$\dfrac{\partial^2 u}{\partial y^2}$代入动量定理的 x 分量式$-\dfrac{\partial\bar{p}}{\partial x}+\mu\nabla^2 u=0$,得

$$\begin{aligned}\frac{\partial \bar{p}}{\partial x}&=\mu\left(\frac{\partial^2 u}{\partial x^2}+\frac{\partial^2 u}{\partial y^2}\right)\\&=\mu\left\{\left[A\left(\frac{2\pi}{\lambda}\right)^4 y\mathrm{e}^{\frac{-2\pi y}{\lambda}}\sin\frac{2\pi x}{\lambda}\right]-A\left(\frac{2\pi}{\lambda}\right)^2\left[\frac{-2\pi}{\lambda}-\frac{2\pi}{\lambda}\left(1-\frac{2\pi}{\lambda}y\right)\right]\mathrm{e}^{\frac{-2\pi y}{\lambda}}\sin\frac{2\pi x}{\lambda}\right\}\\&=2\mu A\left(\frac{2\pi}{\lambda}\right)^3\mathrm{e}^{\frac{-2\pi y}{\lambda}}\sin\frac{2\pi x}{\lambda},\end{aligned}\qquad(7.4.19)$$

对 x 积分得

$$\bar{p}=-2\mu A\left(\frac{2\pi}{\lambda}\right)^2\mathrm{e}^{\frac{-2\pi y}{\lambda}}\cos\frac{2\pi x}{\lambda}+f(y).\qquad(7.4.20)$$

设 $f(y)|_{y=0}=0$，可推出

$$\bar{p}_{y=0}=-2\mu A\left(\frac{2\pi}{\lambda}\right)^2\cos\frac{2\pi x}{\lambda}.$$

③ 由式(7.4.17)易知，$\frac{\partial v}{\partial y}=-A\left(\frac{2\pi}{\lambda}\right)\left[-\left(\frac{2\pi}{\lambda}\right)^2 y\right]\mathrm{e}^{\frac{-2\pi y}{\lambda}}\cos\frac{2\pi x}{\lambda}$.

由 $\left.\frac{\partial v}{\partial y}\right|_{y=0}=0$，可推得

$$\begin{aligned}w&=\frac{1}{\rho g}\left[-\bar{p}_{y=0}+2\mu\left(\frac{\partial v}{\partial y}\right)_{y=0}\right]\\&=\frac{1}{\rho g}\left[2\mu A\left(\frac{2\pi}{\lambda}\right)^2\cos\frac{2\pi x}{\lambda}+0\right]=\frac{2\mu A}{\rho g}\left(\frac{2\pi}{\lambda}\right)^2\cos\frac{2\pi x}{\lambda}.\end{aligned}\qquad(7.4.21)$$

(2) 自由面随时间变化的规律：

先假设自由面上升速度，因为

$$\frac{\partial w}{\partial t}=v|_{y=w}\doteq v|_{y=0}=-A\left(\frac{2\pi}{\lambda}\right)\cos\frac{2\pi x}{\lambda},\qquad(7.4.22)$$

由式(7.4.21)可推出

$$\cos\frac{2\pi x}{\lambda}=\frac{\rho g w}{2\mu A\left(\frac{2\pi}{\lambda}\right)^2},$$

代入式(7.4.22)，得

$$\frac{\partial w}{\partial t}=-A\left(\frac{2\pi}{\lambda}\right)\frac{\rho g w}{2\mu A\left(\frac{2\pi}{\lambda}\right)^2}=-\frac{\lambda\rho g}{4\pi\mu}w.$$

推出
$$\frac{\partial w}{w}=-\frac{\lambda\rho g}{4\pi\mu}\partial t,$$

两端积分得
$$\int_{w_m}^{w}\frac{\partial w}{w}=\int_0^t-\frac{\lambda\rho g}{4\pi\mu}\partial t,$$

可推出
$$\ln w=(\ln w_m)\left(-\frac{\lambda\rho g}{4\pi\mu}t\right).$$

因为
$$w_m = w_{m0}\cos\frac{2\pi x}{\lambda},$$
解得
$$w = w_m e^{-\frac{\lambda\rho g}{4\pi\mu}t} = w_m e^{-\frac{t}{\tau_r}} = w_{m0} e^{-\frac{t}{\tau_r}}\cos\frac{2\pi x}{\lambda}, \tag{7.4.23}$$
其中 $\tau_r = \frac{4\pi\mu}{\lambda\rho g}$是松弛时间. 当 $t=\tau_r$ 时,有
$$w = \frac{w_m}{e} = \frac{w_m}{2.7183},$$
其中 $w_m = w_{m0}\cos\frac{2\pi x}{\lambda}$.

(3) 由式(7.4.21)和(7.4.23)可得常数 A,即由
$$w = \frac{2\mu A}{\rho g}\left(\frac{2\pi}{\lambda}\right)^2\cos\frac{2\pi x}{\lambda} = w_{m0} e^{-\frac{t}{\tau_r}}\cos\frac{2\pi x}{\lambda},$$
推出
$$A = \frac{\rho g}{2\mu}\left(\frac{\lambda}{2\pi}\right)^2\frac{w}{\cos\frac{2\pi x}{\lambda}} = \frac{\rho g}{2\mu}\left(\frac{\lambda}{2\pi}\right)^2 w_{m0} e^{\frac{-t}{\tau_r}}. \tag{7.4.24}$$

四、用 w 及 τ_r 的表达式计算地幔黏度

1. 瑞典 Angerman 河口用 C^{14} 测定海滩地台抬升的年代,确定

(1) $w_{m0} = 300$ m;

(2) 经过 10^4 年抬升了 270 m;

(3) 抬升 $w = \frac{w_m}{e} = \frac{w_m}{2.718}$的时间为松弛时间,$\tau_r = 4400$ 年.

2. 由河口数据可得地幔黏度
$$\lambda = 3000\ \text{km},\quad \rho = 3300\ \text{kg/m}^3,\quad g \doteq 10\ \text{m}\cdot\text{s}^{-2}.$$
由 $\tau_r = \frac{4\pi\mu}{\lambda\rho g}$ 可得地幔黏度为
$$\begin{aligned}\mu &= \frac{\tau_r}{4\pi}\lambda\rho g = \frac{4400\times 365\times 3600\times 24}{4\times 3.1416}\times 3\times 10^8\times 3.3\times 10^3 \\ &= 1.1\times 10^{21}\ \text{Pa}\cdot\text{s}.\end{aligned} \tag{7.4.25}$$

§7.5 消减带的角度问题

一、消减带的角度问题的提出

McKenzie 于 1969 年首先研究了消减带的角度问题. 1977 年 Stevenson 和 Turner 在

Nature 上发表文章也来讨论此问题.

大洋板块在大洋中脊处生长,在海沟处消失,消失的板块实际上是被俯冲到大陆板块的下面去了,问题是俯冲的板块为什么不是以 90°的角度垂直下落,而是以某种倾斜的角度斜插下去?地球物理学家认为:由板块俯冲所诱导的地幔流动作用到板块上所产生的浮力矩使板块不垂直下落,而呈现出一个倾斜角度,且在不同的地方、不同的俯冲年代,倾斜的角度也会有所不同.

二、简化的二维黏性流体运动模型的建立

1. 考虑平面流动情况.

由于板片的俯冲运动,带动岛弧区的拐角流动以及洋区的流动.此时,

$$\begin{cases} u = u(x, y), \\ v = v(x, y), \\ w = 0. \end{cases} \tag{7.5.1}$$

所考虑问题是不可压缩、定常流动,体力只有重力,u,v 可以用流函数 ψ 表示

$$\begin{cases} u = -\dfrac{\partial \psi}{\partial y}, \\ v = \dfrac{\partial \psi}{\partial x}, \end{cases} \tag{7.5.2}$$

ψ 应满足双调和方程.

2. 边界条件.

如图 7.5.1 所示,设 x 轴向左为正,y 轴向下为正,α 角是板片与 x 轴正向的夹角.

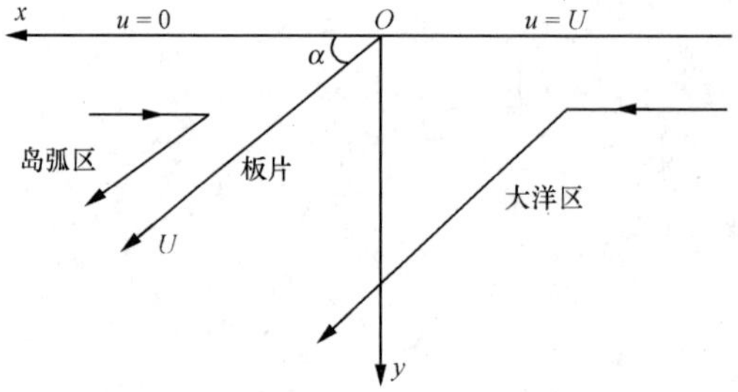

图 7.5.1　消减带板片受力示意图

(1) 当 $y=0, x<0$ 时,边界条件为

$$\begin{cases} u = U, \\ v = 0. \end{cases} \tag{7.5.3}$$

(2) 当 $y=0, x>0$ 时,边界条件为

$$\begin{cases} u = 0, \\ v = 0. \end{cases} \tag{7.5.4}$$

(3) 当 $\tan\alpha=\frac{y}{x}$时,边界条件为

$$u^2+v^2=U^2, \tag{7.5.5}$$

即

$$\begin{cases} u=U\cos\alpha=\text{const.}, \\ v=U\sin\alpha=\text{const.}. \end{cases} \tag{7.5.6}$$

三、求解消减带的角度问题

1. 岛弧区的拐弯流动.

(1) 假设流函数为

$$\psi=(Ax+By)+(Cx+Dy)\operatorname{arccot}\frac{y}{x}. \tag{7.5.7}$$

验证此函数满足双调和方程:

由

$$\frac{\partial^4\psi}{\partial x^4}=8y^2(x^2+y^2)^{-4}[3Dx(x^2-y^2)+Cy(y^2-5x^2)],$$

$$\frac{\partial^4\psi}{\partial y^4}=8x^2(x^2+y^2)^{-4}[3Cy(x^2-y^2)+Dx(5y^2-x^2)],$$

$$\frac{\partial^4\psi}{\partial x^2\partial y^2}=4(x^2+y^2)^{-4}[-Cy(y^4-8x^2y^2+3x^4)+Dx(x^4-8x^2y^2+3y^4)].$$

可得

$$\begin{aligned}\frac{\partial^4\psi}{\partial x^4}+\frac{\partial^4\psi}{\partial y^4}&=8(x^2+y^2)^{-4}[Cy(y^4-8x^2y^2+3x^4)-Dx(x^4-8x^2y^2+3y^4)]\\&=-2\frac{\partial^4\psi}{\partial x^2\partial y^2}.\end{aligned}$$

所以满足双调和方程

$$\nabla^2\nabla^2\psi=0. \tag{7.5.8}$$

(2) 由流函数与速度的关系得

$$\begin{cases} u=-\dfrac{\partial\psi}{\partial y}=-B-D\operatorname{arccot}\dfrac{y}{x}+(Cx+Dy)\dfrac{-x}{x^2+y^2}, \\ v=\dfrac{\partial\psi}{\partial x}=A+C\operatorname{arccot}\dfrac{y}{x}+(Cx+Dy)\dfrac{-y}{x^2+y^2}. \end{cases} \tag{7.5.9}$$

(3) 由$-\frac{\partial\bar{p}}{\partial x}+\mu\nabla^2u=0$,得

$$\begin{aligned}\frac{\partial\bar{p}}{\partial x}&=\mu\left(\frac{\partial^2u}{\partial x^2}+\frac{\partial^2u}{\partial y^2}\right)=-\mu(x^2+y^2)^{-2}[2C(y^2-x^2)-4Dxy]\\&=-2\mu(x^2+y^2)^{-2}[C(y^2-x^2)-2Dxy].\end{aligned} \tag{7.5.10}$$

积分得

$$\bar{p}=\frac{-2\mu(Cx+Dy)}{x^2+y^2}. \tag{7.5.11}$$

(4) 由边界条件确定待定常数:

① 由于在 $y=0,x>0$ 处 $\begin{cases}u=0,\\v=0,\end{cases}$ 则由式(7.5.9)可得

$$\begin{cases}0=-B-C,\\0=A,\end{cases}\Longrightarrow\begin{cases}-B=C,\\A=0.\end{cases} \tag{7.5.12}$$

② 由 $\dfrac{y}{x}=\tan\alpha$ 处 $\begin{cases}u=U\cos\alpha,\\v=U\sin\alpha,\end{cases}$ 可推出

$$\begin{cases}U\cos\alpha=C\left(1-\dfrac{1}{E}\right)-D\left(\alpha+\dfrac{\tan\alpha}{E}\right),\\U\sin\alpha=C\left(\alpha-\dfrac{\tan\alpha}{E}\right)-D\,\dfrac{\tan^2\alpha}{E},\end{cases} \tag{7.5.13}$$

其中

$$E=1+\tan^2\alpha. \tag{7.5.14}$$

可推出

$$\begin{cases}UE\cos\alpha=C(E-1)-D(E\alpha+\tan\alpha),\\UE\sin\alpha=C(E\alpha-\tan\alpha)-D\tan^2\alpha,\end{cases}$$

解得式(7.5.9)中的系数

$$\begin{cases}C_1=-B=U[\sin\alpha(E\alpha+\tan\alpha)-\cos\alpha\tan^2\alpha]/(E\alpha^2-\tan^2\alpha),\\D_1=U[\sin\alpha\tan^2\alpha-\cos\alpha(E\alpha-\tan\alpha)]/(E\alpha^2-\tan^2\alpha).\end{cases} \tag{7.5.15}$$

2. 洋区弯流.

(1) 同样的流函数,同样的速度、压力公式.

(2) 边界条件:

① 当 $y=0,x<0$ 时,有

$$\begin{cases}u=U,\\v=0,\end{cases} \tag{7.5.16}$$

得

$$\begin{cases}U=-B-C,\\0=A,\end{cases} \tag{7.5.17}$$

推出

$$\begin{cases}-B=U+C,\\A=0.\end{cases}$$

② 当 $\dfrac{y}{x}=\tan\alpha$ 时,有

$$\begin{cases}u=U\cos\alpha,\\v=U\sin\alpha,\end{cases}$$

而且 $E=1+\tan^2\alpha$,解得

$$\begin{cases} C_2 = -B-U = U[\sin\alpha(E\alpha+\tan\alpha)-(\cos\alpha-1)\tan^2\alpha]/(E\alpha^2-\tan^2\alpha), \\ D_2 = U[\sin\alpha(E-1)-(\cos\alpha-1)(E\alpha-\tan\alpha)]/(E\alpha^2-\tan^2\alpha). \end{cases} \tag{7.5.18}$$

此前均属于 McKenzie 在 1969 年所做的工作. 以下是 Stevenson 的工作.

3. 板片上力矩平衡.

板片的表达式可以写成

$$\begin{cases} x = r\cos\alpha, \\ y = r\sin\alpha. \end{cases} \tag{7.5.19}$$

(1) 由岛弧区的流动作用到板片上部的力矩 M_1,是由 $\bar{p}_1=\dfrac{-2\mu(C_1x+D_1y)}{x^2+y^2}$造成的:

$$M_1 = \int_0^L r\bar{p}_1\mathrm{d}r = \int_0^L r\frac{-2\mu(C_1x+D_1y)}{x^2+y^2}\mathrm{d}r = -2\mu L(C_1\cos\alpha+D_1\sin\alpha). \tag{7.5.20a}$$

(2) 由洋区流动作用到板片下部的力矩 M_2,是由 $\bar{p}_2=\dfrac{-2\mu(C_2x+D_2y)}{x^2+y^2}$造成的:

$$M_2 = \int_0^L r\bar{p}_2\mathrm{d}r = \int_0^L r\frac{-2\mu(C_2x+D_2y)}{x^2+y^2}\mathrm{d}r = -2\mu L(C_2\cos\alpha+D_2\sin\alpha). \tag{7.5.20b}$$

(3) Stevenson 认为板片受负浮力作用,负浮力是由于板片与周围地幔密度差 $\Delta\rho$ 造成的,此作用力与流动压力产生的力矩相平衡,而由 $\Delta\rho$ 产生的负浮力其方向垂直向下,大小为 $\Delta\rho gh$,其产生的力矩 M_3 为:

$$M_3 = \int_0^L r\Delta\rho gh\cos\alpha\mathrm{d}r. \tag{7.5.21}$$

令 $\xi=\dfrac{r^2}{L^2}$,则 (7.5.22)

$$M_3 = \int_0^L \Delta\rho\xi gh\cos\alpha\frac{L^2}{2}\mathrm{d}\xi = \frac{1}{2}L^2gh\cos\alpha\int_0^1\Delta\rho\xi\mathrm{d}\xi = \frac{1}{2}bL^2\cos\alpha, \tag{7.5.23}$$

其中 $b = gh\int_0^1\Delta\rho\xi\mathrm{d}\xi$,它是板片上的平均负浮力.

作用在板片上的三个力矩要平衡,即

$$M_1+M_2+M_3 = 0, \tag{7.5.24}$$

可推出

$$\begin{aligned} \frac{1}{2}bL^2\cos\alpha &= 2\mu L(C_1\cos\alpha+D_1\sin\alpha+C_2\cos\alpha+D_2\sin\alpha) \\ &= 2\mu L[(C_1+C_2)\cos\alpha+(D_1+D_2)\sin\alpha] \\ &= \frac{2\mu LU[2\tan^2\alpha+\alpha(\tan\alpha+\tan^2\alpha)\cos\alpha]}{\alpha^2+(\alpha^2-1)\tan^2\alpha}, \end{aligned} \tag{7.5.25}$$

因为 $E=1+\tan^2\alpha$,所以

$$\frac{1}{4}\frac{bL}{\mu U} = \frac{2\tan^2\alpha+\alpha(\tan\alpha+\tan^2\alpha)\cos\alpha}{[\alpha^2+(\alpha^2-1)\tan^2\alpha]\cos\alpha} = \frac{2\sin^2\alpha+\alpha(\sin\alpha+\cos\alpha)\cos\alpha\sin\alpha}{(\alpha^2-\sin^2\alpha)\cos\alpha}. \tag{7.5.26}$$

这里

$$C_1+C_2=(E\alpha^2-\tan^2\alpha)^{-1}$$
$$\cdot\{U[\sin\alpha(E\alpha+\tan\alpha)-\cos\alpha\tan^2\alpha]$$
$$+U[\sin\alpha(E\alpha+\tan\alpha)-(\cos\alpha-1)\tan^2\alpha]\}$$
$$=(E\alpha^2-\tan^2\alpha)U[2\sin\alpha(E\alpha+\tan\alpha)-2\cos\alpha\tan^2\alpha+\tan^2\alpha], \quad (7.5.27)$$

$$D_1+D_2=(E\alpha^2-\tan^2\alpha)^{-1}U[\sin\alpha\tan^2\alpha-\cos\alpha(E\alpha-\tan\alpha)+\sin\alpha(E-1)$$
$$-(\cos\alpha-1)\tan^2\alpha]. \quad (7.5.28)$$

4. 由上述方程解出 α 比较困难,故采用另一种思路.

例如:给一个 α,求出 $C_1, D_1, \bar{p}_1, C_2, D_2, \bar{p}_2$. 设 $\alpha=\frac{\pi}{4}$,则 $x=y=\frac{\sqrt{2}}{2}r$,可得到

$$\begin{cases} C_1=\dfrac{-\sqrt{2}\pi U}{2\left(2-\dfrac{\pi^2}{4}\right)}, \\ D_1=\dfrac{-\sqrt{2}U\left(2-\dfrac{\pi}{2}\right)}{\left(2-\dfrac{\pi^2}{4}\right)}, \\ \bar{p}_1=\dfrac{4\mu U}{\left(2-\dfrac{\pi^2}{4}\right)r}\approx\dfrac{-8.558\mu U}{r}, \end{cases}$$

其中负号表明板片的上表面受力为拉力.

$$\begin{cases} C_2=\dfrac{U}{(9\pi^2/4-2)}\left[2-\dfrac{\sqrt{2}}{(1+3\pi/2)}\left(\dfrac{3\pi}{2}+\dfrac{9\pi^2}{4}\right)\right], \\ D_2=\dfrac{U}{(9\pi^2/4-2)}\left[\sqrt{2}\left(2+\dfrac{3\pi}{2}\right)-2\left(1+\dfrac{3\pi}{2}\right)\right], \\ \bar{p}_2=\dfrac{\mu U}{r}\left(\dfrac{3\pi\sqrt{2}-4}{9\pi^2/4-2}\right)\approx\dfrac{0.462\mu U}{r}, \end{cases}$$

表明板片的下表面受力为压力.

用曲线图(图 7.5.2)表示力矩与俯冲角度 θ 的关系:

(1) 三个标有 b 的曲线表示密度差造成的负浮力矩 M_3 随俯冲板片的角度变化的情况.

(2) 另一条曲线表示流动压力造成的力矩 M_1+M_2.

(3) 两种力矩大约在 60°左右相等,即负浮力矩曲线与流动压力曲线相切,其时的 $b=b_c$ 称为临界负浮力矩,

$$\theta_s\simeq 63^\circ, \quad b_c\simeq 20\mu U/L.$$

(4) $b<b_c$ 时两条线不相遇,即无解.

(5) $b>b_c$ 时,有两个解,其中 θ_s 小者不稳定. 但实际存在着小角度的俯冲,因为在板片前缘还存在着流体升力矩.

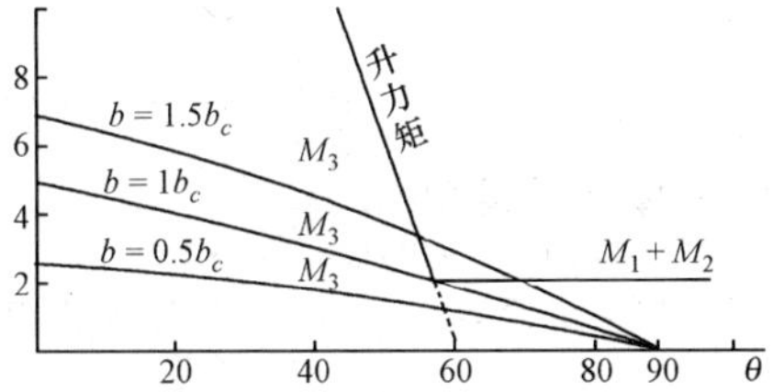

图 7.5.2　板片俯冲角度与所受力矩之关系

结论:

(1) 由于板片俯冲诱导地幔流动,作用在板片上的流动压力使得板片向上升.

(2) 板片上部的升力大于下部的升力.

(3) 流动压力与 r 的大小成反比,与 U 的大小成正比,U 越大则升力越大,倾斜角愈小.

四、世界上几个消减带的俯冲角度

中智利(Central Chile)	5°
北智利(Northeren Chile)	30°
南智利(Southern Chile)	30°
本州(Honshu)	30°
小笠原(Izn-Bonin)	60°
爪哇(Java)	70°
新海布瑞地群岛(New-Hebrides)	70°
琉球群岛(Ryuhyu)	45°
西印度群岛(West Indies)	50°

§7.6　底辟(穹隆)

一、底辟(穹隆)问题的提出

底辟(穹隆)是一种圆形构造,相当于褶曲轴退化成一点时的背斜.它是由轻的岩石侵入重的上覆岩层形成的一种构造.盐丘是由于海底抬升,海水蒸发后剩下一层盐层,又由于常年的沉积作用,上面覆盖了较厚的沉积岩,而较轻的岩盐在压力作用下热激活,要向上流动;而较沉的沉积岩则要向下运动,形成一种不稳定的状态,两层的交界面呈波浪形,如图 7.6.1 所示,可以用

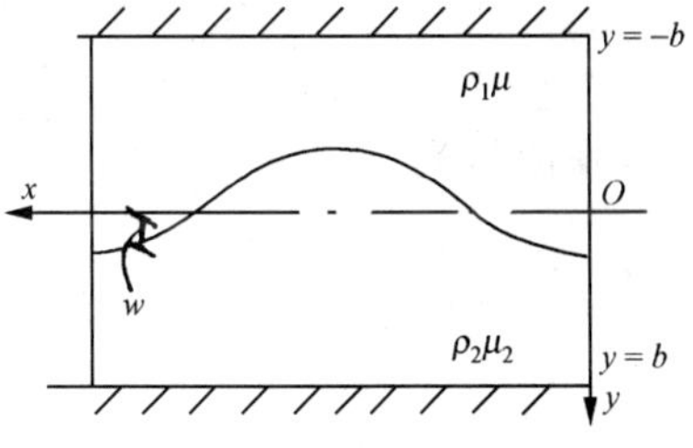

图 7.6.1　底辟示意图

$$w = w_0 \cos\frac{2\pi x}{\lambda} \qquad (7.6.1)$$

来描述,然后逐渐流动成盐丘.

问题是：沉积岩与岩盐的分界面随时间变化的表达式是什么？形成底辟的时间为多久？

二、建立简化的二维黏性流体运动模型

1. 模型由上、下两层构成,其密度分别为 ρ_1,ρ_2. 假设其黏度系数 μ 相同,厚度均为 b,其上、下边界是刚性的.

2. 将两层岩石都看做是牛顿流体,在缓慢地作定常、不可压缩运动,故要求满足双调和方程.

3. 边界条件.

将波浪形中轴取为 x 轴,向左为正,y 轴向下为正.

(1) $y=-b$：

$$\begin{cases} u_1 = 0, \\ v_1 = 0. \end{cases} \quad \text{(黏附条件)} \tag{7.6.2}$$

(2) $y=b$：

$$\begin{cases} u_2 = 0, \\ v_2 = 0. \end{cases} \quad \text{(黏附条件)} \tag{7.6.3}$$

(3) $y=w$ (近似看做在 $y=0$ 上)：

$$\begin{cases} u_1 = u_2, \\ v_1 = v_2. \end{cases} \quad \text{(速度连续)} \tag{7.6.4}$$

(4) $y=w$(近似看做在 $y=0$ 上)：

$$\tau_{xy1} = \tau_{xy2}. \quad \text{(剪应力相等)} \tag{7.6.5}$$

(5) $y=w$(近似看做在 $y=0$ 上)：

$$(\sigma_{yy1})_{y=w} = (\sigma_{yy2})_{y=w}. \quad \text{(正应力相等)} \tag{7.6.6}$$

三、用流函数求底辟(穹隆)上升的速度、压力

1. 设流函数为三角函数与双曲三角函数的乘积

$$\begin{cases} \psi_1 = \sin\dfrac{2\pi x}{\lambda}\left(A_1\operatorname{ch}\dfrac{2\pi y}{\lambda} + B_1\operatorname{sh}\dfrac{2\pi y}{\lambda} + C_1 y\operatorname{ch}\dfrac{2\pi y}{\lambda} + D_1 y\operatorname{sh}\dfrac{2\pi y}{\lambda}\right), & (7.6.7\text{a}) \\ \psi_2 = \sin\dfrac{2\pi x}{\lambda}\left(A_2\operatorname{ch}\dfrac{2\pi y}{\lambda} + B_2\operatorname{sh}\dfrac{2\pi y}{\lambda} + C_2 y\operatorname{ch}\dfrac{2\pi y}{\lambda} + D_2 y\operatorname{sh}\dfrac{2\pi y}{\lambda}\right), & (7.6.7\text{b}) \end{cases}$$

根据速度与流函数的关系得

$$\begin{cases} u_1 = -\dfrac{\partial\psi_1}{\partial y} = -\dfrac{2\pi}{\lambda}\sin\dfrac{2\pi x}{\lambda}\left[\left(A_1 + C_1 y + \dfrac{\lambda D_1}{2\pi}\right)\operatorname{sh}\dfrac{2\pi y}{\lambda} + \left(B_1 + D_1 y + \dfrac{\lambda C_1}{2\pi}\right)\operatorname{ch}\dfrac{2\pi y}{\lambda}\right], & (7.6.8\text{a}) \\ v_1 = \dfrac{\partial\psi_1}{\partial x} = \dfrac{2\pi}{\lambda}\cos\dfrac{2\pi x}{\lambda}\left[(A_1 + C_1 y)\operatorname{ch}\dfrac{2\pi y}{\lambda} + (B_1 + D_1 y)\operatorname{sh}\dfrac{2\pi y}{\lambda}\right], & (7.6.8\text{b}) \end{cases}$$

$$\begin{cases} u_2 = -\dfrac{\partial \psi_2}{\partial y} = -\dfrac{2\pi}{\lambda}\sin\dfrac{2\pi x}{\lambda}\left[\left(A_2 + C_2 y + \dfrac{\lambda D_2}{2\pi}\right)\text{sh}\,\dfrac{2\pi y}{\lambda} + \left(B_2 + D_2 y + \dfrac{\lambda C_2}{2\pi}\right)\text{ch}\,\dfrac{2\pi y}{\lambda}\right], & (7.6.9\text{a}) \\ v_2 = \dfrac{\partial \psi_2}{\partial x} = \dfrac{2\pi}{\lambda}\cos\dfrac{2\pi x}{\lambda}\left[(A_2 + C_2 y)\,\text{ch}\,\dfrac{2\pi y}{\lambda} + (B_2 + D_2 y)\,\text{sh}\,\dfrac{2\pi y}{\lambda}\right]. & (7.6.9\text{b}) \end{cases}$$

2. 代入边界条件.

(1) $y=0$：$\begin{cases} u_1 = u_2, \\ v_1 = v_2, \end{cases}$ 推得

$$\begin{cases} B_1 + \dfrac{C_1\lambda}{2\pi} = B_2 + \dfrac{C_2\lambda}{2\pi}, & (7.6.10\text{a}) \\ A_1 = A_2. & (7.6.10\text{b}) \end{cases}$$

(2) $y=-b$：$\begin{cases} u_1 = 0, \\ v_1 = 0, \end{cases}$ 推得

$$\begin{cases} \left(A_1 - bC_1 + \dfrac{D_1\lambda}{2\pi}\right)\text{th}\,\dfrac{2\pi b}{\lambda} = B_1 - bD_1 + \dfrac{C_1\lambda}{2\pi}, & (7.6.11\text{a}) \\ (B_1 - bD_1)\,\text{th}\,\dfrac{2\pi b}{\lambda} = A_1 - bC_1. & (7.6.11\text{b}) \end{cases}$$

(3) $y=b$：$\begin{cases} u_2 = 0, \\ v_2 = 0, \end{cases}$ 推得

$$\begin{cases} \left(A_2 + bC_2 + \dfrac{D_2\lambda}{2\pi}\right)\text{th}\,\dfrac{2\pi b}{\lambda} = -\left(B_2 + bD_2 + \dfrac{C_2\lambda}{2\pi}\right), & (7.6.12\text{a}) \\ (B_2 + bD_2)\,\text{th}\,\dfrac{2\pi b}{\lambda} = -(A_2 + bC_2). & (7.6.12\text{b}) \end{cases}$$

(4) $y=0$：$\tau_{xy1} = \tau_{xy2}$，即 $\dot{\varepsilon}_{xy1} = \dot{\varepsilon}_{xy2}$，进而可得

$$\left(\frac{\partial u_1}{\partial y} + \frac{\partial v_1}{\partial x}\right)_{y=0} = \left(\frac{\partial u_2}{\partial y} + \frac{\partial v_2}{\partial x}\right)_{y=0},$$

由于边界条件(1)中$(v_1)_{y=0} = (v_2)_{y=0}$，所以

$$\left(\frac{\partial v_1}{\partial x}\right)_{y=0} = \left(\frac{\partial v_2}{\partial x}\right)_{y=0}. \tag{7.6.13a}$$

同理

$$\left(\frac{\partial u_1}{\partial y}\right)_{y=0} = \left(\frac{\partial u_2}{\partial y}\right)_{y=0}, \tag{7.6.13b}$$

将式(7.6.8a)和(7.6.9a)代入式(7.6.13b)，得

$$\frac{2\pi}{\lambda}\left(A_1 + \frac{D_1\lambda}{2\pi}\right) + D_1 = \frac{2\pi}{\lambda}\left(A_2 + \frac{D_2\lambda}{2\pi}\right) + D_2. \tag{7.6.14}$$

但是由式(7.6.10b)知 $A_1 = A_2$，

代入式(7.6.14)得 $D_1 = D_2$.

（5）由式（7.6.12a）减式（7.6.11a）得

$$(C_1+C_2)\left(b\,\mathrm{th}\,\frac{2\pi b}{\lambda}+\frac{\lambda}{2\pi}\right)=-(B_1+B_2). \tag{7.6.15}$$

由式（7.6.11b）加式（7.6.12b）得

$$(B_1+B_2)\,\mathrm{th}\,\frac{2\pi b}{\lambda}=-b(C_1+C_2). \tag{7.6.16}$$

将式（7.6.15）与式（7.6.16）联立得

$$(B_1+B_2)\left[1-\frac{1}{b}\,\mathrm{th}\,\frac{2\pi b}{\lambda}\left(b\,\mathrm{th}\,\frac{2\pi b}{\lambda}+\frac{\lambda}{2\pi}\right)\right]=0. \tag{7.6.17}$$

因为$\frac{2\pi b}{\lambda}$是任意的，不能保证式（7.6.16）方括号内永远是0，所以必须要求$B_1=-B_2$。代入式（7.6.15）得$C_1=-C_2$。因此，由式（7.6.10a）可得$B_1=-\frac{C_1\lambda}{2\pi}$。由此解式（7.6.11a）和式（7.6.11b）使B,C,D均表示成为A_1的函数.

3．代入ψ_1得

$$\psi_1=A_1\sin\frac{2\pi x}{\lambda}\left\{\cosh\frac{2\pi y}{\lambda}+\left[\frac{\lambda y}{2\pi b^2}\,\mathrm{th}\,\frac{2\pi b}{\lambda}\,\mathrm{sh}\,\frac{2\pi y}{\lambda}+\left(\frac{y}{b}\,\mathrm{ch}\,\frac{2\pi y}{\lambda}-\frac{\lambda}{2\pi b}\,\mathrm{sh}\,\frac{2\pi y}{\lambda}\right)\right.\right.$$
$$\left.\left.\cdot\left(\frac{\lambda}{2\pi b}+\frac{1}{\mathrm{sh}\,\frac{2\pi b}{\lambda}\,\mathrm{ch}\,\frac{2\pi b}{\lambda}}\right)\right]\left[\left(\mathrm{sh}\,\frac{2\pi b}{\lambda}\,\mathrm{ch}\,\frac{2\pi b}{\lambda}\right)^{-1}-\left(\frac{\lambda}{2\pi b}\right)^2\mathrm{th}\,\frac{2\pi b}{\lambda}\right]^{-1}\right\}. \tag{7.6.18}$$

同理，以$-y$代替y，即得ψ_2.

4．流动压力为

$$\begin{aligned}(\bar{p}_1)_{y=0}&=\left[-\int\left(\frac{\partial^3\psi_1}{\partial x^2\partial y}+\frac{\partial^3\psi_1}{\partial y^3}\right)\mu\mathrm{d}x\right]_{y=0}\\&=\frac{2\mu A_1}{b}\left(\frac{2\pi}{\lambda}\right)\left[\frac{\lambda}{2\pi b}+\left(\mathrm{sh}\,\frac{2\pi b}{\lambda}\,\mathrm{ch}\,\frac{2\pi b}{\lambda}\right)^{-1}\right]\\&\quad\cdot\left[\left(\mathrm{sh}\,\frac{2\pi b}{\lambda}\,\mathrm{ch}\,\frac{2\pi b}{\lambda}\right)^{-1}-\left(\frac{\lambda}{2\pi b}\right)^2\mathrm{th}\,\frac{2\pi b}{\lambda}\right]^{-1}\cos\frac{2\pi x}{\lambda}.\end{aligned} \tag{7.6.19}$$

同样用ψ_2亦可求出

$$(\bar{p}_2)_{y=0}=-(\bar{p}_1)_{y=0}. \tag{7.6.20}$$

四、求分界面的表达式及底辟（穹隆）的生长时间

1．分界面的时间导数等于分界面上的垂直速度，即

$$\frac{\partial w}{\partial t}=(v)_{y=w}\doteq(v)_{y=0}=\left(\frac{\partial\psi_1}{\partial x}\right)_{y=0}=\frac{2\pi A_1}{\lambda}\cos\frac{2\pi x}{\lambda}. \tag{7.6.21}$$

2．分界面上的垂直正压力连续，即

$$(\sigma_{yy1})_{y=w}=(\sigma_{yy2})_{y=w}. \tag{7.6.22}$$

因为$\bar{p}=p-\rho g y$，所以

$$(\sigma_{yyi})_{y=w}=\left(-p+2\mu\frac{\partial v}{\partial y}\right)_{y=w}=\left(-\bar{p}-\rho g y+2\mu\frac{\partial v}{\partial y}\right)_{y=w},\quad i=1,2.\tag{7.6.23}$$

由式(7.6.22)知

$$\left(-\bar{p}_1-\rho_1 g y+2\mu\frac{\partial v_1}{\partial y}\right)_{y=w}=\left(-\bar{p}_2-\rho_2 g y+2\mu\frac{\partial v_2}{\partial y}\right)_{y=w},$$

可得出

$$\begin{aligned}[(\rho_1-\rho_2)gy]_{y=w}&=\left[(\bar{p}_2-\bar{p}_1)+2\mu\left(\frac{\partial v_1}{\partial y}-\frac{\partial v_2}{\partial y}\right)\right]_{y=w}\\&\doteq\left[(\bar{p}_2-\bar{p}_1)+2\mu\left(\frac{\partial v_1}{\partial y}-\frac{\partial v_2}{\partial y}\right)\right]_{y=0}=(\bar{p}_2-\bar{p}_1)_{y=0}.\end{aligned}\tag{7.6.24}$$

因为

$$\begin{cases}\left(\dfrac{\partial v_1}{\partial y}\right)_{y=0}=\left(\dfrac{\partial^2\psi_1}{\partial x\partial y}\right)_{y=0}=0,\\[2ex]\left(\dfrac{\partial v_2}{\partial y}\right)_{y=0}=\left(\dfrac{\partial^2\psi_2}{\partial x\partial y}\right)_{y=0}=0,\end{cases}$$

所以

$$[(\rho_1-\rho_2)gy]_{y=w}\doteq(\bar{p}_2-\bar{p}_1)_{y=0}=-2(\bar{p}_1)_{y=0}.$$

若 $\rho_1>\rho_2$，则

$$(\bar{p}_1)_{y=0}<0,\tag{7.6.25}$$

即上层流体受负浮压力作用，被拖向下.

3. 分界面的运动微分方程及其解.

$$(v)_{y=w}=\left(\frac{\partial w}{\partial t}\right)_{y=w}=\frac{(\rho_1-\rho_2)gb}{4\mu}\frac{\left(\dfrac{\lambda}{2\pi b}\right)^2\operatorname{th}\dfrac{2\pi b}{\lambda}-\left(\operatorname{sh}\dfrac{2\pi b}{\lambda}\operatorname{ch}\dfrac{2\pi b}{\lambda}\right)^{-1}}{\dfrac{\lambda}{2\pi b}+\left(\operatorname{sh}\dfrac{2\pi b}{\lambda}\operatorname{ch}\dfrac{2\pi b}{\lambda}\right)^{-1}}w=\frac{1}{\tau_a}w,\tag{7.6.26}$$

可推出

$$w=w_0\mathrm{e}^{t/\tau_a},\tag{7.6.27}$$

即 w 随着时间的延长愈来愈大，其中 τ_a 是生长时间，

$$\tau_a=\frac{4\mu}{(\rho_1-\rho_2)gb}\frac{\left(\dfrac{\lambda}{2\pi b}\right)+\left(\operatorname{sh}\dfrac{2\pi b}{\lambda}\operatorname{ch}\dfrac{2\pi b}{\lambda}\right)^{-1}}{\left(\dfrac{\lambda}{2\pi b}\right)^2\operatorname{th}\dfrac{2\pi b}{\lambda}-\left(\operatorname{sh}\dfrac{2\pi b}{\lambda}\operatorname{ch}\dfrac{2\pi b}{\lambda}\right)^{-1}}.\tag{7.6.28}$$

图 7.6.2 显示的是密度差对半波高的生长时间的影响.

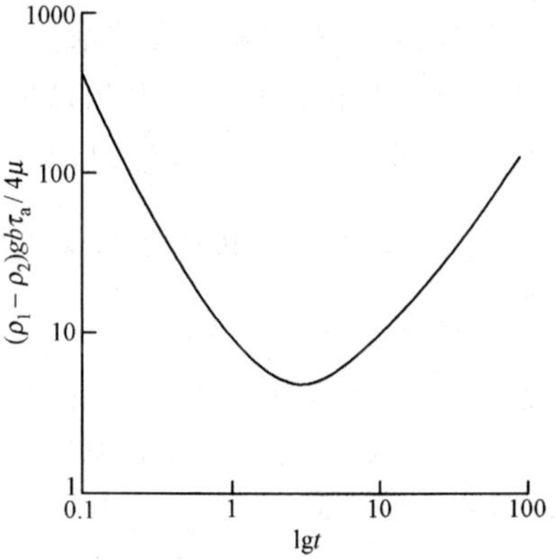

图 7.6.2 失稳与密度差关系图

4. 讨论.

(1) 若 $\rho_1>\rho_2$，则 $\tau_a>0$，构造不稳定；若 $\rho_1<\rho_2$，则 $\tau_a<0$，构造稳定.

(2) 对于大波长，生长时间 $\tau_a \to \frac{24\mu}{(\rho_1-\rho_2)gb}\left(\frac{\lambda}{2\pi b}\right)^2$；

对于小波长，生长时间 $\tau_a \to \frac{4\mu}{(\rho_1-\rho_2)gb}\frac{2\pi b}{\lambda}$.

(3) 在 $\lambda=2.568b$ 时，生长时间最小，$(\tau_a)_{\min}=\frac{13.04\mu}{(\rho_1-\rho_2)gb}$.

(4) 上述求解过程全是利用 $w \ll \lambda$，近似求解的，是小位移情况下的稳定解，但是最迅速生长的小干扰波长与实际情况能较好地吻合.

5. 例如德国北部盐丘实际的 $b=5$ km，$\lambda \doteq 10 \sim 15$ km；计算得到的生长时间最小的盐丘波长为 $\lambda \approx 2.568b \approx 12.84$ km，在 10～15 km 范围内. 生长最迅速的小干扰波长与实际情况相吻合.

§7.7　旋卷构造的形成机制

一、问题的提出

1929年李四光首先提出旋卷构造问题：其中心有一个圆形"砥柱"，外边有一个环状"外围"，在外围区域上分布着弧形的褶皱或断裂. 这种构造小到几米，大到几千公里. 其类型又分为：帚状构造、莲花构造、歹字型构造等. 问题是：旋卷构造形成的力学机制如何？

阎恩德1978年在发表于《新疆冶金地质》的文章中，用弹性力学方法求出在切向力的作用下，圆环的应力场和应力轨线. 黄庆华1980年在发表于地质出版社出版的《国际交流地质学术论文集》的文章中，用弹性力学方法求出环状薄板的稳定性问题. 王连捷等人用弹性有限元方法计算其应力场. 以上工作都是利用弹性力学理论进行求解的，其不足之处在于不含时间量，因而不能研究构造发展演化的情况.

本书作者运用黏性流体力学理论，考虑到旋卷构造是在漫长的地质年代里形成的，因此需要考虑岩石的黏性性质以及时间因素对构造的影响. 作者将岩石当做定常、不可压缩、牛顿黏性流体，在忽略体力的情况下通过联立求解柱坐标下的 N-S 方程和连续性方程，解得速度、应力(包含对称应力张量的六个分量以及主应力、最大主应力、主方向等)及压力，并对地质问题进行了详细地讨论.

二、二维黏性流体运动力学模型及力学问题的建立

地质构造是地质体受力后蠕变形成的，在构造形成之前，岩石的蠕变分为三个阶段：过渡蠕变(图7.7.1中的Ⅰ阶段)；定常蠕变(图7.7.1中的Ⅱ阶段)；加速蠕变(图7.7.1中的Ⅲ阶段). 在第Ⅲ蠕变阶段出现失稳或断裂，形成构造. 因此，构造行迹与第Ⅱ阶段结束、第Ⅲ阶段开始时的应力场有着密切的关系.

在构造形成前岩石的蠕变过程中，应变与时间的关系如下：

$$\varepsilon=\begin{cases}\varepsilon_e+\varepsilon_1(t), & 0\leqslant t\leqslant t_1,\\ \varepsilon_e+\varepsilon_1(t_1)+v(t-t_1), & t_1<t<t_2,\\ \varepsilon_e+\varepsilon_1(t_1)+v(t_2-t_1)+\varepsilon_3(t), & t_2\leqslant t\leqslant t_3,\end{cases}\tag{7.7.1}$$

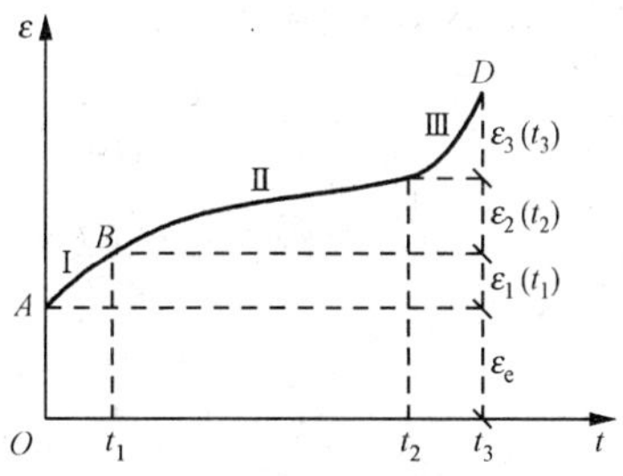

图 7.7.1　岩石蠕变曲线图

其中 ε_e 是弹性蠕变，相当于图 7.7.1 中的 OA 段，$\varepsilon_1(t)$ 是第Ⅰ阶段即过渡蠕变阶段的应变，$\varepsilon_2(t)=v(t-t_1)$ 是第Ⅱ阶段即定常蠕变阶段的应变. 一般情况下第Ⅱ阶段应变率 $\dot{\varepsilon}_2$ 是应力 σ 的线性函数，为简便计算，取应变率与应力的关系为 $\dot{\varepsilon}_2=v=\dfrac{\sigma}{\eta}$，式中 η 为视黏性系数，地壳岩石的视黏性系数为 $\eta=10^{16}\sim10^{22}$ Pa・s. 第Ⅲ阶段即加速蠕变阶段的应变是在前两阶段的应变基础上再加上 $\varepsilon_3(t)$.

构造形成后，只要外力继续存在，岩体变形不会终止，构造形迹亦会随着时间的延伸改变其形状，这种变形叫做“后蠕变”. 只要地质体保持连续（没有破裂），则变形仍按牛顿黏性流体的变形规律进行.

三、求解旋卷构造的黏性解析解

图 7.7.2 显示的是旋卷构造的力学模型，它是由核心和外围两部分组成，核心为圆柱形砥柱（或旋涡），外围是一系列的弧形构造，弧形构造外叫做“远区”. 在解析求解时，取同心的一个等截面内圆柱（图 7.7.2 中 $r<a$ 部分）和一个外圆筒（$r>b$ 部分），在圆柱与圆筒之间（$a\leqslant r\leqslant b$）充满着牛顿黏性流体物质，内柱相当于“砥柱”；外筒相当于“远区”，其黏性物质相当于“外围”. 内圆柱以角速度 ω_1、外圆筒以角速度 ω_2 转动，且 $\omega_1\neq\omega_2$，核心与外围区存在相对扭动. 图 7.7.3 显示的是坐标原点取在旋卷构造核心区中心、(x,y) 平面取在圆环平面、z 轴垂直于圆环平面的圆柱坐标系图.

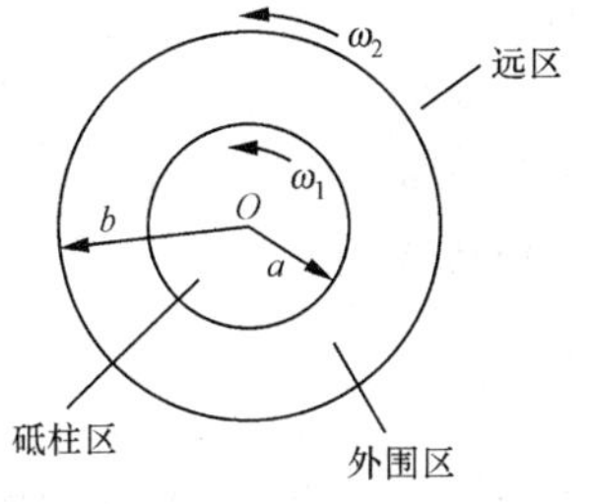

图 7.7.2　旋转构造的力学模型

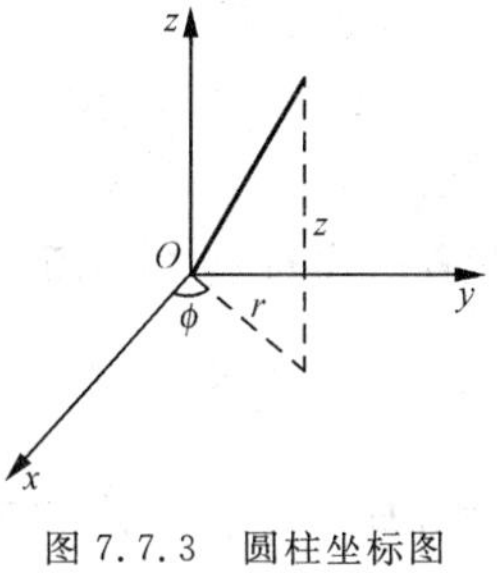

图 7.7.3　圆柱坐标图

下面研究在柱坐标下、忽略体力、定常、不可压缩牛顿黏性流体的基本方程组：

1. N-S 方程

$$\begin{cases} v_r\dfrac{\partial v_r}{\partial r}+\dfrac{v_\phi}{r}\dfrac{\partial v_r}{\partial \phi}+v_z\dfrac{\partial v_r}{\partial z}-\dfrac{v_\phi^2}{r}=-\dfrac{1}{\rho}\dfrac{\partial p}{\partial r}+\nu\left(\Delta v_r-\dfrac{v_r}{r^2}-\dfrac{2}{r^2}\dfrac{\partial v_\phi}{\partial \phi}\right), \\ v_r\dfrac{\partial v_\phi}{\partial r}+\dfrac{v_\phi}{r}\dfrac{\partial v_\phi}{\partial \phi}+v_z\dfrac{\partial v_\phi}{\partial z}+\dfrac{v_r v_\phi}{r}=-\dfrac{1}{r\rho}\dfrac{\partial p}{\partial \phi}+\nu\left(\Delta v_\phi-\dfrac{v_\phi}{r^2}+\dfrac{2}{r^2}\dfrac{\partial v_r}{\partial \phi}\right), \\ v_r\dfrac{\partial v_z}{\partial r}+\dfrac{v_\phi}{r}\dfrac{\partial v_z}{\partial \phi}+v_z\dfrac{\partial v_z}{\partial z}=-\dfrac{1}{\rho}\dfrac{\partial p}{\partial z}+\nu\Delta v_z. \end{cases} \tag{7.7.2}$$

2. 连续性方程

$$\frac{\partial v_r}{\partial r}+\frac{v_r}{r}+\frac{1}{r}\frac{\partial v_\phi}{\partial \phi}+\frac{\partial v_z}{\partial z}=0, \tag{7.7.3}$$

其中 ρ 为介质密度，$\nu=\dfrac{\eta}{\rho}$，η 为视黏度系数，v_r,v_ϕ,v_z 是介质速度的柱坐标分量，p 为介质压力，Δ 为 Laplace 算子：

$$\Delta=\frac{\partial^2}{\partial r^2}+\frac{1}{r}\frac{\partial}{\partial r}+\frac{1}{r^2}\frac{\partial^2}{\partial \phi^2}+\frac{\partial^2}{\partial z^2}.$$

假设所有质点的轨迹都是同心圆，则 $v_r\equiv 0$，$v_z\equiv 0$，代入式(7.7.3)，得

$$\frac{\partial v_\phi}{\partial \phi}=0. \tag{7.7.4}$$

将式(7.7.4)代入式(7.7.2)，N-S 方程可简化为

$$\begin{cases} \dfrac{v_\phi^2}{r}=\dfrac{1}{\rho}\dfrac{\partial p}{\partial r}, & (7.7.5\text{a}) \\ -\dfrac{1}{r}\dfrac{\partial p}{\partial \phi}+\eta\left(\dfrac{\partial^2 v_\phi}{\partial r^2}+\dfrac{1}{r}\dfrac{\partial v_\phi}{\partial r}+\dfrac{\partial^2 v_\phi}{\partial z^2}-\dfrac{v_\phi}{r^2}\right)=0, & (7.7.5\text{b}) \\ \dfrac{\partial p}{\partial z}=0. & (7.7.5\text{c}) \end{cases}$$

边界条件：

$$\begin{cases} v_\phi=a\omega_1, & \text{当 } r=a \text{ 时}, \quad (7.7.6\text{a}) \\ v_\phi=b\omega_2, & \text{当 } r=b \text{ 时}. \quad (7.7.6\text{b}) \end{cases}$$

将式(7.7.5)中的第一式对 ϕ 求微商，并把式(7.7.4)代入，得

$$\frac{\partial^2 p}{\partial r\partial \phi}=0. \tag{7.7.7}$$

故 $\dfrac{\partial p}{\partial \phi}$ 只是 ϕ 的函数，与 r 无关. 将式(7.7.5)中的第一式对 z 求微商，再把式(7.7.5)中的第二式代入，得

$$\frac{\partial v_\phi}{\partial z}=0. \tag{7.7.8}$$

故 v_ϕ 只是 r 的函数. 将式(7.7.8)代入式(7.7.5)的第二式，利用 $\dfrac{\partial p}{\partial \phi}$ 与 r 无关，得

$$\frac{\partial p}{\partial \phi}=\eta r\left(\frac{\partial^2 v_\phi}{\partial r^2}+\frac{1}{r}\frac{\partial v_\phi}{\partial r}-\frac{v_\phi}{r^2}\right)=c, \tag{7.7.9}$$

其中 c 为常数,进而得

$$\frac{\partial p}{\partial \phi}=c, \tag{7.7.10}$$

$$\frac{\partial^2 v_\phi}{\partial r^2}+\frac{1}{r}\frac{\partial v_\phi}{\partial r}-\frac{v_\phi}{r^2}=\frac{c}{\eta r}. \tag{7.7.11}$$

由式(7.7.11)可以解得

$$v_\phi=\frac{c}{2\eta}r\left(\ln r-\frac{1}{2}\right)+c_1 r+\frac{c_2}{r}, \tag{7.7.12}$$

其中 c_1,c_2 为常数.由式(7.7.5a)及式(7.7.10)解得

$$p=c\phi+\rho\int\frac{v_\phi^2}{r}\mathrm{d}r+c_3, \tag{7.7.13}$$

其中 c_3 为常数.为保证 p 的单值性,故需取 $c=0$,由式(7.7.6a)及式(7.7.6b)知

$$c_1 a+\frac{c_2}{a}=a\omega_1,$$

$$c_1 b+\frac{c_2}{b}=b\omega_2.$$

解得

$$c_1=\frac{\omega_2 b^2-\omega_1 a^2}{b^2-a^2}, \tag{7.7.14}$$

$$c_2=\frac{(\omega_1-\omega_2)a^2 b^2}{b^2-a^2}. \tag{7.7.15}$$

代入式(7.7.12)及式(7.7.13),得

$$v_\phi=\frac{(\omega_2 b^2-\omega_1 a^2)r+(\omega_1-\omega_2)a^2 b^2/r}{b^2-a^2}, \tag{7.7.16}$$

$$p=\frac{\rho\left[\frac{(\omega_2 b^2-\omega_1 a^2)^2 r^2}{2}+2(\omega_1-\omega_2)a^2 b^2(\omega_2 b^2-\omega_1 a^2)\ln r-\frac{(\omega_1-\omega_2)^2 a^4 b^4}{2r^2}\right]}{b^2-a^2}+c_3. \tag{7.7.17}$$

四、求应力场

由牛顿黏性流体的本构方程得

$$\sigma_r=-p+2\eta\frac{\partial v_r}{\partial r}=-p, \tag{7.7.18}$$

$$\sigma_\phi=-p+2\eta\left(\frac{1}{r}\frac{\partial v_\phi}{\partial \phi}+\frac{v_r}{r}\right)=-p, \tag{7.7.19}$$

$$\sigma_z=-p+2\eta\frac{\partial v_z}{\partial z}=-p, \tag{7.7.20}$$

$$\tau_{r\phi}=\eta\left[r\frac{\partial\left(\frac{v_\phi}{r}\right)}{\partial r}+\frac{1}{r}\frac{\partial v_r}{\partial\phi}\right]=-2\eta(\omega_1-\omega_2)a^2b^2/r^2(b^2-a^2),\tag{7.7.21}$$

$$\tau_{\phi z}=\eta\left(\frac{\partial v_\phi}{\partial z}+\frac{1}{r}\frac{\partial v_z}{\partial\phi}\right)=0,\tag{7.7.22}$$

$$\tau_{zr}=\eta\left(\frac{\partial v_z}{\partial r}+\frac{\partial v_r}{\partial z}\right)=0.\tag{7.7.23}$$

由式(7.7.18),式(7.7.19)和式(7.7.21)可以求得 $r\phi$ 平面内的主应力

$$\begin{aligned}\sigma_{1,2}&=[(\sigma_r+\sigma_\phi)/2]\pm\sqrt{[(\sigma_r-\sigma_\phi)/2]^2+\tau_{r\phi}^2}\\&=-p\pm2\,|\omega_1-\omega_2|\,a^2b^2\eta/r^2(b^2-a^2).\end{aligned}\tag{7.7.24}$$

设最大主应力 σ_1 的方向与矢径方向之夹角为 θ^*,则

$$\theta^*=\frac{1}{2}\arctan2\tau_{r\phi}/(\sigma_r-\sigma_\phi)=\begin{cases}-45^\circ, & \omega_1-\omega_2>0,\\45^\circ, & \omega_1-\omega_2<0.\end{cases}\tag{7.7.25}$$

由式(7.7.25)可以求出第二阶段蠕变结束时主应力的轨迹,实际上,因应力分布与时间无关,在整个第二阶段主应力轨迹无变化.在第三阶段开始后,会沿着上述轨迹及其有关的曲线形成构造.构造形成后,由于后蠕变的缘故,各个构造形迹上的各个物质点,都要随着时间改变其位置.如果仍按牛顿黏性流体规律考虑后蠕变,则各点的运动速度仍为式(7.7.16).根据方位角与速度的关系

$$\phi=\frac{v_\phi}{r},$$

对时间积分,可得方位角与时间的关系

$$\phi=t[(\omega_2b^2-\omega_1a^2)+(\omega_1-\omega_2)a^2b^2/r^2]/(b^2-a^2)+\phi_0,\tag{7.7.26}$$

t 从构造形成时算起.此后,采用 Lagrange 坐标.

随着时间的推移,构造线要离开形成时的位置,其形状也要发生变化.因此,构造面的性质也会随之改变,构造面性质的变化可由该面上剪应力的变化反映出来.

由直角坐标与极坐标的关系知

$$\begin{cases}x=r\cos\phi,\\y=r\sin\phi,\end{cases}$$

进而可以推知

$$y'=\frac{\mathrm{d}y}{\mathrm{d}x}=\frac{\mathrm{d}y}{\mathrm{d}r}\Big/\frac{\mathrm{d}x}{\mathrm{d}r}=\left(\tan\phi+r\frac{\mathrm{d}\phi}{\mathrm{d}r}\right)\Big/\left(1-r\tan\phi\frac{\mathrm{d}\phi}{\mathrm{d}r}\right).\tag{7.7.27}$$

设变形后构造线上任一点的切线与矢径线之夹角为 ψ,该切线与极坐标的参考线(x 轴)之夹角为 α,矢径的方位角为 ϕ,三者之间的关系如下:

$$\tan\psi=\tan(\alpha-\phi)=(y'-\tan\phi)/(1+y'\tan\phi).\tag{7.7.28}$$

根据应力的坐标变换公式,可将极坐标中的应力变换到变形后的构造线之局部坐标(法向、切向坐标)中去,即

$$\begin{aligned}\sigma_{\mathrm{N}} &= \sigma_r\cos(90^\circ+\psi)+\sigma_\phi\sin(90^\circ+\psi)+2\tau_{r\phi}\sin(90^\circ+\psi)\cos(90^\circ+\psi)\\ &= \sigma_r-2\tau_{r\phi}\tan\psi/(1+\tan^2\psi),\end{aligned}\tag{7.7.29a}$$

$$\begin{aligned}\tau_{\mathrm{NT}} &= (\sigma_\phi-\sigma_r)\cos(90^\circ+\psi)\sin(90^\circ+\psi)+\tau_{r\phi}[\cos^2(90^\circ+\psi)-\sin^2(90^\circ+\psi)]\\ &= \tau_{r\phi}(\tan^2\psi-1)/(1+\tan^2\psi),\end{aligned}\tag{7.7.29b}$$

其中下标 N,T 分别代表构造线的法向和切向. τ_{NT}的符号取决于 $\tau_{r\phi}$与 $\tan^2\psi-1$ 的正负.

五、对地学问题的讨论

1. $\omega_1-\omega_2>0$.

此时分三种情况:① 只有砥柱转动,远区不转动;② 砥柱与远区同向转动,但砥柱转得快;③ 砥柱与远区反向旋转. 情况①和②对应于砥柱发动的旋转构造.

在定常蠕变阶段,最大主应力轨线的表达式由下式给出

$$\int_{\phi^*}^{\phi}\frac{\mathrm{d}\phi}{\tan\theta^*}=\int_a^r\frac{\mathrm{d}r}{r},\tag{7.7.30}$$

由于 $\theta^*=-45^\circ$,故积分得

$$\phi=\phi^*-\ln\frac{r}{a},\tag{7.7.31}$$

这是一族右旋的对数螺旋线,对应于图 7.7.4 中的实线族. ϕ^*是 $r=a$ 圆上对数螺旋线起点处的方位角.

最小主应力方向与矢径方向之夹角为 $90^\circ+\theta^*=45^\circ$,其轨线表达式为

$$\phi=\phi^*+\ln\frac{r}{a},\tag{7.7.32}$$

是一族左旋的对数螺旋线,对应于图 7.7.4 中的虚线族.

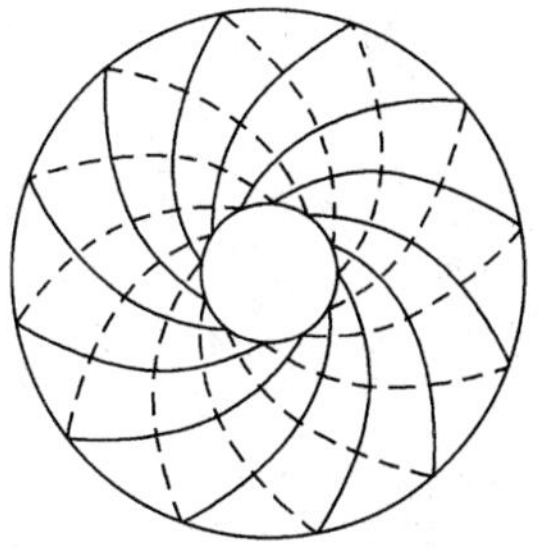

图 7.7.4 主应力轨线图

(1) 最大主应力轨线是可能的褶皱轴线或压性构造线:

形成时的表达式是式(7.7.31),与弹性理论求得的表达式一样. 随着时间的推移,由于后蠕变的缘故,构造线的形状不再是对数螺旋线,压性构造线变形后的表达式为

$$\phi=\frac{t[(\omega_2b^2-\omega_1a^2)+(\omega_1-\omega_2)a^2b^2/r^2]}{b^2-a^2}+\phi^*-\ln\frac{r}{a}.\tag{7.7.33}$$

对 r 求微商,代入式(7.7.27)得

$$y'=\frac{(b^2-a^2)r^2(\tan\phi-1)-2(\omega_1-\omega_2)a^2b^2t}{(b^2-a^2)r^2(\tan\phi+1)+2(\omega_1-\omega_2)ta^2b^2\tan\phi}.\tag{7.7.34}$$

代入式(7.7.28),得

$$\tan\psi=-1-\frac{2(\omega_1-\omega_2)a^2b^2t}{r^2(b^2-a^2)}<0,\tag{7.7.35}$$

$$\tan^2\psi - 1 = \frac{4(\omega_1 - \omega_2)^2 a^4 b^4}{r^4 (b^2 - a^2)^2}\left[t + \frac{(b^2 - a^2) r^2}{(\omega_1 - \omega_2) a^2 b^2}\right] t. \tag{7.7.36}$$

只要 $t>0$,则 $\tan^2\psi - 1>0$,由式(7.7.29a)知 τ_{NT} 与 $\tau_{r\phi}$ 同号,而由式(7.7.21)知,此时 $\tau_{r\phi}<0$,故 $\tau_{NT}<0$. 同时,由式(7.7.35)知 $\tan\psi<0$,由式(7.7.18)知 $\sigma_r = -p<0$,代入式(7.7.29a)知 $\sigma_N<0$ 仍然成立. 故压性构造变成压扭性,构造面上有了剪应力. 而由于 $\tan\psi<0$,即构造线上任一点的切线与矢径线的夹角 $\psi<0$,构造线始终是右旋曲线. 构造面上剪应力 τ_{NT} 的方向与切向 T 相反,故对帚状构造来说,其外旋回层始终向撒开方向扭动,见图 7.7.5(c).

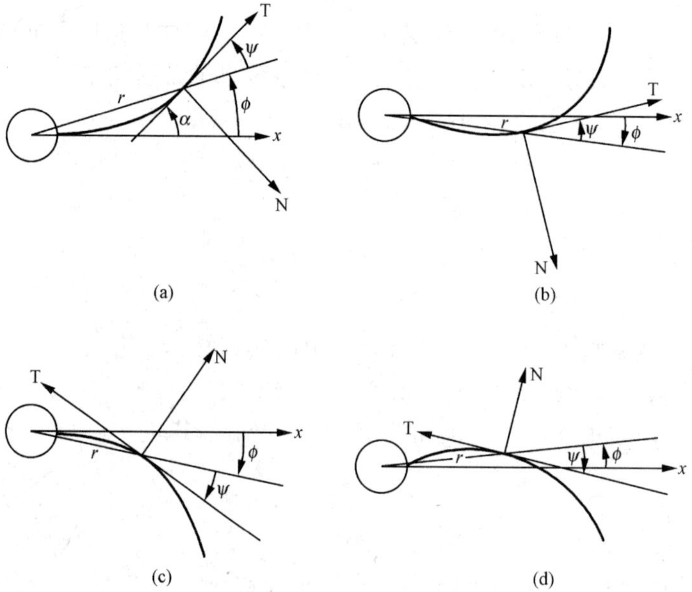

图 7.7.5 构造线左右旋性质及其局部坐标系

(2) 最小主应力轨线是可能的张性构造线,如果形成张破裂,介质就不再是连续的,不能再用牛顿黏性流体的变形规律对其进行讨论.

(3) 至今,对岩石蠕变断裂的研究尚不充分,Kranz 于 1980 年在 1 bar～2 Kbar 围压下对花岗岩试件进行压缩蠕变实验,结果表明: 蠕变断裂面与轴向压应力之夹角为 15°～30°. 可以设想: 岩石在蠕变过程中,有可能沿着与最小主应力轨线成 15°～30°夹角的两组对数螺旋线形成扭性构造.

设一组扭性构造线与矢径方向的夹角为 θ_1,另一组为 θ_2. 因最小主应力与矢径之夹角为 45°,故

$$\theta_1 = 45^\circ + 15^\circ(\sim 30^\circ) = 60^\circ \sim 75^\circ, \tag{7.7.37}$$

$$\theta_2 = 45^\circ - 15^\circ(\sim 30^\circ) = 15^\circ \sim 30^\circ. \tag{7.7.38}$$

扭性构造线的表达式分别是

$$\phi = \phi^* + \tan\theta_1 \ln \frac{r}{a}, \tag{7.7.39}$$

$$\phi = \phi^* + \tan\theta_2 \ln \frac{r}{a}. \tag{7.7.40}$$

式(7.7.39)代表与矢径成大角度的扭性构造线，式(7.7.40)代表与矢径成小角度的扭性构造线. 上述扭性构造线如果发育成剪破裂线，则介质的连续性被破坏，不能再用牛顿黏性流体理论去讨论其后蠕变的变形规律. 如果未破裂，只是形成韧性剪切，则在后蠕变中，构造线形状随时间变化的规律是

$$\phi = \frac{t[(\omega_2 b^2 - \omega_1 a^2) + (\omega_1 - \omega_2)a^2 b^2 / r^2]}{b^2 - a^2} + \phi^* + \tan\theta_i \ln \frac{r}{a}, \quad i = 1,2. \tag{7.7.41}$$

按照前述方法可以分别求出$\frac{\mathrm{d}\phi}{\mathrm{d}r}$和 y'，代入式(7.7.28)，得

$$\tan\psi = \frac{[(b^2 - a^2)r^2 \tan\theta_i - 2(\omega_1 - \omega_2)a^2 b^2 t]}{r^2(b^2 - a^2)}, \quad i = 1,2; \tag{7.7.42}$$

$$\tan^2\psi - 1 = \frac{4(\omega_1 - \omega_2)^2 a^4 b^4}{r^4(b^2 - a^2)^2}\left[t - \frac{(b^2 - a^2)r^2(\tan\theta_i + 1)}{2(\omega_1 - \omega_2)a^2 b^2}\right] \cdot \left[t - \frac{(b^2 - a^2)(\tan\theta_i - 1)r^2}{2(\omega_1 - \omega_2)a^2 b^2}\right], \quad i = 1,2. \tag{7.7.43}$$

根据式(7.7.42)$\tan\psi$ 的正负可以判定构造线的左右旋性质，共分四种情况：① $\tan\psi > 0$，则$\frac{\pi}{2} > \psi > 0$，构造线左旋(图 7.7.5(a))；② 靠近砥柱处 $\tan\psi < 0$，靠近远区 $\tan\psi > 0$，ψ 角由小于零向外逐渐变到大于零，构造线左旋(图 7.7.5(b))；③ $\tan\psi < 0$，$-\frac{\pi}{2} < \psi < 0$，构造线右旋(图 7.7.5(c))；④ 靠近砥柱 $\tan\psi > 0$，靠近远区 $\tan\psi < 0$，ψ 角由大于零向外逐渐变到小于零，构造线右旋(图 7.7.5(d)). $\tan\psi$ 的正负号是因时间而异的.

由式(7.7.43)，(7.7.21)，(7.7.29b)可以判定构造面上剪应力 τ_{NT} 的性质，此性质亦随时间而异. 故需分段讨论构造线的形状及剪应力的变化.

(4) 对于 θ_1 族扭性构造线：

① 当 $0 < t < \frac{(b^2 - a^2)(\tan\theta_1 - 1)}{2b^2(\omega_1 - \omega_2)}$ 时：$\tan\psi > 0$，构造线由对数螺旋线变成图 7.7.5(a)类型的曲线，仍是左旋的. 旋扭面上 $\tau_{\mathrm{NT}} < 0$，相对于帚状构造来说(下同)，其外旋回层向收敛方向扭动.

② 当$\frac{(b^2 - a^2)(\tan\theta_1 - 1)}{2b^2(\omega_1 - \omega_2)} < t < \frac{(b^2 - a^2)\tan\theta_1}{2a^2(\omega_1 - \omega_2)}$时：构造线由图 7.7.5(a)类型变为图 7.7.5(b)类型，仍为左旋曲线. 在

$$\sqrt{\frac{2(\omega_1 - \omega_2)t}{(b^2 - a^2)(\tan\theta_1 + 1)}}\,ab < r < \sqrt{\frac{2(\omega_1 - \omega_2)t}{(b^2 - a^2)(\tan\theta_1 - 1)}}\,ab$$

的范围内，$\tau_{NT}>0$，与切向 T 相同，外旋回层向撒开方向扭动，在其他 r 处的 $\tau_{NT}<0$，其外旋回层向收敛方向扭动.

③ 当$\dfrac{(b^2-a^2)\tan\theta_1}{2(\omega_1-\omega_2)a^2}<t<\dfrac{(b^2-a^2)(\tan\theta_1+1)}{2(\omega_1-\omega_2)a^2}$时：构造线变成图 7.7.5(c)类型的右旋曲线，在与②中同样的中间部位上 $\tau_{NT}>0$，其外旋回层改向收敛方向扭动，在其他 r 处的 $\tau_{NT}<0$，其外旋回层改向撒开方向扭动.

④ 当 $t>\dfrac{(b^2-a^2)(\tan\theta_1+1)}{2(\omega_1-\omega_2)a^2}$时：构造线为图 7.7.5(c)类型的右旋曲线，$\tau_{NT}<0$，整个外旋回层向撒开方向扭动.

(5) 对于 θ_2 族扭动构造线：

① 当 $0<t<\dfrac{(b^2-a^2)(\tan\theta_2+1)}{2(\omega_1-\omega_2)b^2}$时：构造线由左旋的对数螺旋线经由图 7.7.5(a)类型变为图 7.7.5(b)类型的曲线，仍然左旋. $\tau_{NT}>0$，外旋回层向撒开方向扭动.

② 当$\dfrac{(b^2-a^2)(\tan\theta_2+1)}{2(\omega_1-\omega_2)b^2}<t<\dfrac{(b^2-a^2)\tan\theta_2}{2(\omega_1-\omega_2)a^2}$时：构造线仍为图 7.7.5(b)类型的左旋曲线，在 $a<r<\sqrt{\dfrac{2(\omega_1-\omega_2)t}{(b^2-a^2)(\tan\theta_2-1)}}\,ab$ 范围内，$\tau_{NT}<0$，此处外旋回层向收敛方向扭动，其他 r 处的 $\tau_{NT}>0$，其外旋回层向撒开方向扭动.

③ 当$\dfrac{(b^2-a^2)\tan\theta_2}{2(\omega_1-\omega_2)a^2}<t<\dfrac{(b^2-a^2)(\tan\theta_2+1)}{2(\omega_1-\omega_2)a^2}$时：$\tan\psi<0$，构造线变成如图 7.7.5(c)所示类型的右旋曲线，与②中相同的靠近砥柱处的 $\tau_{NT}<0$，其外旋回层改向撒开方向扭动，其余 r 处的 $\tau_{NT}>0$，外旋回层改向收敛方向扭动.

④ 当 $t>\dfrac{(b^2-a^2)(\tan\theta_2+1)}{2(\omega_1-\omega_2)a^2}$时：$\tan\psi<0$，构造线仍为如图 7.7.5(c)所示类型的右旋曲线，$\tau_{NT}<0$，整个外旋回层向撒开方向扭动.

2. $\omega_1-\omega_2<0$.

此时有三种情况：① 砥柱不转只有远区转动；② 砥柱与远区同向转动，但远区转得快；③ 砥柱顺时针转动，远区逆时针转动. 情况①和②对应于远区发动的旋卷构造.

此时，最大主应力轨线的表达式是式(7.7.32)，最小主应力轨线的表达式是式(7.7.31)(与 $\omega_1-\omega_2>0$ 时相反)，前者对应于图 7.7.4 中的虚线族，后者对应于同一图形中的实线族.

(1) 最大主应力线仍然是可能的褶皱轴线或压性构造线，在后蠕变过程中其形状随时间变化的规律是

$$\phi=\frac{t[(\omega_2b^2-\omega_1a^2)+(\omega_1-\omega_2)a^2b^2/r^2]}{b^2-a^2}+\phi^*+\ln\frac{r}{a}. \tag{7.7.44}$$

按照同样的办法可以求出$\dfrac{\mathrm{d}\phi}{\mathrm{d}r}$及 y'，代入式(7.7.28)得

$$\tan\psi = 1 + \frac{2(\omega_2 - \omega_1)a^2b^2t}{r^2(b^2 - a^2)} > 0,$$

$$\tan^2\psi - 1 = \frac{4(\omega_2 - \omega_1)^2a^4b^4}{r^4(b^2 - a^2)^2}\left[t + \frac{(b^2 - a^2)r^2}{(\omega_2 - \omega_1)a^2b^2}\right]t \geqslant 0.$$

只要 $t>0$，而且 $\tan\psi>0$，构造线虽不再是对数螺旋线，但依旧是左旋曲线，与图 7.7.5(a)同类. 同时 $\tan^2\psi-1\geqslant 0$，τ_{NT} 与 $\tau_{r\phi}$ 同号. 由式(7.7.21)知：此时 $\tau_{r\phi}>0$，故 $\tau_{NT}>0$，对帚状构造来说外旋回层始终向撒开方向扭动(下同).

(2) 最小主应力轨线是可能的张性构造线，因可能破裂，故不予讨论.

(3) 与最小主应力轨线处处成 15°～30°夹角的两组对数螺旋线是可能的扭性构造线，与矢径方向的夹角分别为

$$\theta_1 = -45° - 15°(\sim 30°) = -60° \sim -75°,$$
$$\theta_2 = -45° + 15°(\sim 30°) = -15° \sim -30°,$$

其中−45°是最小主应力与矢径的夹角. 扭性构造线的表达式仍分别为式(7.7.39)与式(7.7.40). 如果不是剪破裂而是韧性剪切，则在后蠕变过程中，构造线形状随时间变化的规律仍是式(7.7.41). 改写式(7.7.42)及式(7.7.43)：

$$\tan\psi = \frac{(b^2 - a^2)r^2\tan\theta_i + 2(\omega_2 - \omega_1)a^2b^2t}{r^2(b^2 - a^2)}, \quad i = 1,2, \tag{7.7.45}$$

$$\tan^2\psi - 1 = \frac{4(\omega_2 - \omega_1)^2a^4b^4}{r^4(b^2 - a^2)^2}\left[t + \frac{(b^2 - a^2)r^2(\tan\theta_i + 1)}{2(\omega_2 - \omega_1)a^2b^2}\right] \cdot \left[t + \frac{(b^2 - a^2)(\tan\theta_i - 1)r^2}{2(\omega_2 - \omega_1)a^2b^2}\right], \quad i = 1,2. \tag{7.7.46}$$

与 $\omega_1 - \omega_2 > 0$ 时一样，根据式(7.7.45)的正负即可判定构造线左右旋的性质；由(7.7.45)，(7.7.21)，(7.7.29b)三式可以判定旋扭面上剪应力 τ_{NT} 的性质. $\tan\psi$ 的正负号以及剪应力的性质均为随时间而异，仍需分段讨论之.

(4) 对 θ_1 族扭性构造线：

① 当 $0<t<-\dfrac{(b^2-a^2)(\tan\theta_1+1)}{2(\omega_2-\omega_1)b^2}$ 时：$\tan\psi<0$ 构造线由右旋的对数螺旋线变为图 7.7.5(c)类型的曲线. 旋扭面上 $\tau_{NT}>0$，与 T 同向，故外旋回层向收敛方向扭动.

② 当 $-\dfrac{(b^2-a^2)(\tan\theta_1+1)}{2(\omega_2-\omega_1)b^2}<t<-\dfrac{(b^2-a^2)\tan\theta_1}{2(\omega_2-\omega_1)a^2}$ 时：靠近砥柱处 $\tan\psi>0$，向外逐渐变到 $\tan\psi<0$，构造线变成图 7.7.5(d)类型. 在

$$\sqrt{\frac{2(\omega_2 - \omega_1)t}{(b^2 - a^2)(1 - \tan\theta_1)}}\,ab < r < \sqrt{\frac{2(\omega_2 - \omega_1)t}{-(b^2 - a^2)(1 + \tan\theta_1)}}\,ab$$

处 $\tau_{NT}<0$，其外旋回层向撒开方向扭动；在其余 r 处，$\tau_{NT}>0$，其外旋回层向收敛方向扭动.

③ 当 $-\dfrac{(b^2-a^2)\tan\theta_1}{2(\omega_2-\omega_1)a^2}<t<-\dfrac{(b^2-a^2)(\tan\theta_1-1)}{2(\omega_2-\omega_1)a^2}$ 时：$\tan\psi>0$，构造线成为图 7.7.5(a)类型的左旋曲线. 在与②相同的中间部位上 $\tau_{NT}<0$，其外旋回层改向收敛方向扭动；在其他

r 处，$\tau_{NT}>0$，其外旋回层改向撒开方向扭动.

④ 当 $t>-\dfrac{(b^2-a^2)(\tan\theta_1-1)}{2(\omega_2-\omega_1)a^2}$ 时：$\tan\psi>0$，构造线为图 7.7.5(a)类型. 但 $\tau_{NT}>0$，整个外旋回层均向撒开方向扭动.

(5) 对 θ_2 族构造线：

① 当 $0<t<\dfrac{(b^2-a^2)(1-\tan\theta_2)}{2(\omega_2-\omega_1)b^2}$ 时：构造线由右旋对数螺旋线经由图 7.7.5(c)变成图 7.7.5(d)类型的右旋曲线. $\tau_{NT}<0$，其外旋回层向撒开方向扭动.

② 当 $\dfrac{(b^2-a^2)(1-\tan\theta_2)}{2(\omega_2-\omega_1)b^2}<t<-\dfrac{(b^2-a^2)\tan\theta_2}{2(\omega_2-\omega_1)a^2}$ 时：构造线为图 7.7.5(d)类型的右旋曲线. 在 $a<r<\sqrt{\dfrac{2(\omega_2-\omega_1)t}{(b^2-a^2)(1-\tan\theta_2)}}ab$ 处的 $\tau_{NT}>0$，其外旋回层向收敛方向扭动. 其余 r 处 $\tau_{NT}<0$，其外旋回层向撒开方向扭动.

③ 当 $-\dfrac{(b^2-a^2)\tan\theta_2}{2(\omega_2-\omega_1)a^2}<t<\dfrac{(b^2-a^2)(1-\tan\theta_2)}{2(\omega_2-\omega_1)a^2}$ 时：$\tan\psi>0$，构造线变为图 7.7.5a 类型的左旋曲线. 在与(2)相同的靠近砥柱的旋扭面上 $\tau_{NT}>0$，其外旋回层改向撒开方向扭动；在其余 r 处的旋扭面上 $\tau_{NT}<0$，外旋回层向收敛方向扭动.

④ 当 $t>\dfrac{(b^2-a^2)(1-\tan\theta_2)}{2(\omega_2-\omega_1)a^2}$ 时：$\tan\psi>0$，构造线仍为图 7.7.5(a)类型，但在整个旋扭面上 $\tau_{NT}>0$，整个外旋回层向撒开方向扭动.

六、结论

1. 砥柱和远区的相对转动可以形成由四种不同类型的旋扭面构成的旋卷构造.

2. 无论是由砥柱发动还是由远区发动，或是由两者相向转动形成的压性构造面，其左右旋性质不变. 若系帚状构造，其外旋回层始终向撒开方向扭动.

3. 无论由谁发动形成的与矢径方向成大角度的韧性剪切面，在形成初期，其旋扭面左右旋性质未变，外旋回层向收敛方向扭动. 随后，旋扭面的中间部位之外旋回层改向撒开方向扭动，其他部位扭动方向不变. 再往后，旋扭面左右旋性质逆转，且中间部位外旋回层改向收敛方向扭动，其他部位外旋回层改向撒开方向扭动. 最后，整个外旋回层向撒开方向扭动.

4. 无论由谁发动形成的与矢径方向成小角度的韧性剪切面，在形成初期，旋扭面左右旋性质未变，其外旋回层向撒开方向扭动. 随后，在靠近砥柱部位的外旋回层改向收敛方向扭动，其他部位外旋回层仍向撒开方向扭动. 再往后，旋扭面左右旋性质逆转，且靠近砥柱的外旋回层改向撒开方向扭动，其他部位的改向收敛方向扭动. 最后，整个外旋回层向撒开方向扭动.

§7.8 褶皱、香肠和窗棂构造的统一理论

一位外国作者曾详细推导了褶皱、香肠、窗棂构造形成的统一流体力学机理，并预测了

逆褶皱存在的条件，现介绍给读者.

一、问题的提出与简化

1. 褶皱、香肠和窗棂构造(见图 7.8.1)是如何形成的？

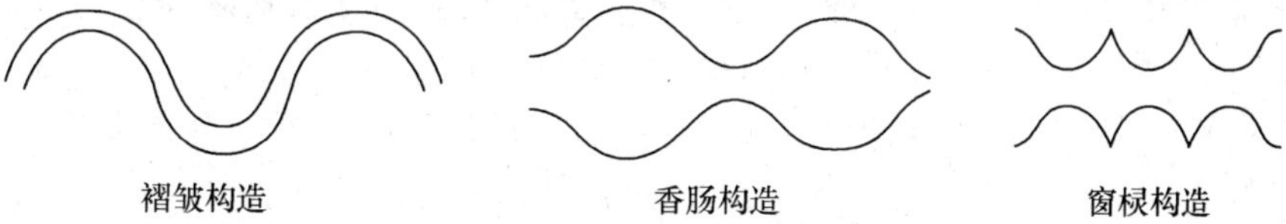

图 7.8.1 褶皱、香肠、窗棂构造示意图

2. 问题的简化：将构造看做由上、下两个夹板挤压中间三层流体(见图 7.8.2，其中(1)是围岩，(2)是构造岩)形成的. 流体是不可压缩牛顿黏性流体.

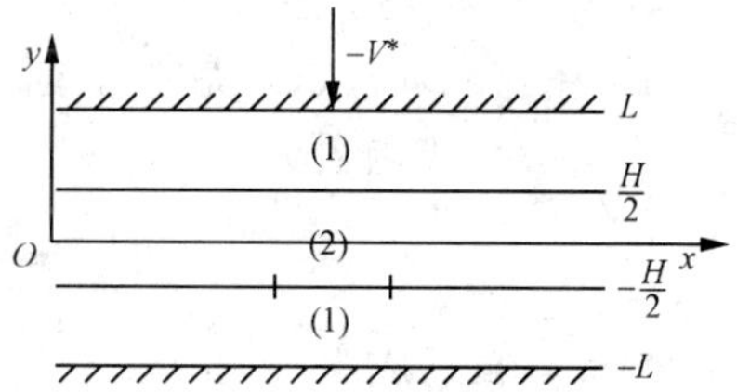

图 7.8.2 三种构造力学简化图

3. 不同黏度的平行岩层在受到垂直或平行于岩层的压缩力或剪切力作用时，是否会产生均匀应变率流动？

4. 不同黏性层的界面上如果有小的不平整，在上述力的作用下，该不平整会继续变大还是消失？

二、求解该问题的基本思路

1. 建立流动的本构方程、几何方程与连续性方程.

(1) 本构方程与几何方程合并为

$$\begin{cases}\tau_{11} = -p + 2\mu\dfrac{\partial u}{\partial x},\\[2mm] \tau_{12} = \mu\left(\dfrac{\partial u}{\partial y} + \dfrac{\partial v}{\partial x}\right),\\[2mm] \tau_{22} = -p + 2\mu\dfrac{\partial v}{\partial y}.\end{cases} \tag{7.8.1}$$

(2) 不可压缩连续性方程

$$\frac{\partial u}{\partial x} + \frac{\partial v}{\partial y} = 0. \tag{7.8.2}$$

2. 问题的求解思路是将流体的流动看做由基本流动和扰动流动叠加而成.

三、求解基本流动

通过流函数法求出速度解，应变率，分界面上的应力及分界面的形状.

1. 引入基本流动的流函数 ψ，求解双调和方程 $\nabla^4\psi=0$.

(1) 边界条件：

$$\begin{cases} v(x,L)=-v^*, & y=L, \\ v(x,-L)=v^*, & y=-L. \end{cases} \tag{7.8.3}$$

(2) 自由滑动条件:在上下边界处剪应力为0.即

$$\tau_{12}(x,L)=\tau_{12}(x,-L)=0. \tag{7.8.4}$$

(3) 界面连续性条件: 围岩与构造岩交界面上速度连续,应力连续,即

$$\begin{cases} u^{(1)}(x,H/2)=u^{(2)}(x,H/2), \\ v^{(1)}(x,H/2)=v^{(2)}(x,H/2), \\ \tau_{12}^{(1)}(x,H/2)=\tau_{12}^{(2)}(x,H/2), \\ \tau_{22}^{(1)}(x,H/2)=\tau_{22}^{(2)}(x,H/2), \end{cases} \tag{7.8.5}$$

其中上标"(1)"表示围岩,上标"(2)"表示构造岩.

2. 用流函数法求解基本流动.

(1) 假设流函数为

$$\psi=\frac{v^*}{L}xy, \tag{7.8.6}$$

则 $\nabla^4\psi=0$ 自动成立.

(2) 基本流动速度为

$$U=\frac{\partial\psi}{\partial y}=\frac{v^*}{L}x,\quad V=-\frac{\partial\psi}{\partial x}=-\frac{v^*}{L}y. \tag{7.8.7}$$

(3) 基本流动应变率为

$$\dot{\varepsilon}_{ij}=\begin{bmatrix} \dfrac{\partial u}{\partial x} & \dfrac{\partial u}{\partial y}+\dfrac{\partial v}{\partial x} \\ \dfrac{\partial u}{\partial y}+\dfrac{\partial v}{\partial x} & \dfrac{\partial v}{\partial y} \end{bmatrix}=\begin{bmatrix} v^*/L & 0 \\ 0 & -v^*/L \end{bmatrix}.$$

(4) 基本流动作用在界面上的应力,即

$$\left(-p+2\mu\frac{\partial v}{\partial y}\right)^{(2)}=\left(-p+2\mu\frac{\partial v}{\partial y}\right)^{(1)}. \tag{7.8.8}$$

① 因为

$$\tau_{12}=2\mu\dot{\varepsilon}_{12}\equiv 0, \tag{7.8.9a}$$

剪应力为零在所有区域成立,所以在界面上亦成立.

② 在垂直于 y 轴的界面上正应力连续,即

$$\tau_{22}^{(1)}\left(x,\frac{H}{2}\right)=\tau_{22}^{(2)}\left(x,\frac{H}{2}\right), \tag{7.8.9b}$$

其中上标"(1)"表示围岩,上标"(2)"表示构造岩.

③ 所以

$$\Delta p=p^{(2)}-p^{(1)}=2(\mu^{(2)}-\mu^{(1)})\left(-\frac{v^*}{L}\right). \tag{7.8.9c}$$

④ 在垂直于 y 轴的界面上 τ_{11} 不连续,即

$$\Delta\tau_{11} = \tau_{11}^{(2)} - \tau_{11}^{(1)} = \left(-p + 2\mu\frac{v^*}{L}\right)^{(2)} - \left(-p + 2\mu\frac{v^*}{L}\right)^{(1)}$$
$$= -(p^{(2)} - p^{(1)}) + 2(\mu^{(2)} - \mu^{(1)})\frac{v^*}{L}$$
$$= 4(\mu^{(2)} - \mu^{(1)})\frac{v^*}{L}, \tag{7.8.9d}$$

$\Delta\tau_{11}$是形成褶皱、香肠和窗棂构造的驱动力.

(5) 基本流动引起界面形状的变化:

将 H 的大小看做可随时间变化的量(见图 7.8.2).

$$\frac{\mathrm{d}}{\mathrm{d}t}\left(\frac{H}{2}\right) = v\Big|_{y=\frac{H}{2}} = -\left(\frac{v^*}{L}\right)\left(\frac{H}{2}\right). \tag{7.8.10}$$

四、流动等于基本流动加扰动流动

1. 速度重新描述.

总的速度等于基本流动速度加上扰动流动速度,即

$$\begin{cases} u = U + \tilde{u} = \dfrac{v^*}{L}x + \tilde{u} = U'x + \tilde{u}, \\ v = V + \tilde{v} = -\dfrac{v^*}{L}y + \tilde{v} = V'y + \tilde{v}, \end{cases} \tag{7.8.11}$$

其中 $U' = \frac{v^*}{L}$, $V' = -\frac{v^*}{L}$ 是基本流动速度的系数, $\tilde{u}$, $\tilde{v}$ 是扰动流动速度.

2. 界面形状重新描述.

将 $H/2$ 看做可变的,它是由于基本流动引起厚度变化在 $H/2$ 之上再叠加由于扰动引起厚度变化的部分(参见图 7.8.3).

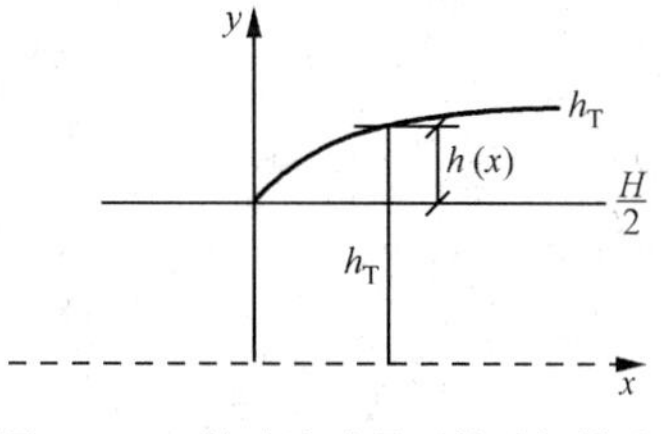

图 7.8.3 扰动流动界面的重新描述

设 $h_T = H/2 + h(x,t)$,因为

$$\frac{\mathrm{d}h_T}{\mathrm{d}t} = \frac{\partial h_T}{\partial t} + \frac{\partial h_T}{\partial x}\frac{\mathrm{d}x}{\mathrm{d}t} = v\,|_{y=h_T},$$

所以

$$\frac{\partial h_T}{\partial t} = \left(v - \frac{\partial h_T}{\partial x}u\right)_{y=h_T}. \tag{7.8.12}$$

3. 界面高程的时间变化率.

由式(7.8.11),(7.8.12)及$\frac{1}{2}\frac{\partial H}{\partial x}=0$可知

$$\begin{aligned}\frac{\partial h_{\mathrm{T}}}{\partial t}&=(V'y+\tilde{v})_{y=h_{\mathrm{T}}}-(U'x+\tilde{u})\left(\frac{\partial H/2}{\partial x}+\frac{\partial h}{\partial x}\right)_{y=h_{\mathrm{T}}}\\&=\left[V'\left(\frac{H}{2}+h\right)+(\tilde{v})_{y=h_{\mathrm{T}}}\right]_{y=h_{\mathrm{T}}}-U'x\left(\frac{\partial h}{\partial x}\right)-\tilde{u}\left(\frac{\partial h}{\partial x}\right).\end{aligned}\tag{7.8.13}$$

因$\frac{\partial h}{\partial x}$只与$x$有关,与$y$无关,故其下标$y=h_{\mathrm{T}}$可以不要. 又因

$$\frac{\partial}{\partial t}\left(\frac{H}{2}\right)=v\Big|_{y=\frac{H}{2}}=V'\left(\frac{H}{2}\right),$$

所以

$$\frac{\partial h}{\partial t}=\frac{\partial h_{\mathrm{T}}}{\partial t}-\frac{\partial(H/2)}{\partial t}=\left[-U'x\left(\frac{\partial h}{\partial x}\right)+V'h\right]+\left[-\tilde{u}\frac{\partial h}{\partial x}+\tilde{v}\right]_{y=H/2+h}.\tag{7.8.14}$$

前一个方括号内是基本变形;后一个方括号内代表扰动变形.

4. 基本变形引起的界面变化规律.

界面高程随时间变化满足的方程

$$\frac{\partial h}{\partial t}=-U'x\frac{\partial h}{\partial x}+V'h,\tag{7.8.15}$$

设解的形式为

$$h=a(t)f(\alpha(t)x),\tag{7.8.16}$$

则

$$\frac{\partial h}{\partial t}=\frac{\mathrm{d}a}{\mathrm{d}t}f+a(t)\frac{\partial f}{\partial[\alpha(t)x]}x\frac{\mathrm{d}\alpha(t)}{\mathrm{d}t}=-U'xa(t)\frac{\partial f}{\partial[\alpha(t)x]}\alpha(t)+V'a(t)f(\alpha(t)x),\tag{7.8.17}$$

两端均除以$a(t)f(\alpha(t)x)$,得

$$\frac{1}{a}\frac{\mathrm{d}a}{\mathrm{d}t}+\frac{x}{f}\frac{\partial f}{\partial[\alpha(t)x]}\frac{\mathrm{d}\alpha(t)}{\mathrm{d}t}=V'-U'x\frac{1}{f}\frac{\partial f}{\partial[\alpha(t)x]}\alpha(t).\tag{7.8.18}$$

可推出

$$\begin{cases}\dfrac{1}{a}\dfrac{\mathrm{d}a}{\mathrm{d}t}=V', & (7.8.19\mathrm{a})\\[2ex] \dfrac{1}{\alpha}\dfrac{\mathrm{d}\alpha}{\mathrm{d}t}=-U'. & (7.8.19\mathrm{b})\end{cases}$$

只要a与α分别满足式(7.8.19)中的两个方程,则任意的$h(x,t)=af(\alpha(t)x)$即可满足方程(7.8.15). 式(7.8.19a)中的第一式只与t有关. 令

$$h(x,t)=a(t)\sin(\alpha(t)x),\tag{7.8.20}$$

需要$a(t)$与$\alpha(t)$满足式(7.8.19),式(7.8.20)就可以作为方程(7.8.15)的解.

5. 扰动变形引起的界面变化规律

$$\frac{\partial h}{\partial t}=\left(-\tilde{u}\frac{\partial h}{\partial x}+\tilde{v}\right)_{y=H/2+h}. \tag{7.8.21}$$

五、用流函数法求解扰动流动

1. 总流动与扰动流动的关系.

(1) 总流函数等于基本流函数加扰动流函数：引进总流函数 Ψ，基本流函数 ψ 和扰动流函数 $\tilde{\psi}$

$$\Psi=\psi+\tilde{\psi}, \tag{7.8.22}$$

由 $\nabla^4\Psi=0$ 及 $\nabla^4\psi=0$，可推出 $\nabla^4\tilde{\psi}=0$.

(2) 总应力等于基本应力加扰动应力：τ_{ij} 是总应力，T_{ij} 是基本应力，$\tilde{\tau}_{ij}$ 是扰动应力

$$\tau_{ij}=T_{ij}+\tilde{\tau}_{ij}. \tag{7.8.23}$$

(3) 在界面上基本应力满足

$$\begin{cases}T_{12}^{(2)}=T_{12}^{(1)},\\ T_{22}^{(2)}=T_{22}^{(1)},\\ T_{11}^{(2)}\neq T_{11}^{(1)},\end{cases} \tag{7.8.24}$$

其中上标“(1)”表示围岩，上标“(2)”表示构造岩.

(4) 界面上扰动速度的连接条件：

$$\begin{cases}\tilde{u}^{(1)}=\tilde{u}^{(2)},\\ \tilde{v}^{(1)}=\tilde{v}^{(2)}.\end{cases} \tag{7.8.25}$$

(5) 界面上扰动应力的连接条件(参见图 7.8.4)：

① 总的应力连接条件：

如果界面有倾斜角 θ，根据力的平衡方程，可以写出

$$\begin{cases}(\tau_{11}^{(2)}-\tau_{11}^{(1)})\mathrm{d}h=(\tau_{12}^{(2)}-\tau_{12}^{(1)})\mathrm{d}x,\\ (\tau_{12}^{(2)}-\tau_{12}^{(1)})\mathrm{d}h=(\tau_{22}^{(2)}-\tau_{22}^{(1)})\mathrm{d}x,\end{cases} \tag{7.8.26}$$

即

$$\begin{cases}\Delta\tau_{11}\mathrm{d}h=\Delta\tau_{12}\mathrm{d}x,\\ \Delta\tau_{12}\mathrm{d}h=\Delta\tau_{22}\mathrm{d}x,\end{cases}$$

可推出

$$\begin{cases}\Delta\tau_{12}=\Delta\tau_{11}\dfrac{\mathrm{d}h}{\mathrm{d}x},\\ \Delta\tau_{22}=\Delta\tau_{12}\dfrac{\mathrm{d}h}{\mathrm{d}x}.\end{cases} \tag{7.8.27}$$

因为 $T_{12}^{(2)}=T_{12}^{(1)}$，所以 $\Delta T_{12}=0$；因为 $T_{22}^{(2)}=T_{22}^{(1)}$，所以 $\Delta T_{22}=0$. 因而

$$\begin{cases}\Delta\tau_{11}=\Delta(T_{11}+\tilde{\tau}_{11}),\\ \Delta\tau_{12}=\Delta\tilde{\tau}_{12},\\ \Delta\tau_{22}=\Delta\tilde{\tau}_{22}.\end{cases}\tag{7.8.28}$$

② 扰动应力连接条件

$$\begin{cases}\Delta\tilde{\tau}_{12}=\Delta\tau_{12}=\Delta\tau_{11}\dfrac{\mathrm{d}h}{\mathrm{d}x}=\Delta(T_{11}+\tilde{\tau}_{11})\tan\theta,\\ \Delta\tilde{\tau}_{22}=\Delta\tau_{22}=\Delta\tilde{\tau}_{12}\dfrac{\mathrm{d}h}{\mathrm{d}x}=\Delta\tilde{\tau}_{12}\tan\theta,\end{cases}\tag{7.8.29}$$

其中

$$\tan\theta=\frac{\mathrm{d}h}{\mathrm{d}x}=\frac{\partial h}{\partial x}.\tag{7.8.30}$$

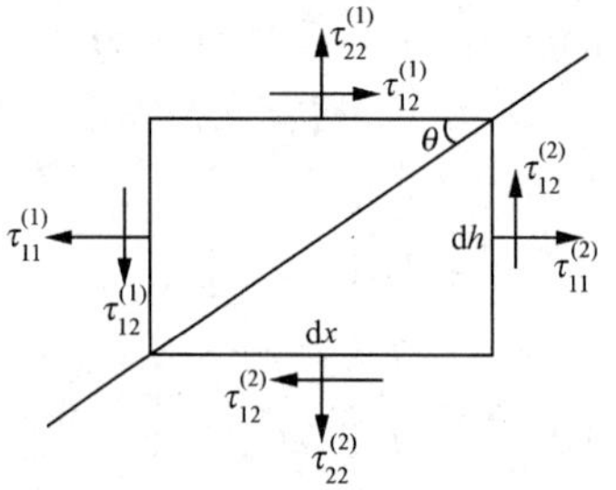

图7.8.4　扰动流动界面上受力平衡图

2. 扰动边界条件的线性化.

h 与$\dfrac{\partial h}{\partial x}$都很小，$\tilde{u},\tilde{v}$ 亦很小. 忽略二次小量，将 $y=\dfrac{H}{2}+h$ 用 $y=\dfrac{H}{2}$代替，则

$$\frac{\partial h}{\partial t}=\left(-\tilde{u}\frac{\partial h}{\partial x}+\tilde{v}\right)_{y=H/2+h}\approx(\tilde{v})_{y=H/2}=\tilde{v}\left(x,\frac{H}{2}\right).\tag{7.8.31}$$

(1) $(\tilde{u})_{y=H/2+h}\doteq(\tilde{u})_{y=H/2}$；　(7.8.32)

(2) $(\tilde{v})_{y=H/2+h}\doteq(\tilde{v})_{y=H/2}$.　(7.8.33)

因为$\dfrac{\partial h}{\partial x}$很小，$\Delta\tilde{\tau}_{11}$亦很小，故有：

(3) $\Delta\tilde{\tau}_{11}\tan\theta$ 可忽略；

(4) $\Delta\tilde{\tau}_{12}\tan\theta$ 亦可忽略. 得

$$\begin{cases}\tilde{u}^{(2)}(x,H/2)=\tilde{u}^{(1)}(x,H/2),\\ \tilde{v}^{(2)}(x,H/2)=\tilde{v}^{(1)}(x,H/2),\\ \tilde{\tau}_{12}^{(2)}(x,H/2)-\tilde{\tau}_{12}^{(1)}(x,H/2)=\dfrac{\partial h}{\partial x}\Delta T_{11},\\ \tilde{\tau}_{22}^{(2)}(x,H/2)-\tilde{\tau}_{22}^{(1)}(x,H/2)=0.\end{cases}\tag{7.8.34}$$

3. 求解扰动流动方程 $\nabla^4\tilde{\psi}=0$.

(1) 构造扰动流动的流函数，令流函数的虚部为 $h(x,t)$，实部为 $\tilde{\psi}(x,y,t)$.

$$虚部\ h(x,t)=|a(t)e^{i\alpha x}|=a(t)\sin\alpha x, \tag{7.8.35a}$$

$$实部\ \tilde{\psi}(x,y,t)=\mathrm{Real}\ |\phi(y,t)e^{i\alpha x}|=\phi(y,t)\cos\alpha x. \tag{7.8.35b}$$

代入 $\nabla^4\tilde{\psi}=0$ 中,得

$$\phi_{yyyy}-2\alpha^2\phi_{yy}+\alpha^4\phi=0, \tag{7.8.36}$$

这样,求 $\tilde{\psi}$ 转化为求 ϕ. 代入线性化边界条件中,得

$$\begin{cases}\phi_y^{(1)}=\phi_y^{(2)},\\ \phi^{(1)}=\phi^{(2)},\\ M(\phi_{yy}^{(2)}+\alpha^2\phi^{(2)})-(\phi_{yy}^{(1)}+\alpha^2\phi^{(1)})=4\alpha^2R\phi^{(1)},\\ M(\phi_{yyy}^{(2)}-3\alpha^2\phi_y^{(2)})=\phi_{yyy}^{(1)}-3\alpha^2\phi_y^{(1)},\end{cases} \tag{7.8.37}$$

其中 $M=\frac{\mu^{(2)}}{\mu^{(1)}}, R=\frac{1}{4}\left(\frac{\Delta T_{11}}{\mu^{(1)}E}\right), E=\frac{1}{a}\frac{\mathrm{d}a}{\mathrm{d}t}$. E 是动力学生长率.

(2) 求通解,令

$$\phi^j=k^j e^{-\alpha y}+l^j y e^{-\alpha y}+m^j e^{\alpha y}+n^j y e^{\alpha y}, \tag{7.8.38}$$

其中 j 取(1)或(2)分别表示岩层和围岩两种不同的介质,但解的形式一样,所不同的仅系数有差别. 两种介质共有八个待定系数,但连接条件只有四个,故需另想办法.

(3) 分析褶皱与香肠(窗棂)构造解的性质不一样:

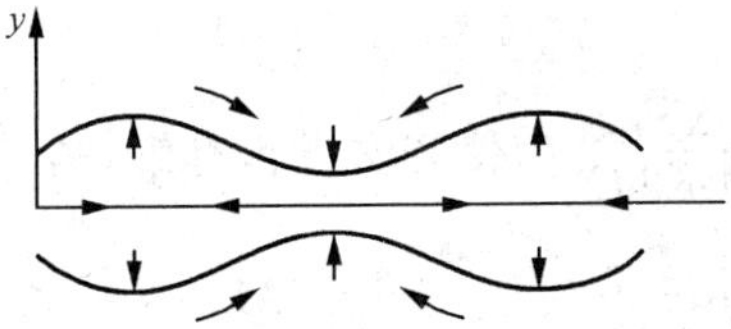

图 7.8.5 香肠与窗棂构造

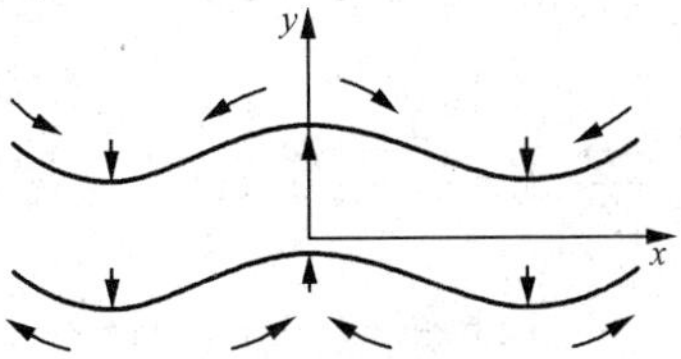

图 7.8.6 褶皱与逆褶皱构造

因为

$$\tilde{v}=-\frac{\partial\tilde{\psi}}{\partial x}=\alpha\phi\sin\alpha x, \tag{7.8.39}$$

在同一 x 值情况下,当 $\sin\alpha x>0$ 时, $\tilde{v}$ 与 ϕ 的正负号相同;当 $\sin\alpha x<0$ 时, $\tilde{v}$ 与 ϕ 的正负号相反.

① 对于香肠(或窗棂)构造来说,上、下两个边界面的扰动速度是反向的,故

$$\phi(y)=-\phi(-y), \tag{7.8.40}$$

构造是反对称的. $\tilde{v}(y)=-\tilde{v}(-y)$,故竖直方向的速度也是反对称的.

② 对于褶皱构造两个边界面的扰动速度是同步、同方向的,故

$$\phi(y)=\phi(-y) \tag{7.8.41}$$

构造是对称的. 因为 $\phi=\frac{\tilde{v}}{\alpha\sin\alpha x}$,且 $\tilde{v}(y)=\tilde{v}(-y)$,即竖直方向的速度也是对称的.

(4) 对香肠(或窗棂)构造求解:

在围岩中，$y\to\infty$，$\phi(y)$有界，故 $m^{(1)}=n^{(1)}=0$，这样就去掉两个系数.

在构造岩中，由于反对称，故 $\phi(y)=-\phi(-y)$，所以

$$(k^{(2)}+l^{(2)}y)\mathrm{e}^{-\alpha y}+(m^{(2)}+n^{(2)}y)\mathrm{e}^{\alpha y}=-\left[(k^{(2)}-l^{(2)}y)\mathrm{e}^{\alpha y}+(m^{(2)}-n^{(2)}y)\mathrm{e}^{-\alpha y}\right],$$

可推出：$\begin{cases}k^{(2)}=-m^{(2)},\\ l^{(2)}=n^{(2)},\end{cases}$ 这样又去掉两个系数，只剩下四个待定系数，即 $k^{(1)},l^{(1)},k^{(2)},l^{(2)}$. 令下标 p 代表香肠(或窗棂)构造，则

$$\begin{cases}\phi_{\mathrm{p}}^{(2)}=(k^{(2)}+l^{(2)}y)\mathrm{e}^{-\alpha y}+(-k^{(2)}+l^{(2)}y)\mathrm{e}^{\alpha y},\\ \phi_{\mathrm{p}}^{(1)}=(k^{(1)}+l^{(1)}y)\mathrm{e}^{-\alpha y}.\end{cases}\tag{7.8.42}$$

为求 $k^{(1)},l^{(1)},k^{(2)},l^{(2)}$，将围岩、构造岩中的 ϕ 分别求导后代入界面连接条件，得

$$\widetilde{A}\begin{bmatrix}k^{(1)}\\ l^{(1)}\\ k^{(2)}\\ l^{(2)}\end{bmatrix}=0,\tag{7.8.43}$$

其中

$$\widetilde{A}=\begin{bmatrix}\alpha & \beta & -\alpha F & -\beta G\\ -\alpha & 1-\beta & \alpha G & -G+\beta F\\ -\alpha(1+R) & 1-\beta(1+R) & \alpha MF & M(-1+\beta G)\\ \alpha & \beta & -M\alpha G & -M\beta F\end{bmatrix},\tag{7.8.44}$$

上矩阵中 $\beta=\dfrac{\alpha H}{2}$，$F=\dfrac{\mathrm{e}^{-\beta}-\mathrm{e}^{\beta}}{\mathrm{e}^{-\beta}}$，$G=\dfrac{\mathrm{e}^{-\beta}+\mathrm{e}^{\beta}}{\mathrm{e}^{-\beta}}$，$R=\dfrac{\Delta T_{11}}{4\mu^{(1)}E}$. 为使齐次方程有解，需 $|\widetilde{A}|=0$，求得

$$R_{\mathrm{p}}=\frac{1}{2M\beta}\left[\mathrm{sh}^2\beta(M+\beta-M^2\beta)+\mathrm{sh}\beta\mathrm{ch}\beta(1+M^2)+\mathrm{ch}^2\beta(M-\beta+M^2\beta)\right].\tag{7.8.45}$$

当 $\beta>0$，$M>0$，R_{p} 总是正的.

(5) 对褶皱求解：

同样，$m^{(1)}=n^{(1)}=0$，在构造岩中，$\phi(y)=\phi(-y)$，是对称的，可推出

$$\begin{cases}k^{(2)}=m^{(2)},\\ l^{(2)}=-n^{(2)}.\end{cases}\tag{7.8.46}$$

以下标 f 代表褶皱，则

$$\begin{cases}\phi_{\mathrm{f}}^{(1)}=(k^{(1)}+l^{(1)}y)\mathrm{e}^{-\alpha y},\\ \phi_{\mathrm{f}}^{(2)}=(k^{(2)}+l^{(2)}y)\mathrm{e}^{-\alpha y}+(k^{(2)}-l^{(2)}y)\mathrm{e}^{\alpha y}.\end{cases}\tag{7.8.47}$$

同样，为求 $k^{(1)},l^{(1)},k^{(2)},l^{(2)}$，需要对 $\phi^{(1)},\phi^{(2)}$ 分别求导后代入界面连接条件，得到一组线性齐次代数方程组

$$\overline{A}\begin{bmatrix}k^{(1)}\\l^{(1)}\\k^{(2)}\\l^{(2)}\end{bmatrix}=0, \tag{7.8.48}$$

其中 $\overline{A}$ 为 $\widetilde{A}$ 中的 F 与 G 互换. 为使线性齐次代数方程组有解，其系数行列式为 0，即 $|\overline{A}|=0$，求得

$$R_{\mathrm{f}}=\frac{1}{2M\beta}[\mathrm{ch}^2\beta(M+\beta-M^2\beta)+\mathrm{sh}\beta\mathrm{ch}\beta(1+M^2)+\mathrm{sh}^2\beta(M-\beta+M^2\beta)], \tag{7.8.49}$$

当 $\beta>0$，$M>0$ 时，R_{f} 总是负的.

4. 求动力学生长率 E、竖直生长率 ε、主导波长 λ_M、最大竖直生长率 ε_{m}.

(1) 动力学生长率 E：

因为 $R=\dfrac{1}{4}\dfrac{\Delta T_{11}}{\mu^{(1)}E}$，而 ΔT_{11} 等于扰动时的

$$\Delta\tau_{11}=4(\mu^{(2)}-\mu^{(1)})\frac{v^*}{L},$$

所以动力学生长率

$$E=\frac{1}{4\mu^{(1)}R}4(\mu^{(2)}-\mu^{(1)})\frac{v^*}{L}=\frac{1}{R}(M-1)\frac{v^*}{L}=\frac{1}{R}(M-1)U'=\frac{1}{R}(M-1)\frac{\partial U'}{\partial x}. \tag{7.8.50}$$

在动力学生长率中，$E>0$ 总成立.

① $\dfrac{1}{R}>0$，代表构造岩层为凸出与捏细——香肠(或窗棂)构造；$\dfrac{1}{R}<0$，代表构造岩层为褶皱构造. 所以 $\dfrac{1}{R}$ 的符号取决于 M 与 $\dfrac{\partial M}{\partial x}$ 之符号.

② 因为 $M=\dfrac{\mu^{(1)}}{\mu^{(2)}}$，所以 $M-1>0$，代表 $\mu^{(1)}-\mu^{(2)}>0$，即围岩比构造岩层黏度大；$M-1<0$，代表构造岩层比围岩黏度小.

③ 因为 $\dfrac{\partial M}{\partial x}=\dfrac{v^*}{L}$，当 $\dfrac{\partial U'}{\partial x}>0$ 时，则受力方式为垂直于构造岩层进行压缩；当 $\dfrac{\partial U'}{\partial x}<0$，则受力方式为平行于构造岩层压缩.

(2) 竖直生长率 ε

$$\varepsilon(\beta,M)\equiv E(\beta,M)\Big/\frac{\partial U'}{\partial x}=\frac{1}{R}(M-1), \tag{7.8.51}$$

其中 $\beta=\dfrac{\alpha H}{2}$.

① 如图 7.8.7 所示，对每一个 M，存在一个波数 β_M；在 β_M 处 $|\varepsilon|=\varepsilon_{\max}=\varepsilon_{\mathrm{m}}$，即这种波长

的扰动生成得最快，最后能支配流动.

② $\beta<\beta_M$ 时，与界面斜度有关的作用力 $\Delta\tilde{\tau}_{12}$ 与 $\Delta\tilde{\tau}_{22}$ 小，故竖直生长速度小.

③ $\beta>\beta_M$ 时，散逸速度大了，故竖直生长率亦减小.

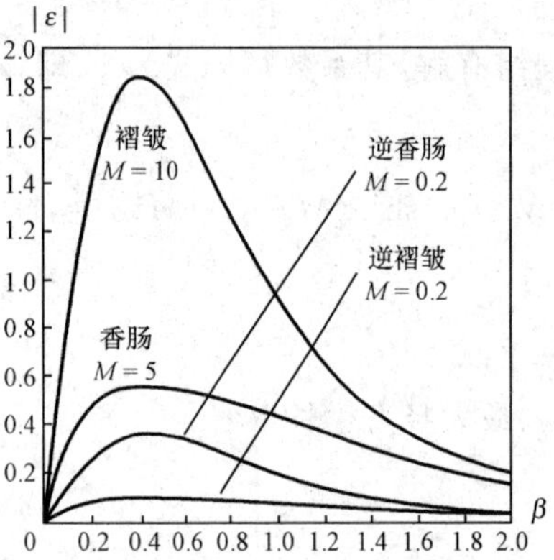

图 7.8.7　$|\varepsilon|$ 与 β 的关系图

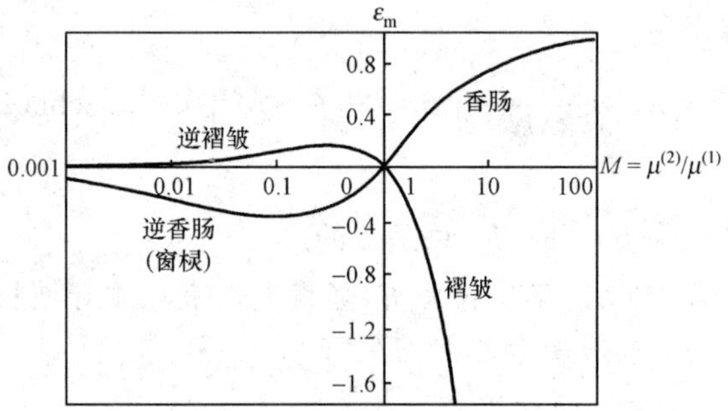

图 7.8.8　4 种构造的最大竖直生长率 ε_m 与 M 的关系图

(3) 主导波长 λ_M：

生长最快的波长叫主导波长. 定义为 $\lambda_M=\dfrac{H\pi}{\beta_M}$，它是与 M 有关的量. 由 $\dfrac{\partial\varepsilon}{\partial\beta}$ 亦可求出 $\beta_M(M)$：

① 代入 $\dfrac{\lambda_M}{H}=\dfrac{\pi}{\beta_M}$；

② 代回 ε 的表达式，可求出最大竖直生长率 $\varepsilon_m(M)$.

(4) 最大竖直生长率 ε_m 与 M 的关系如图 7.8.8 所示.

① 香肠构造：$M\gg1$，$\beta_M\ll1$，ε_m 的渐进线 ≈1，$\dfrac{\lambda_M}{H}\approx3.46M^{1/3}$；

② 褶皱构造：$\varepsilon_m\approx-1.21M^{2/3}$，$\dfrac{\lambda_M}{H}\approx3.46M^{1/2}$，与 Boit 的理论一致；

③ 对 $M\ll1$ 的窗棂构造与逆褶皱构造，在 M 很小时，ε_m 亦很小.

六、对褶皱、香肠和窗棂构造的讨论

1. 扰动次生流动的成因.

(1) 由于 ΔT_{11} 的存在，以及界面初始波形的存在，诱导了次生流动.

$\Delta T_{11}>0$，形成捏压——凸出型构造，即香肠和逆香肠构造；

$\Delta T_{11}<0$，形成褶皱和逆褶皱构造.

(2) 在 M 及 $\dfrac{\partial U}{\partial x}$ 确定的情况下，如果改变 ΔT_{11} 的符号，随着时间的延续则将把界面弄平，扰动消失.

2. 基本变形作用与扰动作用的叠加，即运动学作用与动力学作用的叠加.

(1) 对于褶皱与窗棂(逆香肠)构造来说，基本变形作用与扰动作用是互相递补的，如果基本变形作用使得岩层厚度增加，扰动作用将使扰动幅度相对于岩层厚度生长.

(2) 对香肠和逆褶皱，基本变形作用与扰动作用是相互抵消的. 一个正的扰动生长只保证扰动幅度相对于岩层厚度生长，而基本变形作用可使岩层厚度减小. 如果总的生长率是正的，则岩层厚度绝对值增厚.

① 香肠构造：对于大黏度比的情况，扰动的动力学生长率比$\frac{\partial U}{\partial x}$稍小，故总竖直生长率不是正的. 如果材料是偏离牛顿流体(即是非牛顿流体)，则可能达到香肠构造生长所需的绝对生长率.

② 逆褶皱构造：扰动生长率从不大于 $0.13\frac{\partial U}{\partial x}$，因而被基本变形作用的衰减所掩盖.

3. 扰动幅度随时间的变化.

因为扰动产生的动力学生长率

$$E=\frac{1}{a}\frac{\mathrm{d}a}{\mathrm{d}t}=\frac{1}{R}(M-1)\frac{\partial U}{\partial x}.$$

其中 $R=R(\beta,M)$，而 $\beta=\frac{\alpha H}{2}$，$\alpha=\alpha(t)$，所以 R 随时间变化. 但是，如果 R 不随 β 很快变化的话，可将 R 看做常数.

令 $\varepsilon_t=\frac{1}{R}(M-1)$，并令$\frac{\partial U}{\partial x}=\frac{1}{A}\frac{\mathrm{d}A}{\mathrm{d}t}$，则$\frac{1}{a}\frac{\mathrm{d}a}{\mathrm{d}t}=\varepsilon_t\left(\frac{1}{A}\frac{\mathrm{d}A}{\mathrm{d}t}\right)$，推得$\frac{\mathrm{d}a}{a}=\varepsilon_t\left(\frac{\mathrm{d}A}{A}\right)$. 积分得

$$\ln\frac{a}{a_0}=\varepsilon_t\ln\frac{A}{A_0}=\varepsilon_t\int_0^t\frac{\partial U}{\partial x}\mathrm{d}t,$$

其中 a_0 和 a 分别是初始和终了的扰动振幅，ε_t 是竖直生长率.

4. 扰动变形的横波振幅高度 β 满足的方程及其随时间的变化

$$\frac{1}{\beta}\frac{\mathrm{d}\beta}{\mathrm{d}t}=\frac{2}{\alpha H}\left(\frac{\mathrm{d}\alpha}{\mathrm{d}t}\frac{H}{2}+\alpha\frac{\mathrm{d}}{\mathrm{d}t}\frac{H}{2}\right)=\frac{1}{\alpha}\frac{\mathrm{d}\alpha}{\mathrm{d}t}+\frac{2}{H}\frac{\mathrm{d}}{\mathrm{d}t}\frac{H}{2}=V'+V'=-2\frac{\partial U}{\partial x}.$$

将上式积分可推出

$$\ln\frac{\beta}{\beta_0}=-2\int_0^t\frac{\partial U}{\partial x}\mathrm{d}t=-2\int_0^t\frac{\mathrm{d}A}{A}=-2\ln\left(\frac{A}{A_0}\right).$$

七、本节总结

1. 问题的提出与简化.

2. 求解问题的基本思路(将流动看做基本流动加扰动流动).

3. 求解基本流动.

(1) 建立方程、给出边界条件；

(2) 求解基本流动：

① 引进满足方程的流函数；

② 求出基本流动的速度；

③ 求基本流动的应变率；

④ 求基本流动作用在界面上的应力；

⑤ 求基本流动引起界面的形状的变化.

4. 流动等于基本流动加扰动流动.

(1) 速度重新描述为基本流动速度加扰动流动速度.

(2) 界面形状重新描述为因基本流动引起的厚度变化叠加上扰动引起的厚度变化.

(3) 界面高度的时间变化率等于运动学(基本变形)引起的变化加上动力学(扰动变形)引起的变化.

(4) 运动学引起的界面变化规律(基本变形引起的界面变形规律).

(5) 动力学引起的界面变化规律(扰动变形引起的界面变形规律).

5. 用流函数法求解扰动流动.

(1) 总流动与扰动流动的关系：

① 总流函数等于基本流函数加扰动流函数.

② 总应力等于基本应力加扰动应力.

③ 扰动速度、扰动应力满足各自的边界条件.

(2) 扰动边界条件的线性化.

(3) 求解扰动流动方程：

① 构造扰动流函数；

② 求扰动流通解；

③ 分析褶皱与香肠(窗棂)构造解的性质不一样；

④ 对香肠(或窗棂)构造求解；

⑤ 对褶皱构造求解.

(4) 求动力学生长率 E、竖直生长率 ε_t、主导波长 λ_M 和最大竖直生长率 ε_m.

6. 讨论.

(1) 扰动流动的起因；

(2) 基本变形作用与扰动作用的叠加；

(3) 扰动幅度随时间的变化；

(4) 构造岩扰动变形的横波振幅高度 β 满足的方程及其随时间的变化.

§7.9　包裹体上升流动问题

一、问题的提出

一个半径为 a 的球，穿过黏性流体上升，相当于在火山喷发时一个包裹体在上升. 此球上升的速度快，岩浆的上升速度慢，相对于包裹体来说，岩浆阻碍它的上升. 问题是：在包裹体上升的过程中其速度如何？受力状况如何？

二、方程的建立与求解

在圆球坐标系情况下，r,θ,ϕ 如图 7.9.1 所示. 对轴对称问题而言，z 轴为对称轴. 流体以速度 U 沿 z 轴逆向接近包裹体，在包裹体附近流动是轴对称的，不论流体的速度还是压力都与方位角 ϕ 相关，流体运动与 z 轴呈轴对称、没有方位角分量，流动速度的非 0 分量是矢径分量 u_r 与子午线速度 v_θ 的函数.

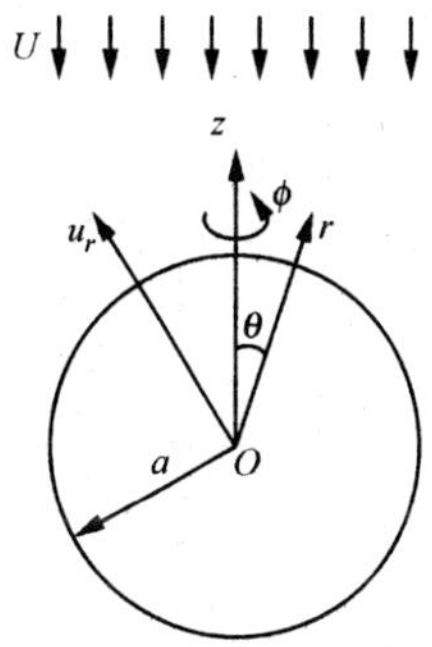

图 7.9.1 Stokes 流动示意图

1. 对于缓慢、定常、轴对称、常黏度、不可压缩牛顿流体的流动，具有 $u_\phi=0$，则在球坐标系中，其基本方程为

(1) 连续性方程：

$$0=\frac{1}{r^2}\frac{\partial}{\partial r}(r^2u_r)+\frac{1}{r\sin\theta}\frac{\partial}{\partial\theta}(u_\theta\sin\theta). \qquad (7.9.1)$$

(2) 动量方程：

$$\begin{cases}0=-\dfrac{\partial p}{\partial r}+\mu\left[\dfrac{1}{r^2}\dfrac{\partial}{\partial r}\left(r^2\dfrac{\partial u_r}{\partial r}\right)+\dfrac{1}{r^2\sin\theta}\dfrac{\partial}{\partial\theta}\left(\sin\theta\dfrac{\partial u_r}{\partial\theta}\right)-\dfrac{2u_r}{r^2}-\dfrac{2}{r^2\sin\theta}\dfrac{\partial}{\partial\theta}(u_\theta\sin\theta)\right],\\ 0=-\dfrac{1}{r}\dfrac{\partial p}{\partial\theta}+\mu\left[\dfrac{1}{r^2}\dfrac{\partial}{\partial r}\left(r^2\dfrac{\partial u_\theta}{\partial r}\right)+\dfrac{1}{r^2\sin\theta}\dfrac{\partial}{\partial\theta}\left(\sin\theta\dfrac{\partial u_\theta}{\partial\theta}\right)+\dfrac{2}{r^2}\dfrac{\partial u_r}{\partial\theta}-\dfrac{u_\theta}{r^2\sin^2\theta}\right].\end{cases} \qquad (7.9.2)$$

2. 边界条件.

(1) 在无穷远处：当 $r\to\infty$ 时，有

$$\begin{cases}u_r\to-U\cos\theta,\\ u_\theta\to U\sin\theta.\end{cases} \qquad (7.9.3)$$

(2) 在球面上，也就是在 $r=a$ 处，为无滑移边界条件，即 $u_r=u_\theta=0$，其中 μ 是岩浆黏度系数，U 是岩浆与捕虏体的相对速度.

3. 求解速度，压力. 假设解的形式为

$$\begin{cases}u_r=f(r)\cos\theta,\\ u_\theta=g(r)\sin\theta,\end{cases} \qquad (7.9.4)$$

把这种解代入连续性方程中去，得

$$\frac{1}{r^2}\frac{\partial}{\partial r}[r^2f(r)\cos\theta]+\frac{1}{r\sin\theta}\frac{\partial}{\partial\theta}[\sin^2\theta g(r)]=0.$$

简化得

$$\frac{1}{r}\frac{\partial}{\partial r}[r^2f(r)]+2g(r)=0. \qquad (7.9.5)$$

可推出 $g(r)=-\dfrac{1}{2r}\dfrac{\mathrm{d}}{\mathrm{d}r}[r^2f(r)]$. g 与 f 都是简单的幂次函数.

将式(7.9.4)与(7.9.5)代入动量方程,得

$$\begin{cases} 0=-\dfrac{\partial p}{\partial r}+\dfrac{\mu\cos\theta}{r^2}\left[\dfrac{\mathrm{d}}{\mathrm{d}r}\left(r^2\dfrac{\mathrm{d}f}{\mathrm{d}r}\right)-4(f+g)\right], \\ 0=-\dfrac{\partial p}{\partial\theta}+\dfrac{\mu\sin\theta}{r}\left[\dfrac{\mathrm{d}}{\mathrm{d}r}\left(r^2\dfrac{\mathrm{d}g}{\mathrm{d}r}\right)-2(f+g)\right]. \end{cases} \tag{7.9.6}$$

将式(7.9.6a)对 θ 求导,得

$$0=-\frac{\partial^2 p}{\partial r\partial\theta}-\frac{\mu}{r^2}\sin\theta\left[\frac{\mathrm{d}}{\mathrm{d}r}\left(r^2\frac{\mathrm{d}f}{\mathrm{d}r}\right)-4(f+g)\right]. \tag{7.9.7}$$

将式(7.9.6b)对 r 求导,得

$$0=-\frac{\partial^2 p}{\partial\theta\partial r}-\frac{\mu\sin\theta}{r^2}\left[\frac{\mathrm{d}}{\mathrm{d}r}\left(r^2\frac{\mathrm{d}g}{\mathrm{d}r}\right)-2(f+g)\right]+\frac{\mu\sin\theta}{r}\left[\frac{\mathrm{d}^2}{\mathrm{d}r^2}\left(r^2\frac{\mathrm{d}g}{\mathrm{d}r}\right)-2\frac{\mathrm{d}}{\mathrm{d}r}(f+g)\right]. \tag{7.9.8}$$

用式(7.9.7)减式(7.9.8),进而推出

$$-\frac{\mu\sin\theta}{r^2}\left\{\left[\frac{\mathrm{d}}{\mathrm{d}r}\left(r^2\frac{\mathrm{d}f}{\mathrm{d}r}\right)-4(f+g)\right]-\left[\frac{\mathrm{d}}{\mathrm{d}r}\left(r^2\frac{\mathrm{d}g}{\mathrm{d}r}\right)-2(f+g)\right]\right.$$
$$\left.+r\left[\frac{\mathrm{d}^2}{\mathrm{d}r^2}\left(r^2\frac{\mathrm{d}g}{\mathrm{d}r}\right)-2\frac{\mathrm{d}}{\mathrm{d}r}(f+g)\right]\right\}=0.$$

因为 $\sin\theta$ 不永远为零,消去 $-\mu\sin\theta$,得

$$\frac{1}{r^2}\left[\frac{\mathrm{d}}{\mathrm{d}r}\left(r^2\frac{\mathrm{d}f}{\mathrm{d}r}\right)-4(f+g)\right]-\frac{1}{r^2}\left[\frac{\mathrm{d}}{\mathrm{d}r}\left(r^2\frac{\mathrm{d}g}{\mathrm{d}r}\right)-2(f+g)\right]$$
$$+\frac{1}{r}\left[\frac{\mathrm{d}^2}{\mathrm{d}r^2}\left(r^2\frac{\mathrm{d}g}{\mathrm{d}r}\right)-2\frac{\mathrm{d}}{\mathrm{d}r}(f+g)\right]=0.$$

进而可以写成

$$\frac{1}{r^2}\frac{\mathrm{d}}{\mathrm{d}r}\left(r^2\frac{\mathrm{d}f}{\mathrm{d}r}\right)-\frac{4(f+g)}{r^2}+\frac{\mathrm{d}}{\mathrm{d}r}\left[\frac{1}{r}\frac{\mathrm{d}}{\mathrm{d}r}\left(r^2\frac{\mathrm{d}g}{\mathrm{d}r}\right)-\frac{2(f+g)}{r}\right]=0. \tag{7.9.9}$$

4. 由于 g 与 f 都是简单的幂次函数,令

$$f=cr^n, \tag{7.9.10}$$

其中 c 是常数.从式(7.9.5)得

$$g=-\frac{1}{2r}\frac{\mathrm{d}}{\mathrm{d}r}(cr^{n+2})=\frac{-c(n+2)}{2}r^n. \tag{7.9.11}$$

把式(7.9.10),(7.9.11)代入式(7.9.9),得

$$-n(n+3)(n-2)(n+1)r^{n-2}=0. \tag{7.9.12}$$

解得 $n=0,-3,2,-1$.因此 f,g 可以是 r^{-3},r^2,r^{-1} 的线性叠加,代入式(7.9.10),(7.9.11),得

$$\begin{cases} f=c_1+\dfrac{c_2}{r^3}+\dfrac{c_3}{r}+c_4r^2, \\ g=-c_1+\dfrac{c_2}{2r^3}-\dfrac{c_3}{2r}-2c_4r^2. \end{cases} \tag{7.9.13}$$

代入式(7.9.4)中,得

$$\begin{cases} u_r = \left(c_1 + \dfrac{c_2}{r^3} + \dfrac{c_3}{r} + c_4 r^2\right)\cos\theta, \\ u_\theta = \left(-c_1 + \dfrac{c_2}{2r^3} - \dfrac{c_3}{2r} - 2c_4 r^2\right)\sin\theta. \end{cases} \tag{7.9.14}$$

5. 利用边界条件定系数.

当 $r \to \infty$ 时,有

$$\begin{cases} u_r \to -U\cos\theta, \\ u_\theta \to \sin\theta. \end{cases} \Longrightarrow \begin{cases} c_1 = -U, \\ c_4 = 0. \end{cases} \tag{7.9.15}$$

利用在 $r=a$ 处的无滑移条件,即 $u_r = u_\theta = 0 \Longrightarrow c_2 = -\dfrac{a^3}{2}U, c_3 = \dfrac{3a}{2}U$. 代入式(7.9.14),得

$$\begin{cases} u_r = U\left(-1 - \dfrac{a^3}{2r^3} + \dfrac{3a}{2r}\right)\cos\theta, \\ u_\theta = U\left(1 - \dfrac{a^3}{4r^3} - \dfrac{3a}{4r}\right)\sin\theta. \end{cases} \tag{7.9.16}$$

如果把捕虏体看做不动,则 U 是无穷远处岩浆的流动速度.

6. 将式(7.9.16)代入(7.9.2)的第二式,积分得

$$p = \frac{3\mu a U}{2r^2}\cos\theta. \tag{7.9.17}$$

三、拖曳力

1. 压力对拖曳力的贡献.

压力与黏性力都作用在球表面上,由于对称性,球面上的力系必须沿着 z 轴的负方向,这组力是球的拖曳力. 球面上的压力沿着半径的负方向,这个力沿 z 轴的负方向的分量在单位面积上是

$$p\cos\theta = \frac{3\mu U}{2a}\cos^2\theta. \tag{7.9.18}$$

则压力对拖曳力的贡献为

$$\begin{aligned} D_{\mathrm{p}} &= 2\iint p\cos\theta \mathrm{d}s = 2\int_0^\pi\int_0^\pi (p\cos\theta)a^2\sin\theta\mathrm{d}\theta\mathrm{d}\phi \\ &= 3\mu Ua\int_0^\pi\int_0^\pi \sin\theta\cos^2\theta\mathrm{d}\theta\mathrm{d}\phi = 3\pi\mu aU\int_0^\pi \sin\theta\cos^2\theta\mathrm{d}\theta = \pi\mu aU(-\cos^3\theta)\Big|_0^\pi = 2\pi\mu aU. \end{aligned} \tag{7.9.19}$$

2. 黏性力对拖曳力的贡献.

先要计算作用在球面上单位面积上的法向应力,再计算切向应力,然后计算两种应力沿着 z 轴负方向的分量合成. 法向应力为

$$\tau_{rr}\big|_{r=a} = 2\mu\left(\frac{\partial u_r}{\partial r}\right)_{r=a}, \tag{7.9.20}$$

切向应力为

$$\tau_{r\theta}\big|_{r=a} = \mu\left(r\frac{\partial}{\partial r}\left(\frac{u_\theta}{r}\right)+\frac{1}{r}\frac{\partial u_r}{\partial\theta}\right)_{r=a}. \tag{7.9.21}$$

把式(7.9.16)代入式(7.9.20),(7.9.21),得:

$$\begin{cases}\tau_{rr}\big|_{r=a} = 0, \\ \tau_{r\theta}\big|_{r=a} = \dfrac{3\mu U\sin\theta}{2a}.\end{cases} \tag{7.9.22}$$

非零的切向应力 $\tau_{r\theta}$ 是以 θ 方向作用在单位面积上的力,沿着 z 轴的负方向作用的分量为

$$\tau_{r\theta}\sin\theta = \frac{3\mu U\sin^2\theta}{2a}, \tag{7.9.23}$$

求得

$$D_{\mathrm{v}} = 2\int_0^{\pi}\int_0^{\pi}(\tau_{r\theta}\sin\theta)a^2\sin\theta\mathrm{d}\theta\mathrm{d}\phi = 2\pi\int_0^{\pi}(\tau_{r\theta}\sin\theta)a^2\sin\theta\mathrm{d}\theta = 3\mu U\pi a\int_0^{\pi}\sin^3\theta\mathrm{d}\theta = 4\pi\mu aU. \tag{7.9.24}$$

3. 总的拖曳力为

$$D = D_{\mathrm{p}} + D_{\mathrm{v}} = 6\pi\mu aU.$$

这就是著名的 Stokes 公式,它给出的是作用于一个以较小的常速度穿过不可压缩黏性牛顿流体的球面上的拖曳力.

无量纲拖曳力定义为

$$c_{\mathrm{D}} \equiv \frac{2D}{(\rho_{\mathrm{f}}U^2\pi a^2)} = \frac{12}{(\rho_{\mathrm{f}}Ua)/\mu} = \frac{24}{Re}, \tag{7.9.25}$$

其中

$$Re \equiv \frac{2\rho_{\mathrm{f}}Ua}{\mu}. \tag{7.9.26}$$

ρ_{f} 是流体的密度,U 是穿过流体上升的球的速度(其实就是岩浆与球的相对速度).

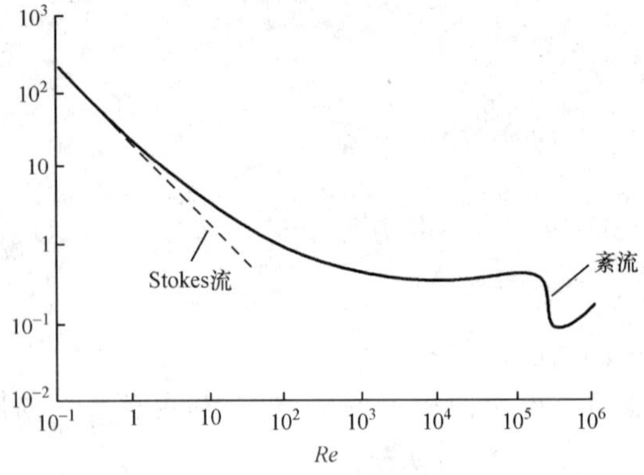

图 7.9.2　Re 与无量纲拖曳力的关系图

四、用 Stokes 公式确定穿过流体上升的球的速度

Stokes 公式在地学问题中的应用：

1. 小 Reynolds 数时带动球的速度.

如果球的密度 ρ_s 小于流体密度 ρ_f，根据阿基米德原理，上升的浮力为

$$F=(\rho_f-\rho_s)g\left(\frac{4\pi a^3}{3}\right). \tag{7.9.27}$$

令上升的浮力等于作用在球面上的拖曳力，即 $F=D$. 可推出

$$U=\frac{(\rho_f-\rho_s)g\left(\frac{4\pi a^3}{3}\right)}{6\pi\mu a}=\frac{2(\rho_f-\rho_s)ga^2}{9\mu}, \tag{7.9.28}$$

此 U 是能将球带上来的最低岩浆速度. 上述结果是在 $Re<10$ 时才适用.

2. 大 Reynolds 数时带动球的速度.

当 $Re=3\times10^5$ 时，则

$$U=\left[\frac{8}{3}\frac{ag(\rho_f-\rho_s)}{c_D\rho_f}\right]^{\frac{1}{2}}. \tag{7.9.29}$$

拖曳力系数 c_D 可以由 Reynolds 数及图 7.9.2 得到. 在 $Re>10^5$ 以后，c_D 下降是由于开始产生紊流.

3. 1801 年夏威夷的 HuaLaLai 火山喷发时带上来最大尺寸为 0.3 m 的耐熔橄榄岩捕虏体，这种固体捕虏体穿过岩石圈时，以不同密度的熔岩形式进入. 能进入岩石圈的捕虏体尺寸的上限可以由假设岩浆与球的相对速度等于岩浆的流动速度而得到. 对于橄榄岩岩浆黏度的合理估计是 $10^{21}\,\text{Pa}\cdot\text{s}$. 假设 $\rho_s-\rho_m=600\,\text{kg}\cdot\text{m}^{-3}$，$\rho_m$ 是地幔的密度，ρ_s 是捕虏体的密度，且 $a=0.15\,\text{m}$.

(1) 从式(7.9.28)得 $U=3\,\text{m}\cdot\text{s}^{-1}(10.8\,\text{km}\cdot\text{h}^{-1})$. 若 $\rho_f=2700\,\text{kg/m}^3$，则 $Re=\dfrac{2a\rho_f U}{\mu}=243>1$，因此 Stokes 公式只是近似有效.

(2) 由式(7.9.29)可得到 $U=0.87\,\text{m}\cdot\text{s}^{-1}$，进而由式(7.9.26)得到 $Re=70$. 再从图 7.9.2 可推出 $c_D=0.85$，U 的数据表明岩浆穿过 100 km 的岩石圈需要 32 小时，仍然是一个相当高的速度.

4. 确定具有不同密度的物体是否能进入地幔对流也是很有趣的事. 取一个典型的地幔速度 $U=10\,\text{mm}\cdot\text{y}^{-1}$，$\Delta\rho=100\,\text{kg}\cdot\text{m}^{-3}$，$\mu=10^{21}\,\text{Pa}\cdot\text{s}$，$g\doteq10\,\text{m}\cdot\text{s}^{-2}$，其中 $\Delta\rho=\rho_s-\rho_m$. 从式(7.9.28)我们可知：半径为 $a=\sqrt{\dfrac{9\mu U}{2\Delta\rho g}}\leqslant38\,\text{km}$ 的球体，将进入地幔流动中，其结果是：在地幔对流期间，相当大的不同质的物体可以与地幔岩一起被运上来. 此时仍然是 $Re\ll1$.

5. 岩浆泡移动的模型.

低黏度岩浆球形泡由于被浮力运移，穿过一高黏度地幔流体，其速度由下式给出：

$$U=\frac{a^2g(\rho_m-\rho_b)}{3\mu_m},\tag{7.9.30}$$

此处ρ_b是泡中流体的密度，ρ_m是地幔的密度，μ_m是地幔的黏度.可以看到式(7.9.30)与式(7.9.28)不同，如果取岩浆泡半径为$a=0.5$ km，$(\rho_m-\rho_b)=600\ \mathrm{kg/m^3}$，$\mu_m=10^{21}$ Pa・s，由式(7.9.30)可推出$U=0.016\ \mathrm{mm\cdot y^{-1}}$，与根据式(7.9.28)推出的$U$完全不同.

§7.10　平面热传导的稳定性分析

一、问题的提出与 Boussinesg 近似

1. Arthur Holmes 于1931年进行的热对流计算，他认为地幔对流可驱动大陆漂移.板块构造是地幔对流的结果，地幔由于内部放射性热源的加热与外表的冷却而被驱动运动.因为物体受热温度增加时，密度要减小，在下面加热而上面冷却的流体层，下部热而轻，上部冷而重，轻的流体要上升，重的流体要下降，因此产生了对流.温度变化引起的密度变化，导致驱动热对流的浮力的产生.

2. Boussinesg 近似.

(1) 只在动量方程(或力的平衡方程)重力项中考虑密度变化的影响；

(2) 在其他关系中忽略密度变化的影响，因此仍然是不可压缩流体，仍然使用不可压缩牛顿黏性流体的动量方程.

二、基本方程

1. 动量方程

$$\begin{cases}0=-\dfrac{\partial p}{\partial x}+\mu\nabla^2u, & (7.10.1\text{a})\\[2ex] 0=-\dfrac{\partial p}{\partial y}+\rho g+\mu\nabla^2v. & (7.10.1\text{b})\end{cases}$$

令$\rho=\rho_0+\rho'$，其中ρ_0是起始密度，ρ'是加热后密度的变化，改写式(7.10.1b)，即

$$0=\left(-\frac{\partial p}{\partial y}+\rho_0g\right)+\rho'g+\mu\nabla^2v.$$

令$\bar{p}=p-\rho_0gy$，即$p=\bar{p}+\rho_0gy$，其中p是总压力，$\bar{p}$是动压力，ρ_0gy是起始静压力.所以

$$\begin{cases}\dfrac{\partial\bar{p}}{\partial x}=\dfrac{\partial p}{\partial x},\\[2ex] \dfrac{\partial\bar{p}}{\partial y}=\dfrac{\partial p}{\partial y}-\rho_0g.\end{cases}\tag{7.10.2}$$

可推出$-\dfrac{\partial\bar{p}}{\partial y}=-\dfrac{\partial p}{\partial y}+\rho_0g$.

因为$-\dfrac{\partial p}{\partial y}=-\dfrac{\partial\bar{p}}{\partial y}-\rho_0g$，而$\rho g=(\rho_0+\rho')g$，代入式(7.10.1)，得

$$\begin{cases}0=-\dfrac{\partial \bar{p}}{\partial x}+\mu\nabla^2 u,\\[2mm] 0=-\dfrac{\partial \bar{p}}{\partial y}+\rho' g+\mu\nabla^2 v,\end{cases}\tag{7.10.3}$$

而 $\rho'=-\rho_0\alpha_v(T-T_0)$，其中 α_v 是体积热膨胀系数，T_0 为初始温度，即对应于 ρ_0 的温度. 推出

$$\begin{cases}0=-\dfrac{\partial \bar{p}}{\partial x}+\mu\nabla^2 u,\\[2mm] 0=-\dfrac{\partial \bar{p}}{\partial y}-\rho_0\alpha_v(T-T_0)g+\mu\nabla^2 v.\end{cases}\tag{7.10.4}$$

2. 热传导方程

$$\frac{\mathrm{d}T}{\mathrm{d}t}=k\nabla^2 T,\tag{7.10.5}$$

其中 $k=\dfrac{K}{\rho c}$是热扩散率(导温系数)，它表征物体在加热或冷却中，温度趋于均匀一致的能力，其单位为 $\mathrm{m^2\cdot s^{-1}}$；K 是热导率(导热系数)，其单位为 $\mathrm{W/(m\cdot K)}$，热传导方程可展开为

$$\frac{\partial T}{\partial t}+u\frac{\partial T}{\partial x}+v\frac{\partial T}{\partial y}=k\left(\frac{\partial^2 T}{\partial x^2}+\frac{\partial^2 T}{\partial y^2}\right).\tag{7.10.6}$$

从式(7.10.4)到式(7.10.6)中，T 是绝对温度，μ 是黏度，α_v 是体积热膨胀系数.

三、内部无热源、从底部加热的二维黏性流体层开始热传导的线性稳定性分析

1. 边界条件.

设岩层厚度为 b，如图 7.10.1 所示，在 $y=-\dfrac{b}{2}$处，有较冷的初始温度 T_0；在 $y=\dfrac{b}{2}$处，有较热的温度 T_1，且 $T_1>T_0$. 热的流体密度轻，要上升；冷的流体密度重，要下降.

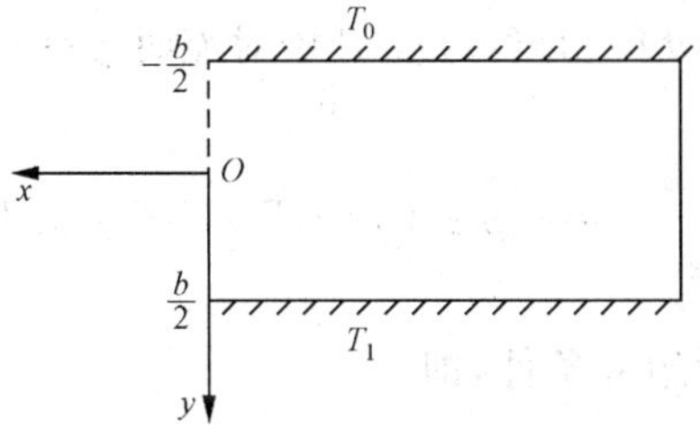

图 7.10.1 内部无热源、从底部加热的示意图

2. 稳态热传导的温度分布.

当 T_1-T_0 不大时，密度差造成的浮力尚不足以使流体对流，因为介质的黏滞系数要阻碍对流发生. 此时，令热传导方程(式(7.10.6))等号左端为 0，即 $u=v=0$. 定常，即$\dfrac{\partial}{\partial t}=0$；$x$

方向是均匀的，即$\dfrac{\partial}{\partial x}=0$；假设此时的温度为 T_c，一直到对流之前都是这个温度.

在 $k\left(\dfrac{\partial^2 T}{\partial x^2}+\dfrac{\partial^2 T}{\partial y^2}\right)$中只剩下$\dfrac{\partial^2}{\partial y^2}$项，所以$\dfrac{d^2 T_c}{dy^2}=0$.

$$\begin{cases} y=-\dfrac{b}{2} \quad (T_c = T_0), \\ y=\dfrac{b}{2} \quad (T_c = T_1). \end{cases} \tag{7.10.7}$$

T_c 是稳态热传导时的温度，可推出

$$T_c = \frac{T_1+T_0}{2}+\frac{T_1-T_0}{b}y, \tag{7.10.8}$$

此式是直到临界流动时稳定热传导的温度分布.

3. 开始对流的基本方程、边界条件与求解.

当 T_1-T_0 达到一个临界值时，温差的微小增加都会引起流体的对流. 当对流循环刚开始时，温度分布接近于稳定传导的温度分布. 加上微小的温度扰动，即令 $T'=T-T_c$ 很小，T'是扰动温度.

(1) $T'\equiv T-\dfrac{T_1+T_0}{2}-\dfrac{T_1-T_0}{b}y.$　　(7.10.9)

(2) 密度变化：

① 稳态热传导时的密度分布：

$$\rho=\rho_0[1-\alpha_v(T_c-T_0)], \tag{7.10.10}$$

其中 ρ 是稳态热传导时任意 y 处的密度，ρ_0 是稳态热传导时 $y=-\dfrac{b}{2}$处的密度.

② 开始对流时任意 y 处的密度分布：

$$\rho^*=\rho_0[1-\alpha_v(T-T_0)], \tag{7.10.11}$$

其中 ρ^* 是开始对流时任意 y 处的密度，ρ_0 是开始对流时 $y=-\dfrac{b}{2}$处的密度.

③ 密度扰动：

$$\rho^*-\rho=-\rho_0\alpha_v(T-T_c)=-\rho_0\alpha_v T'. \tag{7.10.12}$$

4. 边界条件.

(1) 固体边界条件：两种边界条件，即

① 黏附条件

$$u'=v'=0. \tag{7.10.13}$$

② 等温条件($T'=0$)

$$\begin{cases} y=-\dfrac{b}{2}, \quad T=T_0, \\ y=\dfrac{b}{2}, \quad T=T_1. \end{cases} \tag{7.10.14}$$

如地幔的上边界是坚硬的地壳，相当于固体边界条件.

(2) 自由边界条件：

当边界是自由表面时，在 $y=\pm\dfrac{b}{2}$ 上，$v'=0$，$\tau'_{xy}=0$，即

$$\frac{\partial u'}{\partial y}+\frac{\partial v'}{\partial x}=0. \tag{7.10.15}$$

在 $\tau'_{xy}=0$ 中，由 $v'=0$ 可推出 $\dfrac{\partial v'}{\partial x}\equiv 0$，进而推出 $\dfrac{\partial u'}{\partial y}=0$. 即没有剪应力施加在边界面上.

5. 求解 u',v',T',p'.

(1) 运用流函数的概念：设 ψ' 是扰动流函数. 令

$$\begin{cases} u'=-\dfrac{\partial\psi'}{\partial y}, \\ v'=\dfrac{\partial\psi'}{\partial x}, \end{cases} \tag{7.10.16}$$

则动量方程、热传导方程变成

$$-\frac{\partial\bar{p}'}{\partial x}-\mu\left(\frac{\partial^3\psi'}{\partial x^2\partial y}+\frac{\partial^3\psi'}{\partial y^3}\right)=0, \tag{7.10.17a}$$

$$-\frac{\partial\bar{p}'}{\partial y}-\rho_0 g\alpha_{\mathrm{v}}T'+\mu\left(\frac{\partial^3\psi'}{\partial x^3}+\frac{\partial^3\psi'}{\partial x\partial y^2}\right)=0, \tag{7.10.17b}$$

$$\frac{\partial T'}{\partial t}+\frac{1}{b}(T_1-T_0)\frac{\partial\psi'}{\partial x}=k\left(\frac{\partial^2 T'}{\partial x^2}+\frac{\partial^2 T'}{\partial y^2}\right). \tag{7.10.17c}$$

通过将式(7.10.17a)和(7.10.17b)分别对 y,x 求导数后消去压力 $\bar{p}'$，得到泊松方程

$$0=\mu\left(\frac{\partial^4\psi'}{\partial x^4}+2\frac{\partial^4\psi'}{\partial x^2\partial y^2}+\frac{\partial^4\psi'}{\partial y^4}\right)-\rho_0 g\alpha_{\mathrm{v}}\frac{\partial T'}{\partial x}. \tag{7.10.18}$$

(2) 对于自由界面的边界条件，设 ψ' 与 T' 的解为下列形式

$$\begin{cases} \psi'=\psi'_0\cos\dfrac{\pi y}{b}\sin\dfrac{2\pi x}{\lambda}\mathrm{e}^{\alpha' t}, \\ T'=T'_0\cos\dfrac{\pi y}{b}\cos\dfrac{2\pi x}{\lambda}\mathrm{e}^{\alpha' t}, \end{cases} \tag{7.10.19}$$

其中 α' 是生长率，b 是对流环在 y 方向的距离. 将式(7.10.19)的两个式子分别代入泊松方程式(7.10.18)，两端分别消去 $\cos\dfrac{\pi y}{b}\sin\dfrac{2\pi x}{\lambda}\mathrm{e}^{\alpha' t}$ 及 $\cos\dfrac{\pi y}{b}\cos\dfrac{2\pi x}{\lambda}\mathrm{e}^{\alpha' t}$，则得

$$\begin{cases} \mu\left[\left(\dfrac{2\pi}{\lambda}\right)^2+\left(\dfrac{\pi}{b}\right)^2\right]^2\psi'_0=-\dfrac{2\pi}{\lambda}\rho_0 g\alpha_{\mathrm{v}}T'_0, \\ \left[\alpha'+k\left(\dfrac{\pi}{b}\right)^2+k\left(\dfrac{2\pi}{\lambda}\right)^2\right]T'_0=-\dfrac{(T_1-T_0)}{b}\dfrac{2\pi}{\lambda}\psi'_0, \end{cases} \tag{7.10.20}$$

将式(7.10.19)代入式(7.10.17c)，将后两端相乘，消去 $T'_0\psi'_0$，得

$$\alpha' = \frac{k}{b^2}\left\{\left[\frac{\rho_0 g\alpha_{\mathrm{v}} b^3 (T_1 - T_0)}{\mu k}\right]\left[\frac{4\pi^2 b^2}{\pi^4\lambda^2\left(\frac{4b^2}{\lambda^2}+1\right)^2}\right] - \left(\pi^2 + \frac{4\pi^2 b^2}{\lambda^2}\right)\right\}. \quad (7.10.21)$$

四、讨论

不同边界条件有不同的临界 Rayleigh(瑞利)数，热传导亦不同.

1. 引进 Rayleigh 数.

Rayleigh 数是与温度、黏度有关的系数，它是描述热活性与黏度耗散抗衡程度的量. 定义 Rayleigh 数

$$Ra \equiv \frac{\rho_0 g\alpha_{\mathrm{v}}(T_1 - T_0)b^3}{\mu k}, \quad (7.10.22)$$

则

$$\frac{\alpha' b^2}{k} = \frac{Ra\,\frac{4\pi^2 b^2}{\lambda^2} - \left(\pi^2 + \frac{4\pi^2 b^2}{\lambda^2}\right)^3}{\lambda^2\left(\pi^2 + \frac{4\pi^2 b^2}{\lambda^2}\right)^2}.$$

2. 若

$$Ra > \frac{\left(\pi^2 + \frac{4\pi^2 b^2}{\lambda^2}\right)^3}{\frac{4\pi^2 b^2}{\lambda^2}}, \quad (7.10.23)$$

则 $\alpha' > 0$，热传导产生不稳定，扰动随时间按指数增长而扩大.

3. 若

$$Ra < \frac{\left(\pi^2 + \frac{4\pi^2 b^2}{\lambda^2}\right)^3}{\frac{4\pi^2 b^2}{\lambda^2}}, \quad (7.10.24)$$

则 $\alpha' < 0$，热传导具有稳定性，扰动随时间缩小.

4. 当 $\alpha' = 0$ 时，则热传导刚好开始，此时

$$Ra = Ra_{\mathrm{cr}} = \frac{\left(\pi^2 + \frac{4\pi^2 b^2}{\lambda^2}\right)^3}{\frac{4\pi^2 b^2}{\lambda^2}}, \quad (7.10.25)$$

Ra_{cr}是临界 Rayleigh 数. 它是无量纲波数$\frac{2\pi b}{\lambda}$的函数.

5. Rayleigh 数的极值.

由

$$\frac{\partial Ra_{\mathrm{cr}}}{\partial\left(\frac{2\pi b}{\lambda}\right)} = \left[\frac{4\pi^2 b^2}{\lambda^2} 3\left(\pi^2 + \frac{4\pi^2 b^2}{\lambda^2}\right)^2 2\left(\frac{2\pi b}{\lambda}\right)\right.$$

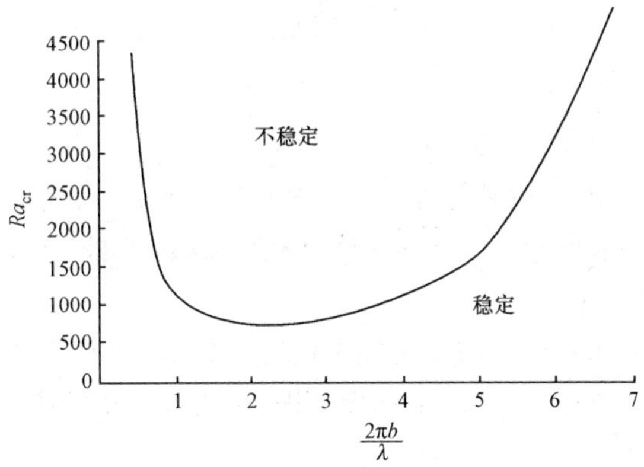

图 7.10.2 无量纲波数与临界 Rayleigh 数的关系图

$$-\left(\pi^2+\frac{4\pi^2b^2}{\lambda^2}\right)^3 2\left(\frac{2\pi b}{\lambda}\right)\bigg]\left(\frac{4\pi^2b^2}{\lambda^2}\right)^{-2}=0. \qquad (7.10.26)$$

可推出在$\frac{2\pi b}{\lambda}=\frac{\pi}{\sqrt{2}}$时，$Ra_{cr}$取最小值.

(1) 自由边界条件下最小临界 Rayleigh 数：

$$(Ra_{cr})_{min}=\frac{27\pi^4}{4}=657.5. \qquad (7.10.27)$$

(2) 固体条件下最小临界 Rayleigh 数：当 $\lambda=2.016b$ 时，有

$$(Ra_{cr})_{min}=1707.8. \qquad (7.10.28)$$

五、内部有热源的热传导稳定性分析

1. $Ra=\frac{\alpha_v\rho_0^2 gHb^5}{K\mu k}$. (7.10.29)

该表达式中 $k=\frac{K}{\rho_0 C_p}$，k 是热扩散率(导温系数)，它表征物体在加热或冷却中，温度趋于均匀一致的能力之大小；K 是热导率，反映物体导热能力的大小，它代表当温度梯度为 $1\ \mathrm{K\cdot m^{-1}}$时，单位时间通过单位水平截面积所传递的热量；$H$ 是每单位质量内热的产生率. K 的单位为 $\mathrm{W\cdot m^{-1}\cdot K^{-1}}$，$H$ 的单位为 $\mathrm{W\cdot kg^{-1}}$.

2. 临界 Rayleigh 数的最小值.

(1) 固体边界条件下最小临界 Rayleigh 数

$$(Ra_{cr})_{min}=2772, \qquad (7.10.30)$$

此时 $\lambda=\frac{2\pi b}{2.63}$.

(2) 自由面边界条件下最小临界 Rayleigh 数

$$(Ra_{cr})_{min}=867.8, \qquad (7.10.31)$$

此时 $\lambda=\dfrac{2\pi b}{1.79}$.

六、地幔的 Rayleigh 数

地幔的黏度 $\mu=10^{21}$ Pa·s；热导率 $K=4\ \mathrm{W\cdot m^{-1}\cdot K^{-1}}$；热扩散率 $k=1\ \mathrm{mm^2\cdot s^{-1}}$；$\alpha_v=3\times10^{-5}\mathrm{K^{-1}}$；重力加速度 $g\doteq10\ \mathrm{m/s^2}$；初始密度 $\rho_0=4000\ \mathrm{kg\cdot m^{-3}}$；每单位质量内热的产生率 $H=9\times10^{-12}\mathrm{W\cdot kg^{-1}}$.

1. 若 $b=700$ km，地幔对流只在上地幔中进行，则 $Ra=2\times10^6$.

2. 若 $b=2800$ km，地幔对流在上下地幔中进行，则 $Ra=2\times10^9$.

§7.11 平面热传导的边界层理论

一、无限半空间突然加热(或冷却)问题

1. 模型的建立.

初始时，无限半空间的温度为 T_0，突然在表面加热(或冷却)，其温度为 T_s，试研究其后温度随时间、空间的分布与变化.

2. 热传导方程

$$\frac{\partial T}{\partial t}+u\frac{\partial T}{\partial x}+v\frac{\partial T}{\partial y}=k\left(\frac{\partial^2 T}{\partial x^2}+\frac{\partial^2 T}{\partial y^2}\right), \tag{7.11.1}$$

其中 k 是热扩散率，其单位为 $\mathrm{m^2\cdot s^{-1}}$.

(1) 因为研究的是无运动时的热传导问题，所以 $u=v=0$.

(2) 因为 T_s 不随 x 变化，即在任意 x 处温度均为 T_s，故热传导问题与 x 无关，即温度沿 x 方向无变化. 所以在式(7.11.1)中 $\dfrac{\partial^2 T}{\partial x^2}=0$.

(3) 方程变为

$$\frac{\partial T}{\partial t}=k\frac{\partial^2 T}{\partial^2 y}. \tag{7.11.2}$$

3. 定解边界条件

$$\begin{cases} T=T_0, & t=0, \quad y>0, \\ T=T_s, & t>0, \quad y=0, \\ T\to T_0, & t>0, \quad y\to\infty. \end{cases} \tag{7.11.3}$$

在式(7.11.3)中：

(1) 在 $y>0$ 的无限半空间中的温度为 T_0；

(2) 在表面边界上温度为 T_s；

(3) 在无穷远处温度趋于 T_0.

4. 求解.

(1) 进行变量改变,引进无量纲温度比

$$\theta \equiv \frac{T - T_0}{T_s - T_0}, \tag{7.11.4}$$

即 $T=(T_s-T_0)\theta+T_0$,则

$$\frac{\partial T}{\partial t} = (T_s - T_0)\frac{\partial \theta}{\partial t}, \quad \frac{\partial^2 T}{\partial y^2} = (T_s - T_0)\frac{\partial^2 \theta}{\partial y^2}.$$

代入热传导方程式(7.11.2),得

$$(T_s - T_0)\frac{\partial \theta}{\partial t} = k(T_s - T_0)\frac{\partial^2 \theta}{\partial y^2}, \tag{7.11.5}$$

进而推出$\frac{\partial \theta}{\partial t}=k\frac{\partial^2 \theta}{\partial y^2}$.

由式(7.11.3)知,定解条件变为

$$\begin{cases} \theta(y,0) = 0, & (7.11.6\text{a}) \\ \theta(0,t) = 1, & (7.11.6\text{b}) \\ \theta(\infty,t) = 0. & (7.11.6\text{c}) \end{cases}$$

式(7.11.6a)至(7.11.6c)分别是:① 初始条件(图 7.11.1(a));② 顶部边界条件(图 7.11.1(b));③ 底部无穷远处边界条件(图 7.11.1(c)).

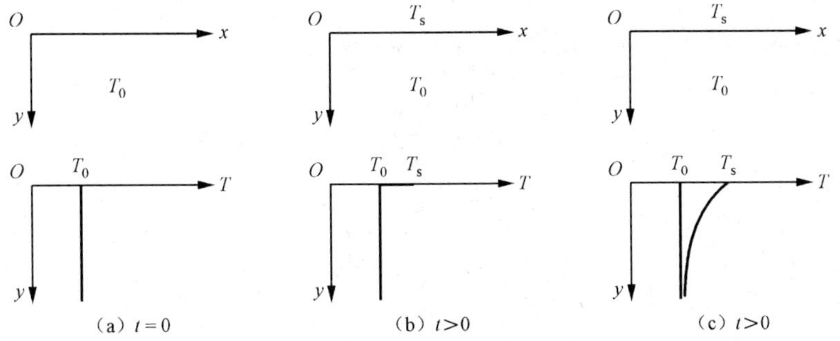

图 7.11.1 无限半空间突然加热(或冷却)示意图

(2) 引进无量纲量 $\eta=\frac{y}{2\sqrt{kt}}$,其中$\sqrt{kt}$是特征热扩散距离. $k\approx\left[\frac{l^2}{t}\right]$,则自变量改变成无量纲长度,$\theta$ 不再是 y 和 t 的函数,只是 η 的函数,则无量纲温度比 θ 对时间 t 和 y 的一次偏导数及对 y 的二次偏导数为下式:

$$\begin{cases} \dfrac{\partial \theta}{\partial t} = \dfrac{\mathrm{d}\theta}{\mathrm{d}\eta}\dfrac{\partial \eta}{\partial t} = \dfrac{\mathrm{d}\theta}{\mathrm{d}\eta}\left(-\dfrac{1}{4}\dfrac{y}{\sqrt{kt}}\dfrac{1}{t}\right) = \dfrac{\mathrm{d}\theta}{\mathrm{d}\eta}\left(-\dfrac{1}{2}\dfrac{\eta}{t}\right), & (7.11.7\text{a}) \\ \dfrac{\partial \theta}{\partial y} = \dfrac{\mathrm{d}\theta}{\mathrm{d}\eta}\dfrac{\partial \eta}{\partial y} = \dfrac{\mathrm{d}\theta}{\mathrm{d}\eta}\left(\dfrac{1}{2\sqrt{kt}}\right), & (7.11.7\text{b}) \\ \dfrac{\partial^2 \theta}{\partial y^2} = \dfrac{\mathrm{d}^2\theta}{\mathrm{d}\eta^2}\left(\dfrac{1}{2\sqrt{kt}}\right)\dfrac{\partial \eta}{\partial y} = \dfrac{\mathrm{d}^2\theta}{\mathrm{d}\eta^2}\dfrac{1}{4kt}. & (7.11.7\text{c}) \end{cases}$$

由式(7.11.7c)可推出

$$\frac{\partial^2\theta}{\partial y^2}=\frac{\partial}{\partial y}\left(\frac{\partial\theta}{\partial y}\right)=\frac{\partial}{\partial y}\left(\frac{\mathrm{d}\theta}{\mathrm{d}\eta}\frac{\partial\eta}{\partial y}\right)=\frac{\partial}{\partial y}\left(\frac{1}{2\sqrt{kt}}\frac{\mathrm{d}\theta}{\mathrm{d}\eta}\right),$$

进而可推出

$$\frac{\mathrm{d}\theta}{\mathrm{d}\eta}\left(-\frac{\eta}{2t}\right)=\frac{k}{4kt}\frac{\mathrm{d}^2\theta}{\mathrm{d}\eta^2}.$$

两边除以$\frac{1}{2t}$,最后得到θ满足的单变量常微分方程

$$-\eta\frac{\mathrm{d}\theta}{\mathrm{d}\eta}=\frac{1}{2}\frac{\mathrm{d}^2\theta}{\mathrm{d}\eta^2}.\tag{7.11.8}$$

边界条件和初始条件变为

$$\begin{cases}y=0, & \eta=0,\\ y\to\infty, & \eta\to\infty,\\ t=0, & \eta=\infty,\end{cases}$$

即

$$\begin{cases}\theta(0,t)=1, & (7.11.9a)\\ \theta(y,0)=\theta(\infty,t)=0, & (7.11.9b)\end{cases}$$

其中,式(7.11.9a)表明顶部边界条件,式(7.11.9b)表明初始条件和无穷远处边界条件.

(3) 降低微分方程式(7.11.8)的阶次:令$\phi=\frac{\mathrm{d}\theta}{\mathrm{d}\eta}$,则

$$\frac{\mathrm{d}\phi}{\mathrm{d}\eta}=\frac{\mathrm{d}^2\theta}{\mathrm{d}\eta^2}.$$

代入式(7.11.9)得

$$-\eta\phi=\frac{1}{2}\frac{\mathrm{d}\phi}{\mathrm{d}\eta},$$

即

$$-2\eta\mathrm{d}\eta=\frac{\mathrm{d}\phi}{\phi}.$$

解得

$$-\eta^2=\ln\phi-\ln c_1,$$

即

$$\phi=c_1\mathrm{e}^{-\eta^2}=\frac{\mathrm{d}\theta}{\mathrm{d}\eta}.\tag{7.11.10}$$

进而推出

$$\theta=c_1\int_0^\eta\mathrm{e}^{-\eta^2}\mathrm{d}\eta+c_2.\tag{7.11.11a}$$

应用边界条件

$$\begin{cases}\theta(0,t)=1, & \eta=0,\\ \theta(\infty,t)=0, & \eta=\infty.\end{cases}$$

可推出

$$\begin{cases} c_2 = 1, & (7.11.11\text{b}) \\ c_1\int_0^{\infty} e^{-\eta^2}\,d\eta + 1 = 0. & (7.11.11\text{c}) \end{cases}$$

则

$$\theta(\eta) = c_1\int_0^{\eta} e^{-\eta^2}\,d\eta + 1. \tag{7.11.12}$$

将$\int_0^{\infty} e^{-\eta^2}\,d\eta = \frac{\sqrt{\pi}}{2}$，代入式(7.11.11c)得

$$c_1 = -\frac{2}{\sqrt{\pi}}. \tag{7.11.13}$$

则

$$\theta(\eta) = 1 - \frac{2}{\sqrt{\pi}}\int_0^{\eta} e^{-\eta^2}\,d\eta. \tag{7.11.14}$$

(4) 引入误差函数(Error Function)，令

$$\operatorname{erf}(\eta) \equiv \frac{2}{\sqrt{\pi}}\int_0^{\eta} e^{-\eta^2}\,d\eta, \tag{7.11.15}$$

则

$$\theta(\eta) = 1 - \frac{2}{\sqrt{\pi}}\int_0^{\eta} e^{-\eta^2}\,d\eta = 1 - \operatorname{erf}(\eta) \equiv \operatorname{erfc}(\eta). \tag{7.11.16}$$

$\operatorname{erfc}(\eta)$是补余误差函数(Complementary Error Function). 即

$$\theta = \frac{T - T_0}{T_s - T_0} = \operatorname{erfc}\left(\frac{y}{2\sqrt{kt}}\right),$$

其中

$$\eta = \frac{y}{2\sqrt{kt}} = \operatorname{erfc}^{-1}\left(\frac{T - T_0}{T_s - T_0}\right) = \operatorname{erfc}^{-1}(\theta). \tag{7.11.17}$$

二、确定边界层厚度

设 T_0 是无限半空间的初始温度，T_s 是表面边界上的温度. 将 $\theta=0.1$ 处定义为边界层的厚度，推得

$$T = 0.1(T_s - T_0) + T_0.$$

当 $\theta=0.1$ 时，

$$\eta_T = \operatorname{erfc}^{-1}(0.1) = 1.16.$$

边界层厚度

$$y_T = 2\eta_T\sqrt{kt} = 2.32\sqrt{kt}\,. \tag{7.11.18}$$

所以边界层厚度是特征热扩散距离的 2.32 倍，它是随时间变化的.

三、确定边界层中温度分布

$$T=(T_s-T_0)\theta+T_0=T_0+(T_s-T_0)\operatorname{erfc}\left(\frac{y}{2\sqrt{kt}}\right),\tag{7.11.19}$$

其中 T_s 是地表温度，T_0 是初始温度.

四、海洋岩石圈的冷却问题

1. 模型的建立.

(1) 如图 7.11.2 所示，海洋岩石圈由洋脊处产生，以水平速度向两边运动. 其表面海水温度为 T_s，岩石圈的厚度由一个等温线来确定，如低于此等温线上的温度，则地幔岩石在整个地质时代里就不能很快地变形. 实验室里高温实验的结果表明：这个温度大约是 1600 K. 因此，可以将岩石圈考虑为介于表面与此等温线之间的区域，等温线的深度随岩石圈的年龄增加.

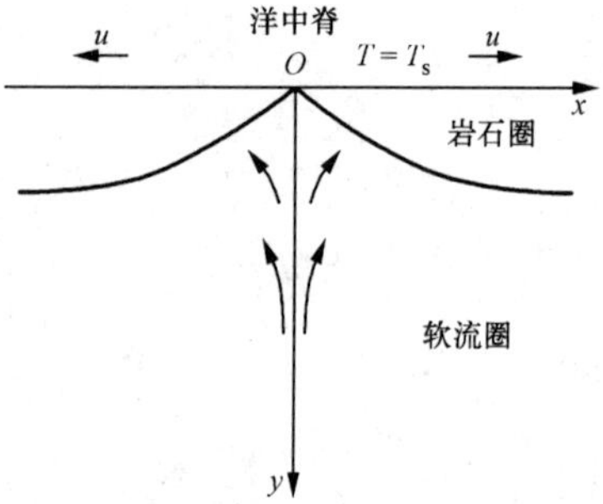

图 7.11.2　海洋岩石圈模型图

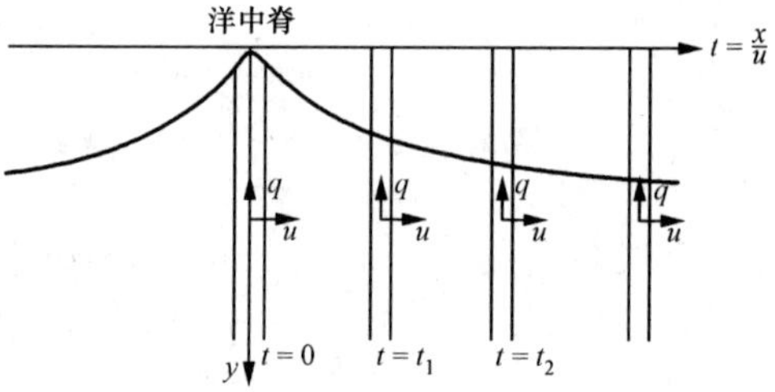

图 7.11.3　半无限平面突然冷却问题示意图

T_m 是洋脊顶部地幔的温度，T_s 是岩石圈表面海水的温度.

(2) 如图 7.11.3 所示，将水平方向热传导与竖直方向热传导相比，可以忽略前者的话，则问题就变得和半无限平面的突然冷却问题一样. 设热传导是沿着竖直方向进行的.

2. 方程的建立.

(1) 欧拉坐标系中的热传导方程：

$$\frac{\partial T}{\partial t}+u\frac{\partial T}{\partial x}=k\left(\frac{\partial^2 T}{\partial x^2}+\frac{\partial^2 T}{\partial y^2}\right).\tag{7.11.20}$$

从这里建立的方程式(7.11.20)可看出，因为 $u\neq0$，$\dfrac{\partial T}{\partial x}\neq0$；$\dfrac{\partial^2 T}{\partial x^2}\neq0$，故非线性项不能全去掉.

(2) Lagrange 坐标系中的热传导方程：标架随质点以速度 u 运动，则 $u=0$，但$\dfrac{\partial^2 T}{\partial x^2}\neq0$，故非线性项也不能全去掉. 所以用误差函数和补余误差函数求解有误(见 D. L. Turcotte 和 G.

Schubert 著的 *Geodynamics*,163—167).

3. 边界条件

$$\begin{cases} T = T_s, & y = 0, & t > 0, & (7.11.21a) \\ T = T_m, & y > 0, & t = 0, & (7.11.21b) \\ T \to T_m, & y \to \infty, & t > 0, & (7.11.21c) \end{cases}$$

其中式(7.11.21a)代表着地表温度,式(7.11.21b)代表初始温度,式(7.11.21c)代表无限远温度;而 T_s 是岩石圈表面海水温度,T_m 是洋脊顶部熔融地幔的温度.

4. 求解.

由

$$\theta = \frac{T-T_m}{T_s-T_m} = \mathrm{erfc}\left(\frac{y}{2\sqrt{kx/u}}\right) = 1 - \frac{T-T_s}{T_m-T_s} = 1 - \mathrm{ref}\left(\frac{y}{2\sqrt{kx/u}}\right), \tag{7.11.22}$$

可推出 $\frac{T-T_s}{T_m-T_s} = \mathrm{erf}\left(\frac{y}{2\sqrt{kx/u}}\right)$,即

$$\theta = \mathrm{erfc}\left(\frac{y}{2\sqrt{kx/u}}\right) = \frac{T-T_m}{T_s-T_m}. \tag{7.11.23}$$

5. 求岩石圈厚度.

岩石圈厚度可从下式求出:

$$y = 2\sqrt{\frac{kx}{u}}\,\mathrm{erfc}^{-1}\left(\frac{T-T_m}{T_s-T_m}\right). \tag{7.11.24}$$

如果将 $\theta=0.1$ 定义为岩石圈的厚度,则

$$\mathrm{erfc}^{-1}(0.1) = 1.16.$$

进而可推出

$$y_L = 2.32(kt)^{1/2} = 2.32(kx/u)^{1/2}.$$

上述内容引自 D. L. Turcotte 和 G. Schubert 所编著的 *Geodynamics*,159—161.

例 1 如果 $T_m - T_s = 1300\,^\circ\mathrm{K}$,则等温线具有抛物线形式,在 $t=80$ Ma 时,岩石圈厚度为 116 km.

图 7.11.4 中实线是由公式 $y=2\sqrt{\frac{kx}{u}}\,\mathrm{erfc}^{-1}\left(\frac{T-T_m}{T_s-T_m}\right)$ 得到的等温线,圆圈是由太平洋洋壳用 Rayleyh 波的分布得到的洋壳厚度(引自 A. R. Leeds,L. Knopoff 及 E. G. Kausel. Science,1974,186,141—143).

6. 确定表面热通量

$$q_s = \frac{k(T_m-T_s)}{\sqrt{\pi kt}} = k(T_m-T_s)\left(\frac{u}{\pi kx}\right)^{1/2}. \tag{7.11.25}$$

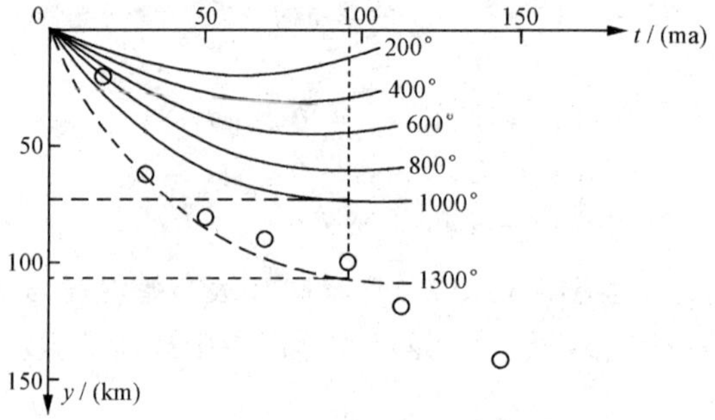

图 7.11.4　岩石圈厚度与温度的关系

§7.12　有限幅度热传导的边界层理论

一、模型

本节内容是 Turcotte 和 Oxburgh 在 1967 年发表的论文基础上推导出来的,他们建立的模型如图 7.12.1 所示.

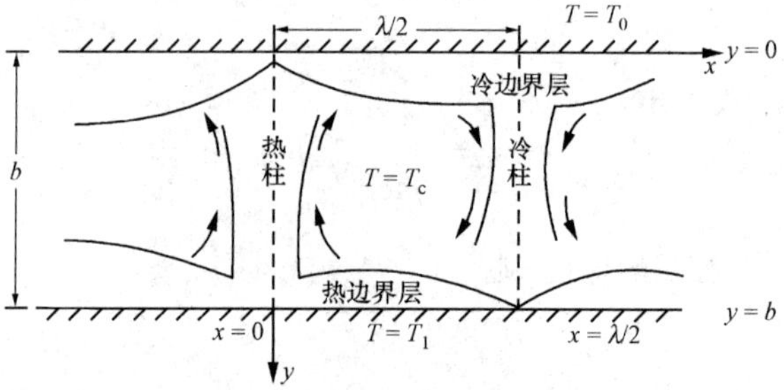

图 7.12.1　热传导边界层的模型图

二、边界条件

设 u_0 是上边界水平速度的平均值,则

$$\begin{cases} u = u_0, & y = 0, \\ u = 0, & x = 0, \\ u = 0, & x = \lambda/2, \\ u = u_{\max}, & x = \lambda/4. \end{cases} \tag{7.12.1}$$

三、建立方程

$$\frac{\partial T}{\partial t} + u\frac{\partial T}{\partial x} + v\frac{\partial T}{\partial y} = k\left(\frac{\partial^2 T}{\partial x^2} + \frac{\partial^2 T}{\partial y^2}\right). \tag{7.12.2}$$

四、求解

1. 确定顶部冷的边界层的温度分布，与边界层厚度相关. u_0 对应于 u，T_c 对应于 T_m（洋中脊顶部的地幔温度），T_0 对应于 T_s（岩石圈表面海水温度），则

$$\frac{T-T_m}{T_s-T_m}=\frac{T-T_c}{T_0-T_c}=\operatorname{erfc}\left[\frac{y}{2}\left(\frac{u_0}{kx}\right)^{1/2}\right]. \tag{7.12.3}$$

此结果是从瞬态半无限空间突然在表面变热或变冷，引起的竖直方向热传导公式得来的. 如果底部边界有限制，在底部应加温度边界条件.

2. 从地幔对流室顶部、沿着转动轴方向、且沿着 $x=0$ 到 $x=\lambda/2$ 长度，单位厚度流出的总热流率

$$\begin{aligned}\theta&=\int_0^{\lambda/2}\int_0^1 k(T_c-T_s)\left(\frac{u_0}{\pi kx}\right)^{1/2}\mathrm{d}z\mathrm{d}x=\int_0^{\lambda/2}k(T_c-T_s)\left(\frac{u_0}{\pi kx}\right)^{1/2}\mathrm{d}x\\&=2k(T_c-T_s)\left(\frac{u_0\lambda}{2\pi k}\right)^{1/2}.\end{aligned} \tag{7.12.4}$$

3. 下降热柱中的温度分布.

(1) 相邻的两个对流室的冷边界层转 90°后形成一个下降的热柱，这种下降热柱可以与海沟处的俯冲相对应.

(2) 从热边界层转移到下降热柱期间，热传导很小. 因此下降热柱中的温度分布与边界层中的温度分布一样. 以下采用半无限平面突然表面冷却时的温度分布公式作为上部冷边界层的温度分布.

(3) 假设下降热柱的竖直速度是 v_0，v_0 可能与 u_0 不相符.

(4) 下降热柱形成后，热柱中传导的热量应等于它形成前边界层中传导的热量. 下降热柱的厚度与边界层厚度之比一定是 u_0/v_0，即

$$\frac{y}{\frac{\lambda}{2}-x}=\frac{v_0}{u_0},$$

可推出

$$y=\frac{v_0}{u_0}\left(\frac{\lambda}{2}-x\right), \tag{7.12.5}$$

其中 y 是边界层的厚度，$\frac{\lambda}{2}-x$ 是下降热柱的半径.

(5) 下降热柱中的温度分布

$$\frac{T_c-T}{T_c-T_0}=\operatorname{erfc}\left[\frac{v_0}{2u_0}\left(\frac{\lambda}{2}-x\right)\left(\frac{2u_0}{k\lambda}\right)^{1/2}\right]. \tag{7.12.6}$$

此式中不包括 y，只与 x 有关.

(6) 以上式作为下降热柱中温度分布的初始值，进而可求其温度随时间的变化规律.

4. 下降热柱的总体力.

(1) 在热柱上单位体积所受向下的浮力为

$$\rho_0 g\alpha_v(T_c - T), \tag{7.12.7}$$

其中 T 是热柱内各点的温度，T_c 是热柱周围地幔的温度.

(2) 单位深度、沿转轴方向单位距离、在半个热柱上所受的负浮力为

$$f_b = -\rho_0 g\alpha_v \int_{\lambda/2}^{\lambda/2+x} (T_c - T)\mathrm{d}x. \tag{7.12.8}$$

(3) 总的热柱上所受负浮力(单位距离、沿转轴方向所受浮力)为 $F_b = \int_0^b f_b \mathrm{d}y$. 因为 f_b 与 y 无关，所以

$$F_b = f_b b. \tag{7.12.9}$$

(4) 将热柱中温度分布公式代入负浮力积分中去，且令

$$\begin{cases} x' = \dfrac{\lambda}{2} - x, \\ -\mathrm{d}x = \mathrm{d}x', \end{cases}$$

则

$$\begin{aligned} f_b &= \rho_0 g\alpha_v(T_c - T_0)\int_0^\infty \mathrm{erfc}\left[\frac{v_0 x'}{2u_0}\left(\frac{2u_0}{k\lambda}\right)^{1/2}\right]\mathrm{d}x' \\ &= 2\rho_0 g\alpha_v(T_c - T_0)\frac{u_0}{v_0}\left(\frac{k\lambda}{2u_0}\right)^{1/2}\int_0^\infty \mathrm{erfc}(z)\mathrm{d}z, \end{aligned} \tag{7.12.10}$$

其中 T_c 是洋中脊处地幔的温度，T_0 是地表的温度，且

$$z = \frac{v_0 x'}{2u_0}\left(\frac{2u_0}{k\lambda}\right)^{1/2}. \tag{7.12.11}$$

由 $\int_0^\infty \mathrm{erfc}(z)\mathrm{d}z = \left(\frac{1}{\pi}\right)^{1/2}$，如果令

$$f_b = 2\rho_0 g\alpha_v(T_c - T_0)\frac{u_0}{v_0}\left(\frac{k\lambda}{2\pi u_0}\right)^{1/2}, \tag{7.12.12}$$

可推出

$$F_b = f_b b = 2\rho_0 g\alpha_v(T_c - T_0)\frac{u_0}{v_0}\left(\frac{k\lambda}{2\pi u_0}\right)^{1/2} b. \tag{7.12.13}$$

上式是下降热柱所受的总负浮力.

5. 上升热柱中的体力.

将下降热柱总浮力公式(7.12.13)中的$(T_c - T_0)$用$(T_c - T_1)$代替，则

$$F_b = 2\rho_0 g\alpha_v(T_c - T_1)\frac{u_0}{v_0}\left(\frac{k\lambda}{2\pi u_0}\right)^{1/2} b. \tag{7.12.14}$$

6. 底部加热的地幔对流之等温核(在热柱与冷柱之间形成 $T = T_c$ 的区域)的黏性流动.

(1) 精确解要求解双调和方程.

(2) 近似求解,假设解的分布是

$$\begin{cases} u = u_0(1 - 2y/b), \\ v = -v_0(1 - 4x/\lambda), \end{cases} \tag{7.12.15}$$

而$\dfrac{u_0}{v_0} = \dfrac{\lambda}{2b}$.

竖直边界的剪应力是

$$\tau_{cv} = \mu \frac{\partial v}{\partial x} = \mu \frac{4v_0}{\lambda}, \tag{7.12.16}$$

水平边界的剪应力是

$$\tau_{ch} = \mu \frac{\partial u}{\partial(-y)} = \mu \frac{2u_0}{b}. \tag{7.12.17}$$

在等温核区域内,虽然温度是相同的,但速度由核心向外逐渐线性变大,如图 7.12.2 所示。

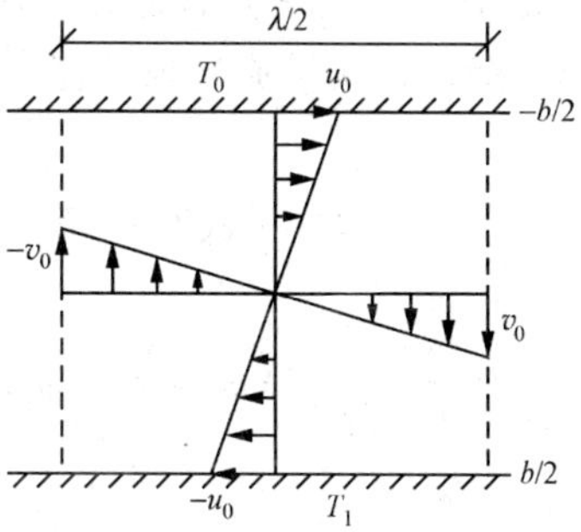

图 7.12.2　底部加热地幔对流等温核示意图

上升热柱和下降热柱中所受总浮力做功的功率等于边界上黏性力做功的功率,即

$$2F_b v_0 = 2b\tau_{cv} v_0 + \lambda \tau_{ch} u_0. \tag{7.12.18}$$

将上升及下降热柱的 F_b 代入,得

$$4\rho_0 g\alpha_v v_0 \frac{u_0 b}{v_0}(T_c - T_0)\left(\frac{k\lambda}{2\pi u_0}\right)^{1/2} = \frac{8v_0^2 \mu b}{\lambda} + \frac{2u_0^2 \mu \lambda}{b}, \tag{7.12.19}$$

其中 T_c是洋中脊处地幔的温度,T_0是地表温度,T_1是底部边界温度.将上式除以 $4b$,进而推得

$$\rho_0 g\alpha_v u_0 (T_c - T_0)\left(\frac{k\lambda}{2\pi u_0}\right)^{1/2} = \frac{2v_0^2 \mu}{\lambda} + \frac{u_0^2 \mu \lambda}{2b^2}. \tag{7.12.20}$$

而 $T_c - T_0 = \dfrac{T_1 + T_0}{2}$,又$\dfrac{u_0}{v_0} = \dfrac{\lambda}{2b}$,令 Rayleigh 数为

$$Ra \equiv \frac{\rho_0 g\alpha_v (T_1 - T_0) b^3}{\mu k}, \tag{7.12.21}$$

则

$$u_0 \left(\frac{k\lambda}{2\pi u_0}\right)^{1/2} Ra \frac{\mu k}{b^3} = \frac{2v_0^2 \mu}{\lambda} + \frac{u_0^2 \mu \lambda}{2b^2} = \frac{2\mu}{\lambda} u_0^2 \left(\frac{2b}{\lambda}\right)^2 + u_0^2 \frac{\mu \lambda}{2b^2}, \tag{7.12.22}$$

求得

$$u_0 = \frac{k}{b} \frac{\left(\dfrac{\lambda}{2b}\right)^{7/3}}{\left(1 + \dfrac{\lambda^4}{16b^4}\right)^{2/3}} \left(\frac{Ra}{2\sqrt{\pi}}\right)^{2/3}. \tag{7.12.23}$$

进而可求得 v_0.

(3) Nusselt 数：有对流时，从对流环顶部流出的总热流率除以没有对流时因热传导造成的表面热流率.

令

$$Nu \equiv \frac{Q}{Q_c}, \tag{7.12.24}$$

其中 Q 是从对流环顶部流出的总热流率，Q_c 是因热传导造成的表面热流率. 从式(7.12.24)知，有对流时，从对流环顶部流出的总热流率为

$$Q = 2k(T_c - T_0)\left(\frac{u_0\lambda}{2\pi k}\right)^{1/2} = \frac{k(T_1 - T_0)}{2^{1/3}\pi^{2/3}} \frac{\left(\frac{\lambda}{2b}\right)^{5/3}}{\left(1+\frac{\lambda^4}{16b^4}\right)^{1/3}} Ra^{1/3}.$$

无对流时，因热传导造成的表面热流率为

$$Q_c = \frac{k\lambda(T_1 - T_0)}{2b},$$

进而可以推出

$$Nu = \frac{1}{2^{1/3}\pi^{2/3}} \frac{\left(\frac{\lambda}{2b}\right)^{2/3}}{\left(1+\frac{\lambda^4}{16b^4}\right)^{1/3}} Ra^{1/3}.$$

由使 Nusselt 数取极值的条件：$\frac{\partial Nu}{\partial(\lambda/2b)}=0$，可推出高宽比

$$\frac{\lambda}{2b} = 1.$$

此时 $u_0 = 0.271\,\frac{k}{b}Ra^{2/3}$，而 $Nu = 0.294Ra^{1/3}$.

7. 内部加热地幔对流的等温核之黏性流动.

(1) 模型：底部无热边界层；只有一个下降热柱；不在冷的边界层及冷的热柱中所有流体均等温为 T_c.

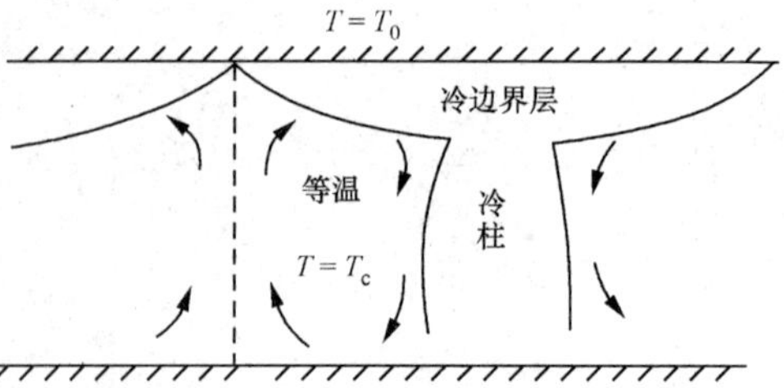

图 7.12.3　内部加热地幔对流的等温核示意图

（2）边界条件：

① 上部冷的边界层中的温度分布为$\dfrac{T_c-T}{T_c-T_0}=\mathrm{erfc}\left[\dfrac{y}{2}\left(\dfrac{u_0}{kx}\right)^{1/2}\right]$.

② 从对流环顶部放出的总热流率为 $Q=2k(T_c-T_0)\left(\dfrac{u_0\lambda}{2\pi k}\right)^{1/2}$.

③ 环中总的热产率等于顶部流出的热流率，即 $\rho_0 Hb\dfrac{\lambda}{2}=2k(T_c-T_0)\left(\dfrac{u_0\lambda}{2\pi k}\right)^{1/2}$，其中 H 是单位质量的热产率.

④ 下降冷柱中的总浮力 $F_b=f_bb=2\rho_0 g\alpha_v b(T_c-T_0)\dfrac{u_0}{v_0}\left(\dfrac{k\lambda}{2\pi u_0}\right)^{1/2}$.

⑤ 单个下降冷柱中总浮力做功的功率等于对流环边界上黏性力做功的功率

$$\rho_0 g\alpha_v(T_c-T_0)u_0\left(\frac{k\lambda}{2\pi u_0}\right)^{1/2}=\frac{4v_0^2\mu}{\lambda}+\frac{u_0^2\mu\lambda}{b^2}.$$

与底部加热相比少了一个热柱，故左端少了二倍.

（3）求解：

① 由$\dfrac{u_0}{v_0}=\dfrac{\lambda}{2b}$及产热率公式，得

$$u_0=\frac{k}{2b}\frac{\left(\dfrac{\lambda}{2b}\right)^2}{\left(1+\dfrac{\lambda^4}{16b^4}\right)^{1/2}}Ra^{1/2},$$

此时的 $Ra=\dfrac{\rho_0^2 g a_v Hb^5}{k\mu K}$，其中 K 是热导系数，k 是热扩散率.

② 由 u_0 的表达式与环内热产率公式得

$$T_c-T_0=\left(\frac{\pi}{2}\right)^{1/2}\frac{\rho_0 Hb}{K}\frac{\left(1+\dfrac{\lambda^4}{16b^4}\right)^{1/4}}{\left(\dfrac{\lambda}{2b}\right)^{1/2}}Ra^{-1/4}.$$

③ 引进无量纲温度 $\theta\equiv\dfrac{T_c-T_0}{T_{1c}-T_0}$，$T_{1c}$是内部加热无对流、仅热传导时的温度. 根据热传导计算得

$$T_{1c}=T_0+\frac{\rho_0 Hb^2}{2K},$$

可推出 $\theta=(2\pi)^{1/2}\dfrac{(1+\lambda^4/16b^4)^{1/4}}{(\lambda/2b)^{1/2}}Ra^{-1/4}$.

从极值条件 $\frac{\partial\theta}{\partial(\lambda/2b)}=0$，可推出 $\frac{\lambda}{2b}=1$，进而推出 $u_0=0.354\ \frac{k}{b}Ra^{1/2}$，$\theta=\theta_{极值}=2.98Ra^{1/4}$，$Nu=0.131Ra^{0.3}$.

§7.13 海底扩张的驱动机理

李荫亭等 1979 年在《中国科学》第 3 期上发表的论文详细求解了这个问题. 该论文内容如下：

一、运用量纲分析方法化简基本方程

$$Ek=\frac{\mu}{\Omega L^2}=\frac{\mu\frac{u}{L^2}}{\Omega u} \text{——特征黏性力 / 特征偏向力(科氏力)}, \tag{7.13.1}$$

其中 Ek 是 Ekman 数，μ 是动力黏性系数，u 是运动速度，L 是特征长度，Ω 是角速度.

1. 基本假定①.

(1) 流动是二维的；

(2) Ekman 数很大，故可以忽略科氏力；

(3) 采用 Boussinesq 近似；

(4) 忽略绝热温度梯度及黏性耗散项；

(5) 地幔流体具有线性本构关系；

(6) Reynold 数很小(约为 10^{-17})，故可忽略惯性项；

(7) 比热 c_p、热膨胀系数 α 及导热系数 k 均为常数；

(8) 忽略放射性生热.

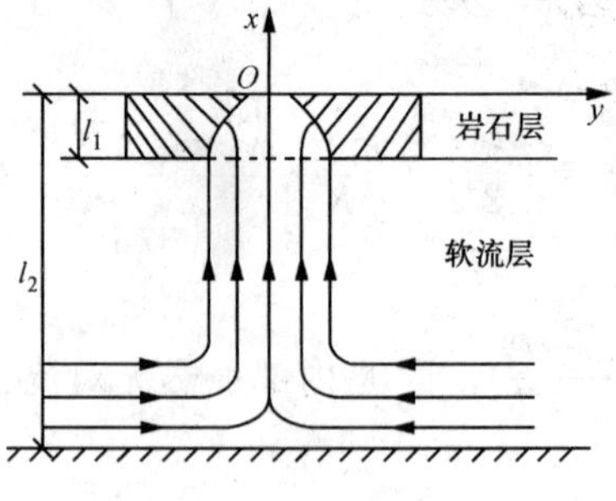

图 7.13.1 上涌流模型

① 是 Richter 和 Mckenzie 根据地幔流动特点，通过量级比较提出的.

2. 上涌流动的基本方程为

$$
\begin{cases}
\dfrac{\partial}{\partial x}\left(\mu\dfrac{\partial u}{\partial x}\right)+\dfrac{\partial}{\partial y}\left(\mu\dfrac{\partial u}{\partial y}\right)-\dfrac{\partial p}{\partial x}+\rho g\alpha(T-T_a)=0, & (7.13.2a)\\
\dfrac{\partial}{\partial x}\left(\mu\dfrac{\partial v}{\partial x}\right)+\dfrac{\partial}{\partial y}\left(\mu\dfrac{\partial v}{\partial y}\right)-\dfrac{\partial p}{\partial y}=0, & (7.13.2b)\\
u\dfrac{\partial T}{\partial x}+v\dfrac{\partial T}{\partial y}=k\left(\dfrac{\partial^2 T}{\partial x^2}+\dfrac{\partial^2 T}{\partial y^2}\right), & (7.13.2c)\\
\dfrac{\partial u}{\partial x}+\dfrac{\partial v}{\partial y}=0, & (7.13.2d)
\end{cases}
$$

其中 T_a 是上涌流的环境温度，T 是上涌流的温度，$k=\dfrac{K}{\rho c_p}$，k 是热扩散率，K 是热导系数.

如图 7.13.1 所示，上涌流模型所示，在 $y>0$，$x<0$ 区域研究上涌流. 假设 δ_u 是由对称轴(x 轴，亦最大速度之轴)到速度为 0 的边界距离；δ_T 是由对称轴(x 轴，亦最大速度之轴)到同一深度之环境温度的距离；δ_u，δ_T 均是 y 方向的特征距离.

在岩石层 $l=l_1$；在软流层 $l=l_2-l_1$，其中 l_1 是岩石层厚度，l_2 是对流起动深度；u，v 是特征速度；p，μ 分别是特征压力，特征黏度；$\Delta_x T$，$\Delta_y T$ 分别表示 x 方向和 y 方向的特征温差. 在岩石层 $l=l_1$，在软流层 $l=l_2-l_1$，其中 l 表示 x 方向的特征距离.

3. 无量纲化后比较各项数量之大小.

(1) 因为 $\delta_u^2\ll l^2$，所以

$$
\begin{cases}
\dfrac{\partial}{\partial x}\left(\mu\dfrac{\partial u}{\partial x}\right)\ll\dfrac{\partial}{\partial y}\left(\mu\dfrac{\partial u}{\partial y}\right),\\
\dfrac{\partial}{\partial x}\left(\mu\dfrac{\partial v}{\partial x}\right)\ll\dfrac{\partial}{\partial y}\left(\mu\dfrac{\partial v}{\partial y}\right),
\end{cases}
$$

即

$$\frac{u}{l^2}\ll\frac{u}{\delta_u^2}, \tag{7.13.3}$$

$$\frac{v}{l^2}\ll\frac{v}{\delta_u^2}. \tag{7.13.4}$$

(2) 如果 $\dfrac{\Delta_x T}{\Delta_y T}\ll\left(\dfrac{l}{\delta_T}\right)^2$，则

$$\frac{\partial^2 T}{\partial x^2}\ll\frac{\partial^2 T}{\partial y^2},$$

即

$$\frac{\Delta_x T}{l^2}\ll\frac{\Delta_y T}{\delta_T^2}. \tag{7.13.5}$$

(3) 由式(7.13.2d)有 $\dfrac{v}{u}\approx\dfrac{\delta_u}{l}$，即

$$u\approx\frac{vl}{\delta_u}. \tag{7.13.6}$$

(4) 由式(7.13.2b)得

$$p \approx \frac{\mu v}{\delta_u}, \tag{7.13.7}$$

由式(7.13.6)和(7.13.7)联立得

$$\frac{pl}{\mu u} \approx \frac{pl}{\mu v}\frac{\delta_u}{l} = \frac{p\delta_u}{\mu v} \approx 1,$$

可推出

$$\frac{p/l}{\mu v/\delta_u^2} \approx \left(\frac{\delta_u}{l}\right)^2 \ll 1. \tag{7.13.8}$$

(5) 在式(7.13.2a)至(7.13.2d)中,可略去$\frac{\partial}{\partial x}\left(\mu\frac{\partial u}{\partial x}\right)$,$\frac{\partial}{\partial x}\left(\mu\frac{\partial v}{\partial x}\right)$,$\frac{\partial^2 T}{\partial x^2}$,$\frac{\partial p}{\partial x}$等项.

4. 化简后的基本方程为

$$\begin{cases} \frac{\partial}{\partial y}\left(\mu\frac{\partial u}{\partial y}\right) + \rho g\alpha(T - T_a) = 0, & (7.13.9a) \\ \frac{\partial u}{\partial x} + \frac{\partial v}{\partial y} = 0, & (7.13.9b) \\ u\frac{\partial T}{\partial x} + v\frac{\partial T}{\partial y} = k\frac{\partial^2 T}{\partial y^2}. & (7.13.9c) \end{cases}$$

二、上涌流动微分方程组的解

1. 仿照 Karman-Pohlhausen 单参数近似法求解上述方程组.

令

$$u = u_w\phi, \tag{7.13.10}$$

则

$$\frac{\partial u}{\partial x} = 0, \quad \frac{\partial u}{\partial y} = u_w\frac{d\phi}{d\eta}\frac{d\eta}{dy} = \frac{u_w}{\delta_u}\frac{d\phi}{d\eta}, \quad \frac{\partial^2 u}{\partial y^2} = \frac{u_w}{\delta_u^2}\frac{d^2\phi}{d\eta^2}, \quad \frac{d\eta}{dy} = \frac{1}{\delta_u}.$$

由上述四个式子的最后一式可推出

$$y = \delta_u\eta. \tag{7.13.11}$$

令 $T - T_a = (T_w - T_a)\theta$,即

$$T = T_a + (T_w - T_a)\theta, \tag{7.13.12}$$

则

$$\frac{\partial T}{\partial x} = 0,$$

$$\frac{\partial T}{\partial y} = (T_w - T_a)\frac{d\theta}{d\eta_T}\frac{d\eta_T}{dy} = (T_w - T_a)\frac{d\theta}{d\eta_T}\frac{1}{\delta_T},$$

$$\frac{\partial^2 T}{\partial y^2} = [(T_w - T_a)/\delta_T^2]\frac{d^2\theta}{d\eta_T^2},$$

其中

$$\eta_T=\frac{y}{\delta_T},\quad \theta=\frac{T-T_a}{T_w-T_a}. \tag{7.13.13}$$

引进无量纲速度和无量纲温度：

由式(7.13.10)可引进无量纲速度

$$\phi(\eta)=\frac{u}{u_w}, \tag{7.13.14}$$

由式(7.13.12)可引进无量纲温度

$$\theta(\eta_T)=\frac{T-T_a}{T_w-T_a}, \tag{7.13.15}$$

式(7.13.10)及(7.13.6)可以写为

$$\begin{cases} u=u_w\phi, & (7.13.16\text{a})\\ v=\dfrac{\delta_u}{l}u_w\phi, & (7.13.16\text{b})\end{cases}$$

$$T=T_a+(T_w-T_a)\theta, \tag{7.13.17}$$

其中 $u_w,\delta_u,\delta_T,T_w$ 均随 x 变化. 令 $\eta=y/\delta_u,\eta_T=y/\delta_T$,可推出$\dfrac{d\eta}{dy}=\dfrac{1}{\delta_u}$.

式(7.13.9a)可以写成

$$\frac{\partial\mu}{\partial y}\frac{\partial u}{\partial y}+\mu\frac{\partial^2 u}{\partial y^2}+\rho g\alpha(T-T_a)=0,$$

因为

$$u=u_w\phi,\quad v=\frac{\delta_u}{l}u_w\phi,$$

进而式(7.13.9a)可以写成

$$\frac{\partial\mu}{\partial y}\frac{d\phi}{d\eta}\frac{d\eta}{dy}u_w+\mu\frac{d^2\phi}{d\eta^2}\left(\frac{d\eta}{dy}\right)^2u_w+\rho g\alpha(T-T_a)=0,$$

可推出

$$\frac{\partial\mu}{\partial y}\frac{d\phi}{d\eta}\frac{u_w}{\delta_u}+\mu\frac{d^2\phi}{d\eta^2}\frac{u_w}{\delta_u^2}+\rho g\alpha(T-T_a)=0.$$

由式(7.13.17),式(7.13.9c)可以写成

$$u_w\phi\frac{\partial}{\partial x}[T_a+(T_w-T_a)\theta]+\frac{\delta_u}{l}u_w\phi\frac{\partial}{\partial y}[T_a+(T_w-T_a)\theta]=k\frac{\partial^2}{\partial y^2}[T_a+(T_w-T_a)\theta],$$

则式(7.13.9a)和(7.13.9c)变为

$$\begin{cases}\dfrac{\partial\mu}{\partial y}\dfrac{d\phi}{d\eta}\dfrac{u_w}{\delta_u}+\mu\dfrac{d^2\phi}{d\eta^2}\dfrac{u_w}{\delta_u^2}+\rho g\alpha(T-T_a)=0, & (7.13.18\text{a})\\ u_w\phi\dfrac{\partial}{\partial x}[T_a+(T_w-T_a)\theta]+\dfrac{\delta_u}{l}u_w\phi\dfrac{\partial}{\partial y}[T_a+(T_w-T_a)\theta]=k\dfrac{\partial^2}{\partial y^2}[T_a+(T_w-T_a)\theta]. & (7.13.18\text{b})\end{cases}$$

令

$$\phi(\eta) \equiv \frac{u}{u_{\mathrm{w}}} = a_0 + a_1\eta + a_2\eta^2 + a_3\eta^3 + a_4\eta^4, \tag{7.13.19}$$

$$\theta(\eta_T) \equiv \frac{T - T_{\mathrm{a}}}{T_{\mathrm{w}} - T_{\mathrm{a}}} = b_0 + b_1\eta_T + b_2\eta_T^2 + b_3\eta_T^3 + b_4\eta_T^4. \tag{7.13.20}$$

下标 w 是 $y=0$ 处(对称轴上)的参数,下标 a 是通道两侧(即上升流外缘)处的参数.对于岩石层,T_{a} 是在该深度的软化温度,高于此温度,则熔岩流动;对于软流圈层,T_{a} 为环境温度 T_{∞}.

令

$$\eta = \gamma/\delta_u, \quad \eta_T = \gamma/\delta_T, \quad \varepsilon = \delta_T/\delta_u, \tag{7.13.21}$$

ε 可以是 x 的函数,其中 $\delta_T \leqslant \delta_u$.

2. 边界条件为

$$\begin{cases}\phi = 0, & \eta = 1,\\ \phi = 1, & \eta = 0,\end{cases} \quad 即在\begin{cases}y = \delta_u,\\ y = 0\end{cases}处\begin{cases}u = 0,\\ u = u_{\mathrm{w}},\end{cases} \tag{7.13.22}$$

$$\begin{cases}\theta = 0, & \eta_T = 1,\\ \theta = 1, & \eta_T = 0,\end{cases} \quad 即在\begin{cases}y = \delta_T,\\ y = 0\end{cases}处\begin{cases}T = T_{\mathrm{a}},\\ T = T_{\mathrm{w}}.\end{cases} \tag{7.13.23}$$

3. 求解.

由边界条件可知:因为

$$当\ \eta = 1\ 时, \quad \phi = a_0 + a_1 + a_2 + a_3 + a_4;$$
$$当\ \eta = 0\ 时, \quad \phi = a_0 = 1.$$

由

$$\left.\frac{\partial\phi}{\partial\eta}\right|_{\eta=0} = (a_1 + 2a_2\eta + 3a_3\eta^2 + 4a_4\eta^3)_{\eta=0} = 0 \implies a_1 = 0,$$

$$\left.\frac{\partial^3\phi}{\partial\eta^3}\right|_{\eta=0} = (6a_3 + 24a_4\eta)_{\eta=0} = 0 \implies a_3 = 0.$$

代入 ϕ 得

$$\phi = 1 + a_2\eta^2 + a_4\eta^4.$$

由边界条件(7.13.22)知:当 $\eta=1$ 时,有

$$\phi = 1 + a_2 + a_4 = 0 \implies a_4 = -(1 + a_2).$$

又因为当 $\eta_T=0$ 时,$\theta=b_0=1$,

$$\left.\frac{\partial\theta}{\partial\eta_T}\right|_{\eta_T=0} = (b_1 + 2b_2\eta_T + 3b_3\eta_T^2 + 4b_4\eta_T^3)_{\eta_T=0} = 0 \implies b_1 = 0,$$

$$\left.\frac{\partial^3\theta}{\partial\eta_T^3}\right|_{\eta_T=0} = (6b_3 + 24b_4\eta_T)_{\eta_T=0} = 0 \implies b_3 = 0.$$

又当 $\eta_T=1$ 时，有

$$\theta=(b_0+b_2\eta_T^2+b_4\eta_T^4)_{\eta_T=1}=1+b_2+b_4=0 \Longrightarrow b_4=-(1+b_2).$$

a_2, b_2 可以随 x 变化，代入边界条件，得

$$\begin{cases}\phi(\eta)=1+a_2\eta^2-(1+a_2)\eta^4, & (7.13.24a)\\ \theta(\eta_T)=1+b_2\eta_T^2-(1+b_2)\eta_T^4. & (7.13.24b)\end{cases}$$

将式(7.13.24a)和(7.13.24b)代入式(7.13.18a)，比较系数，可推得

$$1-2\left(1+\frac{1}{a_2}\right)\varepsilon^2-\frac{\mu_w}{\mu_a}\left(\frac{4}{5}+\frac{2}{15}b_2\right)=0, \tag{7.13.25}$$

利用 δ_T 处 $\dfrac{\partial u}{\partial y}$ 的连续性条件，可推得下式：

$$\frac{1}{a_2}+2\varepsilon^2\frac{\mu_w}{\mu_a}\int_0^1\frac{\eta_T+\dfrac{b_2}{3}\eta_T^3-\dfrac{1+b_2}{5}\eta_T^5}{\mu/\mu_a}d\eta_T=-\left(\frac{8}{5}+\frac{4}{15}b_2\right)(\varepsilon-\varepsilon^2)\frac{\mu_w}{\mu_a}, \tag{7.13.26}$$

推得

$$\begin{aligned}&12(1+a_2)\varepsilon+4(2+b_2)[a_2-6(1+a_2)\varepsilon^2]\frac{\partial\mu}{\partial T}\frac{T-T_a}{\varepsilon\mu_a}\\&+2\left[-(6+5b_2)\frac{\partial\mu}{\partial T}+2(T_w-T_a)(2+b_2)^2\frac{\partial^2\mu}{\partial T^2}\right]\frac{2+a_2}{\varepsilon^2}(T_w-T_a)\\&+\frac{\rho g\alpha(T-T_a)\delta_u^2(2+b_2)}{\varepsilon\mu_a u_w}=0.\end{aligned} \tag{7.13.27}$$

若忽略 y 方向压力变化对 μ 的影响，还可以推出

$$\delta_T^4=\frac{-4a_2b_2\varepsilon^2k\mu_w}{\rho g\alpha\dfrac{dT_w}{dx}}, \tag{7.13.28}$$

$$u_w^2=\frac{-b_2\rho g\alpha k(T_w-T_a)^2}{a_2\varepsilon^2\mu_w\dfrac{dT_w}{dx}}. \tag{7.13.29}$$

将式(7.13.24)代入式(7.13.18b)，并在区间$[0,\delta_T]$上对 y 积分，则

$$\begin{aligned}&\left[\frac{2}{15}+\frac{2}{35}a_2\varepsilon^2+\frac{2}{63}(1+a_2)\varepsilon^4\right]\frac{db_2}{dx}+\left[\left(\frac{4}{21}+\frac{4}{35}b_2\right)\varepsilon^2+4\left(\frac{4}{45}+\frac{2}{63}b_2\right)\varepsilon^4\right]\frac{da_2}{dx}\\&+\left[2a_2\left(\frac{4}{21}+\frac{2}{35}b_2\right)\varepsilon+3\left(\frac{4}{45}+\frac{2}{63}b_2\right)(1+a_2)\varepsilon^3\right]\frac{d\varepsilon}{dx}\\&+\left[\frac{2}{T_w-T_a}\frac{d(T_w-T_a)}{dx}+\frac{3}{4b_2}\frac{db_2}{dx}-\frac{1}{4\mu_w}\frac{d\mu_w}{dx}-\frac{1}{4a_2}\frac{da_2}{dx}-\frac{1}{2\varepsilon}\frac{d\varepsilon}{dx}-\frac{3}{4}\frac{d^2T_w}{dx^2}\left(\frac{dT_w}{dx}\right)^{-1}\right]\\&\cdot\left[\frac{4}{5}+\frac{2}{15}b_2+\left(\frac{4}{21}+\frac{2}{35}b_2\right)a_2\varepsilon^2-\left(\frac{4}{45}+\frac{2b_2}{63}\right)(1+a_2)\varepsilon^4\right]\end{aligned}$$

$$+\frac{\mathrm{d}T_a}{\mathrm{d}x}(T_w-T_a)^{-1}\left[1+\frac{1}{3}a_2\varepsilon^2-\frac{1}{5}(1+a_2)\varepsilon^4\right]+\frac{2+b_2}{b_2}\frac{\mathrm{d}T_w}{\mathrm{d}x}(T_w-T_a)^{-1}=0. \tag{7.13.30}$$

边界条件为

$$x=0 \quad 或 \quad x=-l_2 \text{ 时}, \quad T_w-T_a=0. \tag{7.13.31}$$

如果$\frac{\partial\mu}{\partial T}$，$\frac{\partial^2\mu}{\partial T^2}$的函数形式已知，由式(7.13.24)到(7.13.26)可解出 a_2，b_2，ε，再由式(7.13.29)和式(7.13.30)可解出 T_w，利用式(7.13.27)和(7.13.28)和η，η_T，ε 的无量纲公式，可以求出 u_w，δ_u 和 δ_T.

若流体为牛顿黏性流体，μ 为常数，利用 δ_T 处$\frac{\partial u}{\partial y}$的连续性条件，可以将式(7.13.24)到(7.13.26)写成下列形式：

$$\begin{cases}\frac{1}{5}-2\left(1+\frac{1}{a_2}\right)\varepsilon^2-\frac{2}{15}b_2=0, & (7.13.32\text{a})\\ \frac{1}{a_2}+2\varepsilon^2\left(\frac{7}{15}+\frac{b_2}{20}\right)=-\left(\frac{8}{5}+\frac{4b_2}{15}\right)\varepsilon(1-\varepsilon), & (7.13.32\text{b})\\ 6\left(1+\frac{1}{a_2}\right)-\frac{1}{\varepsilon^2}(2+b_2)=0. & (7.13.32\text{c})\end{cases}$$

由式(7.13.32)可解出：$a_2=-\frac{6}{5}$，$b_2=-1$，$\varepsilon=1$.

因此，$\delta_u=\delta_T=\delta$，代入式(7.13.24a)和(7.13.24b)，得：

$$\begin{cases}\phi(\eta)=1-\frac{6}{5}\eta^2+\frac{1}{5}\eta^4,\\ \theta(\eta_T)=1-\eta_T^2.\end{cases} \tag{7.13.33}$$

将式(7.13.24a)和(7.13.24b)代入式(7.13.9a)和(7.13.9b)中，并在$[0,\delta]$上对 y 积分，得

$$\begin{cases}zz''-\frac{19}{204}z'-\frac{170}{204}\beta z'+\frac{189}{204}\beta^2-z\beta'=0, & (7.13.34\text{a})\\ z=0, \quad 当 x=0 或 x=-l_2 \text{ 时}, & (7.13.34\text{b})\end{cases}$$

其中 $z=T_w-T_a$，$\beta=-\frac{\mathrm{d}T_a}{\mathrm{d}x}$. z'是 z 对 x 求一次微商，z''是对 x 求两次微商. 在软流层中$\frac{\mathrm{d}T_a}{\mathrm{d}x}=\frac{\mathrm{d}T_\infty}{\mathrm{d}x}\doteq\text{const.}$；而在岩石层中对$\frac{\mathrm{d}T_a}{\mathrm{d}x}$的规律研究甚少. 设在岩石层中$\frac{\mathrm{d}T_a}{\mathrm{d}x}$=常数亦成立，则 $\beta'=0$，式(7.13.34a)最末一项为 0. 其分析解为：在岩石层内(下标为 1)

$$\tilde{z}_1=\frac{z_1}{l_1\beta_1}=\frac{-\tilde{x}_1\left(\frac{189}{19}+\tilde{\omega}\right)^{9639/988}(1-\tilde{\omega})^{969/988}}{\frac{204}{19}\int_{-\frac{189}{19}}^{\tilde{\omega}}\left[\left(\frac{189}{19}+\tilde{\omega}\right)^{8651/988}(1-\tilde{\omega})^{-19/988}\right]\mathrm{d}\tilde{\omega}};$$

在软流层内(下标为 2)

$$\tilde{z}_2=\frac{z_2}{l_1\beta_2}=\frac{-\left(\tilde{x}_2+\frac{l_2}{l_1}\right)\left(\frac{189}{19}+\tilde{\omega}\right)^{9639/988}(1-\tilde{\omega})^{969/988}}{\frac{204}{19}\int_1^{\tilde{\omega}}\left[\left(\frac{189}{19}+\tilde{\omega}\right)^{8651/988}(1-\tilde{\omega})^{-19/988}\right]\mathrm{d}\tilde{\omega}},$$

其中，$\tilde{x}=\frac{x}{l_1}$，$\tilde{\omega}=\frac{\mathrm{d}\tilde{z}}{\mathrm{d}\tilde{x}}$，$\tilde{z}_1=\frac{z_1}{l_1\beta_1}$，$\tilde{z}_2=\frac{z_2}{l_1\beta_2}$.

三、计算结果及讨论

1. 地幔参数的选取.

(1) 黏度：$\mu=10^{17}$，10^{18}，10^{19} Pa·s 三种情况.

(2) 地幔导温率：$k=\frac{K}{\rho c_p}=2\times10^{-2}\,\mathrm{cm^2/s}$.

(3) 膨胀系数：$\alpha=3.5\times10^{-5}$/度.

(4) 地幔介质的密度：$\rho=3.3\,\mathrm{g/cm^3}$；重力加速度：$g=10^3\,\mathrm{cm/s^2}$.

(5) 一般软流层中竖直温度梯度为 1～2℃/km，本文岩石圈取 $\beta_1=8$℃/km，软流层取 $\beta_2=1.5$℃/km.

2. 上涌流流动结构.

在图 7.13.2 中：

(1) 启动深度$(l_2/l_1)\times10^2$ 为 700，500，400 km 时最大水平温差为 T_w-T_a 随深度的变化，启动深度愈大温差愈大，在岩石层底部导数$\frac{\mathrm{d}T_a}{\mathrm{d}x}=-\beta$不连续.

(2) 岩石层上涌通道中最大温差随启动深度的变化趋势与软流层一致，但变化幅度极小.

(3) 温差与黏度无关.

在图 7.13.3 中，显示黏度不变，u_w 随深度的变化对软流圈中启动深度影响较大.

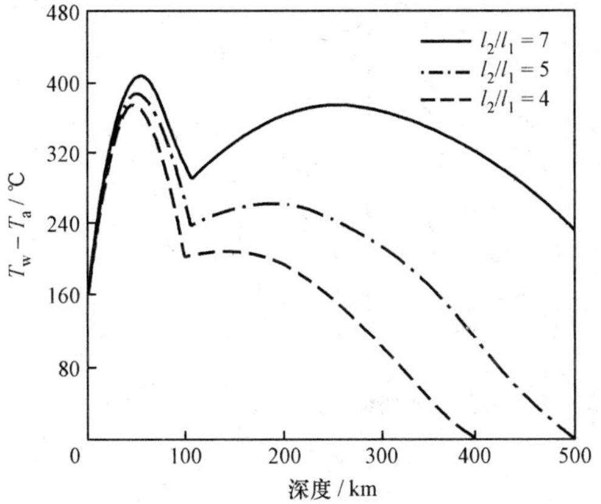

图 7.13.2 最大温差随深度变化图

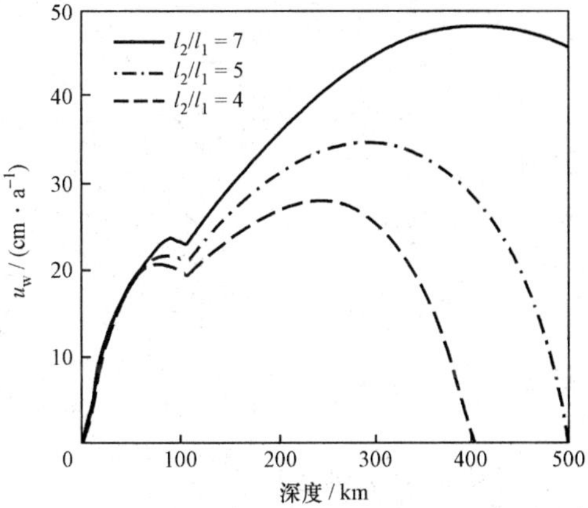

图 7.13.3 不同启动深度下最大上涌速度 u_w 随深度的变化

在图 7.13.4 中，显示启动深度为 500 km 时黏度对 u_w 分布的影响：黏度愈小 u_w 愈大，$u_w \propto \dfrac{1}{\sqrt{\mu}}$.

在图 7.13.5 中，$\mu = 10^{18}$ Pa · s 不变时，上涌流半宽度随深度而变化，它与启动深度有关.

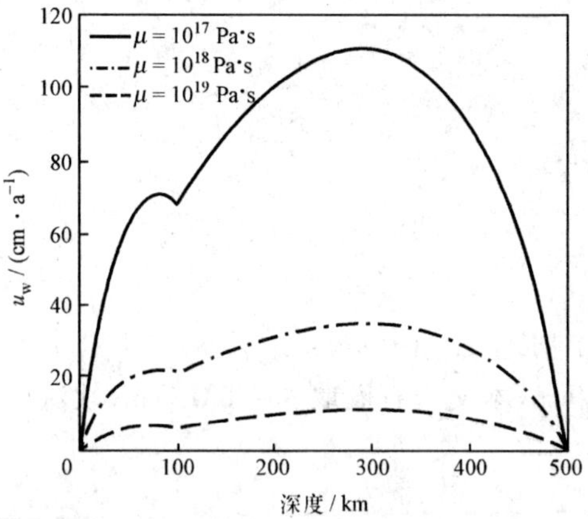

图 7.13.4　不同黏度时最大上涌流速度随深度的变化

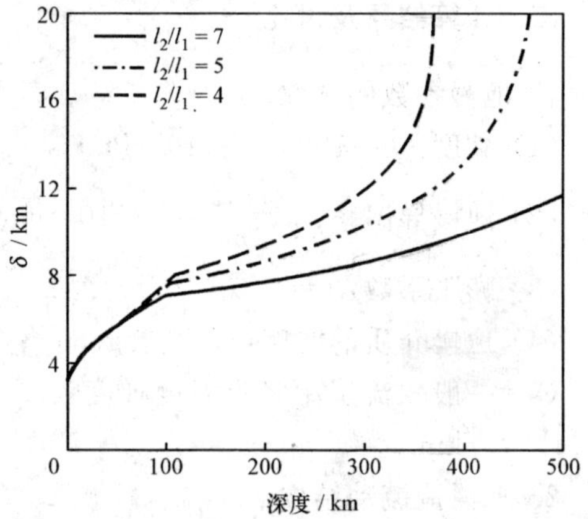

图 7.13.5　不同启动深度时上涌流半宽度随深度的变化

图 7.13.6 中，黏度分别为 10^{17}, 10^{18}, 10^{19} Pa · s，启动深度为 500 km：

(1) 上涌流半宽度随深度变化规律为：黏度愈大上涌通道愈宽，$\delta \propto \mu^{1/4}$.

(2) 在软流层中的上升流动显然满足 $(\delta/l)^2 \ll 1$ 的条件(启动区除外).

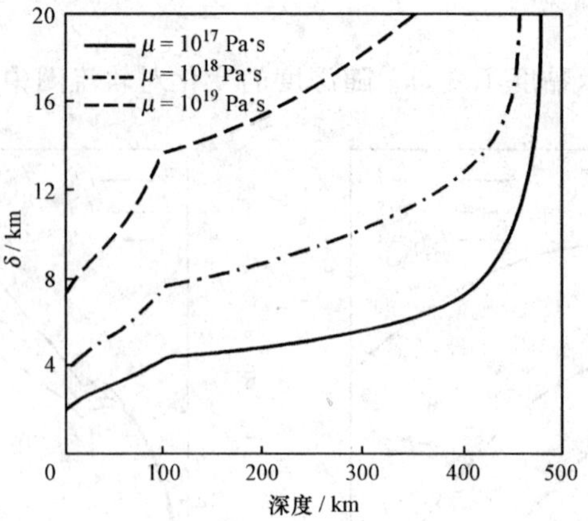

图 7.13.6　不同黏度时上涌流半宽度随深度的变化

3. 板块动力学参数计算.

利用上述结果可以求出板块移动速度、推力和上涌熔岩向板块输送的能量.

(1) 由进入上涌流通道的总质量流量等于板块外移的质量流量，可求出板块移动速度：

$$v_{板} = 0.64u_{w_1}\delta/l_1,$$

其中 $0.64u_w$ 为平均上涌流速,等于厚度 l_1 的板块上增加了 $l_1 v_{板}$ 这么多的质量.

(2) 半通道内上涌物质受到的总浮力:

$$F_b = \left(\frac{144}{135}k\mu\right)^{\frac{1}{4}}(\rho g\alpha\beta_1)^{\frac{3}{4}}l_1^2\int_0^1 \tilde{z}(1-\tilde{\omega})^{-\frac{1}{4}}\mathrm{d}\tilde{x}.$$

(3) 半通道总推力:

$$F_{推} = \left(\frac{2}{15}\rho g\alpha k\mu\beta_1\right)^{\frac{1}{2}}l_1\int_{\frac{189}{19}}^{\tilde{\omega}} \tilde{z}(1-\tilde{\omega})^{-\frac{3}{2}}\mathrm{d}\tilde{\omega}.$$

(4) 单位时间单位宽度的岩石层受到涌入通道内的岩浆所含的内能为

$$W_{入} = \int_0^{\delta_1}\rho c_p u_1 T_1 \mathrm{d}y = 0.518\rho c_p u_{w_1}\delta_1(T_{w_1} - T_{a_1}) + 0.64\rho c_p u_{w_1}\delta_1 T_{a_1}.$$

(5) 在单位时间内返回软流层时单位宽度的岩石板块所含的内能:

$$W_{出} = \dot{m}c_p T_{\infty_1},$$

其中 $\dot{m} = \int_0^{\delta_1}\rho u_1 \mathrm{d}y$ 为返回软流圈的质量流量,等于 $0.64u_{w_1}\delta_1$,可推出

$$W_{出} = 0.64\rho C_p u_{w_1}\delta_1 T_{\infty_1},$$

假定返回软流层的岩石层板块内的温度均等于岩石层底层的温度 T_{∞_1},其中 $T_{\infty_1} = T_{a_1}$.

(6) 单位时间上涌物质向板块输送的能量:

$$W = W_{入} - W_{出} = 0.518\rho c_p u_{w_1}\delta_1(T_{w_1} - T_{a_1}).$$

如果全球正在活动的洋脊总长度为 $L=60\,000$ km,则单位时间内上涌物质向全球输入的能量为

$$W_{总} = 2WL = 1.036\rho c_p u_{w_1}\delta_1 L(T_{w_1} - T_{a_1})L.$$

$W_{总}$ 将消耗于地震、火山、板块边缘区域的表面热流和变形. 如果 $l_2=500$ km,$\mu=10^{18}$ Pa·s,则 $W_{总}=6.45\times10^{11}$ cal·s^{-1}. 它比全球地震释放的能量 0.8×10^{10} cal·s^{-1} 大 80 倍,并比 Mckenzic 提出的任何驱动机理所必须提供的能量下限 4.6×10^{10} cal·s^{-1} 还要大.

(7) 在 $\mu=10^{17},10^{18},10^{19}$ Pa·s、启动深度为 400,500,700 km 时,板块的动力参数见下表:

表 7.13.1 板块的动力参数

l_2/l_1	μ/(Pa·s)	$V_{板}$/(cm·a^{-1})	$F_{推}$/(N·cm^{-1})	$W_{总}$/(cal·s^{-1})
4	10^{17}	1.78	0.163×10^8	10.17×10^{11}
	10^{18}	1.00	0.517×10^8	5.73×10^{11}
	10^{19}	0.56	1.630×10^8	3.21×10^{11}
5	10^{17}	1.83	0.158×10^8	11.46×10^{11}
	10^{18}	1.02	0.500×10^8	6.45×10^{11}
	10^{19}	0.58	1.580×10^8	3.63×10^{11}
6	10^{17}	1.91	0.152×10^8	14.61×10^{11}
	10^{18}	1.08	0.480×10^8	8.22×10^{11}
	10^{19}	0.61	1.520×10^8	4.62×10^{11}

第 8 章　用球谐分析方法求解三维黏性流体运动及其在地球科学中的应用

§8.1　球谐分析方法介绍

一、圆球坐标下 Laplace 方程与球谐函数

在三维问题中，如果$\frac{\mathrm{d}\boldsymbol{v}}{\mathrm{d}t}=0$，则 $\boldsymbol{F}-\frac{1}{\rho}\nabla p=0$，N-S 方程可以写成 $\nabla^2\boldsymbol{v}=0$，其分量形式为$\begin{cases}\nabla^2 u=0,\\ \nabla^2 v=0.\end{cases}$

1. 在球坐标中对于如果满足 $\nabla^2\boldsymbol{v}=0$ 的函数 $\boldsymbol{v}=\boldsymbol{v}(r,\theta,\phi)$，可以写成

$$\frac{1}{r^2}\frac{\partial}{\partial r}\left(r^2\frac{\partial \boldsymbol{v}}{\partial r}\right)+\frac{1}{r^2\sin\theta}\frac{\partial}{\partial\theta}\left(\sin\theta\frac{\partial \boldsymbol{v}}{\partial\theta}\right)+\frac{1}{r^2\sin^2\theta}\frac{\partial^2\boldsymbol{v}}{\partial\phi^2}=0. \tag{8.1.1}$$

用分离变量法，令

$$\boldsymbol{v}=R(r)\mathrm{Y}(\theta,\phi), \tag{8.1.2}$$

代入式(8.1.1)可推出

$$\frac{\mathrm{Y}}{r^2}\frac{\partial}{\partial r}\left(r^2\frac{\partial R}{\partial r}\right)+\frac{R}{r^2\sin\theta}\frac{\partial}{\partial\theta}\left(\sin\theta\frac{\partial \mathrm{Y}}{\partial\theta}\right)+\frac{R}{r^2\sin^2\theta}\frac{\partial^2\mathrm{Y}}{\partial\phi^2}=0. \tag{8.1.3}$$

同乘$\frac{r^2}{R\mathrm{Y}}$，得

$$\frac{1}{R}\frac{\partial}{\partial r}\left(r^2\frac{\partial R}{\partial r}\right)+\frac{1}{\mathrm{Y}\sin\theta}\frac{\partial}{\partial\theta}\left(\sin\theta\frac{\partial \mathrm{Y}}{\partial\theta}\right)+\frac{1}{\mathrm{Y}\sin^2\theta}\left(\frac{\partial^2\mathrm{Y}}{\partial\phi^2}\right)=0, \tag{8.1.4}$$

将只含 r 的项与只含 θ,ϕ 的项分开，得

$$\begin{cases}\dfrac{1}{R}\dfrac{\partial}{\partial r}\left(r^2\dfrac{\partial R}{\partial r}\right)=K, & (8.1.5\mathrm{a})\\[2ex] \dfrac{1}{\mathrm{Y}\sin\theta}\dfrac{\partial}{\partial\theta}\left(\sin\theta\dfrac{\partial \mathrm{Y}}{\partial\theta}\right)+\dfrac{1}{\mathrm{Y}\sin^2\theta}\dfrac{\partial^2\mathrm{Y}}{\partial\phi^2}=-K, & (8.1.5\mathrm{b})\end{cases}$$

解式(8.1.5a)，得

$$R=Ar^n+Br^{-(n+1)}, \tag{8.1.6}$$

其中 $n(n+1)=K$，代入式(8.1.5b)并同乘 Y 得

$$\frac{1}{\sin\theta}\frac{\partial}{\partial\theta}\left(\sin\theta\frac{\partial \mathrm{Y}}{\partial\theta}\right)+\frac{1}{\sin^2\theta}\frac{\partial^2\mathrm{Y}}{\partial\phi^2}+(n+1)n\mathrm{Y}=0. \tag{8.1.7}$$

2. 定义.

(1) 若式(8.1.7)的解为 Y_n，称为 n 次面谐函数，它只与 θ,ϕ 有关，与 r 无关.

(2) $R(r)\mathrm{Y}_n=\left(Ar^n+\dfrac{B}{r^{n+1}}\right)\mathrm{Y}_n$ 称为立体球谐函数，可以是式(8.1.1)的解.

(3) $V=\sum\limits_{n=0}^{\infty}\left[\left(Ar^n+\dfrac{B}{r^{n+1}}\right)\mathrm{Y}_n\right]$亦是式(8.1.1)的解，其中 $Ar^n\mathrm{Y}_n$ 称为 n 次球谐项；$Br^{-(n+1)}\mathrm{Y}_n$ 称为 $-(n+1)$次球谐项.

3. 球谐函数与面谐函数的性质.

(1) 若 V 是一个 n 次球谐函数，则 $r^{-(2n+1)}V$ 也是一个球谐函数，其次数为 $-(n+1)$.

因为 V 是 n 次球谐函数，故 $V=r^nA\mathrm{Y}_n$，而 $r^{-(2n+1)}V=r^nA\mathrm{Y}_n/r^{2n+1}=r^{-(n+1)}A\mathrm{Y}_n$ 是一个次数为 $-(n+1)$的球谐函数.

(2) 如果 Y_n 与 Y_m 是正交的，且 $n\neq m$，即对任意一个球面 S，有

$$\int_S \mathrm{Y}_n(\theta,\phi)\mathrm{Y}_m(\theta,\phi)\mathrm{d}S=0.$$

二、连带勒让德方程与连带勒让德函数(缔合连带勒让德函数)

1. 求式(8.1.7)的解：仍用分离变量法. 令

$$\mathrm{Y}=\Theta(\theta)\cdot\Phi(\phi), \tag{8.1.8}$$

则

$$\begin{cases}\dfrac{\sin\theta}{\Theta}\dfrac{\mathrm{d}}{\mathrm{d}\theta}\left(\sin\theta\dfrac{\mathrm{d}\Theta}{\mathrm{d}\theta}\right)+n(n+1)\sin^2\theta=L, & (8.1.9\text{a})\\ \dfrac{1}{\Phi}\dfrac{\mathrm{d}^2\Phi}{\mathrm{d}\phi^2}=-L, & (8.1.9\text{b})\end{cases}$$

令

$$L=m^2, \tag{8.1.10}$$

则 $\Phi=C_m\cos m\phi+D_m\sin m\phi$.

将 $L=m^2$ 代入式(8.1.9a)，两端同乘 $\Theta/\sin^2\theta$，得

$$\frac{1}{\sin\theta}\frac{\mathrm{d}}{\mathrm{d}\theta}\left(\sin\theta\frac{\mathrm{d}\Theta}{\mathrm{d}\theta}\right)+n(n+1)\Theta-\frac{m^2}{\sin^2\theta}\Theta=0. \tag{8.1.11}$$

2. 令 $\cos\theta=\mu$，则式(8.1.11)化为

$$\frac{\mathrm{d}}{\mathrm{d}\mu}\left[(1-\mu^2)\frac{\mathrm{d}\Theta}{\mathrm{d}\mu}\right]+\left[n(n+1)-\frac{m^2}{1-\mu^2}\right]\Theta=0. \tag{8.1.12}$$

式(8.1.12)叫做连带勒让德方程，它是 Θ 的二阶常微分方程，有两个独立的级数解. 一个解用 $\mathrm{P}_n^m(\mu)$或 $\mathrm{P}_{nm}(\mu)$表示，另一个解用 $\mathrm{Q}_n^m(\mu)$或 $\mathrm{Q}_{nm}(\mu)$表示. $\mathrm{P}_n^m(\mu)$或 $\mathrm{P}_{nm}(\mu)$叫做第一类连带勒让德函数，是 n 次 m 阶函数；$\mathrm{Q}_n^m(\mu)$ 或 $\mathrm{Q}_{nm}(\mu)$叫做第二类连带勒让德函数，是 n 次 m 阶函数. 由式(8.1.8)得

$$\mathrm{Y}_{nm}=\mathrm{P}_{nm}(C_m\cos m\phi+D_m\sin\phi)=\mathrm{P}_{nm}\Phi(\phi). \tag{8.1.13}$$

进而可写成一个面谐函数：

$$Y_n(\theta,\phi) = \sum_{m=0}^{n}[(a_{nm}\cos m\phi + b_{nm}\sin m\phi)P_{nm}(\cos\theta)], \tag{8.1.14}$$

一个球谐函数：

$$V(r,\theta,\phi) = \sum_{n=0}^{\infty}\left\{\left(Ar^n + \frac{B}{r^{n+1}}\right)\sum_{m=0}^{n}[(a_{nm}\cos m\phi + b_{nm}\sin m\phi)P_{nm}(\cos\theta)]\right\}. \tag{8.1.15}$$

三、勒让德方程与勒让德函数

1. 当式(8.1.12)中 $m=0$ 时称为勒让德微分方程，即

$$\frac{d}{d\mu}\left[(1-\mu^2)\frac{d\Theta}{d\mu}\right] + n(n+1)\Theta = 0. \tag{8.1.16}$$

(1) 式(8.1.16)的解称为勒让德函数.

(2) 当 n 为正整数时，式(8.1.16)的解为 P_n(多项式)和 Q_n(无穷级数).

(3) 如为轴对称问题，对称轴为 $\theta=0$ 时，即$\frac{\partial}{\partial\phi}=0$，$\frac{\partial^2}{\partial\phi^2}=0$，式(8.1.7)可直接写成式(8.1.16)，其解 $P_n(\mu)=P_n(\cos\theta)=P_{n0}$ 称为带谐函数①.

2. $P_n(\mu)=\frac{1}{2^n n!}\frac{d^n}{d\mu^n}(\mu^2-1)^n$.

3. $(n+1)P_{n+1}+nP_{n-1}=(2n+1)\mu P_n$.

四、连带勒让德函数与勒让德函数的关系

1. 连带勒让德方程与勒让德方程的关系.

将勒让德微分方程式(8.1.16)对 μ 求 m 次导数并令 $v=d^m\Theta/d\mu^m$，得

$$(1-\mu^2)\frac{d^2v}{d\mu^2} - 2\mu(m+1)\frac{dv}{d\mu} + (n-m)(n+m+1)v = 0. \tag{8.1.17}$$

因为式(8.1.16)可以写为

$$(1-\mu^2)\frac{d^2\Theta}{d\mu^2} - 2\mu\frac{d\Theta}{d\mu} + n(n+1)\Theta = 0,$$

微商一次得

$$(1-\mu^2)\frac{d^3\Theta}{d\mu^3} - 2\mu(1+1)\frac{d^2\Theta}{d\mu^2} + [n(n+1) - 1(1+1)]\frac{d\Theta}{d\mu} = 0,$$

微商二次得

$$(1-\mu^2)\frac{d^4\Theta}{d\mu^4} - 2\mu(2+1)\frac{d^3\Theta}{d\mu^3} + [n(n+1) - 2(2+1)]\frac{d^2\Theta}{d\mu^2} = 0,$$

……………

微商 m 次得

① 带谐函数与 ϕ 无关，是一个 $m=0$ 的连带勒让德函数，也是勒让德函数.

$$(1-\mu^2)\frac{\mathrm{d}^{m+2}\Theta}{\mathrm{d}\mu^{m+2}}-2\mu(m+1)\frac{\mathrm{d}^{m+1}\Theta}{\mathrm{d}\mu^{m+1}}+[n(n+1)-m(m+1)]\frac{\mathrm{d}^m\Theta}{\mathrm{d}\mu^m}=0.$$

令 $\begin{cases}v=\mathrm{d}^m\Theta/\mathrm{d}\mu^m,\\ w=v(1-\mu^2)^{m/2},\end{cases}$ 则式(8.1.17)变为

$$(1-\mu^2)\frac{\mathrm{d}^2 w}{\mathrm{d}\mu^2}-2\mu\frac{\mathrm{d}w}{\mathrm{d}\mu}+\left[n(n+1)-\frac{m^2}{1-\mu^2}\right]w=0. \tag{8.1.18}$$

式(8.1.17)是连带勒让德方程. 式(8.1.18)与式(8.1.12)相同.

2. 连带勒让德函数与勒让德函数的关系.

式(8.1.18)的解为连带勒让德函数,它们与勒让德函数的关系为:

第一类解(n 次 m 阶):相当于 Θ,即

$$\mathrm{P}_{nm}(\mu)=(1-\mu^2)^{m/2}\frac{\mathrm{d}^m\mathrm{P}_n(\mu)}{\mathrm{d}\mu^m}. \tag{8.1.19}$$

第二类解(n 次 m 阶):相当于 $\mathrm{Q}_{nm}(\mu)$,即

$$\mathrm{Q}_{nm}(\mu)=(1-\mu^2)^{m/2}\frac{\mathrm{d}^m\mathrm{Q}_n(\mu)}{\mathrm{d}\mu^m}. \tag{8.1.20}$$

其中 $\mathrm{P}_{nm}(\mu)$是连带勒让德函数,$\mathrm{P}_n(\mu)$是勒让德函数.

3. 几个较低阶次的连带勒让德函数.

$$\begin{aligned}
\mathrm{P}_{11}&=\sin\theta=(1-\mu^2)^{1/2},\\
\mathrm{P}_{21}&=3\sin\theta\cos\theta=3\mu(1-\mu^2)^{1/2},\\
\mathrm{P}_{22}&=3\sin^2\theta=3(1-\mu^2),\\
\mathrm{P}_{31}&=\frac{3}{2}\sin\theta(5\cos^2\theta-1)=\frac{3}{2}(1-\mu^2)^{1/2}(5\mu^2-1),\\
\mathrm{P}_{32}&=15\sin^2\theta\cos\theta=15\mu(1-\mu^2),\\
\mathrm{P}_{33}&=15\sin^3\theta=15(1-\mu^2)^{3/2}.
\end{aligned}$$

4. 连带勒让德函数的正交归一性.

方程 $\frac{\mathrm{d}}{\mathrm{d}\mu}\left[(1-\mu^2)\frac{\mathrm{d}\mathrm{P}_{nm}}{\mathrm{d}\mu}\right]+\left[n(n+1)-\frac{m^2}{1-\mu^2}\right]\mathrm{P}_{nm}=0$,其解为 P_{nm}.

方程 $\frac{\mathrm{d}}{\mathrm{d}\mu}\left[(1-\mu^2)\frac{\mathrm{d}\mathrm{P}_{n'm'}}{\mathrm{d}\mu}\right]+\left[n'(n'+1)-\frac{m'^2}{1-\mu^2}\right]\mathrm{P}_{n'm'}=0$,其解为 $\mathrm{P}_{n'm'}$.

两式分别乘对方的解,相减得

$$\begin{aligned}
&\frac{\mathrm{d}}{\mathrm{d}\mu}\left[(1-\mu^2)\left(\mathrm{P}_{nm}\frac{\mathrm{d}\mathrm{P}_{n'm'}}{\mathrm{d}\mu}-\mathrm{P}_{n'm'}\frac{\mathrm{d}\mathrm{P}_{nm}}{\mathrm{d}\mu}\right)\right]\\
&\quad=-\left[n'(n'+1)-\frac{m'^2}{1-\mu^2}-n(n+1)+\frac{m^2}{1-\mu^2}\right]\mathrm{P}_{nm}\mathrm{P}_{n'm'},
\end{aligned}$$

两端从 -1 到 1 对 μ 积分得

$$\int_{-1}^{1}[n(n+1)-n'(n'+1)]\mathrm{P}_{nm}\mathrm{P}_{n'm'}\mathrm{d}\mu+\int_{-1}^{1}(m'^2-m^2)\mathrm{P}_{nm}\mathrm{P}_{n'm'}\frac{\mathrm{d}\mu}{1-\mu^2}$$

$$= (1-\mu^2)\left(\mathrm{P}_{nm}\frac{\mathrm{dP}_{n'm'}}{\mathrm{d}\mu} - \mathrm{P}_{n'm'}\frac{\mathrm{dP}_{nm}}{\mathrm{d}\mu}\right)\bigg|_{-1}^{1},$$

可推出

$$[n(n+1)-n'(n'+1)]\int_{-1}^{1}\mathrm{P}_{nm}\mathrm{P}_{n'm'}\mathrm{d}\mu = (m^2-m'^2)\int_{-1}^{1}\mathrm{P}_{nm}\mathrm{P}_{n'm'}\frac{\mathrm{d}\mu}{1-\mu^2}.$$

此式对任意的 n,n',m,m' 均成立，故有连带勒让德函数的正交归一性：

若 $n\neq n',m\neq m'$，则

$$\begin{cases}\displaystyle\int_{-1}^{1}\mathrm{P}_{nm}\mathrm{P}_{n'm'}\mathrm{d}\mu = 0, & (8.1.21\mathrm{a})\\ \displaystyle\int_{-1}^{1}\mathrm{P}_{nm}\mathrm{P}_{n'm'}\frac{\mathrm{d}\mu}{1-\mu^2} = 0. & (8.1.21\mathrm{b})\end{cases}$$

若 $n=n',m=m'$，由式(8.1.19)得

$$\begin{aligned}\int_{-1}^{1}(\mathrm{P}_{nm})^2\mathrm{d}\mu &= \int_{-1}^{1}(1-\mu^2)^m\frac{\mathrm{d}^m\mathrm{P}_n(\mu)}{\mathrm{d}\mu^m}\mathrm{d}\mu\\ &= (n+m)(n-m+1)\int_{-1}^{1}(1-\mu^2)^{m-1}\frac{\mathrm{d}^{m-1}\mathrm{P}_n(\mu)}{\mathrm{d}\mu^{m-1}}\mathrm{d}\mu\\ &= (n+m)(n-m+1)\int_{-1}^{1}(\mathrm{P}_{nm-1})^2\mathrm{d}\mu = \cdots = \frac{(n+m)!}{(n-m)!}\int_{-1}^{1}[\mathrm{P}_{n0}(\mu)]^2\mathrm{d}\mu\\ &= \frac{(n+m)!}{(n-m)!}\int_{-1}^{1}[\mathrm{P}_n(\mu)]^2\mathrm{d}\mu = \frac{(n+m)!}{(n-m)!}\int_{-1}^{1}\left[\frac{1}{2^n n!}\frac{\mathrm{d}^n}{\mathrm{d}\mu^n}(\mu^2-1)^n\right]^2\mathrm{d}\mu\\ &= \frac{2}{2n+1}\frac{(n+m)!}{(n-m)!},\end{aligned}$$

即

$$\int_{-1}^{1}[\mathrm{P}_{nm}(\mu)]^2\mathrm{d}\mu = \frac{2}{2n+1}\frac{(n+m)!}{(n-m)!}. \tag{8.1.22}$$

五、面谐函数的正交关系和函数展开

1. 任一球面上的函数可以展开成面谐函数 $\mathrm{Y}_n(\theta,\phi)$ 的函数.

(1) $$f(\theta,\phi) = \sum_{n=0}^{\infty}\mathrm{Y}_n(\theta,\phi) = \sum_{n=0}^{\infty}\sum_{m=0}^{n}[a_{nm}\mathrm{T}_{nm}(\theta,\phi)+b_{nm}\mathrm{S}_{nm}(\theta,\phi)], \tag{8.1.23}$$

其中 $\begin{cases}\mathrm{T}_{nm}(\theta,\phi)=\mathrm{P}_{nm}(\cos\theta)\cos m\phi,\\ \mathrm{S}_{nm}(\theta,\phi)=\mathrm{P}_{nm}(\cos\theta)\sin m\phi\end{cases}$ 是田谐函数，$\mathrm{P}_{nm}(\cos\theta)=\mathrm{P}_{nm}(\mu)$ 是连带勒让德函数.

(2) 确定系数 a_{nm} 及 b_{nm}.

① 在单位半径的球面上，面元 $\mathrm{d}S=\sin\theta\mathrm{d}\theta\mathrm{d}\phi$.

② $\displaystyle\int_S \mathrm{d}S = \int_{\theta=0}^{\pi}\int_{\phi=0}^{2\pi}\sin\theta\,\mathrm{d}\theta\,\mathrm{d}\phi$.

③ 利用连带勒让德函数的正交归一性：当 $k\neq n$ 或 $l\neq m$ 时，

$$\int_S \mathrm{T}_{nm}(\theta,\phi)\mathrm{T}_{kl}(\theta,\phi)\mathrm{d}S = 0; \tag{8.1.24a}$$

当 $k\neq n$ 或 $l\neq m$ 时，

$$\int_S \mathrm{S}_{nm}(\theta,\phi)\mathrm{S}_{kl}(\theta,\phi)\mathrm{d}S = 0; \tag{8.1.24b}$$

在任意情况下田谐函数正交：

$$\int_S \mathrm{T}_{nm}(\theta,\phi)\mathrm{S}_{kl}(\theta,\phi)\mathrm{d}S = 0. \tag{8.1.24c}$$

利用连带勒让德函数的正交归一性可推出田谐函数正交归一性：

$$\int_S [\mathrm{T}_{n0}(\theta,\phi)]^2\mathrm{d}S = \frac{4\pi}{2n+1}, \tag{8.1.24d}$$

$$\int_S [\mathrm{T}_{nm}(\theta,\phi)]^2\mathrm{d}S = \int_S [\mathrm{S}_{nm}(\theta,\phi)]^2\mathrm{d}S = \frac{2\pi}{2n+1}\frac{(n+m)!}{(n-m)!},\quad m\neq 0. \tag{8.1.24e}$$

由上述几式得

$$\begin{cases} a_{n0} = \dfrac{2n+1}{4\pi}\displaystyle\int_S f(\theta,\phi)\mathrm{P}_n(\cos\theta)\mathrm{d}S; \\ a_{nm} = \dfrac{2n+1}{2\pi}\dfrac{(n-m)!}{(n+m)!}\displaystyle\int_S f(\theta,\phi)\mathrm{T}_{nm}(\theta,\phi)\mathrm{d}S, \\ b_{nm} = \dfrac{2n+1}{2\pi}\dfrac{(n-m)!}{(n+m)!}\displaystyle\int_S f(\theta,\phi)\mathrm{S}_{nm}(\theta,\phi)\mathrm{d}S. \end{cases} \tag{8.1.25}$$

2. 展开成另一种样子.

(1) 定义：

$$\begin{cases} \overline{\mathrm{T}}_{n0}(\theta,\phi) = \sqrt{2n+1}\,\mathrm{T}_{n0}(\theta,\phi) = \sqrt{2n+1}\,\mathrm{P}_n(\cos\theta), \quad m=0, \\ \overline{\mathrm{T}}_{nm}(\theta,\phi) = \sqrt{2(2n+1)\dfrac{(n-m)!}{(n+m)!}}\,\mathrm{T}_{nm}(\theta,\phi), \\ \overline{\mathrm{S}}_{nm}(\theta,\phi) = \sqrt{2(2n+1)\dfrac{(n-m)!}{(n+m)!}}\,\mathrm{S}_{nm}(\theta,\phi), \end{cases} \quad m\neq 0. \tag{8.1.26}$$

(2) 在任何情况下正交归一，则：

$$\begin{cases} \displaystyle\int_S \overline{\mathrm{T}}_{nm}(\theta,\phi)\overline{\mathrm{S}}_{kl}(\theta,\phi)\mathrm{d}S = 0, \\ \displaystyle\int_S \overline{\mathrm{T}}^2_{nm}(\theta,\phi)\mathrm{d}S = \int_S \overline{\mathrm{S}}^2_{nm}(\theta,\phi)\mathrm{d}S = 4\pi, \end{cases} \tag{8.1.27}$$

此式表明在单位半径($r=1$)的球面上，$\overline{\mathrm{T}}^2_{nm}$ 与 $\overline{\mathrm{S}}^2_{nm}$ 的平均值为 1.

(3) 任意函数可展开成

$$f(\theta,\phi) = \sum_{n=0}^{\infty}\sum_{m=0}^{n}[\bar{a}_{nm}\overline{\mathrm{T}}_{nm}(\theta,\phi) + \bar{b}_{nm}\overline{\mathrm{S}}_{nm}(\theta,\phi)], \tag{8.1.28}$$

其中

$$\begin{cases}\bar{a}_{nm} = \dfrac{1}{4\pi}\displaystyle\int_S f(\theta,\phi)\bar{\mathrm{T}}_{nm}(\theta,\phi)\mathrm{d}S, \\ \bar{b}_{nm} = \dfrac{1}{4\pi}\displaystyle\int_S f(\theta,\phi)\bar{\mathrm{S}}_{nm}(\theta,\phi)\mathrm{d}S.\end{cases} \tag{8.1.29}$$

（4）此时

$$\begin{cases}\bar{\mathrm{T}}_{nm}(\theta,\phi) = \bar{\mathrm{P}}_{nm}(\cos\theta)\cos m\phi, \\ \bar{\mathrm{S}}_{nm}(\theta,\phi) = \bar{\mathrm{P}}_{nm}(\cos\theta)\sin m\phi,\end{cases} \tag{8.1.30}$$

而

$$\begin{cases}\bar{\mathrm{P}}_{nm}(\cos\theta) = \sqrt{2(2n+1)\dfrac{(n-m)!}{(n+m)!}}\,\mathrm{P}_{nm}(\cos\theta), \\ \bar{\mathrm{P}}_{n0}(\cos\theta) = \sqrt{2n+1}\,\mathrm{P}_{n0}(\cos\theta),\end{cases} \tag{8.1.31}$$

且

$$\begin{cases}\bar{a}_{n0} = a_{n0}/\sqrt{2n+1}, \\ \bar{a}_{nm} = \sqrt{\dfrac{1}{2(2n+1)}\dfrac{(n+m)!}{(n-m)!}}\,a_{nm}, \\ \bar{b}_{nm} = \sqrt{\dfrac{1}{2(2n+1)}\dfrac{(n+m)!}{(n-m)!}}\,b_{nm}.\end{cases} \tag{8.1.32}$$

六、加法公式

将相对于某一极轴的 P_n 用相对于其他极轴的面谐函数表示，如果 $f(\theta,\phi)$ 为单位半径球面上的连续函数，可展开为

$$\begin{aligned}f(\theta,\phi) &= \sum_{n=0}^{\infty}\sum_{m=0}^{n}[a_{nm}\mathrm{R}_{nm}(\theta,\phi) + b_{nm}\mathrm{S}_{nm}(\theta,\phi)] \\ &= \sum_{n=0}^{\infty}\left\{a_{n0}\mathrm{R}_{n0}(\theta,\phi) + \sum_{m=1}^{n}[a_{nm}\mathrm{R}_{nm}(\theta,\phi) + b_{nm}\mathrm{S}_{nm}(\theta,\phi)]\right\} \\ &= \sum_{n=0}^{\infty}\left[\int_S \frac{2n+1}{4\pi}f(\theta',\phi')\mathrm{P}_n(\cos\theta')\mathrm{d}S\right]\mathrm{P}_{n0}(\cos\theta) \\ &\quad + \sum_{m=1}^{n}\int_S \frac{2n+1}{2\pi}\frac{(n-m)!}{(n+m)!}f(\theta',\phi')\mathrm{P}_{nm}(\cos\theta)[\mathrm{P}_{nm}(\cos\theta')\cos m\phi'\cos m\phi \\ &\quad + \mathrm{P}_{nm}(\cos\theta')\sin m\phi'\sin m\phi]\mathrm{d}S \\ &= \sum_{n=0}^{\infty}\frac{2n+1}{4\pi}\int_{-\pi}^{\pi}\int_0^{\pi}f(\theta',\phi')\Big[\mathrm{P}_n(\cos\theta')\mathrm{P}_n(\cos\theta) \\ &\quad + 2\sum_{m=1}^{n}\frac{(n-m)!}{(n+m)!}\mathrm{P}_{nm}(\cos\theta)\mathrm{P}_{nm}(\cos\theta')\cos m(\phi'-\phi)\Big]\sin\theta'\mathrm{d}\theta'\mathrm{d}\phi'.\end{aligned}$$

§8.2 用球谐分析方法求解俯冲带倾角和板块运动的驱动机制

一、问题的提出

B. H. Hager 和 R. J. O'Connell 1978 年在 Tectonophysics, 50, 111—133 上发表文章，介绍了他们做的工作：用球谐分析方法求解俯冲带倾角并探讨了板块运动的驱动流动. 他们认为由于板块的运动影响着地幔的运动.

二、建立模型

1. 假设.

(1) 地幔是牛顿黏性流体、不可压缩，地表没有垂直运动.

(2) 忽略温度对密度和黏度的影响，黏度只是半径的函数.

(3) 利用观察到的板块运动作为运动学边界条件.

(4) 忽略热浮力，不考虑惯性力.

2. 三种模型.

(1) 模型 1：

① 岩石圈厚度 64 km，黏度为 10^{24} Pa·s.

② 上、下地幔黏度均为 10^{21} Pa·s.

(2) 模型 2：

① 岩石圈厚度 64 km，黏度为 10^{24} Pa·s.

② 上地幔厚度 64 km，黏度为 4×10^{19} Pa·s.

③ 下地幔黏度为 10^{21} Pa·s.

(3) 模型 3：

① 岩石圈厚度 64 km，黏度为 10^{24} Pa·s.

② 低黏层黏度为 4×10^{19} Pa·s.

③ 上下地幔分界面深度在 700 km 处.

三、基本方程

在球坐标下

$$\rho\frac{\partial v_r}{\partial t}=\rho f_r-\frac{\partial p}{\partial r}+\eta\left(\Delta v_r-\frac{2v_r}{r^2}-\frac{2v_\theta\cot\theta}{r^2}-\frac{2}{r^2\sin^2\theta}\frac{\partial v_\phi}{\partial\phi}-\frac{2}{r^2}\frac{\partial v_\theta}{\partial\theta}\right),\tag{8.2.1}$$

$$\rho\frac{\partial v_\theta}{\partial t}=\rho f_\theta-\frac{1}{r}\frac{\partial p}{\partial\theta}+\eta\left(\Delta v_\theta-\frac{v_\theta}{r^2\cos\theta}-\frac{2\cos\theta}{r^2\sin^2\theta}\frac{\partial v_\phi}{\partial\phi}+\frac{2}{r^2}\frac{\partial v_r}{\partial\theta}\right),\tag{8.2.2}$$

$$\rho\frac{\partial v_\phi}{\partial t}=\rho f_\phi-\frac{1}{r\sin\theta}\frac{\partial p}{\partial\phi}+\eta\left(\Delta v_\phi-\frac{v_\phi}{r^2\sin\theta}+\frac{2\cos\theta}{r^2\sin^2\theta}\frac{\partial v_\theta}{\partial\phi}+\frac{2}{r^2\sin\theta}\frac{\partial v_r}{\partial\theta}\right).\tag{8.2.3}$$

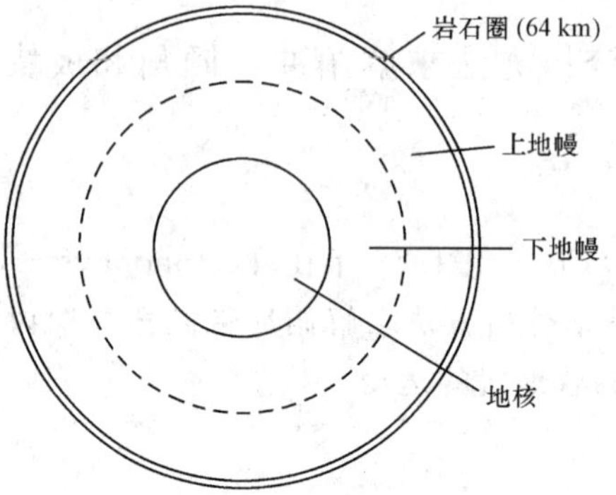

图 8.2.1　地球模型图

四、边界条件

1. 核幔边界是自由滑动界面.
2. 表面是以观测到的板块水平速度为边界条件.

五、板块速度的球谐展开

1. 板块运动的资料来源.

(1) Solomon 在 1975 年对 Minster 在 1974 年提供的板块相对运动的全球结果稍加修改.

(2) 菲律宾板块运动资料采用了 Fitch 在 1972 年获得的数据.

2. 展开方法.

板块在球面上的运动速度 $\boldsymbol{v}$ 可以分解为环形速度 $\boldsymbol{T}$(Toriodal Velocity)与极形速度 $\boldsymbol{S}$(Poloidal Velocity)之和,即

$$\boldsymbol{v} = \boldsymbol{T} + \boldsymbol{S}, \tag{8.2.4}$$

上式中

$$\boldsymbol{T} = \sum_{l,m} \mathrm{T}_l^m \Lambda \mathrm{Y}_l^m(\theta,\phi), \tag{8.2.5}$$

$$\boldsymbol{S} = \sum_{l,m} \mathrm{S}_l^m \boldsymbol{r} \times [\Lambda \mathrm{Y}_l^m(\theta,\phi)], \tag{8.2.6}$$

其中 $\Lambda = \boldsymbol{r} \times \nabla$,

$$\begin{cases} \mathrm{T}_l^m = \dfrac{1}{4\pi l(l+1)}\left(\dfrac{v_\theta}{\sin\theta}\dfrac{\partial \mathrm{Y}_l^m}{\partial\phi} - v_\phi\dfrac{\partial \mathrm{Y}_l^m}{\partial\theta}\right), \\ \mathrm{S}_l^m = \dfrac{1}{4\pi l(l+1)}\left(v_\theta\dfrac{\partial \mathrm{Y}_l^m}{\partial\theta} + \dfrac{v_\phi}{\sin\theta}\dfrac{\partial \mathrm{Y}_l^m}{\partial\phi}\right), \end{cases} \tag{8.2.7}$$

$\mathrm{Y}_l^m = \mathrm{P}_l^m(\cos\theta)\begin{bmatrix}\cos m\phi \\ \sin m\phi\end{bmatrix}$,或写成

$$\mathrm{Y}^{lm} = \mathrm{P}^{lm}(\cos\theta)\begin{bmatrix}\cos m\phi \\ \sin m\phi\end{bmatrix}, \tag{8.2.8}$$

其中 Y^{lm} 是 $l\times m$ 阶的面谐函数. 积分是在 2°×2°的网格上利用梯形法则进行数值积分得到的,其 l,m 因子各求到 20 阶次.

六、分层地球模型的球谐展开

1. 速度和应力用球谐向量形式分别表示为式(8.2.9)与(8.2.10).

$$\begin{cases} v_r = \mathrm{Y}_1^{lm}\mathrm{Y}^{lm}, \\ v_\theta = \mathrm{Y}_2^{lm}\mathrm{Y}_\theta^{lm} + \mathrm{Y}_5^{lm}\mathrm{Y}_\phi^{lm}, \\ v_\phi = \mathrm{Y}_2^{lm}\mathrm{Y}_\phi^{lm} - \mathrm{Y}_5^{lm}\mathrm{Y}_\theta^{lm}, \end{cases} \tag{8.2.9}$$

$$\begin{cases} \tau_{rr} = \mathrm{Y}_3^{lm}\mathrm{Y}_1^{lm}, \\ \tau_{r\theta} = \mathrm{Y}_4^{lm}\mathrm{Y}_\theta^{lm} + \mathrm{Y}_6^{lm}\mathrm{Y}_\phi^{lm}, \\ \tau_{r\phi} = \mathrm{Y}_4^{lm}\mathrm{Y}_\phi^{lm} - \mathrm{Y}_6^{lm}\mathrm{Y}_\theta^{lm}, \end{cases} \tag{8.2.10}$$

其中

$$\begin{cases} \mathrm{Y}_1 = u = \mathrm{Y}_1^{\mathrm{S}}, \\ \mathrm{Y}_2 = v = \mathrm{Y}_3^{\mathrm{S}}, \\ \mathrm{Y}_3 = \mathrm{Y}_2^{\mathrm{S}}, \\ \mathrm{Y}_4 = \mathrm{Y}_4^{\mathrm{S}}, \end{cases} \tag{8.2.11a}$$

$$\begin{cases} \mathrm{Y}_5 = w = \mathrm{Y}_1^{\mathrm{T}}, \\ \mathrm{Y}_6 = \mathrm{Y}_2^{\mathrm{T}}, \end{cases} \tag{8.2.11b}$$

v_r 是径向速度,v_θ 是南北向速度,v_ϕ 是东西向速度,τ_{rr} 是径向正应力偏量,$\tau_{r\theta}$ 是南向剪应力偏量,$\tau_{r\phi}$ 是东向剪应力偏量,θ 是余纬角,ϕ 是径度角.

Y_θ^{lm} 是 Y^{lm} 对 θ 求偏导数:

$$\mathrm{Y}_\theta^{lm} = \frac{\partial}{\partial\theta}(\mathrm{Y}^{lm}); \tag{8.2.12}$$

Y_ϕ^{lm} 是 Y^{lm} 对 ϕ 求偏导数然后除以 $\sin\theta$:

$$\mathrm{Y}_\phi^{lm} = \frac{1}{\sin\theta}\frac{\partial}{\partial\phi}(\mathrm{Y}^{lm}). \tag{8.2.13}$$

上述 $\mathrm{Y}_i^{lm}(i=1,2,\cdots,6)$ 都是半径的函数.

2. Stokes 方程的化简.

对于边界没有垂直运动的不可压缩流体来说,重力场不会出现扰动,Stokes 方程可化简为

$$\dot{\mathrm{Y}}_1^{lm} = -2\mathrm{Y}_1^{lm}/r + L\mathrm{Y}_2^{lm}/r, \tag{8.2.14}$$

$$\dot{Y}_2^{lm} = -Y_1^{lm}/r + Y_2^{lm}/r + Y_4^{lm}/\eta, \tag{8.2.15}$$

$$\dot{Y}_3^{lm} = 12\eta Y_1^{lm}/r - 6L\eta Y_2^{lm}/r^2 + LY_4^{lm}/r, \tag{8.2.16}$$

$$\dot{Y}_4^{lm} = -6\eta Y_1^{lm}/r^2 + 2\eta(2L-1)Y_2^{lm}/r^2 - Y_3^{lm}/r - 3Y_4^{lm}/r, \tag{8.2.17}$$

$$\dot{Y}_5^{lm} = Y_5^{lm}/r + Y_6^{lm}/\eta, \tag{8.2.18}$$

$$\dot{Y}_6^{lm} = (L-2)\eta Y_5^{lm}/r^2 - 3Y_6^{lm}/r, \tag{8.2.19}$$

其中 $\dot{Y}_i^{lm} = \mathrm{d}Y_i^{lm}/\mathrm{d}r, i=1,2,\cdots,6; L=l(l+1)$，$\eta$ 是黏度. $Y_1^{lm} \sim Y_4^{lm}$ 对应于极形速度，Y_5^{lm}，Y_6^{lm} 对应于环形速度.

3. 变量替换.

设

$$\begin{cases} u_1 = Y_1, \\ u_2 = Y_2, \\ u_3 = rY_3/\eta, \\ u_4 = rY_4/\eta, \end{cases} \tag{8.2.20}$$

$$\begin{cases} v_1 = Y_5, \\ v_2 = rY_6/\eta, \\ \lambda = \ln(r/a), \end{cases} \tag{8.2.21}$$

设 a 是地球半径，$L=l(l+1)$，则式(8.2.14)—(8.2.19)可以变为

$$\begin{cases} \dfrac{\mathrm{d}u_1}{\mathrm{d}\lambda} = -2u_1 + Lu_2, \\ \dfrac{\mathrm{d}u_2}{\mathrm{d}\lambda} = -u_1 + u_2 + u_4\eta^*, \\ \dfrac{\mathrm{d}u_3}{\mathrm{d}\lambda} = 2u_3\eta^* + 2\eta^* u_1 - 6L\eta^* u_2 + Lu_4, \\ \dfrac{\mathrm{d}u_4}{\mathrm{d}\lambda} = -6u_1 + 2(2L-1)\eta^* u_2 - u_3 - 2u_4, \\ \dfrac{\mathrm{d}v_1}{\mathrm{d}\lambda} = v_1 + v_2\eta^*, \\ \dfrac{\mathrm{d}v_2}{\mathrm{d}\lambda} = (L-2)\eta^* v_1 - 2v_2. \end{cases} \tag{8.2.22}$$

同时式(8.2.22)可以写为

$$\begin{cases} \dfrac{\mathrm{d}u^{lm}}{\mathrm{d}\lambda} = A^l u^{lm}, & (8.2.23\mathrm{a}) \\ \dfrac{\mathrm{d}v^{lm}}{\mathrm{d}\lambda} = B^l v^{lm}, & (8.2.23\mathrm{b}) \end{cases}$$

其中

$$u^{lm}=[u_1^{lm},u_2^{lm},u_3^{lm},u_4^{lm}]^{\mathrm{T}},\tag{8.2.24}$$

$$v^{lm}=[v_1^{lm},v_2^{lm}]^{\mathrm{T}},\tag{8.2.25}$$

此时

$$A^l=\begin{bmatrix}-2 & L & 0 & 0\\ -1 & 1 & 0 & \eta^*\\ 2\eta^* & -6L\eta^* & 1 & L\\ -6\eta^* & 2(2L-1)\eta^* & -1 & -2\end{bmatrix},\tag{8.2.26}$$

$$B^l=\begin{bmatrix}1 & 1/\eta^*\\ (L-2)\eta^* & -2\end{bmatrix},\tag{8.2.27}$$

其中 $\eta^*=\eta/\eta_0$，η_0 是参考黏度.

4. 用传播矩阵方法求解式(8.2.23a)及(8.2.23b)，对于 A^l 为常数矩阵的层状模型来说，式(8.2.23a)的解为

$$u^{lm}(\lambda)=\exp[(\lambda-\lambda_0)A^l u^{lm}(\lambda_0)]=p^l(\lambda,\lambda_0)u^{lm}(\lambda_0),\tag{8.2.28}$$

其中 $p^l(\lambda,\lambda_0)$是将矢量 u^{lm} 从 λ_0 传播到 λ 的传播矩阵，$\lambda_0=\ln(r_0/a)$.

5. 由边界条件可以得到：

(1) 在核幔边界是自由滑动，边界条件：

$$u_{r=c}^{lm}=[0,u_{2c}^{lm},u_{3c}^{lm},0]^{\mathrm{T}},\quad \text{即}\begin{cases}u_1=0,\\ u_4=0,\end{cases}\Longrightarrow\begin{cases}Y_1=0,\\ Y_4=0,\end{cases}$$

$$v_{r=c}^{lm}=[v_{1c}^{lm},0]^{\mathrm{T}},\quad \text{即}\ v_2=0,\Longrightarrow Y_6=0.$$

由 $Y_1=0$ 得

$$v_r=0;\tag{8.2.29}$$

由 $Y_4=0$ 及 $Y_6=0$ 联立得

$$\begin{cases}\tau_{r\theta}=0,\\ \tau_{r\phi}=0.\end{cases}\tag{8.2.30}$$

(2) 在地球表面 $v_r=0$，可得

$$u_{r=a}^{lm}=[0,u_{2a}^{lm},u_{3a}^{lm},u_{4a}^{lm}]^{\mathrm{T}},\tag{8.2.31}$$

$$v_{r=a}^{lm}=[v_{1a}^{lm},v_{2a}^{lm}]^{\mathrm{T}}.\tag{8.2.32}$$

七、计算结果

在图 8.2.2(a)中，在经过喜马拉雅、Carlsberg 岭、南极大陆，然后切过 Nazca 板块、太平洋和北美板块的地幔中，地幔流动如图中显示：在喜马拉雅下面地幔流倾斜，即印度板块插到欧亚板块下面.

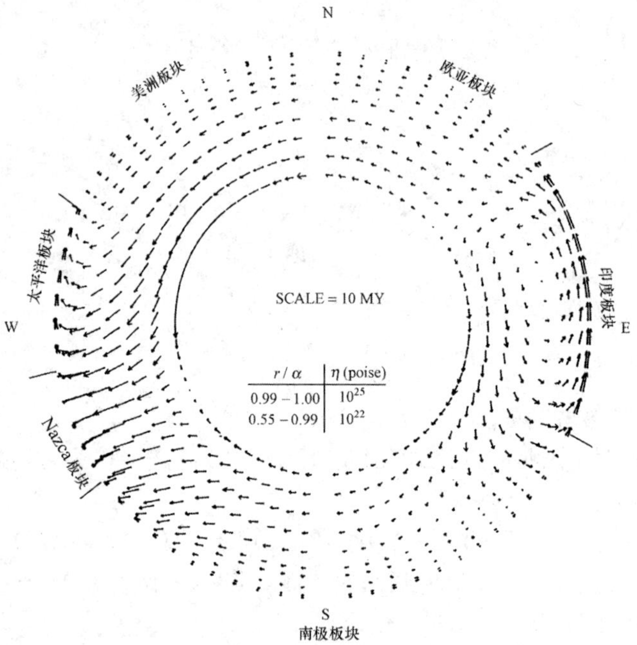

图 8.2.2(a)　通过 70°E110°W 子午圈的流动矢量图

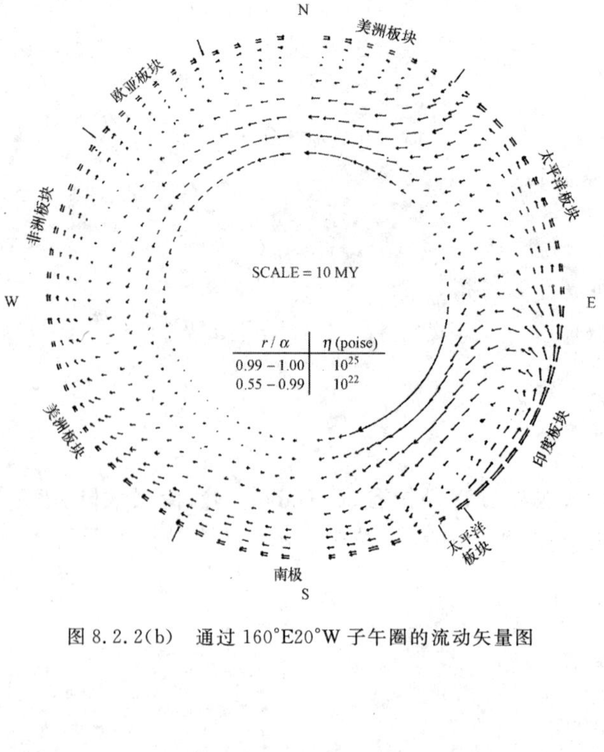

图 8.2.2(b)　通过 160°E20°W 子午圈的流动矢量图

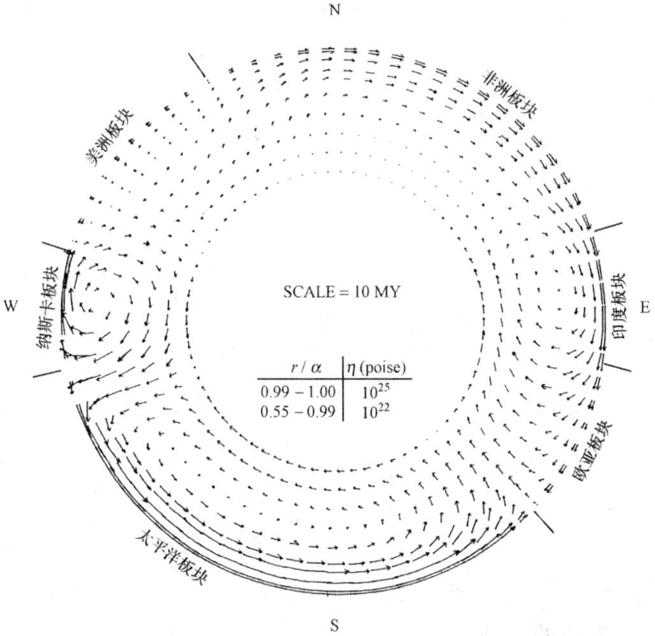

图 8.2.2(c) 通过赤道平面向北半球看过去剖面上的流动矢量图

在图 8.2.2(b)中，在过堪察加、所罗门群岛、新西兰、南极、沿中大西洋到冰岛的地幔中，地幔流的方向在堪察加及所罗门群岛地区分别与贝尼奥夫带倾斜一致. 在大西洋中脊处的垂向流远小于图 8.2.2(a)中的东太平洋下的垂向流.

在图 8.2.2(c)中经赤道向北半球看去的剖面上：

(1) 地幔流方向与苏门答腊及南美等地区贝尼奥夫带倾斜一致.

(2) Nazca(纳斯卡)板块下有小环流.

(3) 东太平洋隆起下有很强的上升流.

(4) 非洲板块下纵向流缺失.

§8.3 求解球壳内可压缩流体的流动问题

一、可压缩流动问题的建立

由于球壳中牛顿黏性流体的运动方程等于频率为 0 时的弹性球体的自由振荡方程，只需用应变率代替应变，以黏度代替剪切弹性模量.

1. 在没有流动时，流团受力平衡，即

$$-\nabla p_0 + \rho_0 \boldsymbol{F}_0 = 0. \tag{8.3.1}$$

因为

$$\nabla p_0 = \frac{\partial p_0}{\partial r}\boldsymbol{e}_r + \frac{1}{r}\frac{\partial p_0}{\partial \theta}\boldsymbol{e}_\theta + \frac{1}{r\sin\theta}\frac{\partial p_0}{\partial \phi}\boldsymbol{e}_\phi,$$

而重力

$$\rho_0 \boldsymbol{F}_0 = -\rho_0 g_0 \boldsymbol{e}_r,$$

其中

$$g_0 = C,$$

所以

$$\frac{\partial p_0}{\partial \theta} = \frac{\partial p_0}{\partial \phi} = 0,$$

在未流动时，$-\frac{\partial p_0}{\partial r} - \rho_0 g_0 = 0$，即

$$\frac{\partial p_0}{\partial r} = -\rho_0 g_0,$$

所以

$$p_0 = -\rho_0 g_0 r, \tag{8.3.2}$$

即未流动时静压力是半径的函数.

2. 流动后.

运动方程：

$$\rho\frac{\partial \boldsymbol{v}}{\partial t} = \nabla \cdot \hat{\boldsymbol{\sigma}} + \rho \boldsymbol{F}; \tag{8.3.3}$$

连续性方程：

$$\rho(\boldsymbol{r}) - \rho_0(\boldsymbol{r}) + \nabla \cdot [\rho_0(\boldsymbol{r})\boldsymbol{v}(\boldsymbol{r})] = 0. \tag{8.3.4}$$

(1) 其中重力 $\boldsymbol{F} = \boldsymbol{F}_0 + \nabla \psi' = \boldsymbol{F}_0 + \left(\frac{\partial \psi'}{\partial r}\boldsymbol{e}_r + \frac{1}{r}\frac{\partial \psi'}{\partial \theta}\boldsymbol{e}_\theta + \frac{1}{r\sin\theta}\frac{\partial \psi'}{\partial \phi}\boldsymbol{e}_\phi\right)$，而

$$\nabla^2 \psi' = -4\pi G(\rho - \rho_0), \tag{8.3.5}$$

ψ' 是附加重力位，G 是引力常数，附加重力位满足泊松方程.

由连续性方程得

$$\begin{aligned}\rho &= \rho_0 - \frac{\partial}{\partial r}(\rho_0 v_r) + \frac{2}{r}(\rho_0 v_r) + \frac{1}{r}\frac{\partial}{\partial \theta}(\rho_0 v_\theta) + \frac{\cot\theta}{r}(\rho_0 v_\theta) + \frac{1}{r\sin\theta}\frac{\partial}{\partial \phi}(\rho_0 v_\phi) \\ &= \rho_0 - v_r\frac{\partial \rho_0}{\partial r} - \rho_0\left(\frac{\partial v_r}{\partial r} + \frac{2}{r}v_r + \frac{1}{r}\frac{\partial v_\theta}{\partial \theta} + \frac{\cot\theta}{r}v_\theta + \frac{1}{r\sin\theta}\frac{\partial v_\phi}{\partial \phi}\right) \\ &= \rho_0 - v_r\frac{\partial \rho_0}{\partial r} - \rho_0 \nabla \cdot \boldsymbol{v} = \rho_0 - v_r\frac{\partial \rho_0}{\partial r} - \rho_0\dot{\theta},\end{aligned} \tag{8.3.6a}$$

可推出

$$\rho - \rho_0 = -v_r\frac{\partial \rho_0}{\partial r} - \rho_0\dot{\theta}, \tag{8.3.6b}$$

故 $\nabla^2\psi'=4\pi G\left(\rho_0\dot{\theta}+v_r\dfrac{\partial\rho_0}{\partial r}\right)$,

$$\boldsymbol{F}=\nabla\psi'-g_0\boldsymbol{e}_r. \tag{8.3.7}$$

(2) 求 $\nabla\cdot\hat{\boldsymbol{\sigma}}$:

① 流动后应力与流动前应力的关系：流动前流体质点在 A 点，流动后到 B 点. 流动后 B 点处的应力等于流动前 A 点的应力加上因流动产生的附加应力. 流动前流体质点在 A 点的应力等于该质点的静压力加上因流动产生的附加应力.

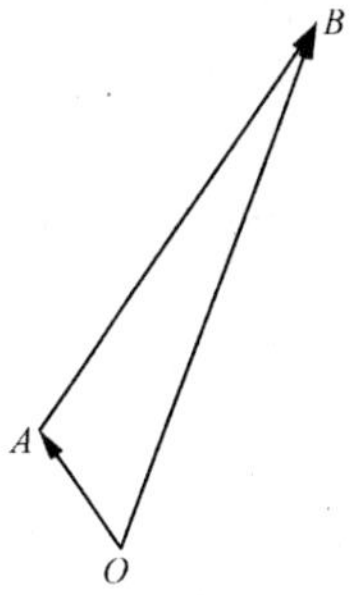

图 8.3.1　流动矢量图

因为

$$-p_0(B)=-p_0(A)+\frac{\partial p_0}{\partial r}\boldsymbol{v}\cdot\boldsymbol{e}_r,$$

推出

$$-p_0(A)=-p_0(B)-\frac{\partial p_0}{\partial r}v_r,$$

即

$$\begin{aligned}\sigma_{rr}(B)&=-p_0(A)+\sigma'_{rr}(B)\\&\doteq-\left[p_0(B)+\frac{\partial p_0}{\partial r}\boldsymbol{e}_r\cdot\boldsymbol{v}\right]+\sigma'_{rr}(B)=-\left[p_0(\boldsymbol{r})+\frac{\partial p_0}{\partial r}v_r\right]+\sigma'_{rr}(\boldsymbol{r}).\end{aligned}$$

由本构方程知

$$\sigma'_{rr}=\left(\lambda-\frac{2}{3}\mu\right)\dot{\theta}+2\mu\dot{\varepsilon}_{rr},$$

可推出

$$\sigma'_{rr}=-p+\left(\lambda-\frac{2}{3}\mu\right)\dot{\theta}+2\mu\dot{\varepsilon}_{rr},\quad 而\quad p=p_0+\rho_0 g_0 v_r. \tag{8.3.8}$$

进而知流动后的应力张量

$$\hat{\boldsymbol{\sigma}}=-[p_0(\boldsymbol{r})+\rho_0 g_0 v_r]\boldsymbol{I}+\hat{\boldsymbol{\sigma}}', \tag{8.3.9}$$

其中 $\boldsymbol{I}=\begin{bmatrix}1&0&0\\0&1&0\\0&0&1\end{bmatrix}$ 是单位张量，$\hat{\boldsymbol{\sigma}}'$ 是因流动产生的附加应力张量.

② 求 $\nabla\cdot\hat{\boldsymbol{\sigma}}$:

$$\begin{aligned}\nabla\cdot\hat{\boldsymbol{\sigma}}&=\nabla[-(p_0+\rho_0 g_0 v_r)\boldsymbol{I}]+\nabla\cdot\hat{\boldsymbol{\sigma}}'\\&=\nabla[-(p_0+\rho_0 g_0 v_r)]+[-(p_0+\rho_0 g_0 v_r)]\nabla\cdot\boldsymbol{I}+\nabla\cdot\hat{\boldsymbol{\sigma}}',\end{aligned} \tag{8.3.10}$$

其中

$$\nabla\cdot(\boldsymbol{\sigma}')=\begin{cases}\dfrac{\partial\sigma_r'}{\partial r}+\dfrac{2}{r}\sigma_r'+\dfrac{1}{r}\dfrac{\partial\tau_{r\theta}'}{\partial\theta}+\dfrac{\cot\theta}{r}\tau_{r\theta}'+\dfrac{1}{r\sin\theta}\dfrac{\partial\tau_{r\phi}'}{\partial\phi},\\ \dfrac{\partial\tau_{r\theta}'}{\partial r}+\dfrac{2}{r}\tau_{r\theta}'+\dfrac{1}{r}\dfrac{\partial\sigma_{r\theta}'}{\partial\theta}+\dfrac{\cot\theta}{r}\sigma_\theta'+\dfrac{1}{r\sin\theta}\dfrac{\partial\tau_{\theta\phi}'}{\partial\phi},\\ \dfrac{\partial\tau_{r\phi}'}{\partial r}+\dfrac{2}{r}\tau_{r\phi}'+\dfrac{1}{r}\dfrac{\partial\tau_{\theta\phi}'}{\partial\theta}+\dfrac{\cot\theta}{r}\tau_{\theta\phi}'+\dfrac{1}{r\sin\theta}\dfrac{\partial\sigma_\phi'}{\partial\phi},\end{cases}$$

代入运动方程可写成 Stokes 方程：

$$\rho_0\frac{\partial\boldsymbol{v}}{\partial t}=\mu\nabla^2\boldsymbol{v}+\mu\nabla\dot{\theta}+2\nabla\mu\cdot\nabla\boldsymbol{v}+\nabla\mu\times\nabla\times\boldsymbol{v}+\nabla\left[\left(\lambda-\frac{2}{3}\mu\right)\dot{\theta}\right]$$
$$+\rho_0\nabla(\psi'-g_0v_r)+\rho_0\dot{\theta}g_0\boldsymbol{e}_r,\tag{8.3.11a}$$

其分量形式为

$$\begin{cases}\rho_0\dfrac{\partial v_r}{\partial t}=\rho_0g_0\dot{\theta}+\rho_0\dfrac{\partial\psi'}{\partial r}-\rho_0\dfrac{\partial}{\partial r}(g_0v_r)+\dfrac{\partial}{\partial r}\left[\left(\lambda-\dfrac{2}{3}\mu\right)\dot{\theta}+2\mu\dfrac{\partial v_r}{\partial r}\right]+\dfrac{2}{r}\dfrac{\partial(\mu\dot{\varepsilon}_{r\theta})}{\partial\theta}\\ \qquad+\dfrac{2}{r\sin\theta}\dfrac{\partial(\mu\dot{\varepsilon}_{\phi r})}{\partial\phi}+\dfrac{2\mu}{r}(2\dot{\varepsilon}_{rr}-\dot{\varepsilon}_{\theta\theta}-\dot{\varepsilon}_{\phi\phi}+\dot{\varepsilon}_{r\theta}\cot\theta),\\ \rho_0\dfrac{\partial v_\theta}{\partial t}=\dfrac{\rho_0}{r}\dfrac{\partial\psi'}{\partial\theta}-\dfrac{\rho_0}{r}\dfrac{\partial}{\partial\theta}(g_0v_r)+2\dfrac{\partial}{\partial r}(\mu\dot{\varepsilon}_{r\theta})+\dfrac{1}{r}\dfrac{\partial}{\partial\theta}\left[\left(\lambda-\dfrac{2}{3}\mu\right)\dot{\theta}+2\mu\dot{\varepsilon}_{\theta\theta}\right]\\ \qquad+\dfrac{2}{r\sin\theta}\dfrac{\partial}{\partial\phi}(\mu\dot{\varepsilon}_{\theta\phi})+\dfrac{\mu}{r}\left[2\cot\theta\left(\dfrac{1}{r}\dfrac{\partial v_\theta}{\partial\theta}-\dfrac{v_\theta}{r}\cot\theta-\dfrac{1}{r\sin\theta}\dfrac{\partial v_\phi}{\partial\phi}\right)+6\dot{\varepsilon}_{r\theta}\right],\\ \rho_0\dfrac{\partial v_\phi}{\partial t}=\dfrac{\rho_0}{r\sin\theta}\dfrac{\partial\psi'}{\partial\phi}-\rho_0\dfrac{\partial(g_0v_r)}{r\sin\theta\partial\phi}+2\dfrac{\partial}{\partial r}(\mu\dot{\varepsilon}_{r\phi})+\dfrac{2}{r}\dfrac{\partial}{\partial\theta}(\mu\dot{\varepsilon}_{\theta\phi})\\ \qquad+\dfrac{1}{r\sin\theta}\dfrac{\partial}{\partial\phi}\left[\left(\lambda-\dfrac{2}{3}\mu\right)\dot{\theta}+2\mu\dot{\varepsilon}_{\phi\phi}\right]+\dfrac{6\mu}{r}\dot{\varepsilon}_{r\phi}+\dfrac{4\mu}{r}\dot{\varepsilon}_{\theta\phi}\cot\theta.\end{cases}\tag{8.3.11b}$$

流体不可压时 Stokes 方程可写为：

$$\rho_0\frac{\partial\mathbf{V}}{\partial t}=\mu\nabla^2\mathbf{V}-\rho_0\nabla(g_0v_r).\tag{8.3.11c}$$

二、求解球壳内流动问题

1. 令解为极形速度场 $\mathbf{V}^{\mathrm{S}}$ 加环形速度场 $\mathbf{V}^{\mathrm{T}}$，即

$$\mathbf{V}=\mathbf{V}^{\mathrm{T}}+\mathbf{V}^{\mathrm{S}},\tag{8.3.12a}$$

其中

$$\mathbf{V}^{\mathrm{T}}=\left(0,\frac{W(r)}{\sin\theta}\frac{\partial Y_l^m}{\partial\phi},-W(r)\frac{\partial Y_l^m}{\partial\theta}\right)e^{i\omega t},\tag{8.3.12b}$$

$$\mathbf{V}^{\mathrm{S}}=\left(U(r)Y_l^m,V(r)\frac{\partial Y_l^m}{\partial\theta},\frac{V(r)}{\sin\theta}\frac{\partial Y_l^m}{\partial\phi}\right)e^{i\omega t},\tag{8.3.12c}$$

$$\mathbf{V}=v_r\boldsymbol{r}_0+v_\theta\boldsymbol{\theta}_0+v_\phi\boldsymbol{\phi}_0,\tag{8.3.12d}$$

$\boldsymbol{r}_0,\boldsymbol{\theta}_0,\boldsymbol{\phi}_0$ 是圆球坐标系的三个单位坐标向量.式(8.3.12d)的三个分量可写成式(8.3.12e):

$$\begin{cases} v_r = U(r)\mathrm{Y}_l^m \mathrm{e}^{\mathrm{i}\omega t} = V_r^{\mathrm{S}}, \\ v_\theta = \left[V(r)\dfrac{\partial \mathrm{Y}_l^m}{\partial\theta} + \dfrac{W(r)}{\sin\theta}\dfrac{\partial \mathrm{Y}_l^m}{\partial\phi}\right]\mathrm{e}^{\mathrm{i}\omega t} = V_\theta^{\mathrm{S}} + V_\theta^{\mathrm{T}}, \\ v_\phi = \left[\dfrac{V(r)}{\sin\theta}\dfrac{\partial \mathrm{Y}_l^m}{\partial\phi} - W(r)\dfrac{\partial \mathrm{Y}_l^m}{\partial\theta}\right]\mathrm{e}^{\mathrm{i}\omega t} = V_\phi^{\mathrm{S}} + V_\phi^{\mathrm{T}}, \end{cases} \tag{8.3.12e}$$

其中

$$\mathrm{Y}_l^m = \mathrm{P}_l^m(\cos\theta)\mathrm{e}^{\mathrm{i}m\phi}, \tag{8.3.13}$$

Y_l^m 是 l 次 m 阶田谐函数①.将附加重力位展开:

$$\psi' = P(r)\mathrm{Y}_l^m. \tag{8.3.14}$$

2. 将式(8.3.12e)代入运动方程,得

$$\begin{cases} 0 = \rho\omega U + \rho_0 g_0 X + \rho_0\dfrac{\mathrm{d}P}{\mathrm{d}r} - \rho_0\dfrac{\mathrm{d}}{\mathrm{d}r}(g_0 U) + \dfrac{\mathrm{d}}{\mathrm{d}r}\left[\left(\lambda - \dfrac{2}{3}\mu\right)X + 2\mu\dfrac{\mathrm{d}U}{\mathrm{d}x}\right] \\ \quad + \dfrac{\mu}{r^2}\left[4r\dfrac{\mathrm{d}U}{\mathrm{d}r} - 4U + l(l+1)\left(-U - r\dfrac{\mathrm{d}V}{\mathrm{d}r} + 3V\right)\right], & (8.3.15\mathrm{a}) \\ 0 = \rho\omega Vr + \rho_0 P - \rho_0 g_0 U + \left(\lambda - \dfrac{2}{3}\mu\right)X + r\dfrac{\mathrm{d}}{\mathrm{d}r}\left[\mu\left(\dfrac{\mathrm{d}V}{\mathrm{d}r} - \dfrac{V}{r} + \dfrac{U}{r}\right)\right] \\ \quad + \dfrac{\mu}{r}\left[5U + 3r\dfrac{\mathrm{d}V}{\mathrm{d}r} - V - 2l(l+1)V\right], & (8.3.15\mathrm{b}) \\ 0 = \rho\omega\dfrac{W}{\mu} + \dfrac{\mathrm{d}^2 W}{\mathrm{d}r^2} + \dfrac{2}{r}\dfrac{\mathrm{d}W}{\mathrm{d}r} + \dfrac{1}{\mu}\dfrac{\mathrm{d}\mu}{\mathrm{d}r}\left(\dfrac{\mathrm{d}W}{\mathrm{d}r} - \dfrac{W}{r}\right) - \dfrac{l(l+1)}{r^2}W, & (8.3.15\mathrm{c}) \end{cases}$$

代入 $\nabla^2\psi' = 4\pi G\left(\rho_0\dot{\theta} + v_r\dfrac{\mathrm{d}\rho_0}{\mathrm{d}r}\right)$ 中得

$$\frac{\mathrm{d}^2 P}{\mathrm{d}r^2} + \frac{2}{r}\frac{\mathrm{d}P}{\mathrm{d}r} - \frac{l(l+1)}{r^2}P = 4\pi G\left(\rho_0 X + U\frac{\mathrm{d}\rho_0}{\mathrm{d}r}\right), \tag{8.3.16}$$

其中

$$X = \frac{\mathrm{d}U}{\mathrm{d}r} + \frac{2}{r}U - \frac{l(l+1)}{r}V = \dot{\theta}. \tag{8.3.17}$$

在式(8.3.15)及式(8.3.16)中,有 U,V,W,P 四个未知量,四个方程.在上述方程中,W 与其他三个未知量是解耦的,故可单独求环形流动 $\boldsymbol{V}^{\mathrm{T}}$.

3. 环形流动 $\boldsymbol{V}^{\mathrm{T}}$.

(1) 环形流动产生的附加应力:

---

① 原论文如此写,实际上应该是第一连带勒让德函数.

$$\begin{cases}\sigma'^{\mathrm{T}}_{rr}=2\mu\left(\dfrac{\partial v_r^{\mathrm{T}}}{\partial r}\right)=0,\\ \sigma'^{\mathrm{T}}_{\theta\theta}=2\mu\left(\dfrac{1}{r}\dfrac{\partial v_\theta^{\mathrm{T}}}{\partial\theta}\right)=\dfrac{2\mu W}{r}\left(\dfrac{1}{\sin\theta}\dfrac{\partial^2 \mathrm{Y}_l^m}{\partial\theta\partial\phi}-\dfrac{\cos\theta}{\sin^2\theta}\dfrac{\partial \mathrm{Y}_l^m}{\partial\phi}\right)=\dfrac{2\mu \mathrm{Y}_1^{\mathrm{T}}}{r}\left(\dfrac{1}{\sin\theta}\dfrac{\partial^2 \mathrm{Y}_l^m}{\partial\theta\partial\phi}-\dfrac{\cos\theta}{\sin^2\theta}\dfrac{\partial \mathrm{Y}_l^m}{\partial\phi}\right),\\ \sigma'^{\mathrm{T}}_{\phi\phi}=2\mu\left(\dfrac{1}{r\sin\theta}\dfrac{\partial v_\phi^{\mathrm{T}}}{\partial\phi}+\dfrac{v_\theta^{\mathrm{T}}}{r}\cot\theta\right)=-\dfrac{2\mu W}{r}\left(\dfrac{1}{\sin\theta}\dfrac{\partial^2 \mathrm{Y}_l^m}{\partial\theta\partial\phi}-\dfrac{\cos\theta}{\sin^2\theta}\dfrac{\partial \mathrm{Y}_l^m}{\partial\phi}\right),\\ \sigma'^{\mathrm{T}}_{r\theta}=\mu\left(\dfrac{\partial v_\theta^{\mathrm{T}}}{\partial r}-\dfrac{v_\theta^{\mathrm{T}}}{r}\right)=\dfrac{\mu}{\sin\theta}\left(\dfrac{\partial W}{\partial r}-\dfrac{W}{r}\right)\dfrac{\partial \mathrm{Y}_l^m}{\partial\phi}=\mathrm{Y}_2^{\mathrm{T}}\dfrac{1}{\sin\theta}\dfrac{\partial \mathrm{Y}_l^m}{\partial\phi},\\ \sigma'^{\mathrm{T}}_{r\phi}=\mu\left(\dfrac{\partial v_\phi^{\mathrm{T}}}{\partial r}-\dfrac{v_\phi^{\mathrm{T}}}{r}\right)=-\mathrm{Y}_2^{\mathrm{T}}\dfrac{\partial \mathrm{Y}_l^m}{\partial\theta},\\ \sigma'^{\mathrm{T}}_{\phi\theta}=\mu\left(\dfrac{1}{r}\dfrac{\partial v_\phi^{\mathrm{T}}}{\partial\theta}-\dfrac{v_\phi^{\mathrm{T}}}{r}\cot\theta+\dfrac{1}{r\sin\theta}\dfrac{\partial v_\theta^{\mathrm{T}}}{\partial\phi}\right)=\dfrac{\mu \mathrm{Y}_1^{\mathrm{T}}}{r}\left(-\dfrac{\partial^2 \mathrm{Y}_l^m}{\partial\theta^2}+\cot\theta\dfrac{\partial \mathrm{Y}_l^m}{\partial\theta}+\dfrac{1}{\sin^2\theta}\dfrac{\partial^2 \mathrm{Y}_l^m}{\partial\phi^2}\right),\end{cases}\tag{8.3.18}$$

在方程组(8.3.18)中，因 v_r^{T} 无贡献，故凡是与 v_r^{T} 有关的量均不出现，其中

$$\begin{cases}\mathrm{Y}_1^{\mathrm{T}}\equiv W(r),\\ \mathrm{Y}_2^{\mathrm{T}}\equiv\mu\left(\dfrac{\mathrm{d}W}{\mathrm{d}r}-\dfrac{W}{r}\right).\end{cases}\tag{8.3.19}$$

$\mathrm{Y}_1^{\mathrm{T}}$ 是与 $\boldsymbol{V}^{\mathrm{T}}$ 相对应的径向速度因子，$\mathrm{Y}_2^{\mathrm{T}}$ 是与 $\boldsymbol{V}^{\mathrm{T}}$ 相对应的剪应力因子.

(2) 将 $\mathrm{Y}_1^{\mathrm{T}}$ 与 $\mathrm{Y}_2^{\mathrm{T}}$ 代入运动方程第三式(8.3.15c)中，得

$$\frac{\mathrm{d}\mathrm{Y}_1^{\mathrm{T}}}{\mathrm{d}r}=\frac{1}{r}\mathrm{Y}_1^{\mathrm{T}}+\frac{1}{\mu}\mathrm{Y}_2^{\mathrm{T}},\tag{8.3.20}$$

$$\frac{\mathrm{d}\mathrm{Y}_2^{\mathrm{T}}}{\mathrm{d}r}=\left[\mu\frac{(l-1)(l+2)}{r^2}-\rho_0\omega^2\right]\mathrm{Y}_1^{\mathrm{T}}-\frac{3}{r}\mathrm{Y}_2^{\mathrm{T}}.\tag{8.3.21}$$

在 $r=r_i$ 界面上，径向速度因子 $\mathrm{Y}_1^{\mathrm{T}}$ 连续，剪应力因子 $\mathrm{Y}_2^{\mathrm{T}}$ 亦连续.

(3) 分层求解环形流动：

① $b=r_0<r_1<r_2<\cdots<r_n=a$.

② 代入表面和底面的初始值，如在底面 $r=r_0=b$ 处

$$\begin{cases}\mathrm{Y}_1^{\mathrm{T}}(b)=1,\\ \mathrm{Y}_2^{\mathrm{T}}(b)=0,\end{cases}\Longrightarrow\begin{cases}\dfrac{\mathrm{d}\mathrm{Y}_1^{\mathrm{T}}}{\mathrm{d}r}=\dfrac{1}{r}+0,\\ \dfrac{\mathrm{d}\mathrm{Y}_2^{\mathrm{T}}}{\mathrm{d}r}=\dfrac{\mu(l-1)(l+2)}{r^2}-\rho_0\omega^2.\end{cases}\tag{8.3.22}$$

③ 求积分并代入初值，得：

当 $r_0\leqslant r\leqslant r_1$ 时，有

$$\begin{cases}\mathrm{Y}_1^{\mathrm{T}}=\ln\dfrac{e}{b}r,\\ \mathrm{Y}_2^{\mathrm{T}}=-\mu(l-1)(l+2)\left(\dfrac{1}{r}-\dfrac{1}{b}\right)-\rho\omega_0(r-b);\end{cases}\tag{8.3.23a}$$

当 $r=r_1$ 时，有

$$\begin{cases} Y_1^T(r_1) = \ln \dfrac{e}{b} r_1, \\ Y_2^T(r_1) = -\mu(l-1)(l+2)\left(\dfrac{1}{r_1} - \dfrac{1}{b}\right) - \rho\omega_0(r_1 - b), \end{cases} \tag{8.3.23b}$$

可在推出$\dfrac{dY_1^T}{dr}$及$\dfrac{dY_2^T}{dr}$后再积分，直至 $r=r_n=a$.

4. 极形流动 $\mathbf{V}^S$.

(1) 极形流动产生的附加应力：

$$\begin{cases} \sigma'^S_{rr} = Y_2^S Y_l^m, \\ \sigma'^S_{\theta\theta} = \left[\left(\lambda - \dfrac{2}{3}\mu\right)\dfrac{dY_1^S}{dr} + 2\left(\lambda + \dfrac{1}{3}\mu\right)\dfrac{Y_1^S}{r} - \left(\lambda + \dfrac{4}{3}\mu\right)l(l+1)\dfrac{Y_3^S}{r}\right]Y_l^m \\ \qquad - \dfrac{2\mu}{r}Y_3^S\left(\cos\dfrac{\partial Y_l^m}{\partial\theta} + \dfrac{1}{\sin^2\theta}\dfrac{\partial^2 Y_l^m}{\partial\phi^2}\right), \\ \sigma'^S_{\phi\phi} = \left[\left(\lambda - \dfrac{2}{3}\mu\right)\dfrac{dY_1^S}{dr} + 2\left(\lambda + \dfrac{1}{3}\mu\right)\dfrac{Y_1^S}{r} - \left(\lambda + \dfrac{4}{3}\mu\right)l(l+1)\dfrac{Y_3^S}{r}\right]Y_l^m - \dfrac{2\mu}{r}Y_3^S\dfrac{\partial^2 Y_l^m}{\partial\theta^2}, \\ \sigma'^S_{r\theta} = Y_4^S\dfrac{\partial Y_l^m}{\partial\theta}, \\ \sigma'^S_{\theta\phi} = \dfrac{2\mu}{r}Y_3^S\left(\dfrac{1}{\sin\theta}\dfrac{\partial Y_l^m}{\partial\theta\partial\phi} - \dfrac{\cos\theta}{\sin^2\theta}\dfrac{\partial Y_l^m}{\partial\phi}\right), \\ \sigma'^S_{r\phi} = \dfrac{Y_4^S}{\sin\theta}\dfrac{\partial Y_l^m}{\partial\phi}, \end{cases}$$

(8.3.24a)

其中

$$Y_1^S(r) = U(r), \tag{8.3.24b}$$

$Y_1^S(r)$是径向附加速度 v_r^S 中的径向因子.

$$Y_2^S(r) = \left(\lambda - \frac{2}{3}\mu\right)X + 2\mu\frac{dU}{dr}, \tag{8.3.24c}$$

$Y_2^S(r)$是附加正应力 σ'^S_{rr} 中的径向因子.

$$Y_3^S(r) = V(r), \tag{8.3.24d}$$

$Y_3^S(r)$是 θ 方向附加速度 v_θ^S 中的径向因子.

$$Y_4^S(r) = \mu\left(\frac{dV}{dr} - \frac{V}{r} + \frac{U}{r}\right), \tag{8.3.24e}$$

$Y_4^S(r)$是附加应力 $\sigma'^S_{r\phi}$与$\sigma'^S_{r\theta}$中的径向因子.

定义

$$\begin{cases} Y_5^S(r) = P(r), & (8.3.25a) \\ Y_6^S(r) = \dfrac{dY_5^S}{dr} - 4\pi G\rho_0 Y_1^S + \dfrac{l+1}{r} Y_5^S, & (8.3.25b) \end{cases}$$

其中 $P(r)$ 是附加重力位展开式(8.3.14)中的径向因子，则 Y_5^S 也是附加重力位式(8.3.14)中的径向因子.

(2) 将式(8.3.25a)及式(8.3.25b)代入运动方程的式(8.3.15a)及式(8.3.15b)，和附加重力位表达展开式(8.3.14)中，得

$$\begin{cases}
\dfrac{dY_1^S}{dr} = -\dfrac{2\left(\lambda - \dfrac{2}{3}\mu\right)}{\left(\lambda + \dfrac{4}{3}\mu\right)} \dfrac{Y_1^S}{r} + \dfrac{Y_2^S}{\left(\lambda + \dfrac{4}{3}\mu\right)} + \dfrac{\left(\lambda - \dfrac{2}{3}\mu\right)}{\left(\lambda + \dfrac{4}{3}\mu\right)} \dfrac{l(l+1)}{r} Y_3^S, \\
\dfrac{dY_2^S}{dr} = \left[-\rho_0\omega^2 r^2 - 4\rho_0 r g_0 + 4\mu \dfrac{(3\lambda)}{\left(\lambda + \dfrac{4}{3}\mu\right)}\right] \dfrac{Y_1^S}{r^2} \\
\qquad - \dfrac{4\mu}{\left(\lambda + \dfrac{4}{3}\mu\right)} \dfrac{Y_2^S}{r} - \dfrac{l(l+1)}{r^2}\left[-\rho_0 g_0 r + 2\mu \dfrac{(3\lambda)}{\left(\lambda + \dfrac{4}{3}\mu\right)}\right] Y_3^S \\
\qquad + \dfrac{l(l+1)}{r} Y_4^S + \dfrac{\rho_0(l+1)}{r} Y_5^S - \rho_0 Y_6^S \\
\dfrac{dY_3^S}{dr} = -\dfrac{Y_1^S}{r} + \dfrac{Y_3^S}{r} + \dfrac{Y_4^S}{\mu}, \\
\dfrac{dY_4^S}{dr} = \left[\rho_0 r g_0 - 2\mu \dfrac{(3\lambda)}{\left(\lambda + \dfrac{4}{3}\mu\right)}\right] \dfrac{Y_1^S}{r^2} - \dfrac{\lambda - \dfrac{2}{3}\mu}{\lambda + \dfrac{4\mu}{3}} \dfrac{Y_2^S}{r} \\
\qquad + \left[-\rho_0\omega^2 r^2 + \dfrac{4l(l+1)\mu\left(\lambda + \dfrac{1}{3}\mu\right)}{\left(\lambda + \dfrac{4}{3}\mu\right)} - 2\mu\right] \dfrac{Y_3^S}{r^2} \\
\qquad - 3\dfrac{Y_4^S}{r} - \rho_0 \dfrac{Y_5^S}{r}, \\
\dfrac{dY_5^S}{dr} = 4\pi G\rho_0 Y_1^S + Y_6^S - \dfrac{l+1}{r} Y_5^S, \\
\dfrac{dY_6^S}{dr} = \dfrac{l-1}{r}(Y_6^S + 4\pi G\rho_0 Y_1^S) + \dfrac{4\pi G\rho_0}{r}[2Y_1^S - l(l+1)Y_3^S].
\end{cases} \tag{8.3.26}$$

上述方程组是由 6 个一阶常微分方程式组成的方程组.

(3) 分层求解方程组：

① 设解是级数形式：令

$$Y_i^S = \sum_{n=0}^{5} a_{in} r^n \quad (i = 1,2,\cdots,6), \tag{8.3.27}$$

则

$$\frac{dY_i^S}{dr} = \sum_{n=0}^{5} n a_{in} r^{n-1} = f_i(y_1, y_2, \cdots, y_6) \quad (i = 1,2,\cdots,6). \tag{8.3.28}$$

例如

$$Y_3^S = a_{30} + a_{31} r + a_{32} r^2 + a_{33} r^3 + a_{34} r^4 + a_{35} r^5, \tag{8.3.29}$$

令

$$\begin{aligned}\frac{dY_3^S}{dr} &= a_{31} + 2a_{32} r + 3a_{33} r^2 + 4a_{34} r^3 + 5a_{35} r^4 = -\frac{Y_1^S}{r} + \frac{Y_3^S}{r} + \frac{Y_4^S}{\mu} \\ &= -\frac{1}{r}(a_{10} + a_{11} r + a_{12} r^2 + a_{13} r^3 + a_{14} r^4 + a_{15} r^5) \\ &\quad + \frac{1}{r}(a_{30} + a_{31} r + a_{32} r^2 + a_{33} r^3 + a_{34} r^4 + a_{35} r^5) \\ &\quad + \frac{1}{\mu}(a_{40} + a_{41} r + a_{42} r^2 + a_{43} r^3 + a_{44} r^4 + a_{45} r^5),\end{aligned} \tag{8.3.30}$$

可推出

$$\left\{\begin{aligned} a_{31} &= -\frac{1}{r}a_{10} + \frac{1}{r}a_{30} + \frac{1}{\mu}a_{40}, && (8.3.31\text{a}) \\ 2a_{32} &= -\frac{1}{r}a_{11} + \frac{1}{r}a_{31} + \frac{1}{\mu}a_{41}, && (8.3.31\text{b}) \\ 3a_{33} &= -\frac{1}{r}a_{12} + \frac{1}{r}a_{32} + \frac{1}{\mu}a_{42}, && (8.3.31\text{c}) \\ 4a_{34} &= -\frac{1}{r}a_{13} + \frac{1}{r}a_{33} + \frac{1}{\mu}a_{43}, && (8.3.31\text{d}) \\ 5a_{35} &= -\frac{1}{r}a_{14} + \frac{1}{r}a_{34} + \frac{1}{\mu}a_{44}, && (8.3.31\text{e}) \\ 0 &= -\frac{1}{r}a_{15} + \frac{1}{r}a_{35} + \frac{1}{\mu}a_{45}. && (8.3.31\text{f}) \end{aligned}\right.$$

每个一阶常微分方程可以写成 6 个线性代数方程组，6 个一阶常微分方程可以写出 36 个线性代数方程组，可求出 36 个系数，得出 6 个 $Y_i^S = f_i(r)$.

② 在 $r_1 \leqslant r \leqslant r_2$ 区间，由上面得到的 $Y_i^S(r)$ 可以求出 $Y_i^S(r_1)$. 而在 $r = r_1$ 的界面上，与速度有关的 Y_1^S, Y_3^S，与应力有关的 Y_2^S, Y_4^S，与重力位有关的 Y_5^S，以及与重力位梯度有关的 Y_6^S 都是连续的.

因此，可以将 $Y_i^S(r_1)$ 代入一阶常微分方程组的右端，从而得到

$$\frac{dY_i^S}{dr} = f_i(Y_1(r_1), Y_2(r_1), \cdots, Y_6(r_1)) = g_i(r_1). \tag{8.3.32}$$

在区间 $r_1 \leqslant r \leqslant r_2$ 内积分得到 $Y_i^S(r)$ 的表达式，以 $Y_i^S(r_2)$ 来定积分常数.

§8.4 球坐标下地幔流动问题的建立及求解

一、应变率张量及应力张量

坐标取 $q_1=r, q_2=\theta, q_3=\phi$; $H_1=1, H_2=r, H_3=r\sin\theta$.

1. 应变率张量

$$\begin{cases}\dot{\varepsilon}_{rr}=\dfrac{\partial v_r}{\partial r},\\ \dot{\varepsilon}_{\theta\theta}=\dfrac{1}{r}\dfrac{\partial v_\theta}{\partial\theta}+\dfrac{v_r}{r},\\ \dot{\varepsilon}_{\phi\phi}=\dfrac{1}{r\sin\theta}\dfrac{\partial v_\phi}{\partial\phi}+\dfrac{v_\theta}{r}\cot\theta+\dfrac{v_r}{r},\\ \dot{\varepsilon}_{\phi\theta}=\dfrac{1}{2}\left(\dfrac{1}{r}\dfrac{\partial v_\phi}{\partial r}-\dfrac{v_\phi}{r}\cot\theta+\dfrac{1}{r\sin\theta}\dfrac{\partial v_\theta}{\partial\phi}\right),\\ \dot{\varepsilon}_{\theta r}=\dfrac{1}{2}\left(\dfrac{\partial v_\theta}{\partial r}-\dfrac{v_\theta}{r}+\dfrac{1}{r}\dfrac{\partial v_r}{\partial\theta}\right),\\ \dot{\varepsilon}_{r\phi}=\dfrac{1}{2}\left(\dfrac{1}{r\sin\theta}\dfrac{\partial v_r}{\partial\phi}+\dfrac{\partial v_\phi}{\partial r}-\dfrac{v_\phi}{r}\right).\end{cases}\tag{8.4.1}$$

2. 应力张量

$$\begin{cases}\sigma_{rr}=-p+2\mu\dfrac{\partial v_r}{\partial r},\\ \sigma_{\theta\theta}=-p+2\mu\left(\dfrac{1}{r}\dfrac{\partial v_\theta}{\partial\theta}+\dfrac{v_r}{r}\right),\\ \sigma_{\phi\phi}=-p+2\mu\left(\dfrac{1}{r\sin\theta}\dfrac{\partial v_\phi}{\partial\phi}+\dfrac{v_\theta}{r}\cot\theta+\dfrac{v_r}{r}\right),\\ \sigma_{r\theta}=\mu\left(\dfrac{\partial v_\theta}{\partial r}-\dfrac{v_\theta}{r}+\dfrac{1}{r}\dfrac{\partial v_r}{\partial\theta}\right),\\ \sigma_{r\phi}=\mu\left(\dfrac{1}{r\sin\theta}\dfrac{\partial v_r}{\partial\phi}+\dfrac{\partial v_\phi}{\partial r}-\dfrac{v_\phi}{r}\right),\\ \sigma_{\phi\theta}=\mu\left(\dfrac{1}{r}\dfrac{\partial v_\phi}{\partial\theta}-\dfrac{v_\phi}{r}\cot\theta+\dfrac{1}{r\sin\theta}\dfrac{\partial v_\theta}{\partial\phi}\right).\end{cases}\tag{8.4.2}$$

二、不可压缩牛顿流体运动的基本方程

1. 不可压缩牛顿流体的连续性方程

$$\frac{\partial v_r}{\partial r}+\frac{2v_r}{r}+\frac{1}{r}\frac{\partial v_\theta}{\partial\theta}+\frac{1}{r\sin\theta}\frac{\partial v_\phi}{\partial\phi}+\frac{v_\theta}{r}\cot\theta=0.\tag{8.4.3}$$

2. 不可压缩牛顿流体的运动方程

$$\begin{cases}\rho\left(\dfrac{\partial v_r}{\partial t}+v_r\dfrac{\partial v_r}{\partial r}+\dfrac{v_\theta}{r}\dfrac{\partial v_r}{\partial \theta}+\dfrac{v_\phi}{r\sin\theta}\dfrac{\partial v_r}{\partial \phi}-\dfrac{v_\phi^2+v_\theta^2}{r}\right)\\ \quad=\rho f_r-\dfrac{\partial p}{\partial r}+\mu\left(\Delta v_r-\dfrac{2v_r}{r^2}-\dfrac{2v_\theta\cot\theta}{r^2}-\dfrac{2}{r^2\sin\theta}\dfrac{\partial v_\phi}{\partial\phi}-\dfrac{2}{r^2}\dfrac{\partial v_\theta}{\partial\theta}\right), & (8.4.4\text{a})\\ \rho\left(\dfrac{\partial v_\theta}{\partial t}+v_r\dfrac{\partial v_\theta}{\partial r}+\dfrac{v_\theta}{r}\dfrac{\partial v_\theta}{\partial \theta}+\dfrac{v_\phi}{r\sin\theta}\dfrac{\partial v_\theta}{\partial \phi}-\dfrac{v_\phi^2}{r}\cot\theta\right)\\ \quad=\rho f_\theta-\dfrac{1}{r}\dfrac{\partial p}{\partial \theta}+\mu\left(\Delta v_\theta-\dfrac{v_\theta}{r^2\sin\theta}-\dfrac{2\cos\theta}{r^2\sin^2\theta}\dfrac{\partial v_\phi}{\partial\phi}+\dfrac{2}{r^2}\dfrac{\partial v_r}{\partial\theta}\right), & (8.4.4\text{b})\\ \rho\left(\dfrac{\partial v_\phi}{\partial t}+v_r\dfrac{\partial v_\phi}{\partial r}+\dfrac{v_\theta}{r}\dfrac{\partial v_\theta}{\partial \theta}+\dfrac{v_\phi}{r\sin\theta}\dfrac{\partial v_\phi}{\partial \phi}+\dfrac{v_\phi v_\phi}{r}+\dfrac{v_\theta v_\phi\cot\theta}{r}\right)\\ \quad=\rho f_\phi-\dfrac{1}{r\sin\theta}\dfrac{\partial p}{\partial \phi}+\mu\left(\Delta v_\phi-\dfrac{v_\phi}{r^2\sin\theta}+\dfrac{2\cos\theta}{r^2\sin^2\theta}\dfrac{\partial v_\theta}{\partial\phi}+\dfrac{2}{r^2\sin\theta}\dfrac{\partial v_r}{\partial\phi}\right), & (8.4.4\text{c})\end{cases}$$

其中

$$\Delta=\frac{\partial^2}{\partial r^2}+\frac{2}{r}\frac{\partial}{\partial r}+\frac{1}{r^2}\frac{\partial^2}{\partial\theta^2}+\frac{\cot\theta}{r^2}\frac{\partial}{\partial\theta}+\frac{1}{r^2\sin^2\theta}\frac{\partial^2}{\partial\phi^2}. \tag{8.4.5}$$

3. 热传导方程

$$\rho C_p\left(\frac{\partial T}{\partial t}+v_r\frac{\partial T}{\partial r}+\frac{v_\theta}{r}\frac{\partial T}{\partial\theta}+\frac{v_\phi}{r\sin\theta}\frac{\partial T}{\partial\phi}\right)$$
$$=K\left(\frac{\partial^2 T}{\partial r^2}+\frac{2}{r}\frac{\partial T}{\partial r}+\frac{1}{r^2}\frac{\partial^2 T}{\partial\theta^2}+\frac{\cot\theta}{r^2}\frac{\partial T}{\partial\theta}+\frac{1}{r^2\sin^2\theta}\frac{\partial^2 T}{\partial\phi^2}\right)+Q. \tag{8.4.6}$$

三、边界条件

1. 在自由界面：在变了形的地球表面上应力为零，即

$$\sigma_{rr}=0,\quad \sigma_{r\theta}=0,\quad \sigma_{r\phi}=0. \tag{8.4.7}$$

2. 在内部界面：

(1) 在核幔边界：流体可以自由滑动，即

$$\sigma_{r\theta}=0,\quad \sigma_{r\phi}=0. \tag{8.4.8}$$

(2) 在内部界面：速度和应力连续.

四、Hager 的求解工作

令速度为

$$\begin{cases}v_r=\mathrm{Y}_1^{lm}\mathrm{Y}^{lm},\\ v_\theta=\mathrm{Y}_2^{lm}\mathrm{Y}_\theta^{lm}+\mathrm{Y}_5^{lm}\mathrm{Y}_\phi^{lm}=\mathrm{Y}_2^{lm}\dfrac{\partial\mathrm{Y}^{lm}}{\partial\theta}+\dfrac{\mathrm{Y}_5^{lm}}{\sin\theta}\dfrac{\partial\mathrm{Y}^{lm}}{\partial\phi},\\ v_\phi=\mathrm{Y}_2^{lm}\mathrm{Y}_\phi^{lm}-\mathrm{Y}_5^{lm}\mathrm{Y}_\theta^{lm}=\dfrac{\mathrm{Y}_2^{lm}}{\sin\theta}\dfrac{\partial\mathrm{Y}^{lm}}{\partial\phi}-\mathrm{Y}_5^{lm}\dfrac{\partial\mathrm{Y}^{lm}}{\partial\theta}.\end{cases} \tag{8.4.9}$$

剪应力为

$$\begin{cases}\tau_{rr} = Y_3^{lm} Y^{lm}, \\ \tau_{r\theta} = Y_4^{lm} Y_\theta^{lm} + Y_6^{lm} Y_\phi^{lm} = Y_4 \dfrac{\partial Y^{lm}}{\partial \theta} + \dfrac{Y_6^{lm}}{\sin\theta} \dfrac{\partial Y^{lm}}{\partial \phi}, \\ \tau_{r\phi} = Y_4^{lm} Y_\phi^{lm} - Y_6^{lm} Y_\theta^{lm} = \dfrac{Y_4^{lm}}{\sin\theta} \dfrac{\partial Y^{lm}}{\partial \phi} - Y_6^{lm} \dfrac{\partial Y^{lm}}{\partial \theta},\end{cases} \tag{8.4.10}$$

其中

$$Y^{lm} = P^{lm}(\cos\theta)\begin{bmatrix}\cos m\phi \\ \sin m\phi\end{bmatrix}, \tag{8.4.11}$$

$$Y_\theta^{lm} = \frac{\partial Y^{lm}}{\partial \theta}, \tag{8.4.12}$$

$$Y_\phi^{lm} = \frac{1}{\sin\theta} \frac{\partial Y^{lm}}{\partial \phi}, \tag{8.4.13}$$

代入不可压缩、频率为0的自由振荡方程，即 $\omega=0$. 因为地表垂直速度为0，且不可压缩，则无附加重力势扰动，即 $\dot{\theta}=X=0$，亦即 $\nabla \psi'=0$，且黏度 μ 为常数，则

$$\begin{cases}-\rho_0 \dfrac{d}{dr}(g_0 U) + \dfrac{d}{dr}\left(2\mu \dfrac{dU}{dr}\right) + \dfrac{\mu}{r^2}\left[4r \dfrac{dU}{dr} - 4U + l(l+1)\left(-U - r\dfrac{dV}{dr} + 3V\right)\right] = 0, \\ -\rho_0 g_0 U + r\dfrac{d}{dr}\left[\mu\left(\dfrac{dV}{dr} - \dfrac{V}{r} + \dfrac{U}{r}\right)\right] + \dfrac{\mu}{r}\left[5U + 3r\dfrac{dV}{dr} - V - 2l(l+1)V\right] = 0, \\ \dfrac{d^2 W}{dr^2} + \dfrac{2}{r}\dfrac{dW}{dr} - \dfrac{l(l+1)}{r^2} W = 0.\end{cases} \tag{8.4.14}$$

利用与自由振荡的对应关系：

$$\begin{cases}U = Y_1^{lm}, \\ V = Y_2^{lm}, \\ W = Y_5^{lm},\end{cases} \tag{8.4.15}$$

易得

$$\begin{cases}-\rho_0 g_0 \dfrac{dY_1^{lm}}{dr} + 2\mu \dfrac{d^2 Y_1^{lm}}{dr^2} + \dfrac{\mu}{r^2}\left[4r\dfrac{dY_1^{lm}}{dr} - 4Y_1^{lm} + l(l+1)\left(-Y_1^{lm} - r\dfrac{dY_2^{lm}}{dr} + 3Y_2^{lm}\right)\right] = 0, \\ -\rho_0 g_0 Y_1^{lm} + r\dfrac{d}{dr}\left[\mu\left(\dfrac{dY_2^{lm}}{dr} - \dfrac{Y_2^{lm}}{r} + \dfrac{Y_1^{lm}}{r}\right)\right] + \dfrac{\mu}{r}\left[5Y_1^{lm} + 3r\dfrac{dY_2^{lm}}{dr} - Y_2^{lm} - 2l(l+1)Y_2^{lm}\right] = 0, \\ \dfrac{d^2 Y_5^{lm}}{dr^2} + \dfrac{2}{r}\dfrac{dY_5^{lm}}{dr} - \dfrac{l(l+1)}{r^2} Y_5^{lm} = 0,\end{cases} \tag{8.4.16}$$

由此，可推出

$$
\begin{cases}
\dfrac{\mathrm{d}Y_1^{lm}}{\mathrm{d}r} = -2Y_1^{lm}/r + LY_2^{lm}/r, \\
\dfrac{\mathrm{d}Y_2^{lm}}{\mathrm{d}r} = -Y_1^{lm}/r + Y_2^{lm}/r + Y_4^{lm}/\mu, \\
\dfrac{\mathrm{d}Y_3^{lm}}{\mathrm{d}r} = 12\eta Y_1^{lm}/r^2 - 6L\eta Y_2^{lm}/r^2 + LY_4^{lm}/r, \\
\dfrac{\mathrm{d}Y_4^{lm}}{\mathrm{d}r} = -6\eta Y_1^{lm}/r^2 + 2\eta(2L-1)Y_2^{lm}/r - Y_3^{lm}/r - 3Y_4^{lm}/r, \\
\dfrac{\mathrm{d}Y_5^{lm}}{\mathrm{d}r} = Y_5^{lm}/r + Y_6^{lm}/\mu, \\
\dfrac{\mathrm{d}Y_6^{lm}}{\mathrm{d}r} = (L-2)\eta Y_5^{lm}/r^2 - 3Y_6^{lm}/r,
\end{cases}
\tag{8.4.17}
$$

其中 $L=l(l+1)$.

令 $\eta^* = \dfrac{\eta}{\eta_0}$, μ_0 是参考黏度. 同时,令

$$
u = [u_1, u_2, u_3, u_4]^{\mathrm{T}}, \quad v = [v_1, v_2]^{\mathrm{T}}.
$$

则

$$
\begin{cases}
u_1 = Y_1, \\
u_2 = Y_2, \\
u_3 = \dfrac{r}{\eta_0} Y_3, \\
u_4 = \dfrac{r}{\eta_0} Y_4,
\end{cases}
\tag{8.4.18a}
$$

$$
\begin{cases}
v_1 = Y_5, \\
v_2 = \dfrac{r}{\eta_0} Y_6.
\end{cases}
\tag{8.4.18b}
$$

再令 $\lambda = \ln(r/a)$,其中 a 是地球半径,则

$$
\frac{\mathrm{d}\lambda}{\mathrm{d}r} = \frac{1/a}{r/a} = \frac{1}{r}, \Longrightarrow \frac{\mathrm{d}r}{\mathrm{d}\lambda} = r.
$$

代入 $\dfrac{\mathrm{d}Y_i^{lm}}{\mathrm{d}r}$ 中得

$$
\frac{\mathrm{d}Y_i^{lm}}{\mathrm{d}r} = \frac{\mathrm{d}Y_i^{lm}}{\mathrm{d}\lambda}\frac{\mathrm{d}\lambda}{\mathrm{d}r} = \frac{1}{r}\frac{\mathrm{d}Y_i^{lm}}{\mathrm{d}\lambda}. \tag{8.4.19}
$$

代入式(8.4.17)中得 $\dfrac{\mathrm{d}Y_i^{lm}}{\mathrm{d}\lambda}$ 满足的联立方程,求解该方程组得 Y_i^{lm},加上式(8.4.9)—(8.4.13),进而求得 $\tau_{rr}, \tau_{r\theta}, \tau_{r\phi}$ 与 v_r, v_θ, v_ϕ.

第 9 章　黏性流体运动的有限元方法及其在地球科学中的应用

§ 9.1　笛卡儿坐标系下,时间一维、空间二维或三维,不可压缩黏性流体运动的有限元方法

一、笛卡儿坐标系下的动量方程

动量方程:

$$\rho \frac{\mathrm{d}u_i}{\mathrm{d}t} = \rho F_i + \sigma_{ij,j} \quad i = x,y,z,\ j = x,y,z. \tag{9.1.1}$$

其分量形式为

$$\begin{cases} \rho \dfrac{\mathrm{d}u_x}{\mathrm{d}t} = \rho F_x + \dfrac{\partial \sigma_{xx}}{\partial x} + \dfrac{\partial \sigma_{xy}}{\partial y} + \dfrac{\partial \sigma_{xz}}{\partial z}, \\ \rho \dfrac{\mathrm{d}u_y}{\mathrm{d}t} = \rho F_y + \dfrac{\partial \sigma_{yx}}{\partial x} + \dfrac{\partial \sigma_{yy}}{\partial y} + \dfrac{\partial \sigma_{yz}}{\partial z}, \\ \rho \dfrac{\mathrm{d}u_z}{\mathrm{d}t} = \rho F_z + \dfrac{\partial \sigma_{zx}}{\partial x} + \dfrac{\partial \sigma_{zy}}{\partial y} + \dfrac{\partial \sigma_{zz}}{\partial z}. \end{cases} \tag{9.1.2}$$

二、虚功率原理

将分量形式的动量方程之各式分别乘以虚速度,然后进行体积分

$$\iiint_\Omega \rho \frac{\mathrm{d}u_i}{\mathrm{d}t} \delta u_i \mathrm{d}\Omega = \iiint_\Omega \rho F_i \delta u_i \mathrm{d}\Omega + \iiint_\Omega \sigma_{ij,j} \delta u_i \mathrm{d}\Omega, \tag{9.1.3}$$

因为式(9.1.3)最后一项可写成下式

$$\begin{aligned} \iiint_\Omega \sigma_{ij,j} \delta u_i \mathrm{d}\Omega &= \iiint_\Omega (\sigma_{ij} \delta u_i)_{,j} \mathrm{d}\Omega - \iiint_\Omega \sigma_{ij} (\delta u_i)_{,j} \mathrm{d}\Omega \\ &= \iint_S \sigma_{ij} \delta u_i n_j \mathrm{d}S - \iiint_\Omega \sigma_{ij} \delta \dot{\varepsilon}_{ij} \mathrm{d}\Omega = \iint_{S_\sigma} T_{ni} \delta u_i \mathrm{d}S - \iiint_\Omega \sigma_{ij} \delta \dot{\varepsilon}_{ij} \mathrm{d}\Omega, \end{aligned} \tag{9.1.4}$$

其中 δu_i 是虚速度,$\delta \dot{\varepsilon}_{ij}$ 是虚应变率,$S = S_v + S_\sigma$,S 是积分区域的总边界,S_v 是速度边界,S_σ 是面力边界. 在 S_v 上的速度为 $\bar{v}$,在 S_σ 上 $\sigma_{ij} n_j = T_{ni}$,T_{ni} 是面力,n_j 是外边界法向的 j 分量,Ω 是体积.

将式(9.1.4)代入式(9.1.3),顺序调整后得式(9.1.5),此式即为虚功原理的表达式:

$$\iiint_{\Omega}\sigma_{ij}\delta\dot{\varepsilon}_{ij}\,\mathrm{d}\Omega=\iiint_{\Omega}\rho F_i\delta u_i\,\mathrm{d}\Omega+\iint_{S_\sigma}T_{ni}\delta u_i\,\mathrm{d}S-\iiint_{\Omega}\rho\frac{\mathrm{d}u_i}{\mathrm{d}t}\delta u_i\,\mathrm{d}\Omega, \tag{9.1.5}$$

其中外力虚功率为 $\iiint_{\Omega}\rho F_i\delta u_i\,\mathrm{d}\Omega+\iint_{S_\sigma}T_{ni}\delta u_i\,\mathrm{d}S$，惯性力虚功率为 $-\iiint_{\Omega}\rho\frac{\mathrm{d}u_i}{\mathrm{d}t}\delta u_i\,\mathrm{d}\Omega$，流团总虚功率为 $\iiint_{\Omega}\sigma_{ij}\delta\dot{\varepsilon}_{ij}\,\mathrm{d}\Omega$，即虚应变能率＝外力虚功率＋惯性力虚功率＝体力虚功率＋面力虚功率＋惯性力虚功率. 亦即任意流团所受的总虚功率＝该流团的虚应变能率，这就是虚功率原理.

三、用速度、压力有限元法求解不可压缩黏性流体流动问题

1. 基本未知量的离散化.

速度和压力是基本未知量. 考虑到在整个区域不易求速度和压力，因此可以将整个区域分割成若干个小单元（区域），在每个单元内求它们的近似场函数，其方法是在每个单元内将要求的未知函数用单元节点处的函数值的一定组合来代替.

以平面问题为例，

$$\begin{cases}\boldsymbol{u}=\boldsymbol{N}^{\mathrm{u}}\boldsymbol{a}^{\mathrm{u}},\\ p=\boldsymbol{N}^{\mathrm{p}}\boldsymbol{a}^{\mathrm{p}},\end{cases} \tag{9.1.6}$$

其中速度 $\boldsymbol{u}=[u,v]^{\mathrm{T}}$，压力 $p=[p]^{\mathrm{T}}$，$\boldsymbol{N}^{\mathrm{u}}$ 是速度的形函数（插值函数），$\boldsymbol{a}^{\mathrm{u}}$ 是单元节点处的速度值，$\boldsymbol{N}^{\mathrm{p}}$ 是压力的形函数（插值函数），$\boldsymbol{a}^{\mathrm{p}}$ 是单元节点处的压力值. 单元内各点的速度等于单元节点处速度的一定组合；单元内各点的压力等于单元节点处压力的一定组合. 黑粗体字表明是矢量，以下亦如此. 上标 T 是矩阵的转置.

由于运动方程中对 $\boldsymbol{u}$ 要求二阶导数，对 p 只要求一阶导数，因此，速度的插值函数应该比压力的插值函数高一阶. 插值函数的阶数与单元节点个数有关. 例如平面 3 节点三角形单元的插值函数是一阶的，6 节点三角形单元的插值函数是二阶的. 因此，对于速度、压力有限元法来说，速度的单元节点数要多于压力的单元节点数. 下面以平面问题为例进行介绍.

2. 速度的离散化.

(1) 二维速度的离散化：对于速度，需要取三角形 6 节点单元（见图 9.1.1），才能得到二阶插值函数.

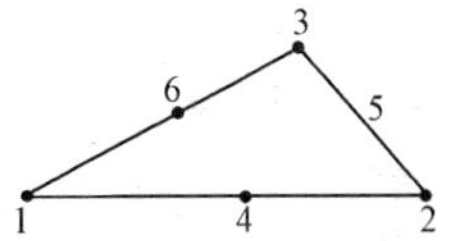

图 9.1.1　二维三角形 6 节点单元

二维三角形 6 节点单元，$\boldsymbol{u}=\boldsymbol{N}^{\mathrm{u}}\boldsymbol{a}^{\mathrm{u}}$.

单元节点速度为

$$\boldsymbol{a}^{\mathrm{u}}=[u_1,v_1,u_2,v_2,u_3,v_3,\cdots,u_6,v_6]^{\mathrm{T}}, \tag{9.1.7}$$

其中上标 T 是矩阵转置的符号.

速度的形函数

$$\boldsymbol{N}^{\mathrm{u}} = [N_1^{\mathrm{u}}\boldsymbol{I}, N_2^{\mathrm{u}}\boldsymbol{I}, N_3^{\mathrm{u}}\boldsymbol{I}, N_4^{\mathrm{u}}\boldsymbol{I}, N_5^{\mathrm{u}}\boldsymbol{I}, N_6^{\mathrm{u}}\boldsymbol{I}]. \tag{9.1.8}$$

在式(9.1.8)中,选择矩阵

$$\boldsymbol{I} = \begin{bmatrix} 1 & 0 \\ 0 & 1 \end{bmatrix}, \tag{9.1.9}$$

基函数

$$\begin{cases} N_1^{\mathrm{u}} = (2L_1 - 1)L_1 \\ N_2^{\mathrm{u}} = (2L_2 - 1)L_2, \\ N_3^{\mathrm{u}} = (2L_3 - 1)L_3, \\ N_4^{\mathrm{u}} = 4L_1L_2, \\ N_5^{\mathrm{u}} = 4L_2L_3, \\ N_6^{\mathrm{u}} = 4L_3L_1. \end{cases} \tag{9.1.10}$$

三角形单元的面积

$$\Delta = \frac{1}{2}\begin{vmatrix} 1 & x_1 & y_1 \\ 1 & x_2 & y_2 \\ 1 & x_2 & y_3 \end{vmatrix}, \tag{9.1.11}$$

三角形单元的面积坐标与笛卡儿坐标的关系:

$$\begin{cases} L_1 = (a_1 + b_1x + c_1y)/2\Delta, \\ L_2 = (a_2 + b_2x + c_2y)/2\Delta, \\ L_3 = (a_3 + b_3x + c_3y)/2\Delta, \end{cases} \tag{9.1.12}$$

面积坐标与笛卡儿坐标关系中的系数

$$\begin{cases} a_1 = x_2y_3 - x_3y_2, \\ b_1 = y_2 - y_3, \\ c_1 = x_3 - x_2, \end{cases} \quad \begin{cases} a_2 = x_3y_1 - x_1y_3, \\ b_2 = y_3 - y_1, \\ c_2 = x_1 - x_3, \end{cases} \quad \begin{cases} a_3 = x_1y_2 - x_2y_1, \\ b_3 = y_1 - y_2, \\ c_3 = x_2 - x_1, \end{cases} \tag{9.1.13}$$

其中 $x_i, y_i(i=1,2,3)$ 是三角形三个顶点的平面坐标,(1,2,3)按逆时针方向转动,$N_i^{\mathrm{u}}(i=1,2,\cdots,6)$ 是基函数,Δ 是三角形单元的面积,$L_i(i=1,2,3)$ 是三角形单元的面积坐标(重心坐标),$a_i, b_i, c_i(i=1,2,3)$ 是三角形单元顶点坐标的函数.

(2) 三维速度的离散化:三维速度取六面体 27 节点单元(见图 9.1.2).其速度为

$$\boldsymbol{u} = [u, v, w]^{\mathrm{T}} = \boldsymbol{N}^{\mathrm{u}}\boldsymbol{a}^{\mathrm{u}}, \tag{9.1.14}$$

其中 $\boldsymbol{N}^{\mathrm{u}} = [N_1\boldsymbol{I}, N_2\boldsymbol{I}, \cdots, N_{27}\boldsymbol{I}]^{\mathrm{T}}$ 是三维速度的形函数矩阵,选择矩阵为

$$\boldsymbol{I} = \begin{bmatrix} 1 & 0 & 0 \\ 0 & 1 & 0 \\ 0 & 0 & 1 \end{bmatrix},$$

单元节点速度为

$$\boldsymbol{a}^{\mathrm{u}} = [u_1, v_1, w_1, u_2, v_2, w_2, \cdots, u_{27}, v_{27}, w_{27}]^{\mathrm{T}}.$$

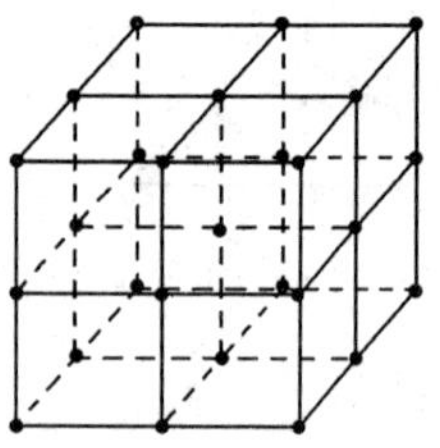

图 9.1.2　三维六面体 27 节点单元

3. 压力的离散化.

(1) 二维压力的离散化：因为三角形6节点的单元，速度的插值函数为二阶；压力为三角形三节点(见图9.1.3)，其插值函数为一阶.

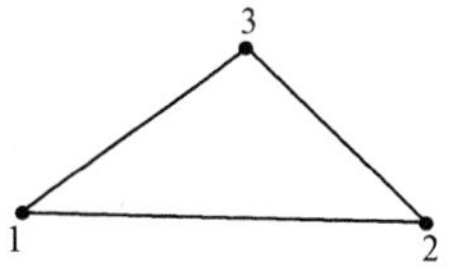

图9.1.3　二维三角形三节点单元

单元内压力的近似场函数为

$$p = \boldsymbol{N}^{\mathrm{p}} \boldsymbol{a}^{\mathrm{p}}. \tag{9.1.15}$$

单元节点压力为

$$\boldsymbol{a}^{\mathrm{p}} = [p_1, p_2, p_3]^{\mathrm{T}}, \tag{9.1.16}$$

其中 p_1, p_2, p_3 分别为单元三个顶节点的压力.

$$\boldsymbol{N}^{\mathrm{p}} = [N_1^{\mathrm{p}}, N_2^{\mathrm{p}}, N_3^{\mathrm{p}}]. \tag{9.1.17}$$

基函数为

$$\begin{cases} N_1^{\mathrm{p}} = L_1, \\ N_2^{\mathrm{p}} = L_2, \\ N_3^{\mathrm{p}} = L_3, \end{cases} \tag{9.1.18}$$

其中 L_1, L_2, L_3 的表达式见式(9.1.12)，它们是三角形单元的面积坐标(重心坐标)；a_i, b_i, c_i $(i=1,2,3)$是面积坐标与直角坐标关系中的系数，也是三角形单元顶点坐标的函数，见式(9.1.13).

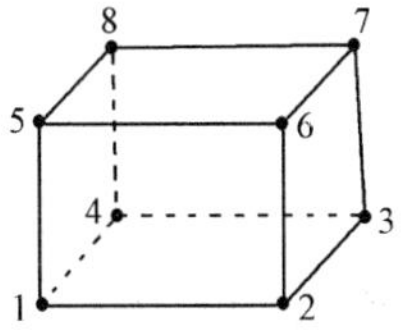

图9.1.4　三维六面体8节点单元

(2) 三维压力的离散化：压力为8节点的六面体单元，见图9.1.4.

单元内压力的近似场函数为

$$p = [p]^{\mathrm{T}} = \boldsymbol{N}^{\mathrm{p}} \boldsymbol{a}^{\mathrm{p}}, \tag{9.1.19}$$

其中

$$\boldsymbol{N}^{\mathrm{p}} = [N_1^{\mathrm{p}}, N_2^{\mathrm{p}}, \cdots, N_8^{\mathrm{p}}]^{\mathrm{T}} \text{ 为压力的基(形) 函数}, \tag{9.1.20}$$

$$\boldsymbol{a}^{\mathrm{p}} = [p_1, p_2, \cdots, p_8]^{\mathrm{T}} \text{ 为单元节点处的压力列阵}. \tag{9.1.21}$$

4. 在直角坐标下应变率离散化.

(1) 平面6节点三角单元应变率离散化：

$$\dot{\boldsymbol{\varepsilon}} = \boldsymbol{L}\boldsymbol{u} = \boldsymbol{L}\boldsymbol{N}^{\mathrm{u}}\boldsymbol{a}^{\mathrm{u}} = \boldsymbol{B}\boldsymbol{a}^{\mathrm{u}}, \tag{9.1.22}$$

在式(9.1.21)中，

$$\dot{\boldsymbol{\varepsilon}} = [\dot{\varepsilon}_{xx}, \dot{\varepsilon}_{yy}, \dot{\varepsilon}_{xy}]^{\mathrm{T}} \text{ 为应变率列阵}, \tag{9.1.23}$$

$$\boldsymbol{B} = [\boldsymbol{B}_1, \boldsymbol{B}_2, \boldsymbol{B}_3, \boldsymbol{B}_4, \boldsymbol{B}_5, \boldsymbol{B}_6] \text{ 为形函数的微分矩阵}, \tag{9.1.24}$$

$$\boldsymbol{a}^{\mathrm{u}} = [u_1, v_1, u_2, v_2, \cdots, u_6, v_6]^{\mathrm{T}} \text{ 为单元节点处的应变率列阵},$$

$$\boldsymbol{L} = \begin{bmatrix} \frac{\partial}{\partial x} & 0 \\ 0 & \frac{\partial}{\partial y} \\ \frac{\partial}{\partial y} & \frac{\partial}{\partial x} \end{bmatrix}, \tag{9.1.25}$$

$$\boldsymbol{B}_i = \begin{bmatrix} \frac{\partial N_i^{\mathrm{u}}}{\partial x} & 0 \\ 0 & \frac{\partial N_i^{\mathrm{u}}}{\partial y} \\ \frac{\partial N_i^{\mathrm{u}}}{\partial y} & \frac{\partial N_i^{\mathrm{u}}}{\partial x} \end{bmatrix} \quad (i = 1,2,\cdots,6),$$

$$\boldsymbol{B} = \begin{bmatrix} \frac{\partial N_1^{\mathrm{u}}}{\partial x} & 0 & \frac{\partial N_2^{\mathrm{u}}}{\partial x} & 0 & \cdots & \frac{\partial N_6^{\mathrm{u}}}{\partial x} & 0 \\ 0 & \frac{\partial N_1^{\mathrm{u}}}{\partial y} & 0 & \frac{\partial N_2^{\mathrm{u}}}{\partial y} & \cdots & 0 & \frac{\partial N_6^{\mathrm{u}}}{\partial y} \\ \frac{\partial N_1^{\mathrm{u}}}{\partial y} & \frac{\partial N_1^{\mathrm{u}}}{\partial x} & \frac{\partial N_2^{\mathrm{u}}}{\partial y} & \frac{\partial N_2^{\mathrm{u}}}{\partial x} & \cdots & \frac{\partial N_6^{\mathrm{u}}}{\partial y} & \frac{\partial N_6^{\mathrm{u}}}{\partial x} \end{bmatrix}. \tag{9.1.26}$$

(2) 空间27节点立方体单元(见图9.1.3)应变率的离散化：

$$\dot{\boldsymbol{\varepsilon}} = [\dot{\varepsilon}_{xx}, \dot{\varepsilon}_{yy}, \dot{\varepsilon}_{zz}, \dot{\varepsilon}_{xy}, \dot{\varepsilon}_{yz}, \dot{\varepsilon}_{zx}]^{\mathrm{T}}, \tag{9.1.27}$$

$$\dot{\boldsymbol{\varepsilon}} = \boldsymbol{L}\boldsymbol{u} = \boldsymbol{L}\boldsymbol{N}^{\mathrm{u}}\boldsymbol{a}^{\mathrm{u}} = \boldsymbol{B}\boldsymbol{a}^{\mathrm{u}}, \tag{9.1.28}$$

其中

$$\boldsymbol{a}^{u} = [u_1, v_1, w_1, \cdots, u_{27}, v_{27}, w_{27}]^{\mathrm{T}}, \tag{9.1.29}$$

$$\boldsymbol{B} = [\boldsymbol{B}_1, \boldsymbol{B}_2, \cdots, \boldsymbol{B}_{27}], \tag{9.1.30}$$

而

$$\boldsymbol{B}_i = \begin{bmatrix} \frac{\partial N_i^{\mathrm{u}}}{\partial x} & 0 & 0 \\ 0 & \frac{\partial N_i^{\mathrm{u}}}{\partial y} & 0 \\ 0 & 0 & \frac{\partial N_i^{\mathrm{u}}}{\partial z} \\ \frac{\partial N_i^{\mathrm{u}}}{\partial y} & \frac{\partial N_i^{\mathrm{u}}}{\partial x} & 0 \\ 0 & \frac{\partial N_i^{\mathrm{u}}}{\partial z} & \frac{\partial N_i^{\mathrm{u}}}{\partial y} \\ \frac{\partial N_i^{\mathrm{u}}}{\partial z} & 0 & \frac{\partial N_i^{\mathrm{u}}}{\partial x} \end{bmatrix} \quad (i = 1,2,\cdots,27), \tag{9.1.31}$$

$$
\boldsymbol{B}=\begin{bmatrix}
\frac{\partial N_1^{\mathrm{u}}}{\partial x} & 0 & 0 & \cdots & \frac{\partial N_{27}^{\mathrm{u}}}{\partial x} & 0 & 0 \\
0 & \frac{\partial N_1^{\mathrm{u}}}{\partial y} & 0 & \cdots & 0 & \frac{\partial N_{27}^{\mathrm{u}}}{\partial y} & 0 \\
0 & 0 & \frac{\partial N_1^{\mathrm{u}}}{\partial z} & \cdots & 0 & 0 & \frac{\partial N_{27}^{\mathrm{u}}}{\partial z} \\
\vdots & \vdots & \vdots & & \vdots & \vdots & \vdots \\
\frac{\partial N_1^{\mathrm{u}}}{\partial y} & \frac{\partial N_1^{\mathrm{u}}}{\partial x} & 0 & \cdots & \frac{\partial N_{27}^{\mathrm{u}}}{\partial y} & \frac{\partial N_{27}^{\mathrm{u}}}{\partial x} & 0 \\
0 & \frac{\partial N_1^{\mathrm{u}}}{\partial z} & \frac{\partial N_1^{\mathrm{u}}}{\partial y} & \cdots & 0 & \frac{\partial N_{27}^{\mathrm{u}}}{\partial z} & \frac{\partial N_{27}^{\mathrm{u}}}{\partial y} \\
\frac{\partial N_1^{\mathrm{u}}}{\partial z} & 0 & \frac{\partial N_1^{\mathrm{u}}}{\partial x} & \cdots & \frac{\partial N_{27}^{\mathrm{u}}}{\partial z} & 0 & \frac{\partial N_{27}^{\mathrm{u}}}{\partial x}
\end{bmatrix}, \tag{9.1.32}
$$

$$
\boldsymbol{L}=\begin{bmatrix}
\frac{\partial}{\partial x} & 0 & 0 \\
0 & \frac{\partial}{\partial y} & 0 \\
0 & 0 & \frac{\partial}{\partial z} \\
\frac{\partial}{\partial y} & \frac{\partial}{\partial x} & 0 \\
0 & \frac{\partial}{\partial z} & \frac{\partial}{\partial y} \\
\frac{\partial}{\partial z} & 0 & \frac{\partial}{\partial x}
\end{bmatrix}. \tag{9.1.33}
$$

5. 在直角坐标下本构方程离散化.

$$
\boldsymbol{\sigma}=-\boldsymbol{m}p+\boldsymbol{D}'\dot{\boldsymbol{\varepsilon}}=-\boldsymbol{m}\boldsymbol{N}^{\mathrm{p}}\boldsymbol{a}^{\mathrm{p}}+\boldsymbol{D}'\boldsymbol{B}\boldsymbol{a}^{\mathrm{u}}. \tag{9.1.34}
$$

(1) 在直角坐标下平面问题应力离散化.

应力列阵

$$
\boldsymbol{\sigma}=[\sigma_{xx},\sigma_{yy},\sigma_{xy}]^{\mathrm{T}},
$$

选择矩阵

$$
\boldsymbol{m}=[1,1,0]^{\mathrm{T}}, \tag{9.1.35}
$$

材料矩阵

$$
\boldsymbol{D}'=\begin{bmatrix} 2\mu & 0 & 0 \\ 0 & 2\mu & 0 \\ 0 & 0 & \mu \end{bmatrix}=\mu\begin{bmatrix} 2 & 0 & 0 \\ 0 & 2 & 0 \\ 0 & 0 & 1 \end{bmatrix}. \tag{9.1.36}
$$

(2) 在直角坐标下空间问题应力离散化.

应力列阵

$$\boldsymbol{\sigma}=[\sigma_{xx},\sigma_{yy},\sigma_{zz},\sigma_{xy},\sigma_{yz},\sigma_{zx}]^{\mathrm{T}},\tag{9.1.37}$$

选择列阵

$$\boldsymbol{m}=[1,1,1,0,0,0]^{\mathrm{T}},\tag{9.1.38}$$

材料列阵

$$\boldsymbol{D}=\mu\begin{bmatrix}2&0&0&0&0&0\\0&2&0&0&0&0\\0&0&2&0&0&0\\0&0&0&1&0&0\\0&0&0&0&1&0\\0&0&0&0&0&1\end{bmatrix}.\tag{9.1.39}$$

6. 在直角坐标下加速度离散化.

$$\boldsymbol{C}=\frac{\mathrm{d}\boldsymbol{u}}{\mathrm{d}t}=\frac{\partial\boldsymbol{u}}{\partial t}+[\nabla(\boldsymbol{u}^{\mathrm{T}})]^{\mathrm{T}}\boldsymbol{u}=\boldsymbol{N}^{\mathrm{u}}\frac{\partial\boldsymbol{a}^{\mathrm{u}}}{\partial t}+[\nabla(\boldsymbol{N}^{\mathrm{u}}\boldsymbol{a}^{\mathrm{u}})^{\mathrm{T}}]^{\mathrm{T}}\boldsymbol{N}^{\mathrm{u}}\boldsymbol{a}^{\mathrm{u}},\tag{9.1.40}$$

速度对时间的偏导数：

$$\frac{\partial\boldsymbol{u}}{\partial t}=\frac{\partial(\boldsymbol{N}^{\mathrm{u}}\boldsymbol{a}^{\mathrm{u}})}{\partial t}=\boldsymbol{N}^{\mathrm{u}}\frac{\partial\boldsymbol{a}^{\mathrm{u}}}{\partial t}+\frac{\partial\boldsymbol{N}^{\mathrm{u}}}{\partial t}\boldsymbol{a}^{\mathrm{u}}.\tag{9.1.41}$$

(1) 二维问题：

加速度：

$$\boldsymbol{C}=[c_x,c_y]^{\mathrm{T}};\tag{9.1.42}$$

算子：

$$\nabla=\left[\frac{\partial}{\partial x},\frac{\partial}{\partial y}\right]^{\mathrm{T}}.\tag{9.1.43}$$

(2) 三维问题：

加速度：

$$\boldsymbol{C}=[c_x,c_y,c_z]^{\mathrm{T}};\tag{9.1.44}$$

算子：

$$\nabla=\left[\frac{\partial}{\partial x},\frac{\partial}{\partial y},\frac{\partial}{\partial z}\right]^{\mathrm{T}}.\tag{9.1.45}$$

7. 外力离散化.

(1) 二维问题：

体力离散化：

$$\boldsymbol{b}_0=[\rho F_x,\rho F_y,0]^{\mathrm{T}};\tag{9.1.46}$$

面力离散化：

$$\boldsymbol{T}=[T_x,T_y,0]^{\mathrm{T}}.\tag{9.1.47}$$

(2) 三维问题：

体力离散化:

$$\boldsymbol{b}_0=[\rho F_x,\rho F_y,\rho F_z]^{\mathrm{T}};\tag{9.1.48}$$

面力离散化:

$$\boldsymbol{T}=[T_x,T_y,T_z]^{\mathrm{T}}.\tag{9.1.49}$$

8. 虚速度、虚应变率离散化.

虚速度离散化:

$$\delta\boldsymbol{u}=\boldsymbol{N}^{\mathrm{u}}\delta\boldsymbol{a}^{\mathrm{u}};\tag{9.1.50}$$

虚应变率离散化:

$$\delta\dot{\varepsilon}=\boldsymbol{B}\delta\boldsymbol{a}^{\mathrm{u}}.\tag{9.1.51}$$

对于二维问题 $\boldsymbol{N}^{\mathrm{u}}$ 见式(9.1.8);三维问题 $\boldsymbol{N}^{\mathrm{u}}$ 见式(9.1.14).

9. 虚功率原理的离散化.

(1) 虚功率原理:

$$\iiint_{\Omega}(\delta\dot{\varepsilon})^{\mathrm{T}}\boldsymbol{\sigma}\,\mathrm{d}\Omega=\iiint_{\Omega}(\delta\boldsymbol{u})^{\mathrm{T}}\boldsymbol{b}_0\,\mathrm{d}\Omega+\iint_{S_\sigma}(\delta\boldsymbol{u})^{\mathrm{T}}\boldsymbol{T}\mathrm{d}S-\iiint_{\Omega}(\delta\boldsymbol{u})^{\mathrm{T}}\rho\boldsymbol{C}\mathrm{d}\Omega,$$

即

$$\iiint_{\Omega}(\delta\dot{\varepsilon})^{\mathrm{T}}\boldsymbol{\sigma}\,\mathrm{d}\Omega-\iiint_{\Omega}(\delta\boldsymbol{u})^{\mathrm{T}}\boldsymbol{b}_0\,\mathrm{d}\Omega-\iint_{S_\sigma}(\delta\boldsymbol{u})^{\mathrm{T}}\boldsymbol{T}\mathrm{d}S+\iiint_{\Omega}(\delta\boldsymbol{u})^{\mathrm{T}}\rho\boldsymbol{C}\mathrm{d}\Omega=0,\tag{9.1.52}$$

其含义为:

虚应变能率 − 虚外力功率(包括虚体力功率与虚面力功率) + 虚惯性力功率 = 0.

(2) 虚功率原理的离散化:

$$\begin{aligned}&\iiint_{\Omega}[(\delta\boldsymbol{a}^{\mathrm{u}})^{\mathrm{T}}\boldsymbol{B}^{\mathrm{T}}\boldsymbol{D}'\boldsymbol{B}\boldsymbol{a}^{\mathrm{u}}-(\delta\boldsymbol{a}^{\mathrm{u}})^{\mathrm{T}}\boldsymbol{B}^{\mathrm{T}}\boldsymbol{m}\boldsymbol{N}^{\mathrm{p}}\boldsymbol{a}^{\mathrm{p}}]\mathrm{d}\Omega-\iiint_{\Omega}(\delta\boldsymbol{a}^{\mathrm{u}})^{\mathrm{T}}(\boldsymbol{N}^{\mathrm{u}})^{\mathrm{T}}\boldsymbol{b}_0\,\mathrm{d}\Omega\\&\quad-\iint_{S_\sigma}(\delta\boldsymbol{a}^{\mathrm{u}})^{\mathrm{T}}(\boldsymbol{N}^{\mathrm{u}})^{\mathrm{T}}\boldsymbol{T}\mathrm{d}S+\iiint_{\Omega}(\delta\boldsymbol{a}^{\mathrm{u}})^{\mathrm{T}}(\boldsymbol{N}^{\mathrm{u}})^{\mathrm{T}}\rho\left\{\boldsymbol{N}^{\mathrm{u}}\frac{\partial\boldsymbol{a}^{\mathrm{u}}}{\partial t}+[\nabla(\boldsymbol{N}^{\mathrm{u}}\boldsymbol{a}^{\mathrm{u}})^{\mathrm{T}}]^{\mathrm{T}}\boldsymbol{N}^{\mathrm{u}}\boldsymbol{a}^{\mathrm{u}}\right\}\mathrm{d}\Omega=0,\end{aligned}\tag{9.1.53}$$

其中第一项体积分为虚应变能率,第二项体积分为虚体力功率,第三项面积分为虚面力功率,第四项体积分为虚惯性力功率,即

虚应变能率 + 虚惯性力功率 = 虚体力功率 + 虚面力功率.

四、运动方程(动量方程)的有限元离散化方程

因为 $\delta\boldsymbol{a}^{\mathrm{u}}$ 可以任意选取,故可以去掉 $\delta\boldsymbol{a}^{\mathrm{u}}$,式(9.1.53)可改写成

$$\begin{aligned}&\iiint_{\Omega}\boldsymbol{B}^{\mathrm{T}}\boldsymbol{D}'\boldsymbol{B}\boldsymbol{a}^{\mathrm{u}}\mathrm{d}\Omega-\iiint_{\Omega}\boldsymbol{B}^{\mathrm{T}}\boldsymbol{m}\boldsymbol{N}^{\mathrm{p}}\boldsymbol{a}^{\mathrm{p}}\mathrm{d}\Omega-\iiint_{\Omega}(\boldsymbol{N}^{\mathrm{u}})^{\mathrm{T}}\boldsymbol{b}_0\,\mathrm{d}\Omega+\iiint_{\Omega}(\boldsymbol{N}^{\mathrm{u}})^{\mathrm{T}}\rho\boldsymbol{N}^{\mathrm{u}}\frac{\partial\boldsymbol{a}^{\mathrm{u}}}{\partial t}\mathrm{d}\Omega\\&\quad+\iiint_{\Omega}(\boldsymbol{N}^{\mathrm{u}})^{\mathrm{T}}\rho[\nabla(\boldsymbol{N}^{\mathrm{u}}\boldsymbol{a}^{\mathrm{u}})^{\mathrm{T}}]^{\mathrm{T}}\boldsymbol{N}^{\mathrm{u}}\boldsymbol{a}^{\mathrm{u}}\mathrm{d}\Omega-\iint_{S_q}(\boldsymbol{N}^{\mathrm{u}})^{\mathrm{T}}\boldsymbol{T}\mathrm{d}S=0.\end{aligned}\tag{9.1.54}$$

令

$$\iiint_{\Omega} \boldsymbol{B}^{\mathrm{T}} \boldsymbol{D}' \boldsymbol{B} \mathrm{d}\Omega = \boldsymbol{K} \text{ 为耗损矩阵}, \tag{9.1.55}$$

$$-\iiint_{\Omega} \boldsymbol{B}^{\mathrm{T}} \boldsymbol{m} \boldsymbol{N}^{\mathrm{p}} \mathrm{d}\Omega = \boldsymbol{K}^{\mathrm{p}} \text{ 为压力矩阵}, \tag{9.1.56}$$

$$-\iiint_{\Omega} (\boldsymbol{N}^{\mathrm{u}})^{\mathrm{T}} \boldsymbol{b}_0 \mathrm{d}\Omega - \iint_{S_q} (\boldsymbol{N}^{\mathrm{u}})^{\mathrm{T}} \boldsymbol{T} \mathrm{d}S = \boldsymbol{f} \text{ 为外力矩阵(体力矩阵和面力的阵列)}, \tag{9.1.57}$$

$$\iiint_{\Omega} (\boldsymbol{N}^{\mathrm{u}})^{\mathrm{T}} \rho \boldsymbol{N} \mathrm{d}\Omega = \boldsymbol{M} \text{ 为质量矩阵}, \tag{9.1.58}$$

$$\iiint_{\Omega} (\boldsymbol{N}^{\mathrm{u}})^{\mathrm{T}} \rho [\nabla (\boldsymbol{N}^{\mathrm{u}} \boldsymbol{a}^{\mathrm{u}})^{\mathrm{T}}]^{\mathrm{T}} \boldsymbol{N}^{\mathrm{u}} \mathrm{d}\Omega = \bar{\boldsymbol{K}} \text{ 为对流矩阵}. \tag{9.1.59}$$

代入式(9.1.54),得

$$\boldsymbol{K}\boldsymbol{a}^{\mathrm{u}} + \bar{\boldsymbol{K}}\boldsymbol{a}^{\mathrm{u}} + \boldsymbol{K}^{\mathrm{p}}\boldsymbol{a}^{\mathrm{p}} + \boldsymbol{M}\frac{\partial \boldsymbol{a}^{\mathrm{u}}}{\partial t} + \boldsymbol{f} = 0. \tag{9.1.60}$$

五、连续性方程的离散化

对于不可压缩黏性流体,设 $\dot{\theta}$ 为体积应变率,则

$$\dot{\theta} = \boldsymbol{m}^{\mathrm{T}} \boldsymbol{L} \boldsymbol{u} = \boldsymbol{m}^{\mathrm{T}} \boldsymbol{B} \boldsymbol{a}^{\mathrm{u}} = 0, \tag{9.1.61}$$

在二维情况下,上式中 $\boldsymbol{L}$ 为式(9.1.25),$\boldsymbol{B}$ 为式(9.1.26).

两端各乘以 $(\delta p)^{\mathrm{T}}$ 然后积分.因为

$$(\delta p)^{\mathrm{T}} = (\boldsymbol{N}^{\mathrm{p}} \delta \boldsymbol{a}^{\mathrm{p}})^{\mathrm{T}} = (\delta \boldsymbol{a}^{\mathrm{p}})^{\mathrm{T}} (\boldsymbol{N}^{\mathrm{p}})^{\mathrm{T}},$$

所以

$$\iiint_{\Omega} (\delta \boldsymbol{a}^{\mathrm{p}})^{\mathrm{T}} (\boldsymbol{N}^{\mathrm{p}})^{\mathrm{T}} \boldsymbol{m}^{\mathrm{T}} \boldsymbol{B} \boldsymbol{a}^{\mathrm{u}} \mathrm{d}\Omega = 0. \tag{9.1.62}$$

因为 $(\delta \boldsymbol{a}^{\mathrm{p}})$ 可以任意选,故有

$$\iiint_{\Omega} (\boldsymbol{N}^{\mathrm{p}})^{\mathrm{T}} \boldsymbol{m}^{\mathrm{T}} \boldsymbol{B} \boldsymbol{a}^{\mathrm{u}} \mathrm{d}\Omega = 0. \tag{9.1.63}$$

而

$$\iiint_{\Omega} (\boldsymbol{N}^{\mathrm{p}})^{\mathrm{T}} \boldsymbol{m}^{\mathrm{T}} \boldsymbol{B} \mathrm{d}\Omega = -(\boldsymbol{K}^{\mathrm{p}})^{\mathrm{T}}. \tag{9.1.64}$$

可推出 $-(\boldsymbol{K}^{\mathrm{p}})^{\mathrm{T}} \boldsymbol{a}^{\mathrm{u}} = 0$.

故得连续性方程的离散化方程:

$$(\boldsymbol{K}^{\mathrm{p}})^{\mathrm{T}} \boldsymbol{a}^{\mathrm{u}} = 0. \tag{9.1.65}$$

六、将运动方程与连续性方程统一起来得到速度、压力有限元法的计算公式

$$\begin{bmatrix} \boldsymbol{K}+\bar{\boldsymbol{K}} & \boldsymbol{K}^{\mathrm{p}} \\ (\boldsymbol{K}^{\mathrm{p}})^{\mathrm{T}} & 0 \end{bmatrix}\begin{Bmatrix} \boldsymbol{a}^{\mathrm{u}} \\ \boldsymbol{a}^{\mathrm{p}} \end{Bmatrix}+\begin{bmatrix} \boldsymbol{M} & \boldsymbol{0} \\ \boldsymbol{0} & \boldsymbol{0} \end{bmatrix}\frac{\partial}{\partial t}\begin{Bmatrix} \boldsymbol{a}^{\mathrm{u}} \\ \boldsymbol{a}^{\mathrm{p}} \end{Bmatrix}+\begin{Bmatrix} \boldsymbol{f} \\ \boldsymbol{0} \end{Bmatrix}=0. \tag{9.1.66}$$

§9.2 用流函数有限元法求解二维不可压缩牛顿黏性流体运动问题

一、速度与流函数的关系

令 ψ 是流函数，它与速度的关系为

$$\begin{cases} u=\dfrac{\partial\psi}{\partial y}, \\ v=-\dfrac{\partial\psi}{\partial x}, \end{cases} \tag{9.2.1}$$

令速度向量为

$$\boldsymbol{u}=\begin{Bmatrix} u \\ v \end{Bmatrix}, \tag{9.2.2}$$

算子向量为

$$\hat{\boldsymbol{L}}=\begin{Bmatrix} \dfrac{\partial}{\partial \boldsymbol{y}} \\ -\dfrac{\partial}{\partial x} \end{Bmatrix}, \tag{9.2.3}$$

则

$$\boldsymbol{u}=\hat{\boldsymbol{L}}\psi. \tag{9.2.4}$$

二、流函数离散化

要求的是整个区域的流函数，可以将区域分割成若干个单元(例如若干个三角形单元)．在每一个单元上，流函数用单元节点处的流函数值叠加代替．即

流函数
$$\psi=\hat{\boldsymbol{N}}\boldsymbol{a}, \tag{9.2.5}$$

速度
$$\boldsymbol{u}=\hat{\boldsymbol{L}}\hat{\boldsymbol{N}}\boldsymbol{a}, \tag{9.2.6}$$

应变率
$$\dot{\boldsymbol{\varepsilon}}=\boldsymbol{L}\boldsymbol{u}=\boldsymbol{L}\hat{\boldsymbol{L}}\hat{\boldsymbol{N}}\boldsymbol{a}=\hat{\boldsymbol{B}}\boldsymbol{a}, \tag{9.2.7}$$

虚应变率
$$\delta\dot{\boldsymbol{\varepsilon}}=\hat{\boldsymbol{B}}\delta\boldsymbol{a}, \tag{9.2.8}$$

本构关系
$$\boldsymbol{\sigma}=-\boldsymbol{m}p+\boldsymbol{D}'\dot{\boldsymbol{\varepsilon}}, \tag{9.2.9}$$

其中 $\boldsymbol{u}=[u,v]^{\mathrm{T}}$，$\dot{\boldsymbol{\varepsilon}}=[\dot{\varepsilon}_{xx},\dot{\varepsilon}_{yy},\dot{\varepsilon}_{xy}]^{\mathrm{T}}$，$\boldsymbol{\sigma}=[\sigma_{xx},\sigma_{yy},\sigma_{xy}]^{\mathrm{T}}$，

$$\boldsymbol{m}=[1,1,0]^{\mathrm{T}}. \tag{9.2.10}$$

1. 对于三角形单元,取节点流函数列阵

$$\boldsymbol{a}=[\psi_1,\psi_2,\psi_3]^{\mathrm{T}}, \tag{9.2.11}$$

流函数的形函数

$$\hat{\boldsymbol{N}}=[\hat{N}_1,\hat{N}_2,\hat{N}_3], \tag{9.2.12}$$

其中

$$\hat{N}_1=\frac{1}{2\Delta}\begin{vmatrix}1 & x & y\\ 1 & x_2 & y_2\\ 1 & x_3 & y_3\end{vmatrix}=L_1,\quad \hat{N}_2=\frac{1}{2\Delta}\begin{vmatrix}1 & x_1 & y_1\\ 1 & x & y\\ 1 & x_3 & y_3\end{vmatrix},\quad \hat{N}_3=\frac{1}{2\Delta}\begin{vmatrix}1 & x_1 & y_1\\ 1 & x_2 & y_2\\ 1 & x & y\end{vmatrix}, \tag{9.2.13}$$

而上式中

$$2\Delta=\begin{vmatrix}1 & x_1 & y_1\\ 1 & x_2 & y_2\\ 1 & x_3 & y_3\end{vmatrix},$$

算子矩阵

$$L=\begin{bmatrix}\dfrac{\partial}{\partial x} & 0\\ 0 & \dfrac{\partial}{\partial y}\\ \dfrac{\partial}{\partial y} & \dfrac{\partial}{\partial x}\end{bmatrix},$$

$$\hat{\boldsymbol{B}}=\begin{bmatrix}\dfrac{\partial^2\hat{N}_1}{\partial x\partial y} & \dfrac{\partial^2\hat{N}_2}{\partial x\partial y} & \dfrac{\partial^2\hat{N}_3}{\partial x\partial y}\\ -\dfrac{\partial^2\hat{N}_1}{\partial x\partial y} & -\dfrac{\partial^2\hat{N}_2}{\partial x\partial y} & -\dfrac{\partial^2\hat{N}_3}{\partial x\partial y}\\ \dfrac{\partial^2\hat{N}_1}{\partial y^2}-\dfrac{\partial^2\hat{N}_1}{\partial x^2} & \dfrac{\partial^2\hat{N}_2}{\partial y^2}-\dfrac{\partial^2\hat{N}_2}{\partial x^2} & \dfrac{\partial^2\hat{N}_3}{\partial y^2}-\dfrac{\partial^2\hat{N}_3}{\partial x^2}\end{bmatrix}, \tag{9.2.14}$$

$$\boldsymbol{D}'=\begin{bmatrix}2\mu & 0 & 0\\ 0 & 2\mu & 0\\ 0 & 0 & \mu\end{bmatrix}. \tag{9.2.15}$$

2. 虚功率原理.

因为不可压缩,设 $\dot{\theta}$ 为体积应变率,所以

$$\dot{\theta}=\dot{\boldsymbol{\varepsilon}}^{\mathrm{T}}\boldsymbol{m}=\boldsymbol{a}^{\mathrm{T}}\hat{\boldsymbol{B}}^{\mathrm{T}}\boldsymbol{m}=\boldsymbol{0}. \tag{9.2.16}$$

因为 $\boldsymbol{a}$ 不会全为零,所以

$$\hat{\boldsymbol{B}}^{\mathrm{T}}\boldsymbol{m}=0. \tag{9.2.17}$$

进而可知 $\hat{\boldsymbol{K}}^{\mathrm{p}}=\iint \hat{\boldsymbol{B}}^{\mathrm{T}}\boldsymbol{m}\boldsymbol{N}^{\mathrm{p}}\mathrm{d}S=0$，则可推出运动方程的离散化方程

$$\hat{\boldsymbol{K}}\boldsymbol{a}+\hat{\hat{\boldsymbol{K}}}\boldsymbol{a}+\boldsymbol{M}\frac{\partial \boldsymbol{a}}{\partial t}+\boldsymbol{f}=\boldsymbol{0}. \tag{9.2.18}$$

其中

$$\hat{\boldsymbol{K}}=\iint_{\Omega}\hat{\boldsymbol{B}}^{\mathrm{T}}\boldsymbol{D}'\hat{\boldsymbol{B}}\mathrm{d}\Omega \text{ 为耗损矩阵，} \tag{9.2.19}$$

$$\hat{\hat{\boldsymbol{K}}}=\iint_{\Omega}\rho(\hat{\boldsymbol{L}}\hat{\boldsymbol{N}})^{\mathrm{T}}[\nabla(\hat{\boldsymbol{L}}\hat{\boldsymbol{N}}\boldsymbol{a})^{\mathrm{T}}]^{\mathrm{T}}\hat{\boldsymbol{L}}\hat{\boldsymbol{N}}\mathrm{d}\Omega \text{ 为对流矩阵，} \tag{9.2.20}$$

$$\hat{\boldsymbol{M}}=\iint_{\Omega}(\hat{\boldsymbol{L}}\hat{\boldsymbol{N}})^{\mathrm{T}}\rho(\hat{\boldsymbol{L}}\hat{\boldsymbol{N}})\mathrm{d}\Omega \text{ 为质量矩阵，} \tag{9.2.21}$$

$$\boldsymbol{f}=-\iint_{\Omega}(\hat{\boldsymbol{L}}\hat{\boldsymbol{N}})^{\mathrm{T}}\boldsymbol{b}_0\mathrm{d}\Omega-\int_{S_q}(\hat{\boldsymbol{L}}\hat{\boldsymbol{N}})^{\mathrm{T}}\boldsymbol{T}\mathrm{d}S \text{ 为外力(体力、面力)列阵.} \tag{9.2.22}$$

实际上将速度压力法中的 $\boldsymbol{N}^{\mathrm{u}}$ 用 $\hat{\boldsymbol{L}}\hat{\boldsymbol{N}}$ 代替；$\boldsymbol{a}^{\mathrm{u}}$ 用 $\boldsymbol{a}$ 代替即可得到流函数有限元法的方程式(9.2.18).

§9.3 用罚函数有限元法求解不可压缩牛顿黏性流体流动问题

1. 令压力

$$p=\alpha\dot{\theta}, \tag{9.3.1}$$

其中 $\dot{\theta}$ 是体积应变率，α 是一个很大的数. 当 $\dot{\theta}\to 0$ 时，$\alpha\dot{\theta}\to$有界量.

2. 离散化.

令

$$\begin{cases}\boldsymbol{u}=\boldsymbol{N}^{\mathrm{u}}\boldsymbol{a}^{\mathrm{u}},\\ p=\boldsymbol{N}^{\mathrm{p}}\boldsymbol{a}^{\mathrm{p}},\end{cases} \tag{9.3.2}$$

则

$$\dot{\boldsymbol{\varepsilon}}=\boldsymbol{L}\boldsymbol{u}=\boldsymbol{B}\boldsymbol{a}^{\mathrm{u}}. \tag{9.3.3}$$

因为

$$\dot{\theta}=\boldsymbol{m}^{\mathrm{T}}\dot{\boldsymbol{\varepsilon}}=\boldsymbol{m}^{\mathrm{T}}\boldsymbol{B}\boldsymbol{a}^{\mathrm{u}}, \tag{9.3.4}$$

可推出

$$p=\boldsymbol{N}^{\mathrm{p}}\boldsymbol{a}^{\mathrm{p}}=\alpha\dot{\theta}=\alpha\boldsymbol{m}^{\mathrm{T}}\boldsymbol{B}\boldsymbol{a}^{\mathrm{u}}. \tag{9.3.5}$$

由

$$\boldsymbol{K}^{\mathrm{p}}=-\iiint_{\Omega}\boldsymbol{B}^{\mathrm{T}}\boldsymbol{m}\boldsymbol{N}^{\mathrm{p}}\mathrm{d}\Omega,$$

可推出

$$\boldsymbol{K}^{\mathrm{p}}\boldsymbol{a}^{\mathrm{p}}=-\iiint_{\Omega}\boldsymbol{B}^{\mathrm{T}}\boldsymbol{m}(\boldsymbol{N}^{\mathrm{p}}\boldsymbol{a}^{\mathrm{p}})\mathrm{d}\Omega=-\iiint_{\Omega}\boldsymbol{B}^{\mathrm{T}}\boldsymbol{m}(\alpha\boldsymbol{m}^{\mathrm{T}}\boldsymbol{B}\boldsymbol{a}^{\mathrm{u}})\mathrm{d}\Omega. \tag{9.3.6}$$

令

$$\widetilde{\boldsymbol{K}}=-\iiint_{\Omega}\boldsymbol{B}^{\mathrm{T}}\boldsymbol{m}\alpha\boldsymbol{m}^{\mathrm{T}}\boldsymbol{B}\mathrm{d}\Omega,$$

则

$$\boldsymbol{K}^{\mathrm{p}}\boldsymbol{a}^{\mathrm{p}}=\widetilde{\boldsymbol{K}}\boldsymbol{a}^{\mathrm{u}},$$

可得到动量方程的离散化方程

$$\boldsymbol{K}\boldsymbol{a}^{\mathrm{u}}+\bar{\boldsymbol{K}}\boldsymbol{a}^{\mathrm{u}}+\tilde{\boldsymbol{K}}\boldsymbol{a}^{\mathrm{u}}+\boldsymbol{M}\frac{\partial \boldsymbol{a}^{\mathrm{u}}}{\partial t}+\boldsymbol{f}=\boldsymbol{0}. \tag{9.3.7}$$

若问题是小 Reynolds 数的，则 $\bar{\boldsymbol{K}}\boldsymbol{a}^{\mathrm{u}}$ 项可以忽略，即对流项可以忽略. 若问题又是定常的，则 $\frac{\partial}{\partial t}=0$，方程变为定常、小 Reynold 数情况下的有限元方程：

$$\boldsymbol{K}\boldsymbol{a}^{\mathrm{u}}+\tilde{\boldsymbol{K}}\boldsymbol{a}^{\mathrm{u}}+\boldsymbol{f}=\boldsymbol{0}. \tag{9.3.8}$$

§9.4 在笛卡儿坐标系下用有限元方法求解热传递方程

热传递有三种方式，即热对流、热传导及热辐射. 热对流是依靠流体自身的流动而实现的传热过程；热传导是热量从温度高的物体传到温度低的物体的过程；热辐射是物体因自身的温度而向外发射能量，这种传递方式叫做热辐射.

一、热传递的基本方程与边界条件

1. 基本方程

$$\rho C_p\left(\frac{\partial T}{\partial t}+\boldsymbol{u}\cdot\nabla T\right)=\nabla^{\mathrm{T}}[K(\nabla T)]+Q, \tag{9.4.1}$$

其中 ρ 为密度，C_p 为等压比热，$\boldsymbol{u}=(u,v,w)$ 为速度，T 为温度，$\nabla=\left(\frac{\partial}{\partial x},\frac{\partial}{\partial y},\frac{\partial}{\partial z}\right)$ 为算子，k 为热传导系数，Q 为内部生热与表面热源.

（1）向量形式的热传递方程：

$$\rho C_p\left(\frac{\partial T}{\partial t}+\boldsymbol{u}\cdot\nabla T\right)=\nabla^{\mathrm{T}}[k(\nabla T)]+Q, \tag{9.4.2}$$

其中，速度列阵 $\boldsymbol{u}=[u,v,w]^{\mathrm{T}}$，算子列阵 $\nabla=\left[\frac{\partial}{\partial x},\frac{\partial}{\partial y},\frac{\partial}{\partial z}\right]^{\mathrm{T}}$.

（2）矩阵形式的热传递方程：

$$\rho C_p\left(\frac{\partial T}{\partial t}+\boldsymbol{u}^{\mathrm{T}}\nabla T\right)=\nabla^{\mathrm{T}}[k(\nabla T)]+Q. \tag{9.4.3}$$

2. 边界条件.

在温度边界 S_T 上：

$$T=\bar{T}; \tag{9.4.4}$$

在热流边界 S_q 上：

$$q_n=\bar{q}; \tag{9.4.5}$$

边界上 n 方向的热流：

$$q_n=\boldsymbol{q}^{\mathrm{T}}\boldsymbol{n}=-(k\nabla T)^{\mathrm{T}}\boldsymbol{n}; \tag{9.4.6}$$

边界上任意方向的热流：

$$\boldsymbol{q} = [q_x, q_y, q_z]^{\mathrm{T}}; \tag{9.4.7}$$

边界的外法向:

$$\boldsymbol{n} = [n_x, n_y, n_z]^{\mathrm{T}}. \tag{9.4.8}$$

其中 $\overline{T}$ 为 S_T 上的指定温度,$\overline{q}$ 为 S_q 上的指定热流.

二、流动的空间离散化

将整个流动空间划分为有很多个有限大小的区域小单元,在每个小单元上求温度的近似场函数.

1. 在每个单元上令

$$T = \boldsymbol{N}\boldsymbol{a}, \tag{9.4.9}$$

其中 $\boldsymbol{N}$ 是热流的形函数,$\boldsymbol{a}$ 是单元节点温度.

$$\frac{\partial T}{\partial t} = \boldsymbol{N}\frac{\partial \boldsymbol{a}}{\partial t}, \tag{9.4.10}$$

$$\nabla T = \nabla(\boldsymbol{N}\boldsymbol{a}) = (\nabla \boldsymbol{N})\boldsymbol{a}, \tag{9.4.11}$$

$$\boldsymbol{u}^{\mathrm{T}} \nabla T = (\boldsymbol{a}^{\mathrm{u}})^{\mathrm{T}}(\boldsymbol{N}^{\mathrm{u}})^{\mathrm{T}}(\nabla \boldsymbol{N})\boldsymbol{a}, \tag{9.4.12}$$

其中

$$\boldsymbol{u} = \boldsymbol{N}^{\mathrm{u}}\boldsymbol{a}^{\mathrm{u}}, \tag{9.4.13}$$

$$\boldsymbol{u}^{\mathrm{T}} = (\boldsymbol{N}^{\mathrm{u}}\boldsymbol{a}^{\mathrm{u}})^{\mathrm{T}} = (\boldsymbol{a}^{\mathrm{u}})^{\mathrm{T}}(\boldsymbol{N}^{\mathrm{u}})^{\mathrm{T}}. \tag{9.4.14}$$

而 $\boldsymbol{N}^{\mathrm{u}}$ 是速度的形函数,$\boldsymbol{a}^{\mathrm{u}}$ 是单元节点处的速度列阵.

2. 热传递方程的空间离散化.

(1) 将矩阵形式的热传递方程式(9.4.3)两端乘以 $(\delta T)^{\mathrm{T}}$:

$$(\delta T)^{\mathrm{T}}\rho C_p\left[\frac{\partial T}{\partial t} + \boldsymbol{u}^{\mathrm{T}}(\nabla T)\right] = (\delta T)^{\mathrm{T}}[\nabla^{\mathrm{T}}(k\nabla T) + Q]. \tag{9.4.15}$$

(2) 在流动区域单元 Ω 上求积分:

$$\iiint_{\Omega}(\delta T)^{\mathrm{T}}\rho C_p\left[\frac{\partial T}{\partial t} + \boldsymbol{u}^{\mathrm{T}}(\nabla T)\right]\mathrm{d}\Omega = \iiint_{\Omega}(\delta T)^{\mathrm{T}}[\nabla^{\mathrm{T}}(k\nabla T) + Q]\mathrm{d}\Omega. \tag{9.4.16}$$

(3) 根据奥高定理改写等号右端第一项:

$$\begin{aligned}
\iiint_{\Omega}(\delta T)^{\mathrm{T}}[\nabla^{\mathrm{T}}(k\nabla T)]\mathrm{d}\Omega &= \iiint_{\Omega}\nabla^{\mathrm{T}}(k\nabla T\delta T)\mathrm{d}\Omega - \iiint_{\Omega}(\nabla\delta T)^{\mathrm{T}}k\nabla T\mathrm{d}\Omega \\
&= \iint_{S_q}(k\nabla T\delta T)^{\mathrm{T}}\boldsymbol{n}\mathrm{d}S - \iiint_{\Omega}(\nabla\delta T)^{\mathrm{T}}k\nabla T\mathrm{d}\Omega \\
&= \iint_{S_q}(\delta T)^{\mathrm{T}}(k\nabla T)^{\mathrm{T}}\boldsymbol{n}\mathrm{d}S - \iiint_{\Omega}(\nabla\delta T)^{\mathrm{T}}k\nabla T\mathrm{d}\Omega \\
&= -\iint_{S_q}(\delta T)^{\mathrm{T}}\boldsymbol{q}\,\mathrm{d}S - \iiint_{\Omega}(\nabla\delta T)^{\mathrm{T}}k\nabla T\mathrm{d}\Omega.
\end{aligned} \tag{9.4.17}$$

(4) 将式(9.4.17)代入积分方程(9.4.16),得

$$\iiint_{\Omega}(\delta T)^{\mathrm{T}}\rho C_p\left[\frac{\partial T}{\partial t}+\boldsymbol{u}^{\mathrm{T}}(\nabla T)\right]\mathrm{d}\Omega=-\iint_{S_q}(\delta T)^{\mathrm{T}}\boldsymbol{q}\,\mathrm{d}S+\iiint_{\Omega}(\delta T)^{\mathrm{T}}Q\,\mathrm{d}\Omega-\iiint_{\Omega}(\nabla\,\delta T)^{\mathrm{T}}k\,\nabla\,T\mathrm{d}\Omega. \tag{9.4.18}$$

(5) 热传递方程在空间的离散化:

将

$$\begin{cases}T=\boldsymbol{N}\boldsymbol{a},\\(\delta T)^{\mathrm{T}}=(\delta\boldsymbol{a})^{\mathrm{T}}\boldsymbol{N}^{\mathrm{T}},\\\dfrac{\partial T}{\partial t}=\boldsymbol{N}\dfrac{\partial\boldsymbol{a}}{\partial t}\end{cases}$$

用 ∇ 作用得

$$\begin{cases}\nabla\,T=\nabla(\boldsymbol{N}\boldsymbol{a})=(\nabla\,\boldsymbol{N})\boldsymbol{a},\\\nabla\,\delta T=\nabla(\boldsymbol{N}\delta\boldsymbol{a})=(\nabla\,\boldsymbol{N})\delta\boldsymbol{a},\\(\nabla\,\delta T)^{\mathrm{T}}=(\delta\boldsymbol{a})^{\mathrm{T}}(\nabla\,\boldsymbol{N})^{\mathrm{T}},\end{cases}$$

代入式(9.4.18)得

$$\iiint_{\Omega}(\delta\boldsymbol{a})^{\mathrm{T}}\boldsymbol{N}^{\mathrm{T}}\rho C_p\boldsymbol{N}\frac{\partial\boldsymbol{a}}{\partial t}\mathrm{d}\Omega+\iiint_{\Omega}(\delta\boldsymbol{a})^{\mathrm{T}}\boldsymbol{N}^{\mathrm{T}}\rho C_p\boldsymbol{u}^{\mathrm{T}}(\nabla\,\boldsymbol{N})\boldsymbol{a}\mathrm{d}\Omega$$

$$+\iiint_{\Omega}(\nabla(\boldsymbol{N}\delta\boldsymbol{a}))^{\mathrm{T}}k\,\nabla(\boldsymbol{N}\boldsymbol{a})\mathrm{d}\Omega-\iiint_{\Omega}(\delta\boldsymbol{a})^{\mathrm{T}}\boldsymbol{N}^{\mathrm{T}}Q\mathrm{d}\Omega+\iint_{S_q}(\delta\boldsymbol{a})^{\mathrm{T}}\boldsymbol{N}^{\mathrm{T}}\boldsymbol{q}\,\mathrm{d}S=0. \tag{9.4.19}$$

在单元上求积分,因为单元温度不随单元内坐标变化,所以可以把它提到积分号外边来.推出

$$\iiint_{\Omega}(\delta\boldsymbol{a})^{\mathrm{T}}\boldsymbol{N}^{\mathrm{T}}\rho C_p\boldsymbol{N}\mathrm{d}\Omega\frac{\partial\boldsymbol{a}}{\partial t}+\iiint_{\Omega}(\delta\boldsymbol{a})^{\mathrm{T}}\boldsymbol{N}^{\mathrm{T}}\rho C_p\boldsymbol{u}^{\mathrm{T}}(\nabla\,\boldsymbol{N})\mathrm{d}\Omega\boldsymbol{a}$$

$$+\iiint_{\Omega}(\delta\boldsymbol{a})^{\mathrm{T}}(\nabla\,\boldsymbol{N})^{\mathrm{T}}k(\nabla\,\boldsymbol{N})\mathrm{d}\Omega\boldsymbol{a}-\iiint_{\Omega}(\delta\boldsymbol{a})^{\mathrm{T}}\boldsymbol{N}^{\mathrm{T}}Q\mathrm{d}\Omega+\iint_{S_q}(\delta\boldsymbol{a})^{\mathrm{T}}\boldsymbol{N}^{\mathrm{T}}\boldsymbol{q}\,\mathrm{d}S=0. \tag{9.4.20}$$

因虚温度可以任意取,故可以把 $(\delta\boldsymbol{a})^{\mathrm{T}}$ 去掉.推出:

$$\left(\iiint_{\Omega}\boldsymbol{N}^{\mathrm{T}}\rho C_p\boldsymbol{N}\mathrm{d}\Omega\right)\frac{\partial\boldsymbol{a}}{\partial t}+\left(\iiint_{\Omega}\boldsymbol{N}^{\mathrm{T}}\rho C_p\boldsymbol{u}^{\mathrm{T}}\,\nabla\,\boldsymbol{N}\mathrm{d}\Omega\right)\boldsymbol{a}$$

$$+\left(\iiint_{\Omega}(\nabla\,\boldsymbol{N})^{\mathrm{T}}k(\nabla\,\boldsymbol{N})\mathrm{d}\Omega\right)\boldsymbol{a}-\iiint_{\Omega}\boldsymbol{N}^{\mathrm{T}}Q\mathrm{d}\Omega+\iint_{S_q}\boldsymbol{N}^{\mathrm{T}}\boldsymbol{q}\,\mathrm{d}S=0, \tag{9.4.21}$$

得

$$\boldsymbol{M}\frac{\partial\boldsymbol{a}}{\partial t}+(\boldsymbol{S}_1+\boldsymbol{S}_2)\boldsymbol{a}+\boldsymbol{H}=0, \tag{9.4.22}$$

其中

$$\boldsymbol{M}=\iiint_{\Omega}\boldsymbol{N}^{\mathrm{T}}\rho C_p\boldsymbol{N}\mathrm{d}\Omega \text{ 为质量矩阵，} \tag{9.4.23}$$

$$\boldsymbol{S}_1=\iiint_{\Omega}\boldsymbol{N}^{\mathrm{T}}\rho C_p\boldsymbol{u}^{\mathrm{T}}\nabla \boldsymbol{N}\mathrm{d}\Omega \text{ 为热对流矩阵，} \tag{9.4.24}$$

$$\boldsymbol{S}_2=\iiint_{\Omega}(\nabla \boldsymbol{N})^{\mathrm{T}}k(\nabla \boldsymbol{N})\mathrm{d}\Omega \text{ 为其他热传递矩阵，} \tag{9.4.25}$$

$$\boldsymbol{H}=-\iiint_{\Omega}\boldsymbol{N}^{\mathrm{T}}Q\mathrm{d}\Omega+\iint_{S_q}\boldsymbol{N}^{\mathrm{T}}\boldsymbol{q}\,\mathrm{d}S \text{ 为热源(包括内部热源与表面热源)矩阵.} \tag{9.4.26}$$

三、流动的时间离散化

以热传递方程为例，将式(9.4.22)改写为

$$\boldsymbol{M}\frac{\partial \boldsymbol{a}}{\partial t}+\boldsymbol{S}\boldsymbol{a}+\boldsymbol{H}=0, \tag{9.4.27}$$

其中 $\boldsymbol{S}=\boldsymbol{S}_1+\boldsymbol{S}_2$.

1. 在时间域中，将时间划分为多个时刻：$t_0,t_1,t_2,\cdots,t_m$及有限多个时间区间：

$$\Delta t_n=t_{n+1}-t_n,\quad n=0,1,\cdots,m-1.$$

2. 在时间区间 Δt_n 中，在 t 时刻的单元节点温度可写成 t_n时刻与 t_{n+1}时刻节点温度之和：

$$\boldsymbol{a}=\boldsymbol{N}^t\boldsymbol{a}^t=\boldsymbol{N}^{t_n}\boldsymbol{a}^{t_n}+\boldsymbol{N}^{t_{n+1}}\boldsymbol{a}^{t_{n+1}}, \tag{9.4.28}$$

$$\frac{\partial \boldsymbol{a}}{\partial t}=\dot{\boldsymbol{N}}^t\boldsymbol{a}^t=\dot{\boldsymbol{N}}^{t_n}\boldsymbol{a}^{t_n}+\dot{\boldsymbol{N}}^{t_{n+1}}\boldsymbol{a}^{t_{n+1}}, \tag{9.4.29}$$

其中 $\boldsymbol{N}^t=[\boldsymbol{N}^{t_n},\boldsymbol{N}^{t_{n+1}}]$是温度在时间域中的形函数，$\boldsymbol{a}^{t_n}$和 $\boldsymbol{a}^{t_{n+1}}$分别是 t_n时刻和 t_{n+1}时刻单元节点的温度向量.

3. 对时间坐标进行坐标变换.

令

$$\xi=(t-t_n)/\Delta t_n,\quad (n=0,1,2,\cdots,m-1), \tag{9.4.30}$$

其中 $\Delta t_n=t_{n+1}-t_n$.

4. 在 $t_n\leqslant t\leqslant t_{n+1}$(即 $0\leqslant\xi\leqslant 1$)时，对于时间区间 Δt_n 取形函数：

$$\boldsymbol{N}^{t_n}=1-\xi;\quad \boldsymbol{N}^{t_{n+1}}=\xi, \tag{9.4.31}$$

形函数对时间的导数分别为

$$\dot{\boldsymbol{N}}^{t_n}=-1/\Delta t_n;\quad \dot{\boldsymbol{N}}^{t_{n+1}}=1/\Delta t_n. \tag{9.4.32}$$

单元节点的温度向量对时间的偏导数为

$$\frac{\partial \boldsymbol{a}}{\partial t}=\dot{\boldsymbol{N}}^{t_n}\boldsymbol{a}^{t_n}+\dot{\boldsymbol{N}}^{t_{n+1}}\boldsymbol{a}^{t_{n+1}}. \tag{9.4.33}$$

5. 采用加权剩余法，在时间域中进行积分.

$$\int_0^1 W[\boldsymbol{M}(\dot{\boldsymbol{N}}^{t_n}\boldsymbol{a}^{t_n}+\dot{\boldsymbol{N}}^{t_{n+1}}\boldsymbol{a}^{t_{n+1}})+\boldsymbol{S}(\boldsymbol{N}^{t_n}\boldsymbol{a}^{t_n}+\boldsymbol{N}^{t_{n+1}}\boldsymbol{a}^{t_{n+1}})+\boldsymbol{H}]\mathrm{d}\xi=0, \tag{9.4.34}$$

其中 W 是权函数.将形函数和单元节点的温度向量及其对时间微商的表达式代入上式,则合并同类项可得

$$\int_0^1 W\left\{\boldsymbol{M}\left(\frac{-\boldsymbol{a}^{t_n}}{\Delta t_n}+\frac{\boldsymbol{a}^{t_{n+1}}}{\Delta t_{n+1}}\right)+\boldsymbol{S}[(1-\xi)\boldsymbol{a}^{t_n}+\xi\boldsymbol{a}^{t_{n+1}}]\boldsymbol{H}\right\}\mathrm{d}\xi=0, \tag{9.4.35}$$

可推出

$$\int_0^1 W\left[\frac{-\boldsymbol{M}}{\Delta t_n}+\boldsymbol{S}(1-\xi)\boldsymbol{a}^{t_n}+\left(\frac{\boldsymbol{M}}{\Delta t_{n+1}}+\xi\boldsymbol{S}\right)\boldsymbol{a}^{t_{n+1}}+\boldsymbol{H}\right]\mathrm{d}\xi=0. \tag{9.4.36}$$

因 $\boldsymbol{M},\boldsymbol{S},\boldsymbol{H}$ 均与时间无关,t_n 和 t_{n+1}时刻的单元节点的温度不随时间在区间 Δt_n 内变化,亦可写出积分号外,故得出

$$\left[\frac{-\boldsymbol{M}}{\Delta t_n}\int_0^1 W\mathrm{d}\xi+\boldsymbol{S}\int_0^1 W(1-\xi)\mathrm{d}\xi\right]\boldsymbol{a}^{t_n}+\left(\frac{\boldsymbol{M}}{\Delta t_{n+1}}\int_0^1 W\mathrm{d}\xi+\boldsymbol{S}\int_0^1 W\xi\mathrm{d}\xi\right)\boldsymbol{a}^{t_{n+1}}+\int_0^1 W\boldsymbol{H}\mathrm{d}\xi=0. \tag{9.4.37}$$

同除 $\int_0^1 W\mathrm{d}\xi$, 得

$$\left[\frac{-\boldsymbol{M}}{\Delta t_n}+\boldsymbol{S}\frac{\int_0^1 W(1-\xi)\mathrm{d}\xi}{\int_0^1 W\mathrm{d}\xi}\right]\boldsymbol{a}^{t_n}+\left(\frac{\boldsymbol{M}}{\Delta t_{n+1}}+\boldsymbol{S}\frac{\int_0^1 W\xi\mathrm{d}\xi}{\int_0^1 W\mathrm{d}\xi}\right)\boldsymbol{a}^{t_{n+1}}+\frac{\int_0^1 W\boldsymbol{H}\mathrm{d}\xi}{\int_0^1 W\mathrm{d}\xi}=0. \tag{9.4.38}$$

令

$$\theta=\int_0^1 W\xi\mathrm{d}\xi\Big/\int_0^1 W\mathrm{d}\xi,$$

则

$$\int_0^1 W(1-\xi)\mathrm{d}\xi\Big/\int_0^1 W\mathrm{d}\xi=1-\theta, \tag{9.4.39}$$

$$\overline{\boldsymbol{H}}=\int_0^1 W\boldsymbol{H}\mathrm{d}\xi\Big/\int_0^1 W\mathrm{d}\xi, \tag{9.4.40}$$

可推出热传递方程的离散化方程

$$\left(\frac{\boldsymbol{M}}{\Delta t_{n+1}}+\boldsymbol{S}\theta\right)\boldsymbol{a}^{t_{n+1}}+\left[\frac{-\boldsymbol{M}}{\Delta t_n}+\boldsymbol{S}(1-\theta)\right]\boldsymbol{a}^{t_n}+\overline{\boldsymbol{H}}=\boldsymbol{0}, \tag{9.4.41}$$

其中 $\boldsymbol{M}$ 为质量矩阵,$\boldsymbol{S}$ 为热传递矩阵,$\overline{\boldsymbol{H}}$ 为热源矩阵.

6. 几种计算方法.

(1) Crank-Nicolson 方法:

取 $W=1$,则 $\theta=1/2$,代入上式,则

$$\left(\boldsymbol{M}+\frac{\Delta t_n}{2}\boldsymbol{S}\right)\boldsymbol{a}^{t_{n+1}}=\left(\boldsymbol{M}-\boldsymbol{S}\frac{\Delta t_n}{2}\right)\boldsymbol{a}^{t_n}-\overline{\boldsymbol{H}}\Delta t_n. \tag{9.4.42}$$

$\overline{\boldsymbol{H}}$ 可写成

$$\overline{\boldsymbol{H}}=\frac{1}{2}(\boldsymbol{H}^{t_n}+\boldsymbol{H}^{t_{n+1}}), \tag{9.4.43}$$

推出

$$\left(\boldsymbol{M}+\frac{\Delta t_n}{2}\boldsymbol{S}\right)\boldsymbol{a}^{t_{n+1}}=\left(\boldsymbol{M}-\frac{\Delta t_n}{2}\boldsymbol{S}\right)\boldsymbol{a}^{t_n}-\frac{1}{2}(\boldsymbol{H}^{t_n}+\boldsymbol{H}^{t_{n+1}}). \qquad (9.4.44)$$

(2) Euler 法：令 $W=1/\xi,\theta=0$，代入式(9.4.41)及(9.4.40).

(3) Calerkin 法：令 $W=1-\xi,\theta=2/3$，代入式(9.4.41)及(9.4.40).

(4) 后插法：令 $W=1/\xi^2,\theta=1$，代入式(9.4.41)及(9.4.40).

这些方法都没有 Crank-Nicolson 方法精度高.

§9.5 二维算例：海沟后退对地幔对流的影响

一、引言

迄今为止，大西洋在逐渐扩大，其东西两岸在逐渐分离；而太平洋在逐渐缩小，其东西两岸在逐渐接近. 在海沟后退情况下俯冲板片(Subduction Slab)如何运动？Elsasser 于 1969 至 1971 年间提出板块有一种横向后退运动；Turcotte 等人于 1971 年，以及 Schubert 等人于 1975 年认为板块的横向运动是由于受到周围地幔负浮力的作用造成的；1986 年，Garfunkel 认为板块横向运动是一种平移后退运动，他用牛顿流体有限元方法研究了板块后退平移对地幔对流的影响. Garfunkel 对板块运动的认识存在一个问题：俯冲板块的顶点也是水平洋壳的端点，作为俯冲洋壳板块的顶点，它应随板块平移后退；而作为水平洋壳的端点它应向大陆前进，同一点既向前又向后出现了矛盾. 向着大陆前进的速度比后退的速度大，两者合成仍然是向大陆前进，这就无法解释海沟的后退. 俯冲板块如何运动？以及板块的运动与海沟后退是何关系？这些正是本节要讨论的问题.

1974 年以前，地学家们研究地幔对流问题都是将地幔当做牛顿黏性流体，此后仍有这样处理的. 因为牛顿黏性流体是线性本构关系，便于用解析的或数值的方法求解. 但地幔岩(尤其是橄榄岩)的高温高压实验表明，其稳态蠕变机制主要不是扩散蠕变而是位错蠕变，其本构方程是幂律的，虽然 Parmentier 等人在 1976 年用牛顿流体，1982 年用 $n=3$ 的幂律流体对地幔对流进行计算、比较，认为两者没有很大的差别. 但是，在他们的计算中，黏度与压力、温度无关. Christenson 在 1983、1984 年首先用温度、压力相关的幂律流体计算地幔对流，他发现引进压力之后对流图像有很大变化；但是，他用的压力仅仅是静岩压力，而不是真正的流体总压力. 1989 年 Richards 等人也用静压力代替总压力.

我们做的工作首先在分析海沟后退与俯冲板块的运动学时就与 Garfunkel 等人不同，我们采用幂律流体有限元方法研究海沟后退对地幔对流的影响；其次在流场计算时与 Christenson 不同，我们采用速度压力法，同时计算速度与流动压力，用以更真实地反映地幔岩的蠕变机制.

二、海沟后退与俯冲板块的运动学分析

海沟是大洋板块与大陆板块会聚的一种形式. 海沟既是大洋板块水平段的末端，又是

大陆板块的前缘，海沟的后退就是大陆的前进．实际上，大陆像铲刀一样不断地将大洋板片铲入地幔，因而造成海沟的后退．海沟后退可以有三种情况：

（1）如果将坐标系固定在洋中脊处，大洋板片的运动速度即为海底的扩张速度．当海底扩张时，如果大陆相对于洋中脊不动，则海沟不进也不退．

（2）如果海底不扩张，只有大陆前进，则海沟以与大陆前进相同的速度后退．

（3）如果海底扩张与大陆前进同时存在，则海沟以与大陆前进相同的速度后退，海底扩张速度的大小与海沟后退速度大小无关．

对于上述三种情况，俯冲板块的运动是各不相同的．图 9.5.1 显示出以上三种情况．

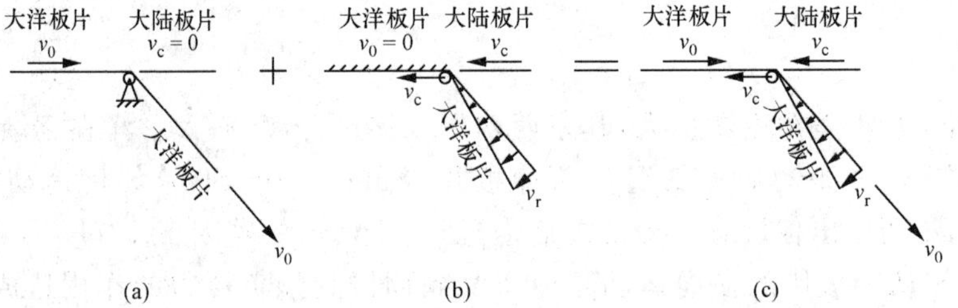

图 9.5.1　俯冲板片运动的三种情况

均是将板块简化为板片．大陆板片像一把铲刀，把大洋板片铲入地幔．

图 9.5.1(a)是大洋板片在海沟处弯曲（像绕过一个固定铰链一样）后插入地幔，其运动速度平行于大洋板片自身下插．大陆板片相对于洋中脊不动，大洋板片的运动速度等于在海沟处插入地幔的速度．对应于前述(1)．

图 9.5.1(b)是海沟相当于一个瞬时转动中心（简称瞬心），插入海底的大洋板片绕瞬心转动．同时，瞬心也向后移动．但在每一瞬时，插入海底的大洋板片是绕瞬心转动的．因此，插入海底的大洋板片上每一点的速度都是垂直于板片且随着到板片顶点的距离呈线性分布．对应于前述(2)．

图 9.5.1(c)是上述两种情况的合成，在每一瞬时，插入海底的大洋板片既平行于自身下插，又绕瞬心（海沟）转动，其上各点的速度为两种运动速度的合成．对应于前述(3)．

因此，海底扩张速度的大小与大洋板片前进的速度大小以及在海沟处沿大洋板片自身方向下插速度的大小一致；海沟后退的速度只与大陆板片前进的速度相当；海沟下面的大洋板片既要绕海沟转动，又要顺着自身向下运动．

海底不扩张时，随着大陆的前进，海沟的位置与板片的形状如图 9.5.2 所示．由于海底不扩张，洋壳固定不动．若把洋壳分成若干段：$A_0, B_0, C_0, D_0, \cdots$．在 t_0 时刻海沟位于 A_0，t_1 时刻位于 B_0，以此类推．令 $\Delta t_{i+1}=t_{i+1}-t_i, i=0,1,2,\cdots$，在 Δt_1 时间段内，$\overline{B_0A_0}$被铲入地幔，近似地可将$\overline{B_0A_0}$看作绕 B_0 转到$\overline{B_0A_1}$．在 Δt_2 时间段内，$\overline{C_0B_0}$绕 C_0 转到$\overline{C_0B_1}$，而$\overline{B_0A_1}$转到$\overline{B_1A_2}$，以此类推．

如果有海底扩张，随着大陆的前进，海沟的位置与板片的形状见图 9.5.3．在大陆前方

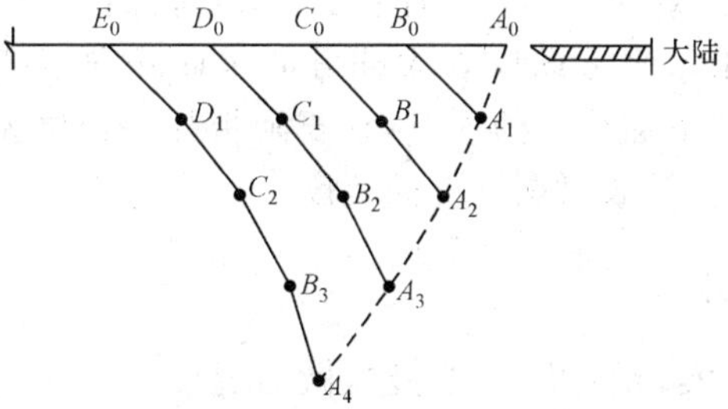

图 9.5.2　无海底扩张时板片形状与海沟后退的关系

水平坐标轴上取若干点：$O_1,O_2,\cdots$. t_0 时刻海沟位于 O_0，t_1 时刻海沟位于 O_1，以此类推. 令

$$\overline{O_{i+1}O_i} = v_c \Delta t_{i+1}, \quad i = 0,1,2,\cdots.$$

另外在洋壳上标出 $A_0,B_0,C_0,D_0,\cdots$. t_0 时刻 A_0 与 O_0 重合，t_1 时刻 B_0（此时改称 B_1）与 O_1 重合，以此类推，从数量上看：

$$\overline{B_0A_0} = (v_0 + v_c)\Delta t_1, \quad \overline{B_0O_1} = v_0\Delta t_1,$$

$$\overline{C_0B_0} = (v_0 + v_c)\Delta t_2, \quad \overline{C_0O_2} = v_0(\Delta t_1 + \Delta t_2),\cdots,$$

其中 v_c 是大陆前进速度，v_0 是海底扩张速度. 在 Δt_1 时间段内，由于海底扩张与大陆前进，海沟的位置由 O_0 迁到 O_1. 板片$\overline{B_0A_0}$既绕 O_1 点转动又下插，运动到$\overline{B_0A_1}$，为绘图表示明了起见，改称$\overline{B_1A_1}$；$C_0,D_0,\cdots$分别移动到 $C_1,D_1,\cdots$. 在 Δt_2 时间段内，$\overline{C_1B_1}$和$\overline{B_1A_1}$既绕 O_2 转动又有下插运动，分别运动到$\overline{C_2B_2}$和$\overline{B_2A_2}$；$D_1,E_1,\cdots$分别运动到 $D_2,E_2,\cdots$. 依此类推.

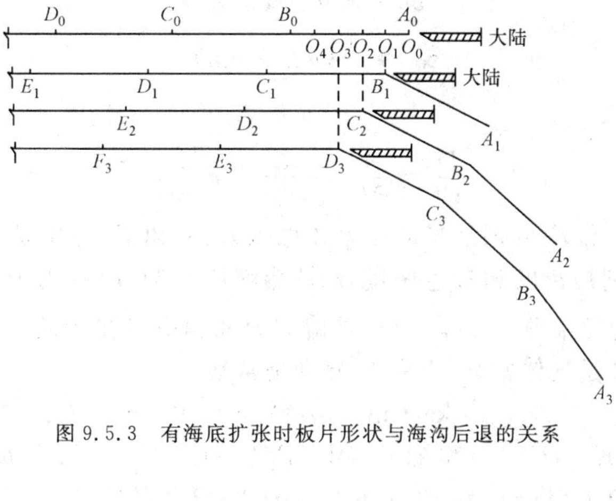

图 9.5.3　有海底扩张时板片形状与海沟后退的关系

需要指出的是：

（1）在每个时间段内增加到板片上的物质，等于密度乘上大洋板片与大陆板片速度（绝对值）之和，并乘以时间间隔. 而板片下插的瞬时速度只等于洋壳的扩张速度，与陆壳速度无关.

（2）海沟后退速度是海沟所在位置的移动速度，它与陆壳前进速度相等，与海底扩张速度无关.

(3) 海沟的位置可以向着洋脊后退、迁移，而每一瞬间过海沟位置的洋壳质点的速度却不能后退，其速度方向由水平方向向着大陆方向进而转向下插方向. 作为水平洋壳的末端向大陆水平运动；而作为下插板片的顶点，它要随板片一边绕瞬心(海沟)转动，一边又要下插. 因顶点的转动速度为零，故只剩下下插速度.

三、基本方程与求解方法

根据橄榄岩高温高压实验结果，将地幔当做与温度压力相关的幂律流体，地幔流动的基本方程如下：

运动方程

$$\nabla \cdot (\eta \nabla \boldsymbol{u}) - \nabla p - \rho_0 g\alpha (T - T_0)\boldsymbol{e}_2 = 0, \tag{9.5.1}$$

连续性方程

$$\nabla \cdot \boldsymbol{u} = 0, \tag{9.5.2}$$

热传导方程

$$\rho C_p \frac{\mathrm{D}T}{\mathrm{D}t} = \nabla \cdot (k \nabla T), \tag{9.5.3}$$

有效黏度

$$\eta = \left(\frac{A}{\sigma^2}\right)\exp\left(\frac{E^* + pV^*}{RT}\right) = \left(\frac{B}{\dot{\varepsilon}^2}\right)^{1/3} \exp\left(\frac{E^* + pV^*}{3RT}\right), \tag{9.5.4}$$

其中

$$p = P - \rho_0 g y, \tag{9.5.5}$$

$$\sigma_{ij} = - p + 2\eta \dot{\varepsilon}_{ij}, \tag{9.5.6}$$

$$\dot{\varepsilon}_{ij} = \frac{1}{2}(u_{i,j} + u_{j,i}). \tag{9.5.7}$$

二维算子

$$\frac{\mathrm{D}}{\mathrm{D}t} = \frac{\partial}{\partial t} + u\frac{\partial}{\partial x} + v\frac{\partial}{\partial y}, \tag{9.5.8}$$

这里 $\boldsymbol{u}$ 是速度矢量，p 和 P 分别是流动压力和总压力，T 和 T_0 分别是温度和参考温度，η 是有效黏度，ρ 和 ρ_0 分别是密度和参考密度，α 是热膨胀系数，$\boldsymbol{e}_2$ 是竖直方向的单位矢量，C_p 是定压比热，k 是热传导系数，σ 和 $\dot{\varepsilon}$ 分别是偏应力和偏应变张量的第二不变量，E^* 是激活能，V^* 是激活体积，R 是气体常数，A 和 B 分别是常数.

取 $T_0 = 273\,\mathrm{K}$，$\rho_0 = 3.25 \times 10^3\,\mathrm{kg \cdot m^{-3}}$，$\alpha = 2.4 \times 10^{-5}\,\mathrm{K^{-1}}$，$C_p = 1.25 \times 10^3\,\mathrm{J \cdot kg^{-1} \cdot K^{-1}}$，$k = 4\,\mathrm{W \cdot m^{-1} \cdot K^{-1}}$，$E^* = 523\,\mathrm{kJ \cdot mol^{-1}}$，$V^* = 1.34 \times 10^{-5}\,\mathrm{m^3}$，$R = 8.3144\,\mathrm{J \cdot mol^{-1} \cdot K^{-1}}$. 以上数据取自 D. L. Turcotte 和 G. Schubert 1982 年的文章.

四、二维计算模型及初始条件、边界条件

1. 计算模型.

区域长 4500 km，深 3000 km(长深比为 3∶2，见图 9.5.4). 由顶面到 100 km 深处为岩

石层，左侧顶部为洋脊，区域顶面距左侧 1500 km 处为海沟，从海沟向下倾斜的直线为无厚度的俯冲板片，海沟右侧表层为大陆板块，其左侧表层为大洋板块. 将大陆岩石层和大洋岩石层各自划分为 3×10 个单元；将下伏在大陆板块和大洋板块下的上地幔，各自划分为 6×10 个单元；整个下地幔划分为 17×20 个单元，节点总数为 2173 个.

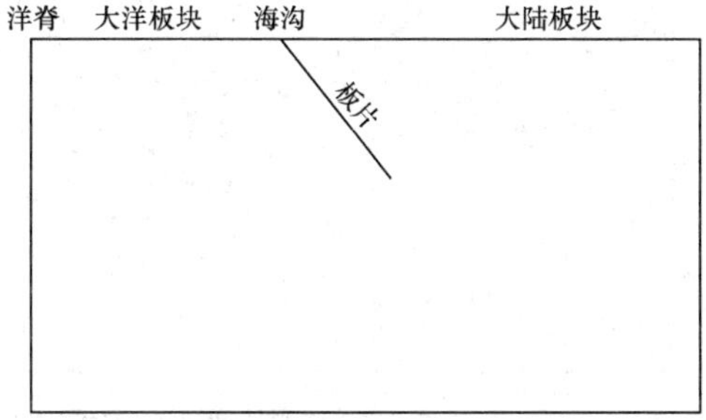

图 9.5.4 二维海沟后退对地幔对流的影响计算图

2. 温度的边界条件.

(1) 顶面温度取 273 K；(2) 底面温度取 3000 K；(3) 左侧：上部洋脊处 100 km 深度范围按误差函数分布，下部按线性分布，观察到的洋脊顶端温度约为 500℃，故取 800 K，比其他岩石层顶面温度高 527 K，同样 100 km 深处温度比其他岩石层温度高 500 K，取为 2110 K，底部温度仍取 3000 K；(4) 右侧：上部 100 km 范围按误差函数分布，下部按线性函数分布，顶点温度为 273 K，底点温度为 3000 K，100 km 深度处温度为 1610 K.

3. 温度初始条件.

在边界上初始条件与边界条件相同；在区域内部，在上部 100 km 深度范围内初始温度按误差函数分布，下部初始温度按线性函数分布，100 km 深度初始一层的温度为 1610 K. 海沟处倾斜下插的直线相当于板片的芯部，作为简化模型，故取其温度与顶面温度相同.

4. 速度的边界条件.

有海底扩张时，洋壳上每点的前进速度与板片上各点平行于板片的下插速度相同，均为 80 mm/a；无海底扩张时，上述两种速度均为零；有海沟后退时，大陆每点的前进速度为 20 mm/a，板片转动角速度为 0.8°/Ma；无海沟后退时，大陆前进速度为零，板片不转动；计算区域的左右侧和底边均为不能穿透边界条件，其上各点法向速度为零.

5. 速度的初始迭代条件.

在边界上初始迭代值与边界条件中的边界值相同；在内部区域初始迭代速度为零.

6. 压力边界条件.

在顶面上总压力与流动压力相等，均为 1 atm；在其他边界上流动压力为零.

7. 压力与黏度的初始迭代条件.

压力在边界处与压力边界条件相同；在内部区域，流动压力的初始迭代值为零.

有效黏度系数的初始迭代值是由初始迭代速度分布推导的应变率初值、温度初值以及压力初始迭代值来决定.

五、计算结果

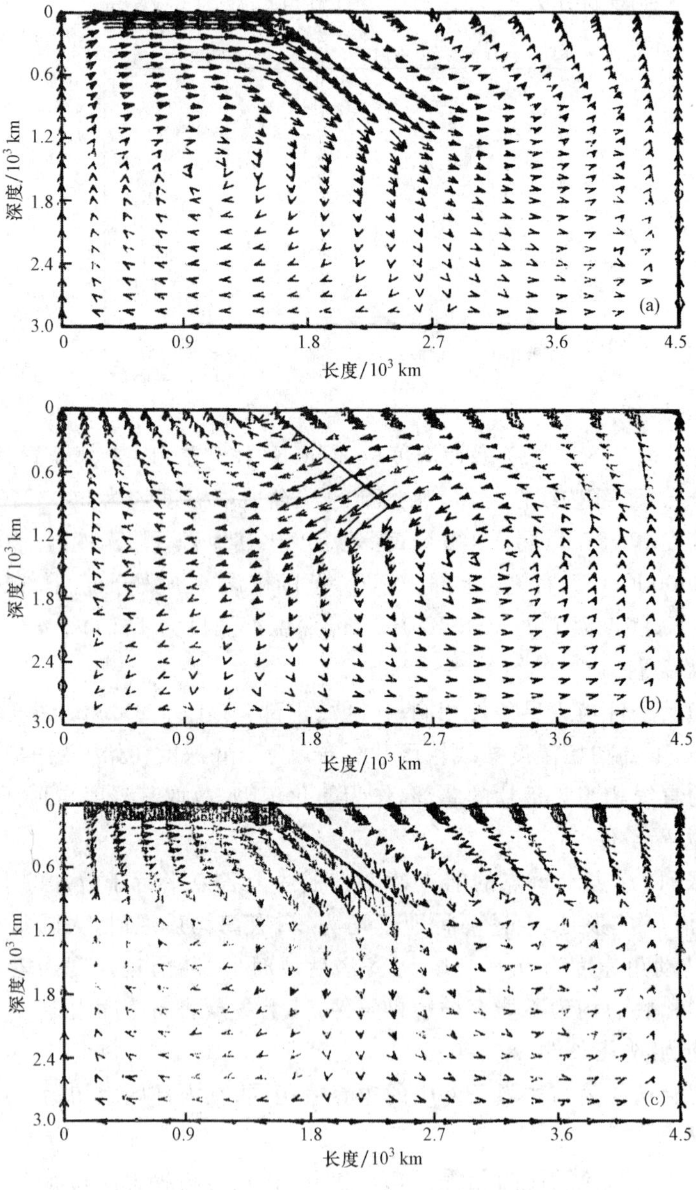

图 9.5.5　俯冲至 900 km 深度时的速度场

(a) 有海底扩张无海沟后退;(b) 无海底扩张有海沟后退;(c) 有海底扩张有海沟后退.

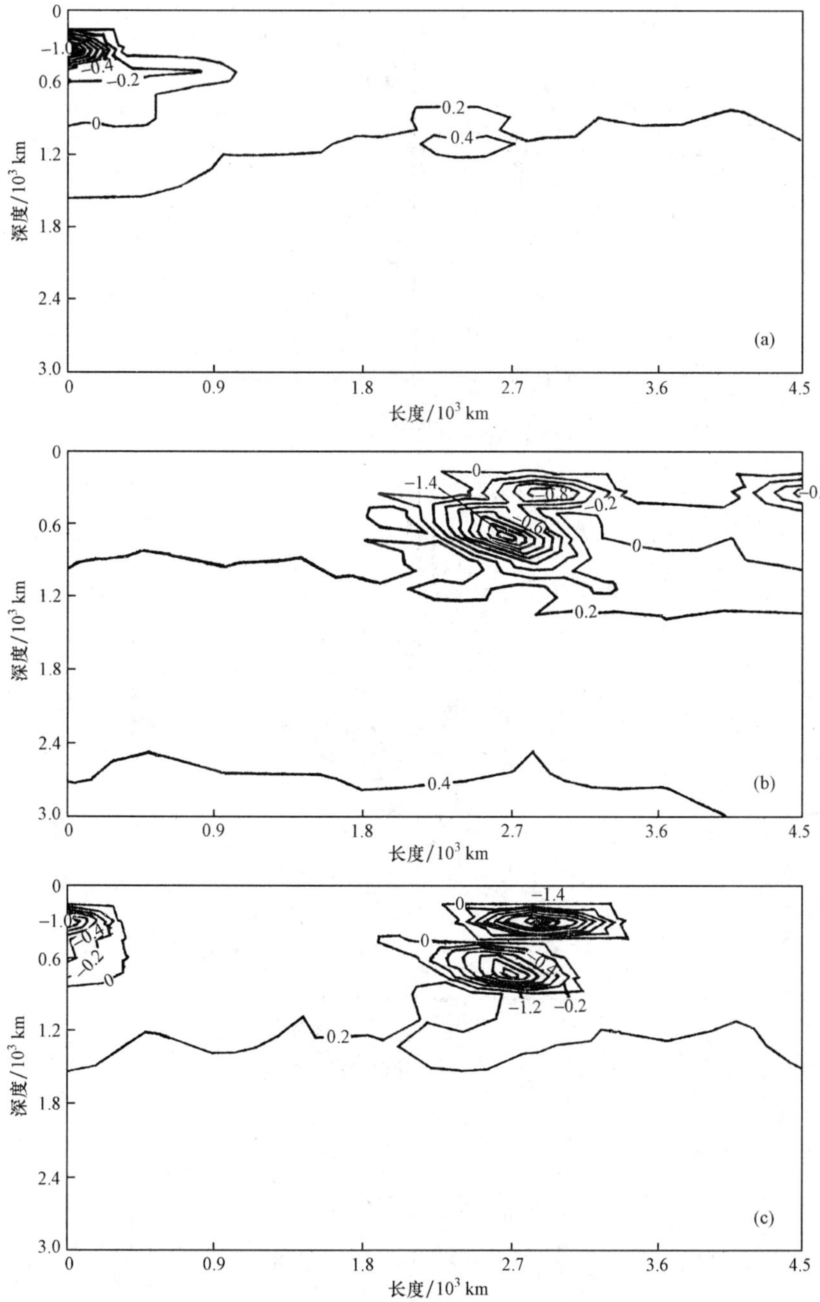

图 9.5.6　俯冲至 900 km 深度时的压力等值线图

高流动负压区最外边封闭的等值线压力值为 0，向内分别为 −0.2，−0.4，−0.6，−0.8，−1.0，−1.2，−1.4（$\times 10^{11}$ Pa），向外分别为 +0.2，+0.4（$\times 10^{11}$ Pa）.

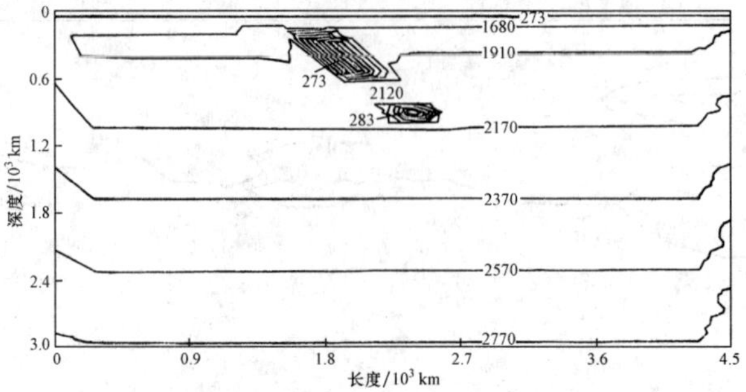

图 9.5.7　俯冲至 900 km 深度时的温度等值线图

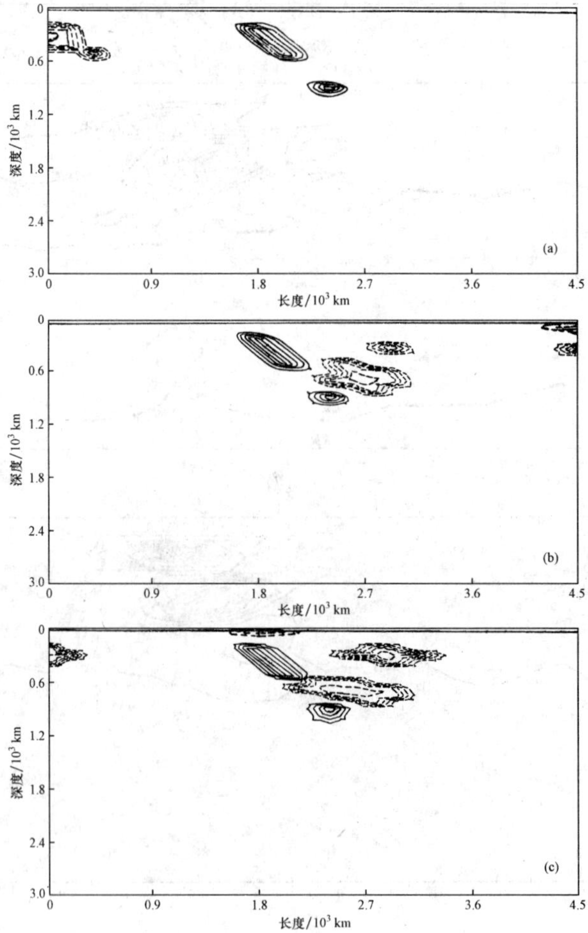

图 9.5.8　俯冲至 900 km 深度时的黏度等值线图

板片周围高黏度区等值线(实线)数值依次向外分别为 5×10^{23}，1×10^{23}，5×10^{22}，1×10^{22} Pa·s；高流动负压区对应低黏度区，其等值线(虚线)数值依次向内分别为 1×10^{21}，5×10^{20}，1×10^{20}，5×10^{19}，1×10^{19} Pa·s.

六、结论

1. 海底扩张海沟后退时，俯冲板片的运动是下插运动与绕海沟转动两种运动的叠加；海底不扩张海沟后退时，板片只绕海沟转动，没有下插运动；海底扩张海沟不后退时，板片只有下插运动. 海沟后退是由大陆前进与板片的不断折转造成的.

2. 只有海沟后退时大陆板片下才存在封闭对流环；只有海底扩张时大洋板片下才存在封闭对流环.

3. 流动压力的引入与计算对于解释洋中脊和弧后火山的形成机理、理解大陆板片和大洋板片下地幔对流的驱动机制，以及对于理解板片能够维持倾斜漂浮的原因都是至关重要的. 计算表明，大陆板片与板片间的高流动负压区与海沟后退及弧后火山相伴生；洋中脊下的高流动负压区与海底扩张相伴生.

4. 海沟后退时，陆壳与板片间存在低黏区，在670 km深度处板片前方有水平展布的低黏区；只有海底不扩张、海沟后退时，大陆中部下方才会存在低黏区；海底扩张时，洋中脊下有低黏区，为洋中脊提供上涌物质.

5. 海沟不后退海底扩张时，弧后产生拉张盆地，火山不喷发；海沟后退与海底扩张同时发生时，弧后火山喷发；海沟后退而海底停止扩张，大陆中部形成裂谷、火山喷发或形成新洋脊.

§9.6 用有限元方法研究1976年唐山地震震时和震后地形变随时间的变化

一、引言

地震震前、震时和震后在震区可观察到地形变，它们不仅反映地壳应力应变的变化，也带来壳下物质流变性质的信息.

对于地形变的研究，国内多是探讨其蕴涵的地震前兆和震时的意义，尚未探讨震后地形变与深部介质物理性质之间的关系. 这里介绍刘激扬、王仁和本书作者(1976年唐山地震震时和震后变形的模拟，地球物理学报，Vol. 37，No. 1，45—55，1994.)通过模拟1976年唐山地震震时和震后的地形变，探讨华北板块下软流层及上地幔的流变学性质，推断其黏度系数及其力学参数.

本节工作是由刘激扬和本书作者完成的.

二、计算模型

基于唐山及其附近区域的地质构造和地球物理数据，我们选择了三维计算模型. 其边界分别是：西部为太行山山前断裂带，东部为郯庐大断裂，北部为阴山褶皱带，南部为石家庄—沧州东一带，代表着华北东北部大约800 km×600 km的面积、深度为400 km的块体.

对于太行山山前断裂和郯庐断裂，其法向位移为零，为走滑边界条件. 阴山褶皱带为压性边界，底部垂直方向固定、水平方向自由，顶部表面为自由面.

计算模型(见图 9.6.1)共分五层：上面三层为弹性层，它们分别是沉积盖层、发震层和基底层；下面两层是线性黏弹性 Maxwell 层，分别代表软流层和上地幔. 右下角的小图表示发震断层带，A 点代表宁河，B 点代表滦县，C 点代表古冶.

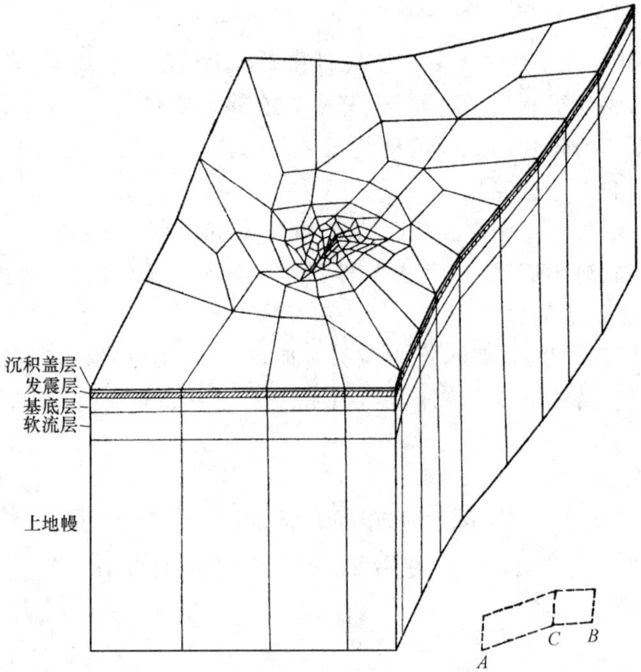

图 9.6.1　计算模型

本节的目的之一是确定研究区域地下介质参数，如弹性模量、泊松比和黏度. 一般来说，软流层的黏度范围是 $10^{18}\sim10^{22}$ Pa·s，上地幔的黏度大于软流层的黏度. 有学者估计两者的差异大约是 10～100 倍.

发震断层定在第二层，它包括两个相交的直立断层(N34°E 和 N77°E). 在断层面上给出几种不同的位错分布，并分别计算对应的地表响应. 假设位错随深度的变化如图 9.6.2(a)所示；在断层面沿走向的分布如图 9.6.2(b)所示. 在图 9.6.2(a)中，断层顶面深度 $h_u=3.5$ km，断层底面深度 $h_d=11$ km，U^u 和 U^d 分别是断层顶面位错量与底面位错量. 图 9.6.2(b)中的四张小图的竖直轴分别表示：U_h^d——断层底面水平位错量，U_v^d——断层底面垂直位错量，U_h^u——断层顶面水平位错量，U_v^u——断层顶面垂直位错量. 位错量单位为 m.

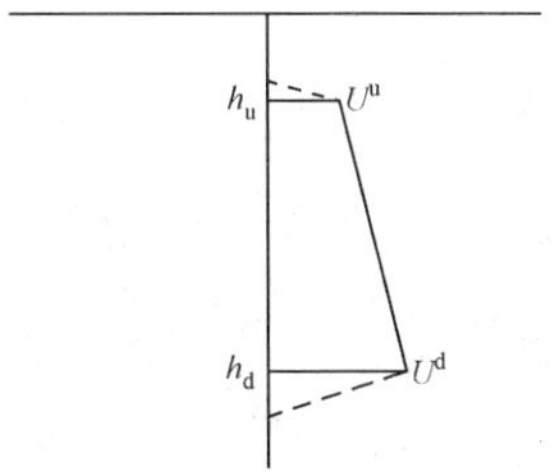

(a)

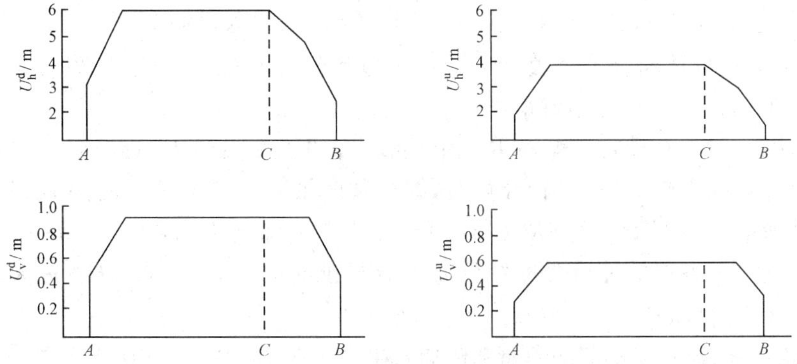

(b)

图 9.6.2 地震断裂面上的位错分布

(a) 断裂面上位错量随深度变化示意图，$h_u=3.5$ km，$h_d=11$ km，U^u 为 3.5 km 断层顶面处的位错量，U^d 为 11 km 深度处的位错量；(b) 断裂面位错量沿走向分布图，U_h^u 为 3.5 km 深度处水平位错量，U_v^u 为 3.5 km 深度处垂直位错量，U_h^d 为 11 km 深度处水平位错量，U_v^d 为 11 km 深度处垂直位错量. 横坐标轴上的 A,B,C 分别表示宁河、滦县、古冶.

三、计算结果与讨论

在模拟计算中，为了使计算结果与测量结果尽可能一致，需要反复修正材料参数与其他数据，为了避免修正的盲目性并尽快拟合，我们使用了正交设计法：将众多变动因素综合成五个因素，即综合黏度系数 $\bar{\eta}$、综合松弛时间 $\bar{\tau}$、震源深度 H_f、最大水平位错量 U_v^d 和最大垂直位错量 U_h^d，后两个量是发震层面上的位错量.

$$\bar{\eta}=a\eta_{as}+b\eta_m \tag{9.6.1}$$

$$\bar{\tau}=c\bar{\eta}(1+\nu_a)/E_a, \tag{9.6.2}$$

其中

$$\nu_a=(\nu_1+\nu_2+\nu_3)/3, \tag{9.6.3}$$

$$E_a=(E_1+E_2+E_3)/3. \tag{9.6.4}$$

η_{as}和 η_m 分别是软流层和上地幔的黏度；ν_a 和 E_a 分别是上面三个弹性层(沉积盖层、发震层和基底层). 的平均泊松比和平均弹性模量；a,b,c 是常数，在计算中分别取 0.5，1.5 和 5；下标 1，2 和 3 分别表示上述三个弹性层.

考核指标定义为

$$S = \frac{1}{4}(S_h^{(1)} + S_v^{(1)} + S_h^{(2)} + S_v^{(2)}), \tag{9.6.5}$$

其中

$$S_h^{(i)} = \sum_{k=1}^{N_h^{(i)}} [(x_{ik} - x'_{ik})^2 + (y_{ik} - y'_{ik})^2]^{1/2} \Big/ \sum_{k=1}^{N_h^{(i)}} [x_{ik}^2 + y_{ik}^2]^{1/2} \quad (i = 1,2),$$

$$S_v^{(i)} = \sum_{k=1}^{N_v^{(i)}} |z_{ik} - z'_{ik}| \Big/ \sum_{k=1}^{N_v^{(i)}} |z_{ik}| \quad (i = 1,2),$$

下标 h,v 分别代表水平和垂直方向，上标(1)和(2)分别代表震时和震后，$N_h^{(i)}$ 和 $N_v^{(i)}$ 分别是水平位移和垂直位移的测点个数，$(x'_{ik}, y'_{ik}, z'_{ik})$和$(x_{ik}, y_{ik}, z_{ik})$分别是测量与计算的位移值. 有最小 S 值的计算结果是最好的结果.

第一轮计算，对 5 个设计因素各取 4 个位级，按照正交设计 $L_{16}(4^5)$表，经过 16 次计算确定第 10 次计算结果最好；第二轮计算时，综合黏度系数 $\bar{\eta}$、综合松弛时间 $\bar{\tau}$、最大水平位错量 U_v^d 和最大垂直位错量 U_h^d 分别取第 3 位级，只有震源深度 H_f 改取 11 km，计算后 S 值略有下降. 从而确定了各层的综合黏度系数 $\bar{\eta}$、综合松弛时间 $\bar{\tau}$、震源深度 H_f、最大水平位错量 U_v^d 和最大垂直位错量 U_h^d.

经过两轮计算，得到断层周围震时和震后水平位移矢量的测量值与计算值(见图 9.6.3)，沿垂直于断层的一条线上震时和震后垂直位移量随深度的变化(见图 9.6.4).

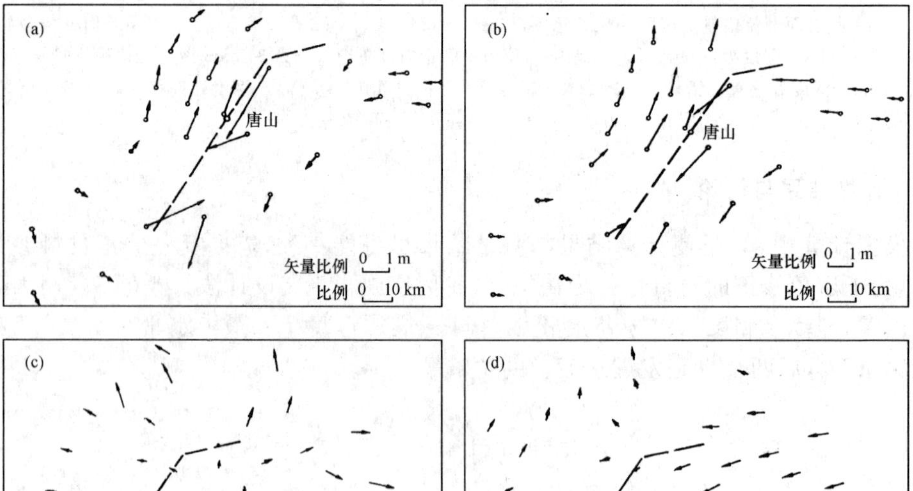

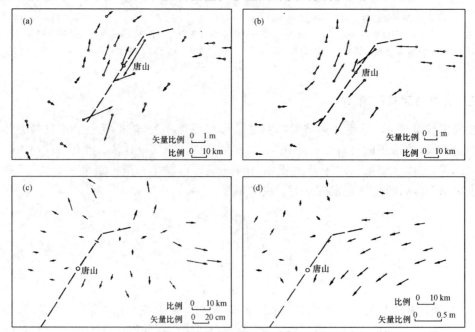

图 9.6.3　断层周围震时震后水平位移矢量图

(a) 震时测量值；(b) 震时计算值；(c) 震后测量值；(d) 震后计算值.

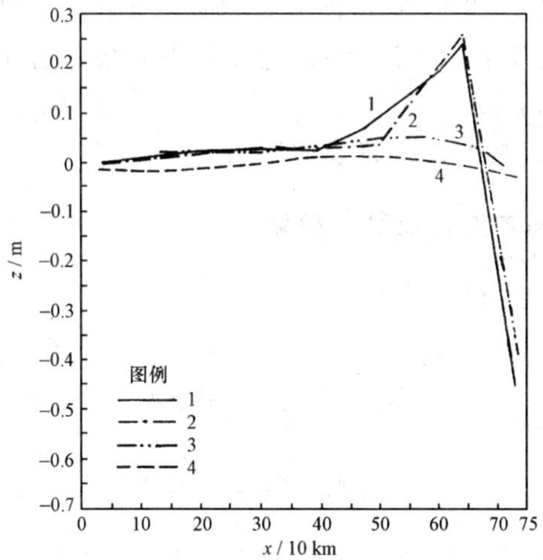

图 9.6.4 沿垂直于断层的一条线上震时和震后垂直位移计算值与测量值比较图

1. 震时测量值(mm); 2. 震时计算值(mm); 3. 震后测量值(mm); 4. 震后计算值(mm).

计算得到震源处最大水平位错为 6 m,最大垂直位错为 0.9 m,发震面上垂直位错相当于水平位错的 1/10～1/7.

计算得到的震时沿断层最大剪应力降为 101.9×10^5 Pa,位于唐山市正下方;平均剪应力降为 84.29×10^5 Pa;震后剪应力积累速率为 0.28×10^5 Pa/a;震时断层面平均剪应变降为 2.19×10^5 Pa;地震矩为 0.235×10^{20} N·m;地震释放的能量为 3.11×10^{20} J. 震后水平位移矢量的计算值顺断层方向比较明显.

造成震后水平位移测量值与计算值有较大区别的原因可能有几方面:(1) 区域应力场的作用;(2) 发震断层周围尚有其他复杂的地质构造,本文仅取发震断层,未考虑其他构造;(3) 介质的横向不均匀性. 这三种因素对震后水平位移的影响可能较大,因此用含有简单断层的层状模型拟合震时水平和垂直位移以及震后垂直位移比较合适,而震后水平位移场应选择符合复杂地质构造的模型作为拟合对象较好.

§9.7 用牛顿黏性流体有限元方法研究高黏软岩巷道随时间的大变形

一、软岩体中喷锚支护试验巷道的大变形

在固结性差或节理裂隙较发育的软岩体中开挖隧洞或巷道,常出现洞壁向内收敛(如侧向胀出、冒顶、底鼓等)现象,十分严重,且位移随时间变化,具有明显的时间效应.

以往用弹性或弹塑性有限元计算巷道围岩的应力场和位移场. 若算得的应力值与实测值大体相符,则算得的位移值常常远小于实测值. 另外,它们不能反映位移随时间变化的规律. 为此,应将流动性大的巷道围岩看做流变体. 作为第一步,可先把它当做牛顿黏性流体,采用有限元方法,计算围岩的速度场和应力场,并通过速度积分求出位移场. 如能准确地测

定巷道周围的构造应力场以及围岩的黏性系数,则作为第二步可计算巷道的变形过程. 因本文缺之上述数据,只能用反演的方法,调整边界面力和各部分围岩的黏性系数,使算得的位移变化规律与实测曲线相符.

此节工作是由梁北援和本书作者完成的.

二、牛顿黏性流体的基本方程及其离散化

1. 牛顿黏性流体的基本方程.

本构方程:

$$\boldsymbol{\sigma} = -\boldsymbol{m}p + \boldsymbol{D}'\dot{\varepsilon}, \tag{9.7.1}$$

运动方程:

$$\boldsymbol{L}^{\mathrm{T}}\boldsymbol{\sigma} + \boldsymbol{b} = 0, \tag{9.7.2}$$

连续性方程:

$$\frac{\partial \rho}{\partial t} + \nabla^{\mathrm{T}}(\rho \boldsymbol{u}) = 0, \tag{9.7.3}$$

运动几何方程:

$$\dot{\boldsymbol{\varepsilon}} = \boldsymbol{L}\boldsymbol{u}, \tag{9.7.4}$$

其中

$$\boldsymbol{b} = \boldsymbol{b}_0 - \rho \boldsymbol{C}, \tag{9.7.5}$$

$$\boldsymbol{C} = \frac{\partial \boldsymbol{u}}{\partial t} + (\nabla\, \boldsymbol{u}^{\mathrm{T}})^{\mathrm{T}}\boldsymbol{u}. \tag{9.7.6}$$

在二维情况下,上述诸式中各符号的含义为

$\boldsymbol{\sigma}^{\mathrm{T}} = [\sigma_x, \sigma_y, \tau_{xy}]$—— 应力,　$\dot{\varepsilon}^{\mathrm{T}} = [\dot{\varepsilon}_x, \dot{\varepsilon}_y, \dot{\varepsilon}_{xy}]$—— 应变率,

p—— 流体压力,　ρ—— 流体密度,

$\boldsymbol{u}^{\mathrm{T}} = [u_x, u_y]$—— 速度,　$\boldsymbol{m}^{\mathrm{T}} = [1,1,0]$—— 选择矩阵,

$\boldsymbol{C}^{\mathrm{T}} = [\dot{u}_x, \dot{u}_y]$—— 加速度,　$\boldsymbol{b}_0^{\mathrm{T}} = \rho[F_x, F_y]$—— 体力,

μ—— 黏性系数,　$\boldsymbol{D}' = \mu\begin{bmatrix}2 & 0 & 0\\ 0 & 2 & 0\\ 0 & 0 & 1\end{bmatrix}$—— 黏性系数矩阵,

$$\boldsymbol{L}^{\mathrm{T}} = \begin{bmatrix}\dfrac{\partial}{\partial x} & 0 & \dfrac{\partial}{\partial y}\\ 0 & \dfrac{\partial}{\partial y} & \dfrac{\partial}{\partial x}\end{bmatrix}, \qquad \nabla^{\mathrm{T}} = \left[\frac{\partial}{\partial x}, \frac{\partial}{\partial y}\right].$$

由式(9.7.1)—(9.7.6)并运用定常、不可压缩、小雷诺数等条件,可得缓慢流动时牛顿黏性流体的 N-S 方程:

$$\boldsymbol{b}_0 + \boldsymbol{L}^{\mathrm{T}}\boldsymbol{m}p + \boldsymbol{L}^{\mathrm{T}}\boldsymbol{D}'\boldsymbol{L}\boldsymbol{u} = \boldsymbol{0}. \tag{9.7.7}$$

2. 有限元离散化方程.

在对区域 Ω 作有限划分并选定分片插值基函数后，在 Ω 上设：

$$\boldsymbol{u} = \boldsymbol{N}_{\mathrm{u}}\boldsymbol{a}_{\mathrm{u}}, \tag{9.7.8}$$

$$p = \boldsymbol{N}_{\mathrm{p}}\boldsymbol{a}_{\mathrm{p}}, \tag{9.7.9}$$

其中 $\boldsymbol{N}_{\mathrm{u}}, \boldsymbol{N}_{\mathrm{p}}$ 分别是速度、压力的形函数矩阵，$\boldsymbol{a}_{\mathrm{u}}$ 和 $\boldsymbol{a}_{\mathrm{p}}$ 分别是节点的速度和压力矩阵. 由式(9.7.8)和(9.7.9)可得

$$\dot{\boldsymbol{\varepsilon}} = \boldsymbol{L}\boldsymbol{N}_{\mathrm{u}}\boldsymbol{a}_{\mathrm{u}} = \boldsymbol{B}\boldsymbol{a}_{\mathrm{u}},$$

$$\boldsymbol{\sigma} = -\boldsymbol{m}p + \boldsymbol{D}'\dot{\boldsymbol{\varepsilon}} = -\boldsymbol{m}\boldsymbol{N}_{\mathrm{p}}\boldsymbol{a}_{\mathrm{p}} + \boldsymbol{D}'\boldsymbol{B}\boldsymbol{a}_{\mathrm{u}},$$

$$\boldsymbol{C} = \boldsymbol{N}_{\mathrm{u}}\frac{\partial \boldsymbol{a}_{\mathrm{u}}}{\partial t} + (\boldsymbol{\nabla}(\boldsymbol{N}_{\mathrm{u}}\boldsymbol{a}_{\mathrm{u}})^{\mathrm{T}})^{\mathrm{T}}\boldsymbol{N}_{\mathrm{u}}\boldsymbol{a}_{\mathrm{u}}.$$

运用变分原理可得

$$(\boldsymbol{K} + \bar{\boldsymbol{K}})\boldsymbol{a}_{\mathrm{u}} + \boldsymbol{K}_{\mathrm{p}}\boldsymbol{a}_{\mathrm{p}} + \boldsymbol{M}\frac{\partial \boldsymbol{a}_{\mathrm{u}}}{\partial t} + \boldsymbol{f} = 0, \tag{9.7.10}$$

其中

$$\boldsymbol{K} = \iint_{\Omega}\boldsymbol{B}^{\mathrm{T}}\boldsymbol{D}'\boldsymbol{B}\,\mathrm{d}\Omega \text{ 为耗损矩阵},$$

$$\bar{\boldsymbol{K}} = \iint_{\Omega}\rho(\boldsymbol{N}_{\mathrm{u}})^{\mathrm{T}}(\boldsymbol{\nabla}(\boldsymbol{N}_{\mathrm{u}}\boldsymbol{a}_{\mathrm{u}})^{\mathrm{T}})^{\mathrm{T}}\boldsymbol{N}_{\mathrm{u}}\,\mathrm{d}\Omega \text{ 为对流矩阵},$$

$$\boldsymbol{K}_{\mathrm{p}} = -\iint_{\Omega}\boldsymbol{B}^{\mathrm{T}}\boldsymbol{m}\boldsymbol{N}_{\mathrm{p}}\,\mathrm{d}\Omega \text{ 为压力矩阵},$$

$$\boldsymbol{M} = \iint_{\Omega}(\boldsymbol{N}_{\mathrm{u}})^{\mathrm{T}}\rho\boldsymbol{N}_{\mathrm{u}}\,\mathrm{d}\Omega \text{ 为质量矩阵},$$

$$\boldsymbol{f} = -\iint_{\Omega}(\boldsymbol{N}_{\mathrm{u}})^{\mathrm{T}}\boldsymbol{b}_0\,\mathrm{d}\Omega - \int_{S}(\boldsymbol{N}_{\mathrm{u}})^{\mathrm{T}}\boldsymbol{T}\,\mathrm{d}S \text{ 为外力向量},$$

式中 Ω 是计算区域，S 是边界线.

对于不可压缩流体，其体积应变率为零：

$$\dot{\varepsilon}_{\mathrm{v}} = \boldsymbol{m}^{\mathrm{T}}\boldsymbol{B}\boldsymbol{a}_{\mathrm{u}} = 0,$$

乘以$(\boldsymbol{N}_{\mathrm{p}})^{\mathrm{T}}$ 后在区域上积分仍为零：

$$\iint_{\Omega}(\boldsymbol{N}_{\mathrm{p}})^{\mathrm{T}}\boldsymbol{m}^{\mathrm{T}}\boldsymbol{B}\boldsymbol{a}_{\mathrm{u}}\,\mathrm{d}\Omega = 0.$$

而

$$(\boldsymbol{K}_{\mathrm{p}})^{\mathrm{T}} = -\iint_{\Omega}(\boldsymbol{N}_{\mathrm{p}})^{\mathrm{T}}\boldsymbol{m}^{\mathrm{T}}\boldsymbol{B}\,\mathrm{d}\Omega,$$

由此可得

$$(\boldsymbol{K}_{\mathrm{p}})^{\mathrm{T}}\boldsymbol{a}_{\mathrm{u}} = 0. \tag{9.7.11}$$

将式(9.7.10)与(9.7.11)合并写成

$$\begin{bmatrix} \boldsymbol{K}+\bar{\boldsymbol{K}} & \boldsymbol{K}_{\mathrm{p}} \\ (\boldsymbol{K}_{\mathrm{p}})^{\mathrm{T}} & 0 \end{bmatrix} \begin{Bmatrix} \boldsymbol{a}_{\mathrm{u}} \\ \boldsymbol{a}_{\mathrm{p}} \end{Bmatrix} + \begin{bmatrix} \boldsymbol{M} & 0 \\ 0 & 0 \end{bmatrix} \frac{\partial}{\partial t} \begin{Bmatrix} \boldsymbol{a}_{\mathrm{u}} \\ \boldsymbol{a}_{\mathrm{p}} \end{Bmatrix} + \begin{Bmatrix} \boldsymbol{f} \\ 0 \end{Bmatrix} = 0. \tag{9.7.12}$$

引入“罚因子 λ”简化式(9.7.12),令

$$p = \alpha \dot{\varepsilon}_{\mathrm{v}}, \tag{9.7.13}$$

α 是一个很大的数(理论上是无限大),当 $\dot{\varepsilon}_{\mathrm{v}} \to 0$ 时,$p \to$ 有界量,p 可以改写为

$$p = \alpha \boldsymbol{m}^{\mathrm{T}} \boldsymbol{B} \boldsymbol{a}_{\mathrm{u}},$$

进而

$$\boldsymbol{K}_{\mathrm{p}} \boldsymbol{a}_{\mathrm{p}} = -\iint_{\Omega} \boldsymbol{B}^{\mathrm{T}} \boldsymbol{m} \alpha \boldsymbol{m}^{\mathrm{T}} \boldsymbol{B} \boldsymbol{a}_{\mathrm{u}} \mathrm{d}\Omega,$$

令

$$\bar{\bar{\boldsymbol{K}}} = -\iint_{\Omega} \boldsymbol{B}^{\mathrm{T}} \boldsymbol{m} \alpha \boldsymbol{m}^{\mathrm{T}} \boldsymbol{B} \mathrm{d}\Omega,$$

则

$$\boldsymbol{K}_{\mathrm{p}} \boldsymbol{a}_{\mathrm{p}} = \bar{\bar{\boldsymbol{K}}} \boldsymbol{a}_{\mathrm{u}}. \tag{9.7.14}$$

若问题是定常的,且 Reynolds 数很小,则离散化的方程为

$$(\boldsymbol{K} + \bar{\bar{\boldsymbol{K}}}) \boldsymbol{a}_{\mathrm{u}} + \boldsymbol{f} = 0. \tag{9.7.15}$$

三、巷道变形的计算过程

本文以某矿一个喷锚支护试验巷道的计算为例. 该巷道位于破碎性岩体中,如图 9.7.1 所示,SE 帮为片麻岩,NW 帮为石墨片岩,断面为半圆拱矮直墙. 在 1,2,3,4 四个点处均安装了 12 米长的多点位移计,用来测定位移随时间变化的规律.

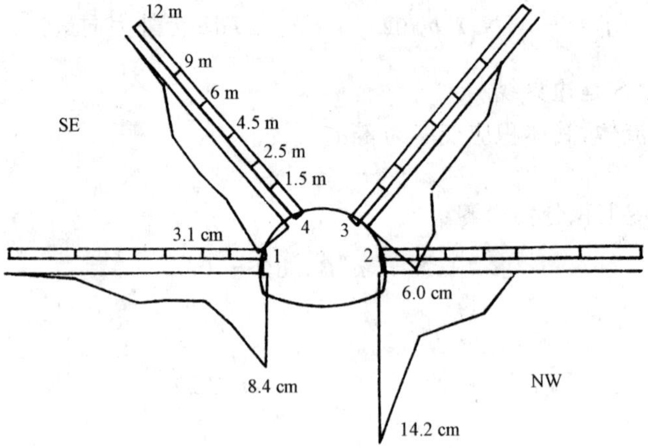

图 9.7.1　测孔处速度随深度分布

1. 有限元网格的划分.

选取巷道周围 40 m×40 m 的区域作为计算区域，采用 9 节点四边形等参单元. 未开挖时分为 483 个节点、135 个单元；开挖后分为 480 个节点，114 个单元. 开挖后计算网格划分如图 9.7.2 所示.

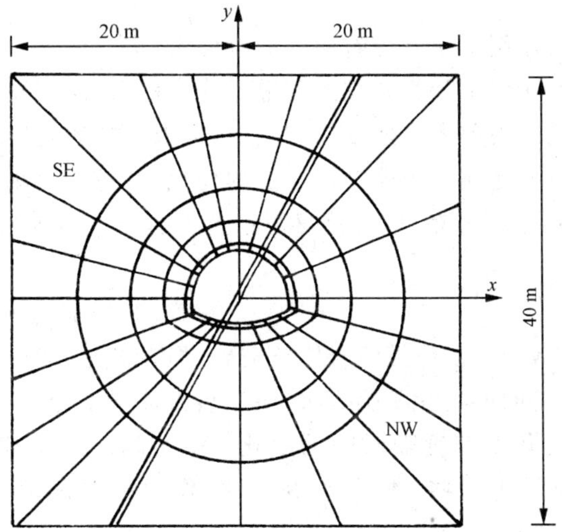

图 9.7.2 有限元计算网格图

2. 参数选取.

(1) 支护层黏性系数 μ_1：支护层为厚 80 cm 的钢筋混凝土喷锚支护，鉴于实测工作是在首次喷锚支护后 10 天才开始的，又根据前人的实验数据，可以认为初期混凝土(在开始几十天内)黏性系数取为 10^{16} 的量级，随着时间的推移以后 μ_1 逐渐增长到 10^{17} 量级.

(2) 围岩的黏性系数：

① 巷道周围深处原岩的黏性系数小于等于混凝土的黏性系数. 试验巷道的 SE 帮和 NW 帮黏性系数可以不一样.

② 由于巷道开挖，从巷道表面到 25 m 以内形成松动圈，其黏性系数本应有所降低，但由于锚杆的插入起到加固作用，故松动圈的黏性系数不会比深处围岩低很多. 因此从远处到松动圈黏性系数应逐渐降低.

③ 由多点位移计测量数据可知：从巷道表面至 8～9 m 处位移减小得较快，故可以估计黏性系数随深度增加，很快提高到远处围岩之值.

综合上述诸因素，可以估计围岩的黏性系数之分布：支护层黏性系数 μ_1；松动圈的黏性系数 μ_2；由 3 m 向外逐层增加的黏性系数为 μ_3，μ_4，μ_5.

(3) 边界外力：上下边界分别受到静岩压力的作用，上边界承受 560 m 深的覆盖层压力 150 kg/cm^2，下边界受到 160 kg/cm^2 的压力作用；侧边界除受到静岩压力外尚有水平构造力. 该矿的地应力测量数据其最大主压应力可达 500 kg/cm^2，但该数据是在试验巷道的邻近区域测量的，不是在试验巷道的剖面上得到的数据，而且是在坚硬岩石中进行的测量，对于破碎岩体，其应力可能比上述测量值数据低.

(4) 体力：取岩石密度 $\rho=2.7\ \mathrm{g/cm^3}$，重力加速度 $g=980\ \mathrm{cm/s^2}$.

3. 计算过程.

(1) 计算方法：

① 计算在边界外力作用下未开挖时体内的位移场、速度场.

② 在同一边界外力作用下计算开挖出巷道后的位移场、速度场.

③ 用后者的速度场减去前者的速度场，等于是将未开挖的变形速度作为参考标准.

④ 开挖后测量的变形是相对于这个标准值的变化. 开挖后远处(比如 6～12 m)的位移为零，巷道有一个向内的位移分布，这时的问题相当于远处边界为自由界面、而巷道内侧加负压问题.

(2) 计算过程：

① 初期(20 d)对称计算：设想虽然岩体较破碎，但在开挖初期(如 20 d 内)开挖面上相对 6 m 深处的黏性系数随时间变化不会太大，可以看做非触变流.

② 位移随时间的变化及速度随时间的变化：将实测曲线中速度变化小的时间段 Δt 取得大一些，反之 Δt 取得小一些，本节将 280 d 分作 7 个时间段($\Delta t_0=10$ d，$\Delta t_1=40$ d，$\Delta t_2=\Delta t_3=\Delta t_4=\Delta t_5=50$ d，$\Delta t_6=30$ d).

四、计算结果

1. 位移、速度场计算结果.

(1) 材料对称巷道周围位移值随时间的变化. 以巷道横切面为 xy 坐标平面，以巷道进深轴为 z 方向轴. 在有限元网格图上从坐标的水平轴(即 x 轴)开始按逆时针相距 20°将 1/4 巷道表面分为 4.5 份(最后夹角只有 10°是半份)，即 1/4 巷道表面附近节点号取为 1,2,3,4,5,6. 可以得到图 9.7.1 中“2”,“3”测孔(对应于有限元节点号 1,2)实测的巷道沿 z 方向五层的位移随时间变化；也可以通过计算得到它们的位移随时间的变化，两者对比显示在图 9.7.3 中.

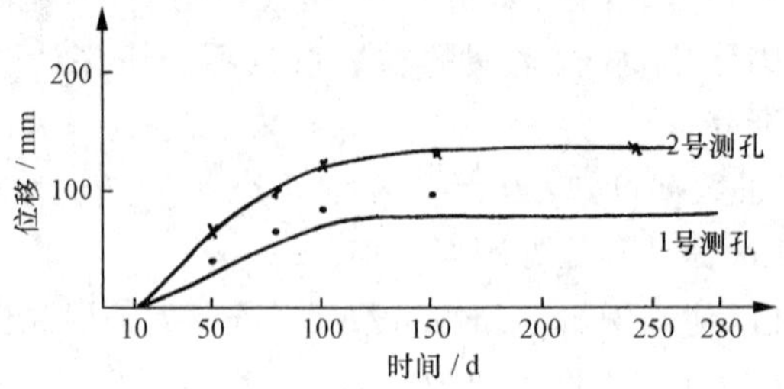

图 9.7.3　材料对称巷道周围位移值随时间变化

用“×”表示 2 号测孔相对于 6 m 处的位移计算数据；用“・”表示 1 号测孔相对于 12 米处的位移计算数据. 实线分别是 1,2 号测孔位移随时间变化的实测曲线. 从四者比较可见：

2 号测孔的计算结果与实测结果拟合得非常好；1 号测孔的实测结果与计算结果相比，数值均有差别，但趋势也基本相同.

(2) 材料非对称巷道表面初期速度矢量. 图 9.7.4 中实线箭头为无软弱夹层的计算结果；虚线箭头为有软弱夹层的计算结果. 由图可见无论有无软弱夹层，在巷道的右下角初期变形速度最大，其左上角初期速度最小，与观测到的变形情况基本一致，这说明两帮支护层的厚度可以不一样，右下角应该要比左上角厚.

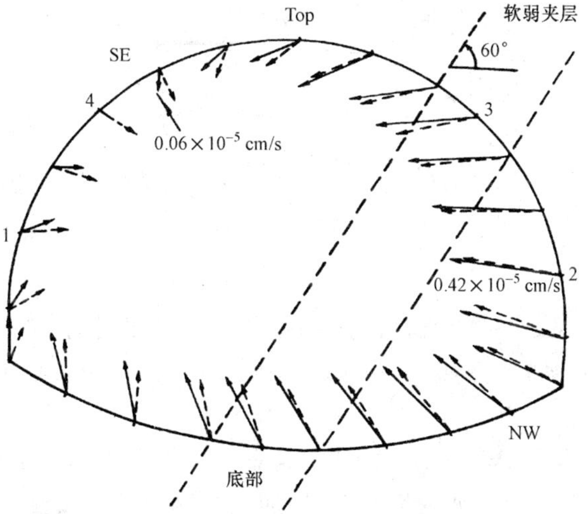

图 9.7.4 材料非对称巷道计算的表面初期速度分布

2. 应力场的计算结果.

(1) 图 9.7.5 显示的是巷道附近切向应力 σ_θ 随深度的变化. 在支护层内接近 *B*-*B* 面的切向应力是远处(2 m 外)应力的 3 倍多，且随深度的增长很快就趋于未开挖时的应力值；*D*-*D* 面很接近拐角应力集中处的切向应力也是远处(3 m 外)的 3 倍多，不过比 *B*-*B* 面的切向应力要大.

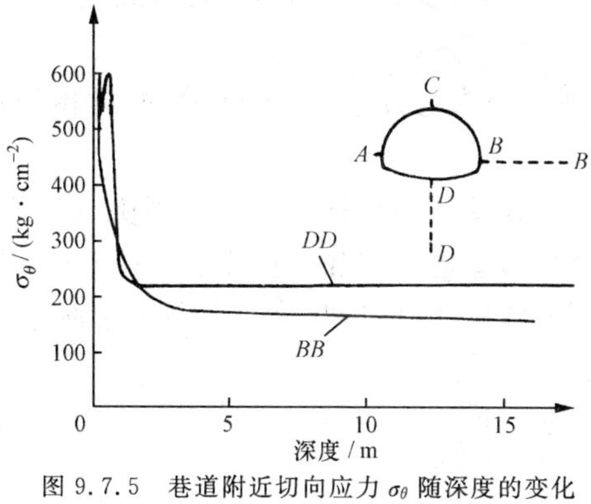

图 9.7.5 巷道附近切向应力 σ_θ 随深度的变化

(2) 图9.7.6显示的是巷道附近径向应力 σ_r 随深度的变化. B-B 面的径向应力在小于2 m处有一个突然加大的趋势,过了最高点迅速下降;离洞壁5 m处径向应力趋于平直线;D-D 面的径向应力在离洞壁8 m以内均比 B-B 面的径向应力小,此后就比 B-B 面的稍高一点点.

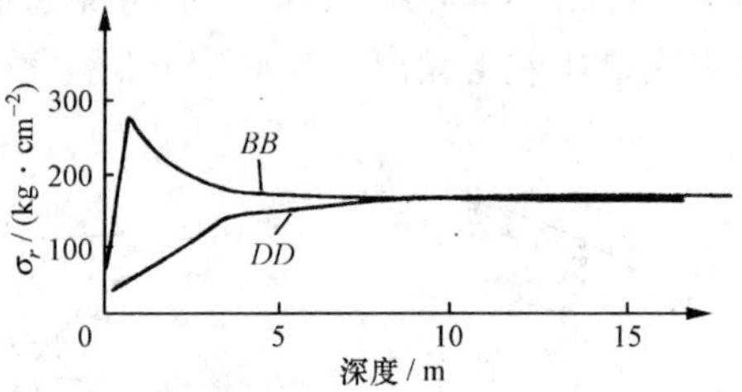

图9.7.6 巷道附近径向应力 σ_r 随深度的变化

五、小结

1. 支护层的黏性系数 μ_1 的值与围岩的平均 μ 值之比小于3.2时,计算结果与实测值之比相接近.如初期混凝土的 μ 值为 1×10^{15} Pa·s数量级,则围岩的 μ 值要大于 3×10^{14} Pa·s.

2. 侧边界水平外力大于200 kg/cm^2 时,计算结果与实测值相比较好,故水平构造力至少有50 kg/cm^2.在各个 μ 值不变的情况下,增加侧边界外力不仅使侧墙测点处的径向收敛速度增加,而且使顶、底的收敛速度增加.

3. 单独提高支护层的 μ_1 值虽可以控制巷道位移的速度,但与提高松动圈的 μ 值(相当于加密锚杆)相比,后者效果更为明显.

4. 反演计算可进一步采用正交设计方法,以减少计算次数又能求得与实测数据吻合得最好的岩性数据及边界应力.

5. 如能采用实验方法准确测定岩体的黏性系数和地应力,就可采用正演方法计算出位移和速度场的变化规律,这样不但减少计算次数,也能算得更准确的结果.

§9.8 用黏弹性流体有限元方法反演计算软岩巷道随时间大变形问题

在上一节我们已经介绍了开挖在固结性差或节理裂隙较发育的软岩体中的巷道,往往出现侧向膨胀、冒顶或底鼓现象,巷道位移随时间变化,具有明显的流动性.因此,研究巷道变形,应将围岩当做流变体,方能解释其时间效应.本节采用缓慢的Maxwell流体有限元分析巷道的变形规律.

此节工作是由吴海青和本书作者完成的.

一、基本方程组及其离散化

1. 基本方程.

平衡方程：

$$\sigma_{ij,j} + \rho X_i = 0, \tag{9.8.1}$$

连续性方程：

$$\frac{\partial \rho}{\partial t} + \frac{\partial}{\partial x_i}(\rho u_i) = 0, \tag{9.8.2}$$

本构方程：

$$\dot{\varepsilon}_{ij} = \frac{1}{2\mu}\sigma'_{ij} + \frac{1}{2G}\frac{\mathrm{D}\sigma'_{ij}}{\mathrm{D}t}, \tag{9.8.3}$$

边界条件：

$$\sigma_{ij} u_i = \overline{T}_i, \quad \text{在 } S_\sigma \text{ 上}, \tag{9.8.4}$$

$$u_i = \bar{u}_i, \quad \text{在 } S_u \text{ 上}, \tag{9.8.5}$$

其中

$$\dot{\varepsilon}_{ij} = \frac{1}{2}(u_{i,j} + u_{j,i}),$$

$$\frac{\mathrm{D}\sigma'_{ij}}{\mathrm{D}t} = \frac{\partial \sigma'_{ij}}{\partial t} + u_k \frac{\partial \sigma'_{ij}}{\partial x_k} - \sigma'_{ip}\omega_{pj} - \sigma'_{jp}\omega_{pi},$$

$$\sigma'_{ij} = \sigma_{ij} + p\delta_{ij},$$

$$p = -\frac{1}{3}\sigma_{ii}.$$

上述各式中 σ_{ij}，$\dot{\varepsilon}_{ij}$ 分别是应力与应变率张量，σ'_{ij} 是偏应力张量，ρ 为密度，u_i 为速度，X_i 为体力，ω_{ij} 是旋量，μ 是黏性系数，G 是剪切弹性模量，v_i 是 S 表面的外法向，$\frac{\mathrm{D}}{\mathrm{D}t}$ 是对时间的全微商算子，p 是平均正应力，δ_{ij} 是克罗内克符号.

2. 变分原理.

引进符号 J 表示应变能率与外力功率之差

$$J = \int_V \sigma_{ij}\dot{\varepsilon}_{ij}\,\mathrm{d}V - \int_{S_\mathrm{u}} p\dot{\varepsilon}_{ij}\,\mathrm{d}S - \int_{S_\sigma} \overline{T}_i u_i\,\mathrm{d}S - \int_V \rho X_i u_i\,\mathrm{d}V, \tag{9.8.6}$$

其变分为

$$\delta J = \int_V \sigma'_{ij}\delta\dot{\varepsilon}_{ij}\,\mathrm{d}V - \int_V p\delta\dot{\varepsilon}_{ii}\,\mathrm{d}V - \int_{S_\mathrm{u}} \delta p\dot{\varepsilon}_{ii}\,\mathrm{d}S - \int_V \rho X_i\delta u_i\,\mathrm{d}V - \int_{S_\sigma} \overline{T}_i\delta u_i\,\mathrm{d}S. \tag{9.8.7}$$

对于任意的 δu 和 δp，在所有满足边界条件式(9.8.5)的流场中，使 $\delta J=0$ 的流场是真实的流场，亦是能满足式(9.8.1)，(9.8.2)，(9.8.4)的流场. 此结论对可压缩与不可压缩流体均成立.

3. 有限元离散化.

(1) 在单元内引进近似场函数：

$$\{\boldsymbol{u}\} = [\boldsymbol{N}_\mathrm{u}]_\mathrm{e}\{\boldsymbol{U}\}_\mathrm{e}, \tag{9.8.8}$$

$$\{p\} = [\boldsymbol{N}_{\mathrm{p}}]_{\mathrm{e}}\{p\}_{\mathrm{e}}, \tag{9.8.9}$$

其中$\{\boldsymbol{U}\}_{\mathrm{e}}$，$\{p\}_{\mathrm{e}}$分别是单元节点的速度和压力，$[\boldsymbol{N}_{\mathrm{u}}]_{\mathrm{e}}$和$[\boldsymbol{N}_{\mathrm{p}}]_{\mathrm{e}}$分别是单元速度和压力的形函数矩阵. 由应变率及偏应力的定义可推得

$$\{\dot{\varepsilon}\} = [\boldsymbol{N}']_{\mathrm{e}}\{\boldsymbol{U}\}_{\mathrm{e}}, \tag{9.8.10}$$

$$\{\sigma'\} = [D]\{\dot{\varepsilon}\} - [C]\left\{\frac{\mathrm{D}\sigma'}{\mathrm{D}t}\right\}, \tag{9.8.11}$$

其中$[\boldsymbol{N}']_{\mathrm{e}}$是单元应变率的形函数矩阵. $[D]=\mu\begin{bmatrix}2&0&0\\0&2&0\\0&0&1\end{bmatrix}$，$[C]=\dfrac{\mu}{G}\begin{bmatrix}1&0&0\\0&1&0\\0&0&1\end{bmatrix}$.

(2) 对每个单元，令选择列阵

$$[h]^{\mathrm{T}} = [1,1,0],$$

推得

$$\dot{\varepsilon}_{ii} = [h]\{\dot{\varepsilon}\}_{\mathrm{e}},$$

$$\{\sigma'\} = [D]\{\dot{\varepsilon}\} - [C]\left\{\frac{\mathrm{D}\sigma'}{\mathrm{D}t}\right\},$$

其中

$$[D] = \begin{bmatrix}2\mu&0&0\\0&2\mu&0\\0&0&\mu\end{bmatrix},\quad [C] = \begin{bmatrix}\frac{\mu}{G}&0&0\\0&\frac{\mu}{G}&0\\0&0&\frac{\mu}{G}\end{bmatrix}.$$

代入$\delta J=0$式中得

$$\delta J_{\mathrm{e}} = \{\delta\boldsymbol{U}\}_{\mathrm{e}}^{\mathrm{T}}[[\boldsymbol{K}]_{\mathrm{e}}\{\boldsymbol{U}\}_{\mathrm{e}} - [\boldsymbol{G}]_{\mathrm{e}}^{\mathrm{T}}\{p\}_{\mathrm{e}} - \{\boldsymbol{F}\}_{\mathrm{e}} - \{\boldsymbol{F}^{\mathrm{E}}\}_{\mathrm{e}}] - \{\delta p\}_{\mathrm{e}}^{\mathrm{T}}[\boldsymbol{G}]_{\mathrm{e}}\{U\}_{\mathrm{e}} = 0, \tag{9.8.12}$$

其中

$$[\boldsymbol{K}]_{\mathrm{e}} = \int_{V(\mathrm{e})}[\boldsymbol{N}']_{\mathrm{e}}^{\mathrm{T}}[D][\boldsymbol{N}']_{\mathrm{e}}\mathrm{d}V \text{ 为耗损矩阵},$$

$$[\boldsymbol{G}]_{\mathrm{e}} = \int_{V(\mathrm{e})}[\boldsymbol{N}_{\mathrm{p}}]_{\mathrm{e}}^{\mathrm{T}}[h][\boldsymbol{N}']_{\mathrm{e}}\mathrm{d}V \text{ 为压力矩阵},$$

$$\{\boldsymbol{F}\}_{\mathrm{e}} = \int_{V(\mathrm{e})}[\boldsymbol{N}]_{\mathrm{e}}^{\mathrm{T}}\{\boldsymbol{X}\}\mathrm{d}V + \int_{S(\mathrm{e})}[\boldsymbol{N}]_{\mathrm{e}}^{\mathrm{T}}\{\bar{\boldsymbol{T}}\}\mathrm{d}S \text{ 为外力矢量},$$

$$\{\boldsymbol{F}^{\mathrm{E}}\}_{\mathrm{e}} = \int_{V(\mathrm{e})}[\boldsymbol{N}']_{\mathrm{e}}^{\mathrm{T}}[C]\left\{\frac{\mathrm{D}\sigma'}{\mathrm{D}t}\right\}\mathrm{d}V \text{ 为弹性力矢量}.$$

所有下标 e 均表示在单元上的量，上标 T 均表示矩阵转置.

(3) 总体组集——将单元的δJ_{e}进行组集，得

$$\delta J = \sum \delta J_{\mathrm{e}} = 0,$$

则对任意的计算区域可得下式：

$$\begin{bmatrix} \boldsymbol{K} & \boldsymbol{G}^{\mathrm{T}} \\ \boldsymbol{G} & \boldsymbol{0} \end{bmatrix} \begin{Bmatrix} \boldsymbol{U} \\ -p \end{Bmatrix} = \begin{Bmatrix} \boldsymbol{F} \\ 0 \end{Bmatrix} + \begin{Bmatrix} \boldsymbol{F}^{\mathrm{E}} \\ 0 \end{Bmatrix}. \tag{9.8.13}$$

式(9.8.13)为有限元离散化方程.

二、用初应力率法求解有限元方程

由于式(9.8.13)的右端项$\{\boldsymbol{F}^{\mathrm{E}}\}_{\mathrm{e}}$中含有未知量(偏应力)的时间导数,故不能直接求解,本节采用初应力率法迭代求解.初应力率法的迭代步骤如下:

1. 在每个单元中令$\left\{\dfrac{\mathrm{D}\sigma'}{\mathrm{D}t}\right\}_{i=0}=0$,即对整个系统令$\{\boldsymbol{F}^{\mathrm{E}}\}_{i=0}=0$.

2. 解方程$\begin{bmatrix} \boldsymbol{K} & G^{\mathrm{T}} \\ G & 0 \end{bmatrix} \begin{Bmatrix} \boldsymbol{U} \\ -p \end{Bmatrix}_{i+1} = \begin{Bmatrix} \boldsymbol{F} \\ 0 \end{Bmatrix} + \begin{Bmatrix} \boldsymbol{F}^{\mathrm{E}} \\ 0 \end{Bmatrix}_i$.

3. 由$\{\boldsymbol{U}\}_{i+1}$可推得

$$\{\dot{\varepsilon}\}_{i+1} = [\boldsymbol{N}']\{\boldsymbol{U}\}_{i+1},$$

$$\{\sigma'\}_{i+1} = [D]\{\dot{\varepsilon}\}_{i+1} - [C]\left\{\frac{\mathrm{D}\sigma'}{\mathrm{D}t}\right\}_i.$$

4. 由$\{\boldsymbol{U}\}_{i+1}$和$\{\sigma'\}_{i+1}$可得定常时偏应力的全导数

$$\left\{\frac{\mathrm{D}\sigma'}{\mathrm{D}t}\right\}_{i+1} = [\boldsymbol{N}_{\mathrm{u}}]\{\boldsymbol{U}\}_{i+1}\{\nabla\sigma'\}_{i+1} - [\omega]_{i+1}[\sigma']_{i+1} - [\sigma']_{i+1}[\omega]_{i+1}.$$

5. 计算新的弹性力矢量

$$\{\boldsymbol{F}^{\mathrm{E}}\}_{i+1} = \int_V [\boldsymbol{N}']^{\mathrm{T}}[C]\left\{\frac{\mathrm{D}\sigma'}{\mathrm{D}t}\right\}_{i+1}\mathrm{d}V.$$

6. 给定收敛的判别标准,当

$$|\boldsymbol{F}_i^{\mathrm{E}} - \boldsymbol{F}_{i+1}^{\mathrm{E}}| \leqslant \frac{|\boldsymbol{F}_i^{\mathrm{E}}| + |\boldsymbol{F}_{i+1}^{\mathrm{E}}|}{2}\beta$$

时收敛,否则继续执行步骤“2”.此处β是一个给定的充分小的量.

三、巷道变形的计算

本节计算的巷道是开挖在破碎性软岩体中,两帮岩性不同:SE 帮是黑云母片麻岩,NW 帮是石墨片岩.巷道断面是半圆拱直墙型,在 1,2,3,4 各点均安装 12 m 长的多点位移计(图 9.8.1),以测量位移随时间变化的规律.巷道开挖后,沿径向安放了 1.8～2.5 m 长的锚杆 20 根,并多次喷射混凝土至钢筋网上,形成厚约 35 cm 的支护层.

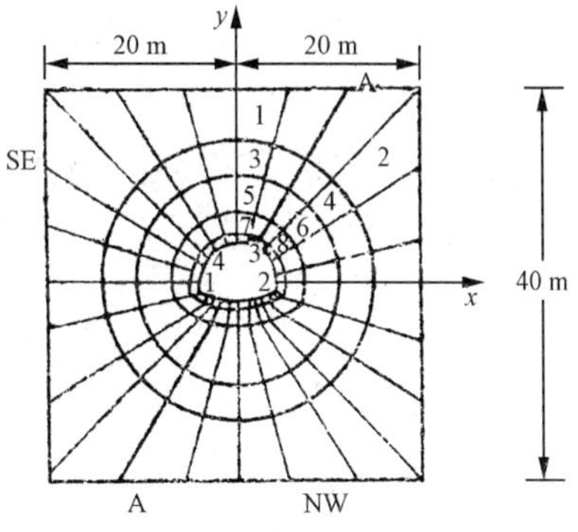

图 9.8.1 有限元网格

1. 有限元网格.

选取巷道周围 $40\times40\ \mathrm{m}^2$ 的区域作为计算区,采用4节点四边形等参数单元将计算区分为120个单元、144个节点.

2. 参数的确定.

(1) 支护层及围岩的剪切弹性模量：通过实验可以测定支护层混凝土及围岩的杨氏模量和泊松比，进而可算得剪切弹性模量 G(表9.8.1).

表 9.8.1　弹性常数

弹性常数 \ 材料名称	加锚石墨片岩	加锚黑云母片麻岩	支护层(混凝土)
杨氏模量 E/bar	6.5×10^4	14×10^4	21.56×10^4
泊松比 ν	0.35	0.30	0.17
剪切模量 G/bar	24 074	53 846	94 017

(2) 支护层黏性系数：综合前人几种实验数据，我们将支护层的黏性系数取在 10^{14}～10^{16} Pa・s，即由初期的 10^{14} Pa・s 量级逐渐增至 10^{16} Pa・s.

(3) 围岩的黏性系数：由于缺少实验数据，本节无法进行正演算，只好借助于正交设计法，反演各层围岩的黏性系数. 反演时考虑：SE 帮与 NW 帮岩性不同，其黏性系数应不同；根据多点位移计的测量，距洞壁 9 m 的范围内是位移区，其中距洞壁 2.5 m 范围内位移显著，为松动区. 因此，松动区、一般位移区与远区围岩的黏性系数可能不尽相同. 故将两帮围岩分为四层，各取不同的黏性系数.

3. 外载.

计算区上下表面分别受到静岩压力的作用，上边界承受深度为 560 m 岩层的覆盖压力 147 bar；下边界受到 156.8 bar 的支撑力作用. 侧边界除受静岩压力作用外，尚受水平构造力的作用. 本节将侧边界外力作为正交设计中的一个设计因素，取值范围为 196～294 bar.

4. 边界约束.

(1) 反演计算围岩的岩性初参数时，约束上下边界中点的 x 方向位移及右侧边界中点的 y 方向位移.

(2) 计算速度、压力场时：固定计算区域的四个边界、指定巷道表面速度，相当于无穷远处速度为零，巷道表面指定速度为反演岩性参数时之计算速度.

5. 用正交设计法反演计算围岩的岩性参数及侧边界外力.

计算之初，规定一个综合指标 Y，用来判断参数选取的正确程度：

$$Y = \sum_{i=1}^{4} \Delta u_i^2,$$

其中

$$\Delta u_i = u_i - u_{io},$$

u_{io} 是洞壁测点处实测之变形速度，u_i 是洞壁测点处计算之变形速度. Y 愈小则各设计因素所取值愈正确.

反演岩性参数的同时也拟合巷道的变形曲线. 实测的变形曲线是在巷道开挖后 300 d 内测量得到的. 拟合时，将 272 d 分成五个时间段：Δt_1(40 d)，Δt_2(28 d)，Δt_3(22 d)，Δt_4(50 d)，Δt_5(132 d). 又按两种考虑进行拟合：一种是将围岩当做触变流，在每个时间段内各种岩性参数均可变化；另一种是不考虑触变性，在所有时间段内除支护层黏性系数随时间变化(由 0.60×10^{15} Pa·s 变到 6×10^{15} Pa·s)外，其他岩性参数均不变化. 在每个时间段均用正交设计法求得使计算变形曲线与实测变形曲线拟合得最好的各种岩性参数及侧边界外力. 计算时每个时间段算两轮：第一轮用 $L_{16}(4^4\times2^3)$正交表，经过 16 组计算，比较每一组的 Y 值得到一组使 Y 值较小的好条件；并对每一个因素绘制一张影响 Y 值的趋势图. 根据好条件与趋势图再设计出第二轮计算的因素位级表，选用 $L_9(3^4)$正交表，进行第二轮计算，得到使 $Y=0.1068$ 的一组参数. 本文认为此数已足够小了，可以不做第三轮计算了. 表 9.8.2 列出计算得到的各种岩性参数及侧边界外力.

表 9.8.2　由正交设计法反演得到的各种岩性参数及侧边外力(Δt_1)

围岩黏性系数/(10^{15} Pa·s)						支护层黏性系数/10^{15} Pa·s	围岩剪切模量/(10^4 bar)						支护层剪切模量/10^4 bar	侧边界外力/bar
SE 帮			NW 帮				SE 帮			NW 帮				
μ_1 μ_3	μ_5	μ_7	μ_2 μ_4	μ_6	μ_8	μ_9	G_1 G_3	G_5	G_7	G_2 G_4	G_6	G_8	G_9	
0.5	0.2	0.1	0.44	0.18	0.09	0.6	5.28	4.31	3.23	2.36	1.96	1.47	7.84	254.8

6. 计算速度场与应力场.

使用上述反演得到的岩性参数，并将巷道表面的计算速度作为指定速度，固定四周边界(相当于无穷远处速度为零)，逐个时间段计算速度场及应力场. 对每个时间段的速度都要进行位移积分以求得节点的新位置并改变有限元网格，直至五个时间段计算完毕为止，如此得到速度场与应力场随时间变化的规律.

四、计算结果

1. 计算不考虑触变性.

如将围岩看做触变流. 分段用 Maxwell 模型可以很好地拟合巷道的变形规律；如不考虑触变性，只能对初期变形规律有较好地拟合. 围岩是否有触变性？目前尚不清楚，暂且认为无触变性. 后面的计算结果是不考虑触变性得到的.

2. 速度场.

计算表明测点内速度随深度的分布如图 9.8.2 所示：较软弱的一帮速度大，尤其右下角速度最大,是危险处;需要加以支护.

测孔处计算的速度随时间分布与多点位移计测得的分布趋势相同.计算如图 9.8.3 所示:从洞壁向外大约 9 m 的范围内为位移区,其中从洞壁向外 3 m 范围内位移较大,可定为松动圈.

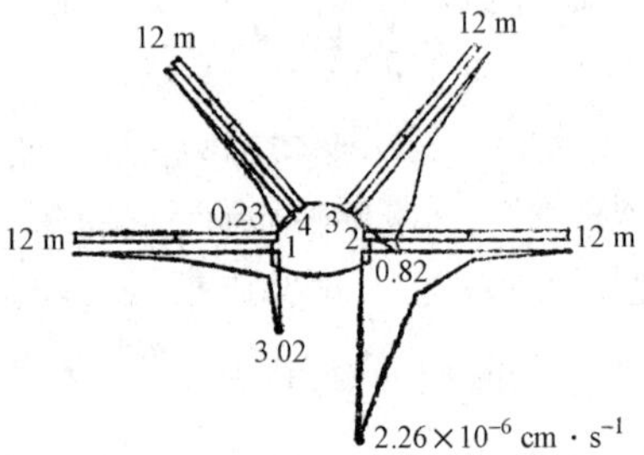

图 9.8.2　测点内速度随深度分布图

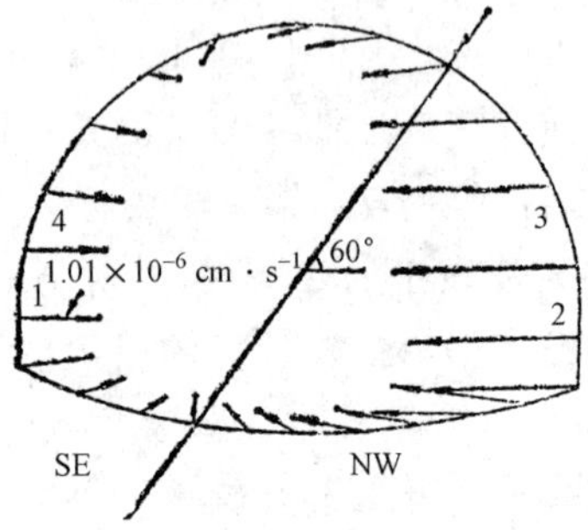

图 9.8.3　计算的巷道表面速度矢量图

3. 应力场.

计算表明:支护层及围岩的主应力分布如图 9.8.4 所示,支护层内的主应力比围岩内主应力大 3,4 倍,且拱顶与左下角应力较大.图 9.8.5 显示的是应力主方向随时间旋转,底部扇形区内顺时针旋转,其余区域逆时针旋转.不考虑触变性时主应力值随时间增大,考虑触变性时主应力值增大后又下降直到趋近初始值.

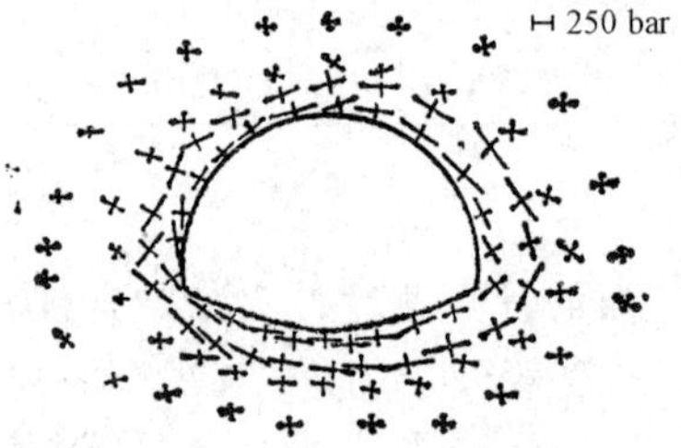

图 9.8.4　主应力及主方向

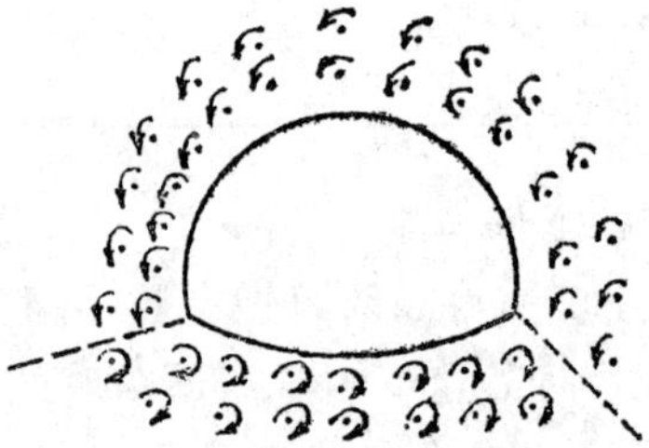

图 9.8.5　应力主方向随时间变化图

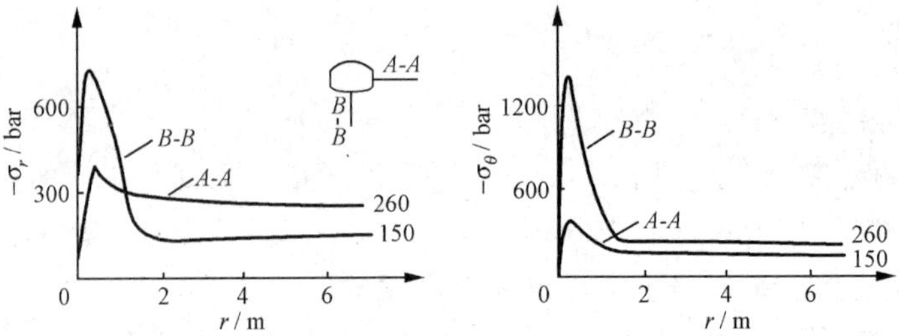

(a) 径向应力随深度的变化　　(b) 切向应力随深度的变化

图 9.8.6　应力随深度变化图

图 9.8.6 显示的是围岩内的径向应力与切向应力分别随深度的变化. *A*-*A* 代表垂直于侧向壁;*B*-*B* 代表垂直于底面. 无论径向应力还是切向应力都在靠近洞壁不远处数值最大,垂直于洞壁逐渐减小.

4. 水平构造应力(地应力).

由正交设计求得的水平构造应力为 107.8 bar,比矿区地应力测量值小,可能是因为测量是在完整岩石中进行的,而巷道围岩却非常破碎,两者的地应力值肯定有差别,破碎岩石中地应力值比完整岩石中测量的要低.

§9.9 用三维黏性流体有限元方法模拟计算岩浆洋的固化过程

一、引言

目前,所有天体演化理论均认为:行星是由弥散物质(即原始星云)形成的. 由 Safronov(1972)提出、并经 Levin(1972)、Greenberg 等 (1978)和 Wetherill(1985)发展的行星吸积理论认为:微星和微粒被吸积到增长着的地球上时,会释放出大量的位能,足以使地球的温度上升到熔点以上,甚至汽化(Anderson, 1989);另外,在地球形成时的晚期,有较大的星体与之碰撞,碰撞动能会转化成热能,也会使地球增温 5000 K(Stevension,1987),即使最保守的估计,30%~65%的地球也会被熔化(Tonks 和 Melosh,1993);地球原始大气圈的存在,会使地表温度达 4700 K(Abc 和 Matsui 1986, Zahanle 等 1988, Kasting 1989). 总之,多种资料表明:在有岩石记录以前的早期地球,曾经经历过熔融阶段. 地球的熔融部分叫做"岩浆洋".

前人曾用不同方法对地球岩浆洋的热演化、化学演化及固化分层作用进行过研究:Hofmeister(1983)用岩石学方法研究了 120 km 深的岩浆洋的热演化和化学演化,根据理想结晶作用原理和 CMAS 四面体矿物相图,用作图的方法确定了苦橄岩(Picritc)和橄榄岩(Peridotrite)两种端元组分固化后的矿物分层系列. Ohtani(1984)根据估计的深部地幔矿物的熔融关系以及超基性岩浆洋液体与地幔矿物的密度差之关系,推断了延伸至下地幔的岩浆洋的分异结晶作用,给出了两种矿物的分层模型. Miller(1991)应用科马提岩熔体(Komatitic melt)的状态方程及实验数据,讨论了亏损铁的陨石质岩浆洋的热结构和地幔矿物的相图,研究了熔体的密度关系,给出了固化后矿物的分层. TonKs Melosh (1991)从流体力学概念出发,讨论了流体特征参数(瑞利数、纽塞数、普朗特数等)对岩浆运动和结晶特性的影响. Solomatov 等(1993)根据结晶动力学及热力学规律,讨论了岩浆洋的固化规律.

崔晓军和本书作者考虑岩浆洋的固化作用是伴随着岩浆的动力演化、结晶演化、热演化和化学演化同时进行的,前人的工作均没有涉及动力演化过程,只考虑了化学演化、结晶演化及热演化等，故存在着不足. 本节综合运用流体动力学、热动力学的基本原理，结合岩石学、矿物相图及结晶动力学，建立三维球壳岩浆洋模型，将岩浆当做可压缩、变黏度、牛顿黏性流体，采用三维球坐标有限元方法，耦合求解质量、动量和能量守恒方程及状态方程，求得黏度和固化度随时间变化的规律. 从而定量地认识岩浆洋的动力演化、热力演化及其结晶固化的过程. 作为第一步，只考虑结晶固化过程，尚未考虑分异过程.

二、基本方程

1. 可压缩、牛顿流体的守恒方程.

(1) 质量守恒方程：

$$\frac{\partial\rho}{\partial t}+\boldsymbol{U}\cdot\nabla\rho+\rho\nabla\cdot\boldsymbol{U}=0, \tag{9.9.1}$$

(2) 动量守恒方程：

$$\rho\frac{\mathrm{D}\boldsymbol{U}}{\mathrm{D}t}=-\nabla p+\mu\nabla^2\boldsymbol{U}+(\lambda+\mu/3)\nabla(\nabla\cdot\boldsymbol{U})+\boldsymbol{F}, \tag{9.9.2}$$

(3) 能量守恒方程：

$$\rho C_p\frac{\mathrm{D}T}{\mathrm{D}t}=k\nabla^2T+\rho q^*\frac{\mathrm{d}\phi}{\mathrm{d}t}, \tag{9.9.3}$$

其中 ρ 是熔体密度，$\boldsymbol{U}$ 是熔体速度，p 是熔体总压力，T 是熔体绝对温度，$\boldsymbol{F}$ 是熔体所受体力，q^* 是结晶潜热，ϕ 是固化度(固化晶体分数)，$\frac{\mathrm{d}\phi}{\mathrm{d}t}$是结晶速率，$\lambda$ 和 μ 分别是第一和第二黏性系数，C_p 和 k 分别是等压比热和热传导系数.

2. 状态方程

$$p=p_T+p_S, \tag{9.9.4a}$$

上式中

$$p_T=\gamma_0\rho_0C_v\{T-T_0\exp[\gamma_0(1-\rho_0/\rho)]\}, \tag{9.9.4b}$$

$$p_S=\frac{3}{2}K_{\mathrm{os}}[(\rho/\rho_0)^{7/3}-(\rho/\rho_0)^{5/3}]\left\{1-\frac{3}{4}(4-K'_{\mathrm{os}})[(\rho/\rho_0)^{2/3}-1]\right\}, \tag{9.9.4c}$$

其中 p 为熔体总压力，p_T 为恒定体积下的热压，p_S 为等熵压强，K_{os} 和 K'_{os} 分别是等熵体积模量及等熵体积模量对压力的偏导数，ρ 和 ρ_0 分别是密度及初始密度，γ_0 是 Gruneisen 数，C_v 是等容比热，T 和 T_0 是绝对温度和初始温度.

3. 在圆球坐标系(r,θ,ϕ)下分量形式的 N-S 方程.

任意坐标情况下的 N-S 方程：

$$\rho\left(\frac{\partial\boldsymbol{U}}{\partial t}+\boldsymbol{U}\cdot(\nabla\boldsymbol{U})\right)=\boldsymbol{F}-\nabla p+\mu\nabla^2\boldsymbol{U}+\left(\lambda+\frac{1}{3}\mu\right)\nabla(\nabla\cdot\boldsymbol{U}).$$

在圆球坐标系下一些基本符号

$$\frac{\partial \boldsymbol{e}_r}{\partial \theta} = \boldsymbol{e}_\theta, \quad \frac{\partial \boldsymbol{e}_r}{\partial \phi} = \boldsymbol{e}_\phi \sin\theta,$$

$$\frac{\partial \boldsymbol{e}_\theta}{\partial \phi} = \boldsymbol{e}_\phi \cos\theta, \quad \frac{\partial \boldsymbol{e}_\theta}{\partial \theta} = -\boldsymbol{e}_r,$$

$$\frac{\partial \boldsymbol{e}_\phi}{\partial \phi} = -\boldsymbol{e}_\theta \cos\theta - \boldsymbol{e}_r \sin\theta, \quad \nabla = \frac{\partial}{\partial r}\boldsymbol{e}_r + \frac{1}{r}\frac{\partial}{\partial \theta}\boldsymbol{e}_\theta + \frac{1}{r\sin\theta}\frac{\partial}{\partial \phi}\boldsymbol{e}_\phi.$$

若运动为定常的，则$\frac{\partial}{\partial t}=0$. $\boldsymbol{e}_r$ 方向的 N-S 方程为

$$\begin{aligned}
&u\frac{\partial u}{\partial r} + \frac{v}{r}\frac{\partial u}{\partial \theta} + \frac{w}{r\sin\theta}\frac{\partial u}{\partial \phi} - \frac{v^2+w^2}{r} \\
&\quad = f_r - \frac{\partial p}{\partial r} + \frac{\partial^2 u}{\partial r^2}(\lambda_0 + 2\mu) + \frac{\mu}{r^2}\frac{\partial^2 u}{\partial \theta^2} + \frac{\mu}{r^2\sin^2\theta}\frac{\partial^2 u}{\partial \phi^2} + \frac{\lambda_0+\mu}{r}\frac{\partial^2 v}{\partial r\partial \theta} + \frac{\lambda_0+\mu}{r\sin\theta}\frac{\partial^2 w}{\partial r\partial \phi} \\
&\qquad + \frac{2(\lambda_0+2\mu)}{r}\frac{\partial u}{\partial r} + \frac{\mu\cos\theta}{r^2\sin\theta}\frac{\partial u}{\partial \theta} + \frac{-(\lambda_0+3\mu)}{r^2}\frac{\partial v}{\partial \theta} + \frac{-(\lambda_0+3\mu)}{r^2\sin\theta}\frac{\partial w}{\partial \phi} \\
&\qquad + \frac{-2(\lambda_0+2\mu)}{r^2}u + \frac{-\cos\theta(\lambda_0+3\mu)}{r^2\sin\theta}v.
\end{aligned} \tag{9.9.5a}$$

$\boldsymbol{e}_\theta$ 方向的 N-S 方程为

$$\begin{aligned}
&u\frac{\partial v}{\partial r} + \frac{v}{r}\frac{\partial v}{\partial \theta} + \frac{w}{r\sin\theta}\frac{\partial v}{\partial \phi} + \frac{uv}{r} - \frac{w^2\cot\theta}{r} \\
&\quad = f_\theta - \frac{\partial p}{r\partial \theta} + \mu\frac{\partial^2 v}{\partial r^2} + \frac{\lambda_0+2\mu}{r^2}\frac{\partial^2 v}{\partial \theta^2} + \frac{\mu}{r^2\sin^2\theta}\frac{\partial^2 v}{\partial \phi^2} + \frac{\lambda_0+\mu}{r}\frac{\partial^2 u}{\partial r\partial \theta} + \frac{\lambda_0+\mu}{r^2\sin\theta}\frac{\partial^2 w}{\partial \theta\partial \phi} \\
&\qquad + \frac{2\mu}{r}\frac{\partial v}{\partial r} + \frac{(\lambda_0+2\mu)\cos\theta}{r^2\sin\theta}\frac{\partial v}{\partial \theta} + \frac{2(\lambda_0+2\mu)}{r^2}\frac{\partial u}{\partial \theta} + \frac{-(\lambda_0+3\mu)\cos\theta}{r^2\sin\theta}\frac{\partial w}{\partial \phi} \\
&\qquad - v\left(\frac{\lambda_0}{r\sin^2\theta} + \frac{2\mu}{r^2}\right).
\end{aligned} \tag{9.9.5b}$$

$\boldsymbol{e}_\phi$ 方向的 N-S 方程为

$$\begin{aligned}
&u\frac{\partial w}{\partial r} + \frac{v}{r}\frac{\partial w}{\partial \theta} + \frac{w}{r\sin\theta}\frac{\partial w}{\partial \phi} + \frac{uw}{r} + \frac{vw\cot\theta}{r} \\
&\quad = f_\phi - \frac{1}{r\sin\theta}\frac{\partial p}{\partial \phi} + \mu\frac{\partial^2 w}{\partial r^2} + \frac{\mu}{r^2}\frac{\partial^2 w}{\partial \theta^2} + \frac{\lambda_0+2\mu}{r^2\sin^2\theta}\frac{\partial^2 w}{\partial \phi^2} + \frac{\lambda_0+\mu}{r\sin\theta}\frac{\partial^2 u}{\partial r\partial \phi} + \frac{\lambda_0+\mu}{r^2\sin\theta}\frac{\partial^2 v}{\partial \theta\partial \phi} \\
&\qquad + \frac{2(\lambda_0+2\mu)}{r^2\sin\theta}\frac{\partial u}{\partial \phi} + \frac{(\lambda_0+3\mu)\cos\theta}{r^2\sin^2\theta}\frac{\partial v}{\partial \phi} + \frac{2\mu}{r}\frac{\partial w}{\partial r} + \frac{\mu\cos\theta}{r^2\sin\theta}\frac{\partial w}{\partial \theta} - \frac{\mu}{r^2\sin\theta}w.
\end{aligned} \tag{9.9.5c}$$

4. 黏度公式

$$\mu = \mu_0 \exp\left(\frac{E^* + pV^*}{RT}\right)\exp\left(\frac{1}{1-\phi/\phi_{\mathrm{m}}}\right). \tag{9.9.6}$$

上式表明：黏度不但随温度、压力变化，还随固化度的增加而增大. 其中 μ 是熔体黏度，μ_0 是黏度指前系数，E^* 是激活能，V^* 为激活体积，R 为气体常数，T 为绝对温度，ϕ 为固化度，ϕ_m 为晶体最大堆积体积比率.

5. 固化度公式.

M. Hort 等(1991)和 T. Spohn(1988)给出的固化度公式为

$$\phi = 1 - \exp\left[-\frac{4\pi}{3}\int_{\tau=0}^{\tau=t} I_\tau\left(\int_\tau^t U_t \mathrm{d}t\right)^3 \mathrm{d}\tau\right], \tag{9.9.7a}$$

其中

$$\begin{aligned} I_\tau = & I_m \exp\{[-T_u T_m (T - T_i)]/[T(T_m - T_i)(T_m - T_u)]\} \\ & \cdot \{x + (1 - x)\exp[T_u T_m (T_m - T_i)^2 (T - T_i) \\ & \div T(T_m - T)^2 (T_m - T_u)(T_m - 3T_i)]\}, \end{aligned} \tag{9.9.7b}$$

$$\begin{aligned} U_t = & U_m[(T_m - T)T_u/(T_m - T_u)T] \\ & \cdot \exp\{T_m T_u (T - T_u)/[T(T_m - T_u)(T - T_m)]\}, \end{aligned} \tag{9.9.7c}$$

这里 I_τ 是晶体成核速率，U_t 是晶体生长速率，I_m 和 U_m 分别是晶体成核速率峰值及生长速率峰值，t 和 τ 分别是时间及成核时刻，T 为绝对温度，T_m 为熔点温度，T_i 和 T_u 分别是成核速率达到峰值及生长速率达到峰值时的温度，x 是潜在晶核比率.

本节根据 Zhang 和 C. Herzberg(1994)的实验数据，以及 G. H. Miller 等(1991)的实验数据，拟合出液相温度与压力曲线的关系，得出在 0～25 GPa 的压力范围内：

$$T_m = 0.07595(p - 12.039)^3 - 0.2832(p - 12.039)^2 + 19.473(p - 12.039) + 2385.3, \tag{9.9.8a}$$

在大于 25 GPa 的范围内：

$$T_m = -2.2634 \times 10^{-4}(p - 77.5)^3 + 0.0614(p - 77.5)^2 + 17.1999(p - 77.5) + 3402.7, \tag{9.9.8b}$$

其中 p 是熔体压力(单位为 GPa)，T_m 为熔点温度.

三、模型、参数与定解条件

1. 模型.

本节取深度为 300 km 的球壳，沿径向分为 8 层单元(9 层节点)，采用三维 6 节点棱柱形单元及二维 3 节点膜单元.

2. 材料参数(见表 9.9.1).

表 9.9.1　材料参数表

$\mu_0/(\mathrm{Pa\cdot s})$	$E^*/(\mathrm{cal\cdot mol^{-1}})$	$V^*/\mathrm{Pa^{-1}}$	$R/(\mathrm{cal\cdot mol^{-1}\cdot K^{-1}})$		黏度方程
1.0×10^{-36}	1.33×10^{5}	5.02×10^{-10}	8.31		
T_0/K	$C_v/(\mathrm{J\cdot kg^{-1}\cdot K^{-1}})$	$\rho_0/(\mathrm{kg\cdot m^{-3}})$	K_{os}/Pa	K'_{os}	状态方程
300	6.653	3.342×10^{3}	1.294×10^{11}	5.13	
$\alpha_v/\mathrm{K^{-1}}$	$K/(\mathrm{J\cdot m^{-1}\cdot s^{-1}})$	$q^*/(\mathrm{J\cdot kg^{-1}})$	λ/μ	$C_p/(\mathrm{cal\cdot g^{-1}\cdot K^{-1}})$	动量方程及能量方程
2.0×10^{-5}	2.0	3.61×10^{5}	$(10^5\sim10^6)$	1.1×10^{3}	
T_u/T_m	T_i/T_m	$U_m/(\mathrm{m\cdot s^{-1}})$	$I_m/(\mathrm{m^3\cdot s^{-1}})$	x	固化度公式
0.88	0.90	1.0×10^{-8}	1.0×10^{4}	0.15	

表中各个参数的含意：μ_0 为黏度公式的指前项，E^* 是活化能，V^* 是活化体积，R 是气体常数；T_0 为零压温度，C_v 是等容比热，ρ_0 是等压密度，K_{os}是绝热体积模量，K'_{os}为绝热体积模量对压力的偏导数；α_v 为热膨胀系数，K 是热传导系数，q^* 是结晶潜热，λ/μ 是第一黏度系数与第二黏度系数之比，C_p 为等压热容；T_u/T_m 为生长速率达到峰值 U_m 时的温度与熔点温度之比，T_i/T_m 是成核速率达到峰值时的温度与熔点温度之比，U_m 是生长速度峰值，I_m 是晶体成核速率峰值，x 为潜在晶核比率.

3. 定解条件.

对连续性方程，顶面密度取为 $3.34\times10^3\ \mathrm{kg\cdot m^{-3}}$，底面密度取为 $3.50\times10^3\ \mathrm{kg\cdot m^{-3}}$，密度的初始分布为：在边界上与边值相同，在球壳内部随深度呈线性分布，在顶底球面上各自均匀分布.

对能量方程，在岩浆洋的顶部边界上指定温度，温度值沿纬度方向有一个余弦波形的起伏，在经度方向上有一周期为 π 的正弦波起伏，岩浆洋的底部边界上为绝热边界条件.

对动量守恒方程，在岩浆洋的顶部边界上为应力边界条件，沿半径方向之正上方为一个大气压，在 θ 和 φ 方向之剪应力为零；未熔化地幔部分可以近似为静止不动，岩浆为黏性流体，因此可以在岩浆洋的底部边界上指定运动速度为零，其初始速度在各个节点上都为零.

四、计算结果

1. 岩浆洋沿深度的固化特征.

图 9.9.1 显示的是不同深度球面上固化度随时间的变化. 由(a)可见固化是从顶、底面同时开始的，由顶层固化向深度发展，经过 640 年之后顶层全部完全固化($\phi\geqslant0.95$)，而底层仍在固化之中；(b)显示顶底面的固化度值一致，但顶部固化深度却比底部厚；一直到(f)底部固化深度才开始增加，但顶部完全固化的深度却远远超过底部，底部只有表面完全固化；(g)显示底部完全固化($\phi\geqslant0.95$)区向深部发展，直到(h)$t=4480$ a 时底层与顶层完全固化区才逐渐相连.

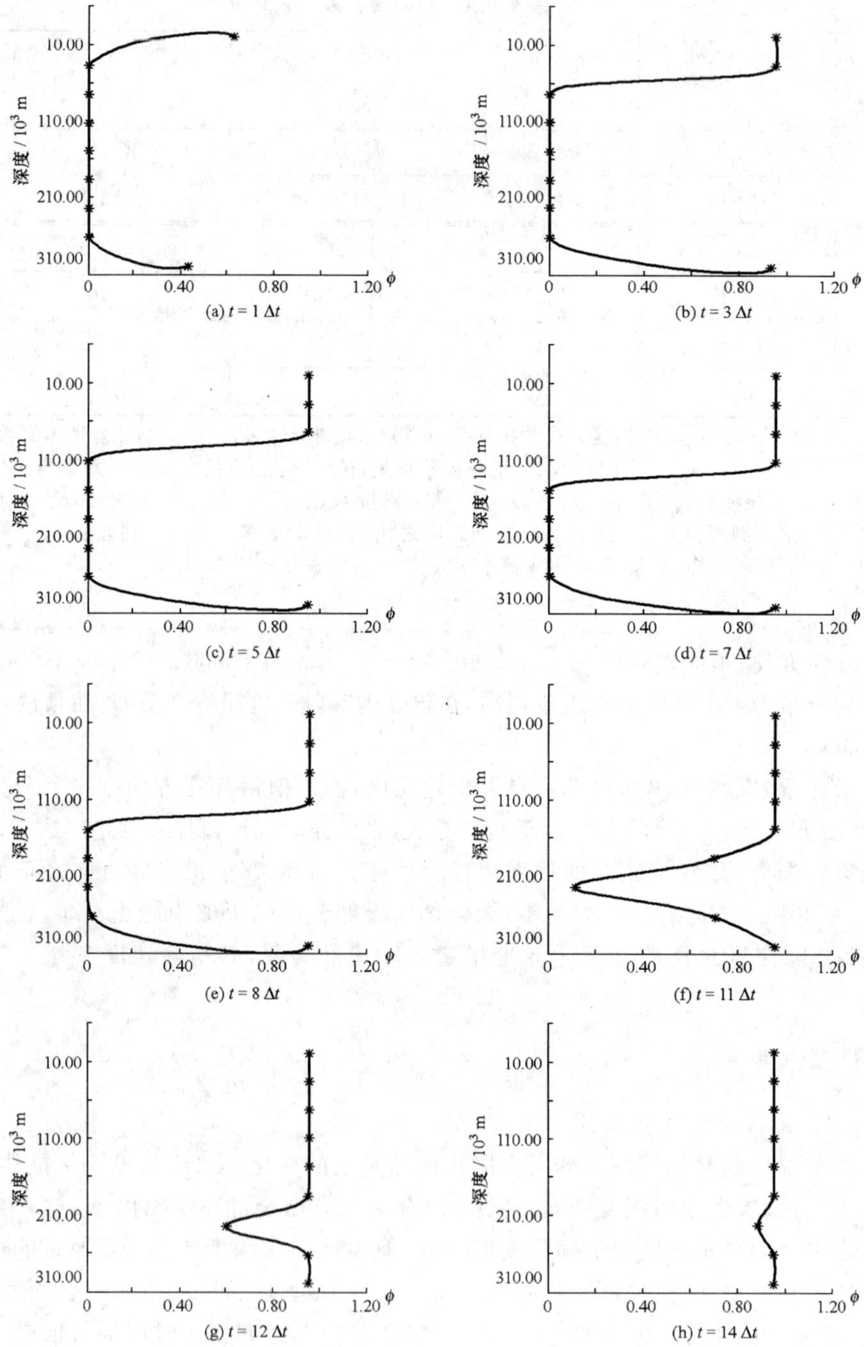

图 9.9.1　固化度随深度和时间变化图($\Delta t = 320$ a)

2. 岩浆洋在赤道面上的固化特征.

图 9.9.2 显示的是赤道平面上在 t 等于 320 a、960 a、1920 a、2880 a、3840 a 及 4800 a 6 个时刻固化度的等值线分布图. 由图可见:在开始时,固化度是分层的,顶、底层固化度高,中间层固化度低. 之后,完全固化层($\phi \geqslant 0.95$)由顶部向下快速传播,底部完全固化层向上缓慢传播,至 $t=9\Delta t=2880$ a 时,上部大半已完全固化,而下部完全固化层较薄. 然后,未完全固化区分块解体,至 $t=15\Delta t=4800$ a 时,只剩下两小块尚未完全固化.

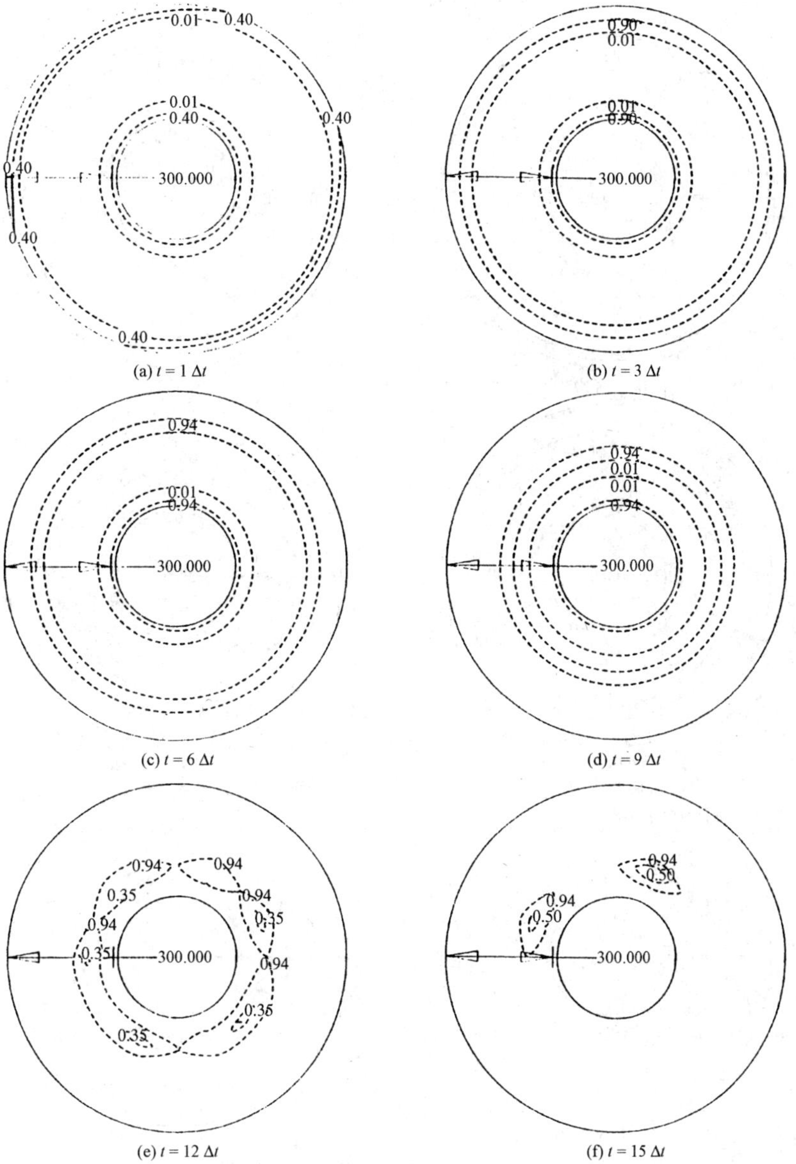

图 9.9.2　赤道面上固化度等值线随时间变化图

3. 岩浆洋在子午面上的固化特征.

图 9.9.3 显示的是 E45°～225°子午面上固化度的演化规律.开始从内外边界固化，至 $t=3\Delta t=960$ a 时，地表固化度值升至≥0.90，而紧挨着它的层面固化度却只有 0.01；固化度等值线在赤道附近向外膨出.在内表面固化度与地表固化度成层分布规律基本对称；到 $t=6\Delta t=1920$ a 时地表完全固化层厚度比内部完全固化层要厚得多；到 $t=12\Delta t=3840$ a，外层基本已全部固化，内部只有少数几个分散区域固化度≤0.01；至 $t=15\Delta t=4800$ a，只有靠近内部几个小区域固化度≤0.30.

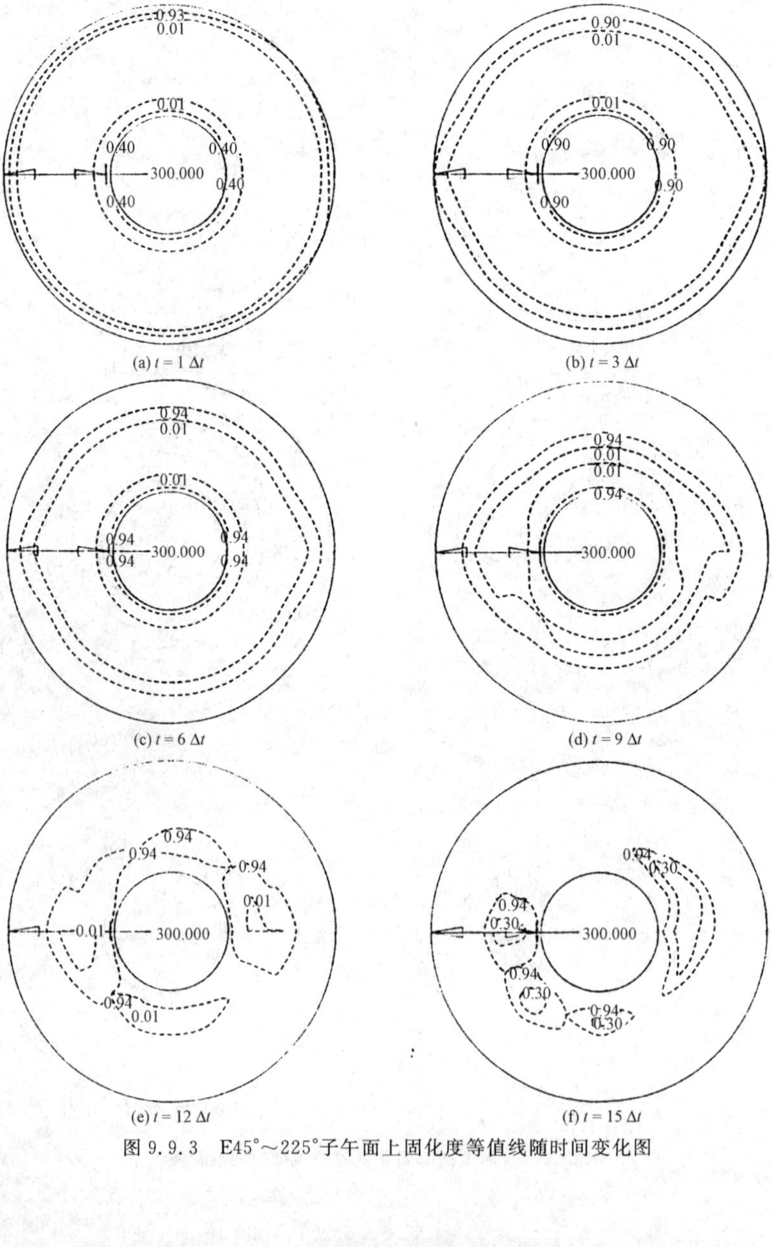

图 9.9.3　E45°～225°子午面上固化度等值线随时间变化图

图 9.9.3 还显示的是不同深度的球面之固化持续时间. 实线是开始固化点的连线，虚线是完全固化点的连线，粗线是固化持续时间. 由图可见：顶面和底面同时最早开始固化，但固化持续时间不同，顶面短，底面长. 持续时间随深度变化，1～187.5 km 持续时间逐渐增大，262.5～300 km 持续时间逐渐减小. 在 225 km 深处球面最晚开始固化，其持续时间却最长. 至 $t=15\Delta t=4800$ a 时，187.5～262.5 km 深处仍然还有未完全固化区，而这个深度恰好与软流圈的深度相当. 说明软流圈可能是"未完全固化层".

4. 岩浆洋在不同深度层面上的固化特征.

图 9.9.4 显示的是固化度等值线随深度与时间的变化. 随着深度加深至 150 km，固化的持续时间为 $t=8\Delta t=2560$ a；深度加深至 188 km，固化的持续时间为 $t=9\Delta t=2880$ a；深度加深至 225 km，固化的持续时间为 $t=10\Delta t=3200$ a；深度加深至 263 km，固化的持续时间为 $t=8\Delta t=2560$ a；深度加深至 300 km，固化的持续时间为 $t=1\Delta t=320$ a.

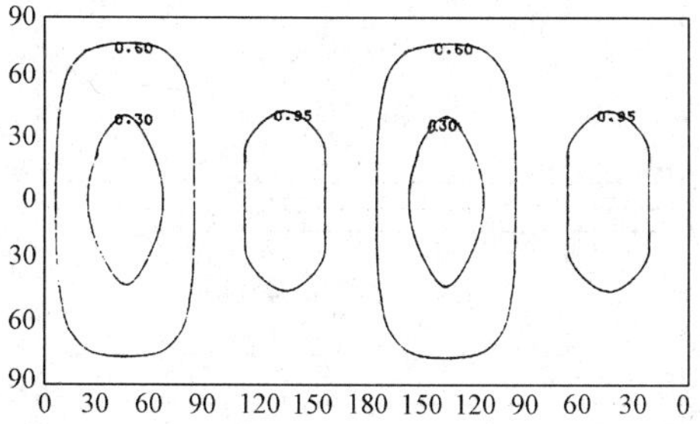

(a) $t=1\ \Delta t$, $h=0$ km

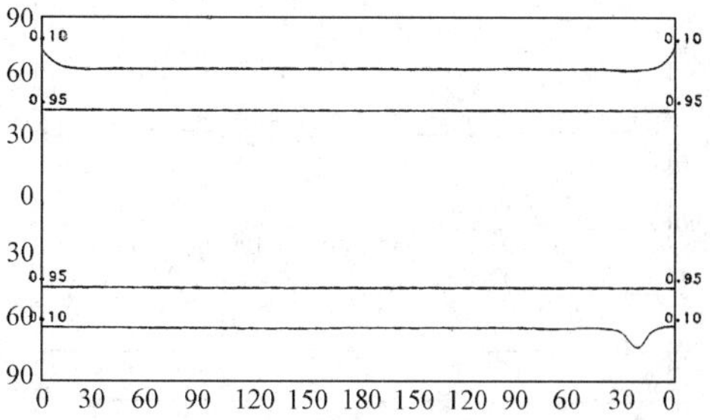

(b) $t=7\ \Delta t$, $h=112$ km

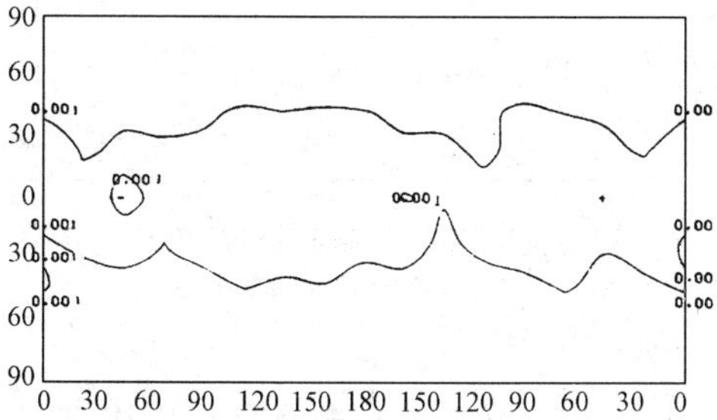

(c) $t=8\ \Delta t$, $h=150$ km

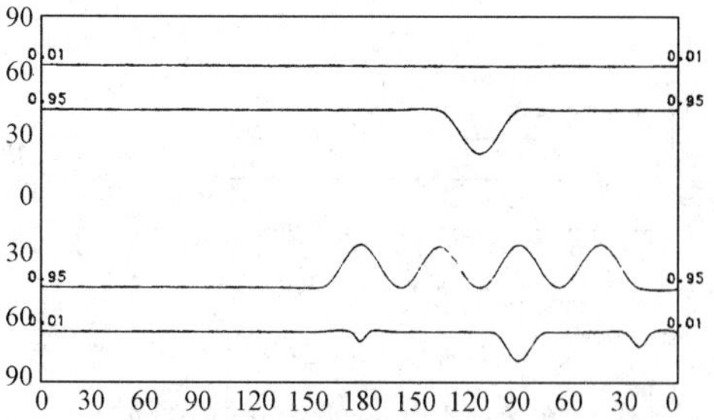

(d) $t=10\ \Delta t$, $h=150$ km

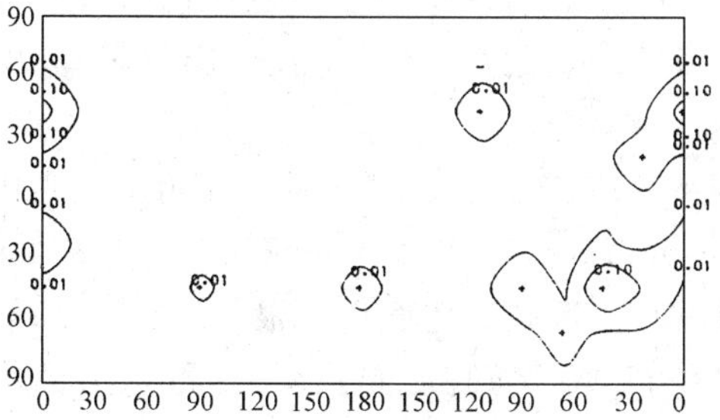

(e) $t=9\ \Delta t$, $h=188$ km

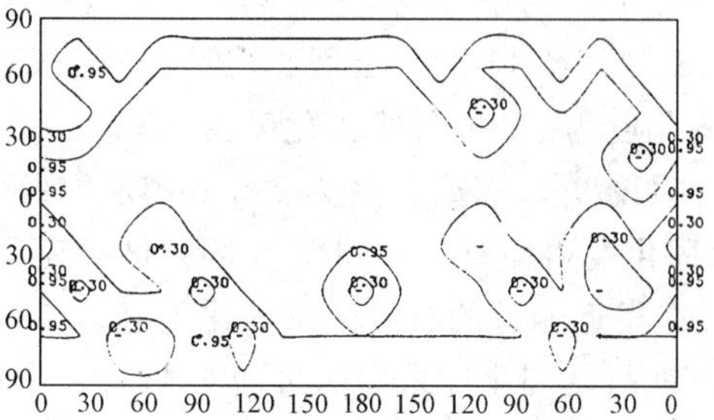

(f) $t=15\ \Delta t$, $h=188$ km

（续图）

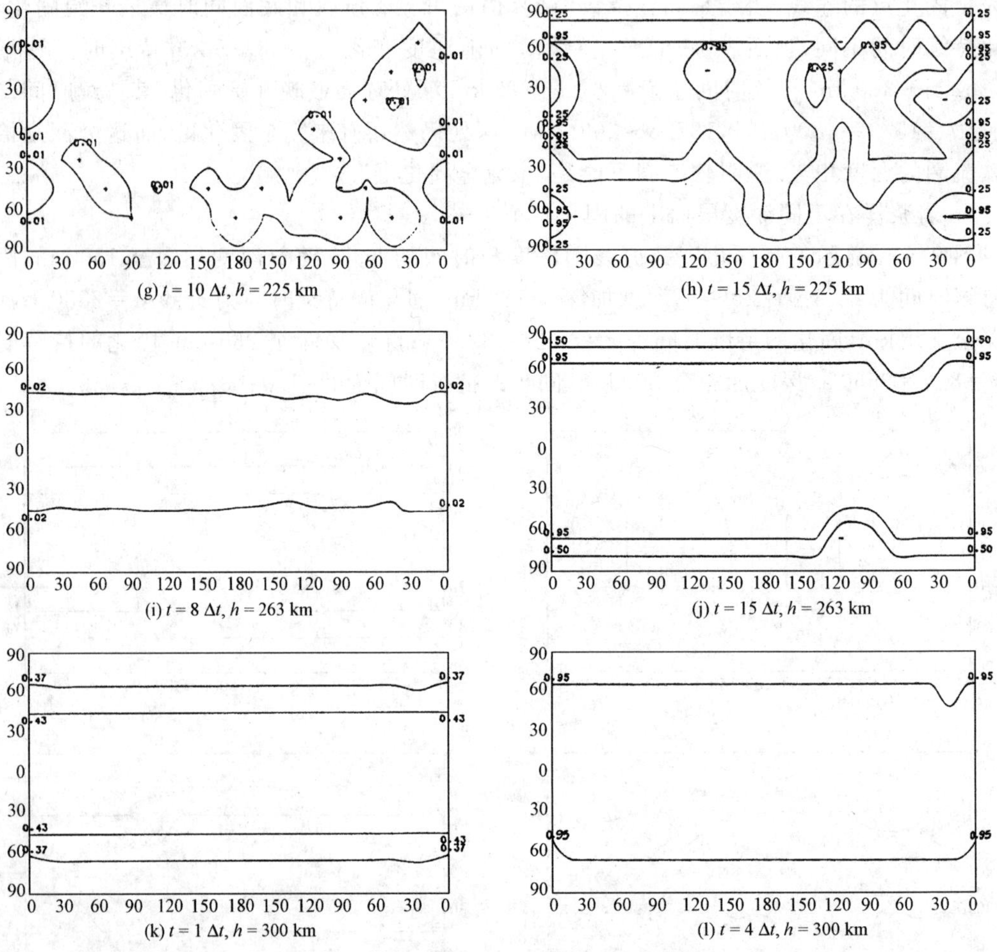

图 9.9.4　固化度等值线随深度、时间变化图

固化区的位置也随着深度和时间在变化：在固化刚开始时，在地球表面分别以东经 45°和西经 135°为中心线、宽度为 40°、长度在南北纬 45°之间，有两个完全固化区；另外，在以东经 135°、西经 45°为中心线、宽度为 70°、长度在南北纬 80°之间，有两个较低固化区，其中心区固化度为 0.30、外缘固化度为 0.6.

以图 9.9.4(g)深度为 225 km 处的球面为例：到 $t=10\Delta t=3200$ a 时才开始出现固化现象、固化度很低，仅为 0.01，而固化区域还很小、很分散；到 $t=15\Delta t=4800$ a 时，见图 9.9.4(j). 在靠近赤道的有些区域固化度已达 0.95，但离它很近处固化度仍然很低、只有 0.50，高固化度与低固化度之间的过渡带非常狭窄；在高纬度地区仍有低固化度带. 每个层面从开始固化到完全固化经历的时间叫做“固化持续时间”. 图 9.9.4 表明：在低纬度地区固化过程是非常迅速的，由开始固化到完全固化经历的时间很短暂.

5. 岩浆洋温度场演化特征.

图 9.9.5 显示的是不同深度、不同时刻岩浆洋的温度等值线图.

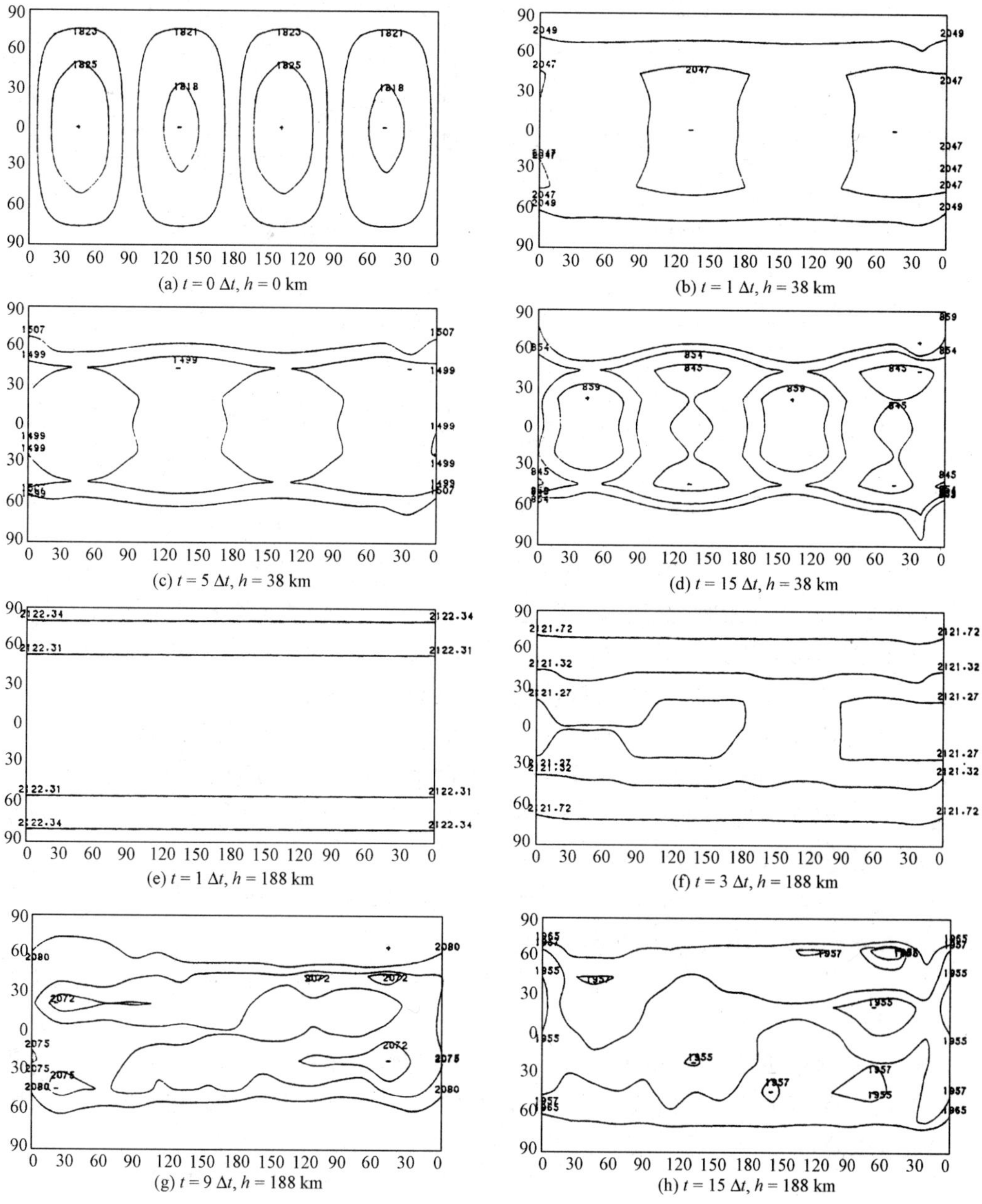

(a) $t = 0\ \Delta t, h = 0$ km
(b) $t = 1\ \Delta t, h = 38$ km
(c) $t = 5\ \Delta t, h = 38$ km
(d) $t = 15\ \Delta t, h = 38$ km
(e) $t = 1\ \Delta t, h = 188$ km
(f) $t = 3\ \Delta t, h = 188$ km
(g) $t = 9\ \Delta t, h = 188$ km
(h) $t = 15\ \Delta t, h = 188$ km

（续图）

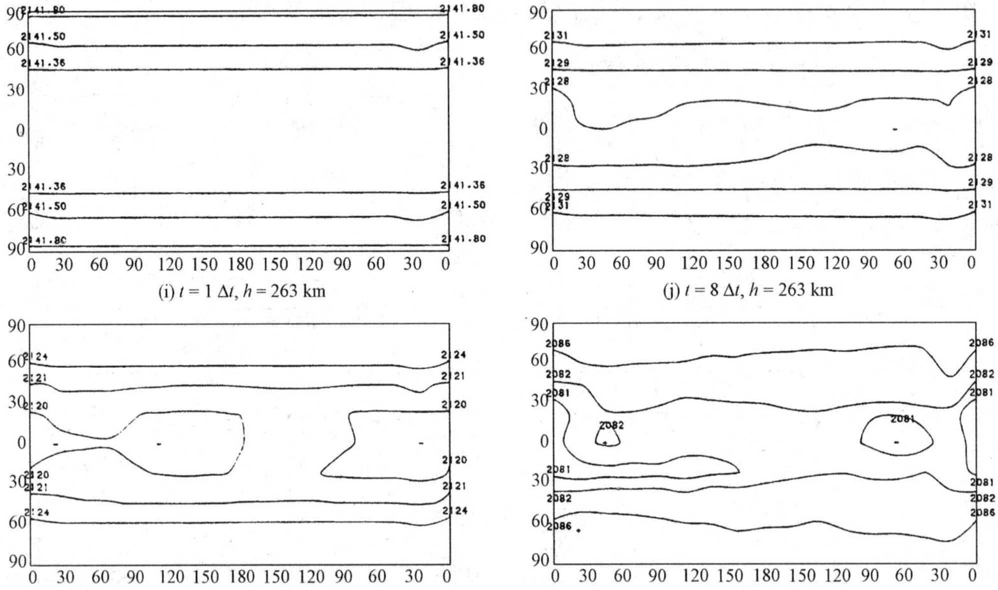

(i) $t = 1\ \Delta t$, $h = 263$ km　(j) $t = 8\ \Delta t$, $h = 263$ km

(k) $t = 10\ \Delta t$, $h = 263$ km　(l) $t = 15\ \Delta t$, $h = 263$ km

图 9.9.5　岩浆洋不同深度、不同时刻的温度等值线图

上图中，图(a)为开始时，在顶部沿经度有一个以 π 为周期的正弦波形起伏，沿纬度有一个余弦波形起伏，极点附近的温度既不是最高，也不是最低. 在经度以东经 135°、西经 45°温度最高，在东经 45°、西经 135°温度最低，温度等值线呈四个椭圆形.

图(b)表示深度为 38 km，$t=1\Delta t=320$ a 时，在靠近南北极的区域温度变高，靠近赤道区域，仍然以东经 45°、西经 135°为中心线有两个温度稍低的方形等值线.

图(c)表示深度仍为 38 km，$t=5\Delta t=1600$ a 时，温度等值线格局与图(b)差不多，只是在靠近赤道附近等值线的形状和数值有所不同.

图(d)表示深度还是 38 km，$t=15\Delta t=4800$ a 时，温度等值线格局亦与(c)相近，但在靠近赤道附近等值线的温度值普遍变低.

图(e)表示深度为 188 km，$t=1\Delta t=320$ a 时，温度等值线全是平线. 只在南、北极温度稍高，相差仅为小数点后两位处.

图(f)表示深度还是 188 km，$t=3\Delta t=960$ a 时，温度等值线有变化. 在近两极附近，等值线基本平直；在赤道附近，等值线分块，且数值变低；南北中纬度地区，等值线稍有起伏，其数值比近两极处稍小，但比靠近赤道处稍大，相差都是在小数点后两位处.

图(g)表示深度仍为 188 km，$t=9\Delta t=2880$ a 时，赤道附近南北纬 60°以内，温度等值线开始变乱.

图(h)表示深度还是 188 km，$t=15\Delta t=4800$ a 时，连南北纬 60°温度等值线也开始成曲线.

图(i)表示深度为 263 km，$t=1\Delta t=320$ a 时，温度等值线基本上是平线.

图(j)表示深度为 263 km，$t=8\Delta t=2560$ a 时，赤道附近的温度等值线开始变弯.

图(k)表示深度为 263 km，$t=10\Delta t=3200$ a 时，赤道附近温度等值线呈块状.

图(l)表示深度还是 263 km，$t=15\Delta t=4800$ a 时，南北纬 60°以外的温度等值线也开始呈曲线形状.

综上所述可以看出：岩浆洋各层面在演化早期温度都比较均一，没有显著的高低温区，随着时间延长出现了不均一性：沿经度方向有周期性高温、低温区存在. 这种特性在较浅层位和较深层位比较显著，在中间层位不特别明显. 在浅层温度下降快、幅度大，在较深层位温度下降慢、幅度小. 在极点附近区域，温度总是比其他区域的温度稍高.

6. 岩浆洋压强场演化特征.

图 9.9.6 显示的是不同深度、不同时刻岩浆洋的压强等值线图：

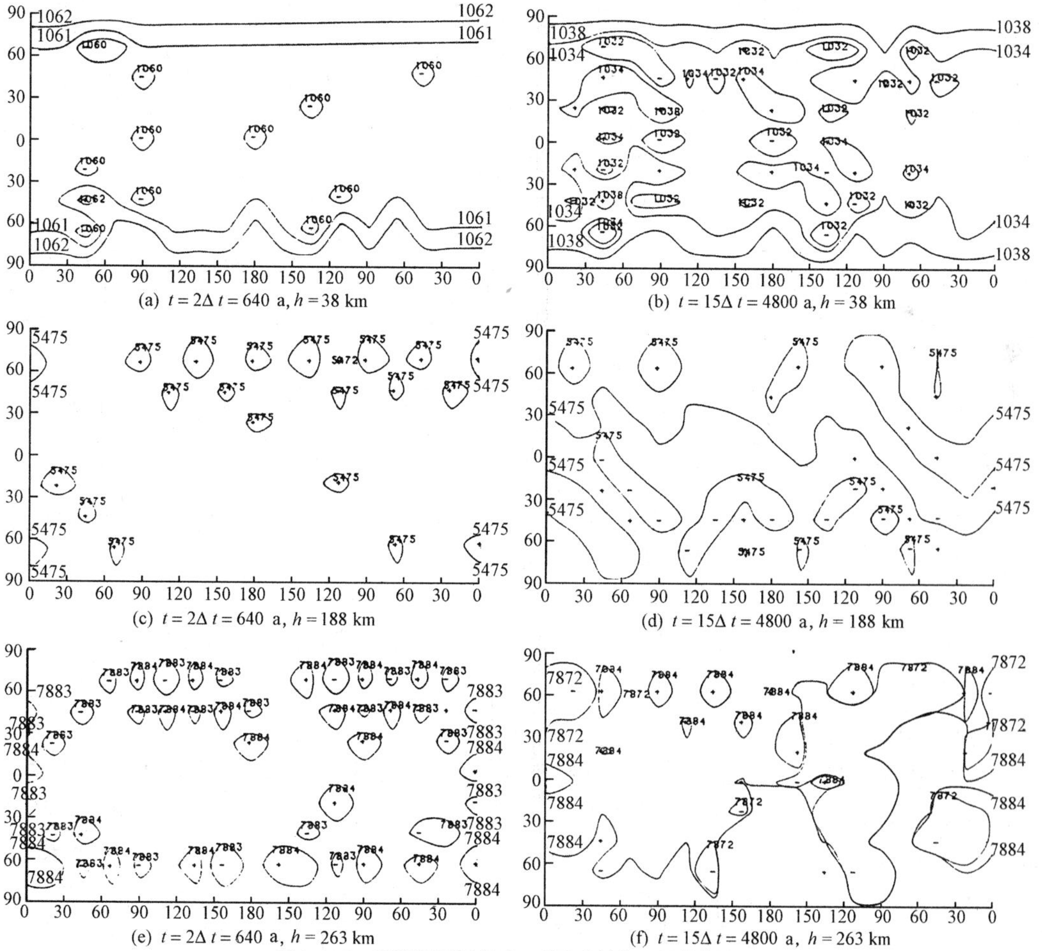

(a) $t=2\Delta t=640$ a, $h=38$ km

(b) $t=15\Delta t=4800$ a, $h=38$ km

(c) $t=2\Delta t=640$ a, $h=188$ km

(d) $t=15\Delta t=4800$ a, $h=188$ km

(e) $t=2\Delta t=640$ a, $h=263$ km

(f) $t=15\Delta t=4800$ a, $h=263$ km

图 9.9.6 岩浆洋不同深度、不同时刻的压强等值线图

在上图中，图(a)显示的是在时刻 $t=2\Delta t=640$ a，深度为 38 km 球面上的压强等值线

图,压强只在局部存在起伏,随着时间加长,尤其在固化晚期,压强值变得很不均一,高低压区相间随机分布,在南北极点附近压强略高.随着时间的加长,压强值整体显著下降,其原因在于本文在状态方程中考虑了热压效应,在整个演化过程中温度下降了1200 K.

图(b)显示的是时刻4800 a、深度为38 km球面上的压强等值线图.

图(c)显示的是时刻640 a、深度为188 km球面上的压强等值线图.

图(d)显示的是时刻4800 a、深度为188 km球面上的压强等值线图.

图(e)显示的是时刻640 a、深度为263 km球面上的压强等值线图.

图(f)显示的是时刻4800 a、深度为263 km球面上的压强等值线图.

图9.9.7显示的是岩浆洋各层面固化持续时间图.

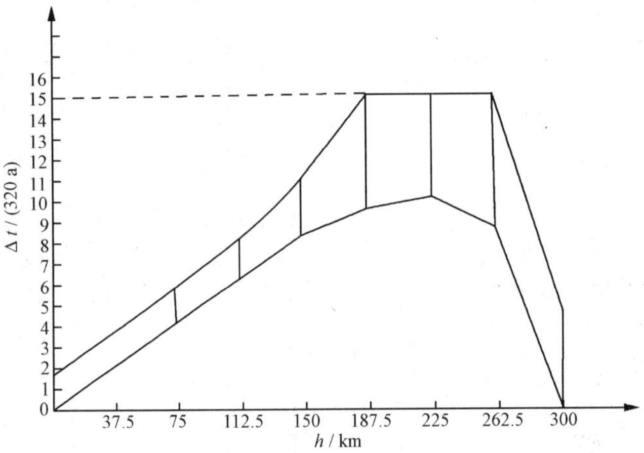

图9.9.7　各层面固化持续时间图

深度187.5～262.5 km,固化持续时间长;在0～187.5 km之间固化持续时间随深度逐渐加长;在深度300 km处,固化持续时间次长.

五、结论

1. 固化是从顶、底同时开始并向内部传播,由顶层向下传播得快,由底部向上传播得慢.225 km处最晚开始固化.

2. 各层固化持续时间不同,表明固化速度有快有慢.除底层外,固化开始时间早的层,其固化持续时间短;固化开始时间晚的层,其固化持续时间长.与软流圈深度相对应的187.5～262.5 km圈层在4800 a时仍未完全固化,这表明300 km深的岩浆洋完全固化需要大于4800 a.

3. 完全固化区与低固化度区之间的过渡带非常狭窄,这表明局部地区的固化过程可以是非常短暂的,迅速由开始固化走向完全固化.

§ 9.10 用 ALE 算法在球坐标下求解时间一维、空间三维黏性流体运动的有限元方法

一、基本方程与数值算法

1. ALE(Arbitrarity Lagrange Euler,任意拉格朗日-欧拉)算法介绍.

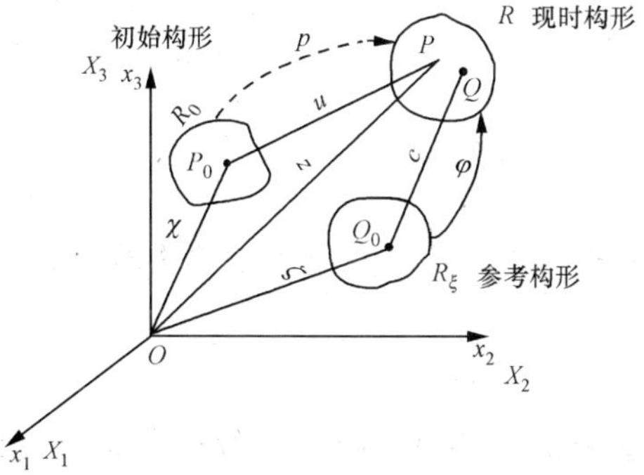

图 9.10.1 ALE 方法的区域映射示意图

在空间固定坐标系中物体运动且变形着.设物体运动和变形是连续、单值的:t_0 时刻物体 R_0 中的质点 P_0 在 t 时刻移到 P;初始构形(初始时刻组成物体 R_0 的所有质点的完整地刻画)变到现时构形(现时物体 R 所有质点的完整地刻画).另外还可以选择一个参考构形(其对应的物体 R_ξ 与 R 的质点也一一对应).可以有几种方法描述这个物体的运动和变形:

(1) Lagrange(拉格朗日)方法:跟踪物质点在空间运动,也叫做物质描述.

初始构形上每一物质点以初始坐标 X_i 标记,同时用 X_i 作为这个质点的标记,这个质点随时间运动,在任意时刻 t 的位置用 x_i 表示.这个质点的运动可用如下的关系式表示:

$$x_i = x_i(X_j, t) \quad (i,j = 1,2,3). \tag{9.10.1}$$

此映射应该是连续单值的,且存在唯一的反映射,雅可比行列式满足:

$$J = \begin{vmatrix} \frac{\partial x_1}{\partial X_1} & \frac{\partial x_1}{\partial X_2} & \frac{\partial x_1}{\partial X_3} \\ \frac{\partial x_2}{\partial X_1} & \frac{\partial x_2}{\partial X_2} & \frac{\partial x_2}{\partial X_3} \\ \frac{\partial x_3}{\partial X_1} & \frac{\partial x_3}{\partial X_2} & \frac{\partial x_3}{\partial X_3} \end{vmatrix} \neq 0. \tag{9.10.2}$$

(2) Euler(欧拉)方法:立足于描绘各个时刻位于指定的固定空间各点处的那些质点的运动,亦叫空间描述.

质点 P 在时刻 t 瞬时位置的坐标为 x_i,瞬时速度为 v_i,

$$v_i = v_i(x_j, t) \quad (i,j = 1,2,3). \tag{9.10.3}$$

在时刻 t 位于固定空间坐标 x_j 处的质点,在时刻 $t+\mathrm{d}t$ 时运动到坐标 $x_j + v_j\mathrm{d}t$ 处,按照泰勒

展开并忽略高阶无穷小项

$$v_i(x_j+v_j\mathrm{d}t,t+\mathrm{d}t)=v_i(x_j,t)+\frac{\partial v_i}{\partial t}\mathrm{d}t+\frac{\partial v_i}{\partial x_j}v_j\mathrm{d}t.$$

故

$$\begin{aligned}\frac{\mathrm{D}v_i(x_j,t)}{\mathrm{D}t}&=\lim_{\mathrm{d}t\to 0}\frac{v_i(x_j+v_j\mathrm{d}t,t+\mathrm{d}t)-v_i(x_j,t)}{\mathrm{d}t}\\&=\frac{\partial v_i(x_j,t)}{\partial t}+\frac{\partial v_i(x_j,t)}{\partial x_j}v_j,\end{aligned}\tag{9.10.4}$$

简写为

$$\frac{\mathrm{D}v_i}{\mathrm{D}T}=\frac{\partial v_i}{\partial t}+v_j\frac{\partial v_i}{\partial x_j},\tag{9.10.5}$$

$\frac{\mathrm{D}v_i}{\mathrm{D}T}$叫做速度的物质导数,同理可以写出任意物理量的物质导数

$$\frac{\mathrm{D}f}{\mathrm{D}t}=\frac{\partial f}{\partial t}+v_j\frac{\partial f}{\partial x_j}.\tag{9.10.6}$$

(3) ALE方法:是Lagrange法和Euler法的综合与推广,既不单纯着眼于物质点,也不仅仅着眼于空间固定点.引进参考点:每一个物质点都对应于一个参考点;参考点可以随物质点一起运动,也可以独立于物质点运动;参考点在固定坐标系中的坐标为

$$\xi_i=\xi_i(x_j,t).\tag{9.10.7}$$

当

$$J'=\begin{vmatrix}\frac{\partial\xi_1}{\partial x_1}&\frac{\partial\xi_1}{\partial x_2}&\frac{\partial\xi_1}{\partial x_3}\\\frac{\partial\xi_2}{\partial x_1}&\frac{\partial\xi_2}{\partial x_2}&\frac{\partial\xi_2}{\partial x_3}\\\frac{\partial\xi_3}{\partial x_1}&\frac{\partial\xi_3}{\partial x_2}&\frac{\partial\xi_3}{\partial x_3}\end{vmatrix}\neq 0\tag{9.10.8}$$

时,可得

$$x_j=x_j(\xi_i,t).\tag{9.10.9}$$

如果参考点始终随着物质点一同运动,则参考点的运动速度与物质点的速度一样,ALE方法退化为Lagrange方法;如果参考点的运动速度始终为零,ALE方法退化为Euler方法.

如果参考点独立于物质点作另外运动,在固定坐标系中,物质点的坐标为 x_j,物质点的运动速度为

$$v_i=\left.\frac{\partial x_i}{\partial t}\right|_{x_i};\tag{9.10.10}$$

参考点的运动速度为

$$w_i=\left.\frac{\partial x_i}{\partial t}\right|_{\xi_i}.\tag{9.10.11}$$

两者之差记为：

$$c_i(x_j,t)=v_i(x_j,t)-w_i(x_j,t). \tag{9.10.12}$$

展开 v_i 得

$$v_i=\frac{\partial x_i(\xi_j,t)}{\partial t}=\frac{\partial x_i}{\partial t}\bigg|_{\xi_i}+\frac{\partial x_i}{\partial \xi_j}\frac{\partial \xi_j}{\partial t}=w_i+\frac{\partial x_i}{\partial \xi_j}\frac{\partial \xi_j}{\partial t}, \tag{9.10.13}$$

将 w_i 移至左端后，两端同乘$\frac{\partial \xi_k}{\partial x_i}$，则

$$(v_i-w_i)\frac{\partial \xi_k}{\partial x_i}=\frac{\partial \xi_k}{\partial x_i}\frac{\partial x_i}{\partial \xi_j}\frac{\partial \xi_j}{\partial t}=\delta_{kj}\frac{\partial \xi_j}{\partial t}=\frac{\partial \xi_k}{\partial t},$$

即

$$\frac{\partial \xi_k}{\partial t}=(v_i-w_i)\frac{\partial \xi_k}{\partial x_i}. \tag{9.10.14}$$

ALE 方法中任意量的物质导数可展成下式：

$$\frac{\mathrm{D}f}{\mathrm{D}t}=\frac{\partial f}{\partial t}+\frac{\partial f}{\partial \xi_i}\frac{\partial \xi_i}{\partial t}. \tag{9.10.15}$$

将式(9.10.14)带入物质导数表达式(9.10.15)得

$$\begin{aligned}\frac{\mathrm{D}f}{\mathrm{D}t}&=\frac{\partial f}{\partial t}+\frac{\partial f}{\partial \xi_i}\frac{\partial \xi_i}{\partial x_j}(v_j-w_j)=\frac{\partial f}{\partial t}+\frac{\partial f}{\partial x_j}(v_j-w_j)\\&=\frac{\partial f}{\partial t}+c_j\frac{\partial f}{\partial x_j}.\end{aligned} \tag{9.10.16}$$

ALE 方法中可将加速度写为

$$a_i=\frac{\partial v_i}{\partial t}+c_jv_{i,j}. \tag{9.10.17}$$

ALE 方法只改变流体流动基本方程组中各个物理量的物质导数项，其他项不变. 从而在 ALE 方法中，不可压缩流体的连续性方程：

$$v_{i,i}=0, \tag{9.10.18}$$

动量方程：

$$\frac{\partial v_i}{\partial t}+c_jv_{i,j}-\sigma_{ij,j}-F_i=0, \tag{9.10.19}$$

热传导方程：

$$\rho C_p\left(\frac{\partial T}{\partial t}+c_j\cdot\nabla T\right)=k\nabla^2T+Q, \tag{9.10.20}$$

其中 v_i 是质点速度，c_j 为质点速度与参考点速度之差，σ_{ij} 是介质应力，F_i 是体力，ρ,C_p,k,Q 分别为流体密度、等压比热、热传导系数及热源，T 为温度.

2. 圆球坐标下用 ALE 方法建立的地幔热对流问题的基本方程组.

本文将地球介质当做不可压缩牛顿流体来模拟地幔对流与岩石圈板块的关系. 将上节中 ALE 方法推导的流体运动基本方程应用到该问题中，得到控制地幔热对流问题的基本方程组. 由于本问题中 Re 数较小，惯性项可以忽略，动量方程简化为准静态运动方程：

$$\sigma_{ij,j} + F_i = 0. \tag{9.10.21}$$

在球坐标下,方程组可以表示为如下形式：

连续性方程：

$$\boldsymbol{m}^{\mathrm{T}}\boldsymbol{Lu} = \boldsymbol{0}, \tag{9.10.22}$$

准静态运动方程：

$$\boldsymbol{\Gamma}^{\mathrm{T}}\boldsymbol{\sigma} + \boldsymbol{b} = 0, \tag{9.10.23}$$

热传导方程：

$$\rho C_p\left[\frac{\partial T}{\partial t} + (\boldsymbol{u} - \boldsymbol{U}) \cdot \nabla T\right] = \nabla^{\mathrm{T}}(k \nabla T) + kJ^{\mathrm{T}}GT + Q, \tag{9.10.24}$$

本构方程：

$$\boldsymbol{\sigma} = -\boldsymbol{m}p + \boldsymbol{D}'\dot{\boldsymbol{\varepsilon}}, \tag{9.10.25}$$

几何方程：

$$\dot{\boldsymbol{\varepsilon}} = \boldsymbol{Lu}. \tag{9.10.26}$$

在球坐标下,上述诸式中各个符号的具体表达式为：

$$\boldsymbol{\sigma} = [\sigma_{rr}, \sigma_{\theta\theta}, \sigma_{\phi\phi}, \sigma_{r\theta}, \sigma_{\theta\phi}, \sigma_{\phi r}]^{\mathrm{T}} \quad \text{(应力列阵)},$$

$$\dot{\boldsymbol{\varepsilon}} = [\dot{\varepsilon}_{rr}, \dot{\varepsilon}_{\theta\theta}, \dot{\varepsilon}_{\phi\phi}, \dot{\varepsilon}_{r\theta}, \dot{\varepsilon}_{\theta\phi}, \dot{\varepsilon}_{\phi r}]^{\mathrm{T}} \quad \text{(应变率列阵)},$$

$$\boldsymbol{D}' = 2\mu\boldsymbol{I} \quad \text{(黏度矩阵)},$$

$$\boldsymbol{I} = \begin{bmatrix} 1 & 0 & 0 & 0 & 0 & 0 \\ 0 & 1 & 0 & 0 & 0 & 0 \\ 0 & 0 & 1 & 0 & 0 & 0 \\ 0 & 0 & 0 & 1 & 0 & 0 \\ 0 & 0 & 0 & 0 & 1 & 0 \\ 0 & 0 & 0 & 0 & 0 & 1 \end{bmatrix} \quad \text{(6 阶单位矩阵)},$$

$$\boldsymbol{u} = [u, v, w]^{\mathrm{T}} \quad \text{(速度)},$$

$$\boldsymbol{U} = [U, V, W]^{\mathrm{T}} \quad \text{(速度)},$$

$$\boldsymbol{m} = [1,1,1,0,0,0]^{\mathrm{T}} \quad \text{(选择列阵)},$$

算子：

$$\nabla^{\mathrm{T}} = \left[\frac{\partial}{\partial r}, \frac{1}{r}\frac{\partial}{\partial \theta}, \frac{1}{r\sin\theta}\frac{\partial}{\partial \phi}\right],$$

$$\boldsymbol{G}^{\mathrm{T}} = \left[\frac{2}{r}\frac{\partial}{\partial r}, \frac{\cot\theta}{r^2}\frac{\partial}{\partial \theta}\right],$$

$$\boldsymbol{J}^{\mathrm{T}} = [1,1],$$

$$\boldsymbol{L}^{\mathrm{T}}=\begin{bmatrix}\dfrac{\partial}{\partial r} & \dfrac{1}{r} & \dfrac{1}{r} & \dfrac{1}{2r}\dfrac{\partial}{\partial\theta} & 0 & \dfrac{1}{2r\sin\theta}\dfrac{\partial}{\partial\phi}\\ 0 & \dfrac{1}{r}\dfrac{\partial}{\partial\theta} & \dfrac{\cot\theta}{r} & \dfrac{1}{2r}\left(r\dfrac{\partial}{\partial r}-1\right) & \dfrac{1}{2r\sin\theta}\dfrac{\partial}{\partial\phi} & 0\\ 0 & 0 & \dfrac{1}{r\sin\theta}\dfrac{\partial}{\partial\phi} & 0 & \dfrac{1}{2r}\left(\dfrac{\partial}{\partial\theta}-\cot\theta\right) & \dfrac{1}{2r}\left(r\dfrac{\partial}{\partial r}-1\right)\end{bmatrix},$$

$$\boldsymbol{\Gamma}^{\mathrm{T}}=\begin{bmatrix}\dfrac{\partial}{\partial r}+\dfrac{2}{r} & -\dfrac{1}{r} & -\dfrac{1}{r} & \dfrac{1}{r}\left(\dfrac{\partial}{\partial\theta}+\cot\theta\right) & 0 & \dfrac{1}{r\sin\theta}\dfrac{\partial}{\partial\phi}\\ 0 & \dfrac{1}{r}\left(\dfrac{\partial}{\partial\theta}+\cot\theta\right) & -\dfrac{\cot\theta}{r} & \dfrac{\partial}{\partial r}+\dfrac{3}{r} & \dfrac{1}{r\sin\theta}\dfrac{\partial}{\partial\phi} & 0\\ 0 & 0 & \dfrac{1}{r\sin\theta}\dfrac{\partial}{\partial\phi} & 0 & \dfrac{1}{r}\left(\dfrac{\partial}{\partial\theta}+2\cot\theta\right) & \dfrac{\partial}{\partial r}+\dfrac{3}{r}\end{bmatrix},$$

其中 p 为流体总压力，ρ 为流体密度，C_p 为比热，$\boldsymbol{b}^{\mathrm{T}}=[F_r,F_\theta,F_\phi]$为体力，$\boldsymbol{F}$ 为边界外力，k 为热传导系数，Q 为内部热源，t 为时间，T 为绝对温度，上标 T 为矩阵转置符号.

计算时根据模型需要选取不同的速度、温度的初始条件和边界条件和各参数，具体取值情况分别见各种模型.

3. 有限元离散化方程组.

(1) 运动方程与连续性方程的离散化：对计算区域 Ω 做有限划分，选定插值函数后，在单元区域 Ω_i 上设：

$$\boldsymbol{u}=\boldsymbol{N}_{\mathrm{u}}\boldsymbol{a}_{\mathrm{u}}, \tag{9.10.27}$$

$$p=\boldsymbol{N}_{\mathrm{p}}\boldsymbol{a}_{\mathrm{p}}, \tag{9.10.28}$$

其中 $\boldsymbol{N}_{\mathrm{u}}$ 和 $\boldsymbol{N}_{\mathrm{p}}$ 分别是质点速度形函数矩阵和压力矩阵，$\boldsymbol{a}_{\mathrm{u}}$ 和 $\boldsymbol{a}_{\mathrm{p}}$ 分别是单元节点上的速度和压力向量. 由式(9.10.24)及(9.10.25)得：

$$\dot{\boldsymbol{\varepsilon}}=\boldsymbol{L}\boldsymbol{N}_{\mathrm{u}}\boldsymbol{a}_{\mathrm{u}}=\boldsymbol{B}\boldsymbol{a}_{\mathrm{u}}, \tag{9.10.29}$$

$$\boldsymbol{\sigma}=-\boldsymbol{m}\boldsymbol{N}_{\mathrm{p}}\boldsymbol{a}_{\mathrm{p}}+\boldsymbol{D}\boldsymbol{B}\boldsymbol{a}_{\mathrm{u}}. \tag{9.10.30}$$

由式(9.10.23)得：

$$\boldsymbol{\Gamma}^{\mathrm{T}}(-\boldsymbol{m}\boldsymbol{N}_{\mathrm{p}}\boldsymbol{a}_{\mathrm{p}}+\boldsymbol{D}\boldsymbol{B}\boldsymbol{a}_{\mathrm{u}})+\boldsymbol{b}=0. \tag{9.10.31}$$

运用虚功率原理可得

$$\iiint_{\Omega_i}(\boldsymbol{L}\boldsymbol{N}_{\mathrm{u}})^{\mathrm{T}}(-\boldsymbol{m}\boldsymbol{N}_{\mathrm{p}}\boldsymbol{a}_{\mathrm{p}}+\boldsymbol{D}\boldsymbol{B}\boldsymbol{a}_{\mathrm{u}})\mathrm{d}\Omega-\iiint_{\Omega_i}\boldsymbol{N}_{\mathrm{u}}^{\mathrm{T}}\boldsymbol{b}\mathrm{d}\Omega-\iint_{S_j}\boldsymbol{N}_{\mathrm{u}}^{\mathrm{T}}\boldsymbol{F}\mathrm{d}S=0, \tag{9.10.32}$$

引进压力矩阵 $\boldsymbol{K}_{\mathrm{p}}$、耗散矩阵 $\boldsymbol{K}$ 和外力向量 $\boldsymbol{f}$：

$$\boldsymbol{K}_{\mathrm{p}}=-\iiint_{\Omega_i}(\boldsymbol{L}\boldsymbol{N}_{\mathrm{u}})^{\mathrm{T}}\boldsymbol{m}\boldsymbol{N}_{\mathrm{p}}\mathrm{d}\Omega,$$

$$\boldsymbol{K}=\iiint_{\Omega_i}(\boldsymbol{L}\boldsymbol{N}_{\mathrm{u}})^{\mathrm{T}}\boldsymbol{D}\boldsymbol{B}\,\mathrm{d}\Omega,$$

$$\boldsymbol{f}=-\iiint_{\Omega_i}\boldsymbol{N}_{\mathrm{u}}^{\mathrm{T}}\boldsymbol{b}\mathrm{d}\Omega-\iint_{S_j}\boldsymbol{N}_{\mathrm{u}}^{\mathrm{T}}\boldsymbol{F}\mathrm{d}S,$$

则得：

$$\boldsymbol{K}\boldsymbol{a}_{\mathrm{u}}+\boldsymbol{K}_{\mathrm{p}}\boldsymbol{a}_{\mathrm{p}}+\boldsymbol{f}=0. \tag{9.10.33}$$

对于不可压缩流体，其体应变率 $\dot{\boldsymbol{\varepsilon}}_{\mathrm{v}}=0$. 引进一个罚因子 $\alpha\to\infty$. 令 $p=-\alpha\dot{\boldsymbol{\varepsilon}}_{\mathrm{v}}$，则 $\dot{\boldsymbol{\varepsilon}}_{\mathrm{v}}=-\dfrac{p}{\alpha}$. 当 α 充分大时，$\dot{\boldsymbol{\varepsilon}}_{\mathrm{v}}\to 0$，方程组中的连续性方程得到近似满足. 将 $p=-\alpha\dot{\boldsymbol{\varepsilon}}_{\mathrm{v}}$ 带入应力项中，由于自动满足了连续性方程，因而可以在给定边界条件下独立求解准静态运动方程，进而可得：

$$p=\boldsymbol{N}_{\mathrm{p}}\boldsymbol{a}_{\mathrm{p}}=-\alpha\boldsymbol{m}^{\mathrm{T}}\boldsymbol{B}\boldsymbol{a}_{\mathrm{u}}, \tag{9.10.34}$$

$$\boldsymbol{K}_{\mathrm{p}}\boldsymbol{a}_{\mathrm{p}}=\iiint_{\Omega_i}(\boldsymbol{L}\boldsymbol{N}_{\mathrm{u}})^{\mathrm{T}}\boldsymbol{m}\alpha\boldsymbol{m}^{\mathrm{T}}\boldsymbol{B}\boldsymbol{a}_{\mathrm{u}}\mathrm{d}\Omega=\bar{\bar{\boldsymbol{K}}}\boldsymbol{a}_{\mathrm{u}}, \tag{9.10.35}$$

其中

$$\bar{\bar{\boldsymbol{K}}}=\iiint_{\Omega_i}(\boldsymbol{L}\boldsymbol{N}_{\mathrm{u}})^{\mathrm{T}}\boldsymbol{m}\alpha\boldsymbol{m}^{\mathrm{T}}\boldsymbol{B}\mathrm{d}\Omega,$$

代入(9.10.33)式，可得：

$$(\boldsymbol{K}+\bar{\bar{\boldsymbol{K}}})\boldsymbol{a}_{\mathrm{u}}+\boldsymbol{f}=0. \tag{9.10.36}$$

(2) 热传导方程的离散化：

① 空间离散化：

计算区域仍划分为有限多个有限大小的区域 Ω_i，在区域 Ω_i 上：

$$T=\boldsymbol{N}_{\mathrm{T}}\boldsymbol{a}_{\mathrm{T}}, \tag{9.10.37}$$

$$\boldsymbol{U}=\boldsymbol{N}_{\mathrm{U}}\boldsymbol{a}_{\mathrm{U}}, \tag{9.10.38}$$

其中 $\boldsymbol{N}_{\mathrm{T}}$ 是温度在空间域中的形函数矩阵，$\boldsymbol{a}_{\mathrm{T}}$ 是单元节点的温度向量，T 是温度. $\boldsymbol{N}_{\mathrm{U}}$ 是网格节点速度在空间域上的形函数矩阵，$\boldsymbol{a}_{\mathrm{U}}$ 为单元各节点的网格节点向量，$\boldsymbol{U}$ 是网格节点速度. 运用加权剩余法并取权函数为空间域中的形函数，式(9.10.24)离散化为：

$$\boldsymbol{M}\dot{\boldsymbol{a}}_{\mathrm{T}}+\boldsymbol{S}\boldsymbol{a}_{\mathrm{T}}+\boldsymbol{H}=0, \tag{9.10.39}$$

$$\boldsymbol{M}=\iiint_{\Omega_i}(\boldsymbol{N}_{\mathrm{T}})^{\mathrm{T}}\rho C_p\boldsymbol{N}_{\mathrm{T}}\mathrm{d}\Omega,$$

其中

$$\boldsymbol{S}=\boldsymbol{S}_1+\boldsymbol{S}_2,$$

$$\boldsymbol{S}_1=\iiint_{\Omega_i}(\boldsymbol{N}_{\mathrm{T}})^{\mathrm{T}}\rho C_p(\boldsymbol{N}_{\mathrm{u}}\boldsymbol{a}_{\mathrm{u}}-\boldsymbol{N}_{\mathrm{U}}\boldsymbol{a}_{\mathrm{U}})^{\mathrm{T}}(\nabla\boldsymbol{N}_{\mathrm{T}})\mathrm{d}\Omega,$$

$$\boldsymbol{S}_2=\iiint_{\Omega_i}(\nabla\boldsymbol{N}_{\mathrm{T}})^{\mathrm{T}}(k\nabla\boldsymbol{N}_{\mathrm{T}})\mathrm{d}\Omega,$$

$$\boldsymbol{H}=-\iiint_{\Omega_i}(\boldsymbol{N}_{\mathrm{T}})^{\mathrm{T}}Q\mathrm{d}\Omega+\iint_{S_{q_i}}(\boldsymbol{N}_{\mathrm{T}})^{\mathrm{T}}\bar{q}\mathrm{d}S,$$

而 $\dot{\boldsymbol{a}}_{\mathrm{T}}$ 是单元节点温度对时间的偏导数向量，$\boldsymbol{M}$ 是质量矩阵，$\boldsymbol{S}_1$ 和 $\boldsymbol{S}_2$ 分别是热对流矩阵和热传导矩阵，$\boldsymbol{H}$ 是热源矩阵，S_{q_i} 是给定热流值的边界条件之温度边界，$\bar{q}$ 是 S_q 上的热流.

② 时间离散化：

将时间划分为有限多个时刻：$t_0, t_1, t_2, \cdots, t_m$，及有限多个时间区间 $\Delta t_n = t_n - t_{n-1}$ ($n = 1,2,3,\cdots,m$)，在时间区间 Δt_n 中，单元各节点的温度可以写成：

$$\boldsymbol{a}_{\mathrm{T}}^t = \boldsymbol{N}_{\mathrm{T}}^t \boldsymbol{a}_{\mathrm{T}} = \boldsymbol{N}_{\mathrm{T}}^n \boldsymbol{a}_{\mathrm{T}}^n + \boldsymbol{N}_{\mathrm{T}}^{n+1} \boldsymbol{a}_{\mathrm{T}}^{n+1}, \tag{9.10.40}$$

其中 $\boldsymbol{N}_{\mathrm{T}}^t = [\boldsymbol{N}_{\mathrm{T}}^n, \boldsymbol{N}_{\mathrm{T}}^{n+1}]$ 是温度在时间域中的形函数，$\boldsymbol{a}_{\mathrm{T}}^n$ 和 $\boldsymbol{a}_{\mathrm{T}}^{n+1}$ 分别是单元节点在 t_n 和 t_{n+1} 时刻的温度. 在时间区间 $[t^n, t^{n+1}]$ 如对时间坐标进行坐标变换，即令 $\xi = t/\Delta t_n$，则 $0 \leqslant \xi \leqslant 1$，而形函数可以取

$$\boldsymbol{N}_{\mathrm{T}}^n = 1 - \xi, \quad \boldsymbol{N}_{\mathrm{T}}^{n+1} = \xi, \tag{9.10.41}$$

形函数的时间导数分别为

$$\dot{\boldsymbol{N}}_{\mathrm{T}}^n = -1/\Delta t_n, \quad \dot{\boldsymbol{N}}_{\mathrm{T}}^{n+1} = 1/\Delta t_n. \tag{9.10.42}$$

仍用加权剩余法，在时间域中进行积分得

$$\int_0^1 W[\boldsymbol{M}(\dot{\boldsymbol{N}}_{\mathrm{T}}^n \boldsymbol{a}_{\mathrm{T}}^n + \dot{\boldsymbol{N}}_{\mathrm{T}}^{n+1} \boldsymbol{a}_{\mathrm{T}}^{n+1}) + \boldsymbol{S}(\boldsymbol{N}_{\mathrm{T}}^n \boldsymbol{a}_{\mathrm{T}}^n + \boldsymbol{N}_{\mathrm{T}}^{n+1} \boldsymbol{a}_{\mathrm{T}}^{n+1}) + \boldsymbol{H}] \mathrm{d}\xi = 0. \tag{9.10.43}$$

其中 W 是权函数. 将式(9.10.41)和(9.10.42)代入式(9.10.43)中，合并同类项后得

$$(\boldsymbol{M}/\Delta t_n + \boldsymbol{S}\theta)\boldsymbol{a}_{\mathrm{T}}^{n+1} + [-\boldsymbol{M}/\Delta t_n + \boldsymbol{S}(1-\theta)]\boldsymbol{a}_{\mathrm{T}}^n + \overline{\boldsymbol{H}} = 0, \tag{9.10.44}$$

其中

$$\theta = \int_0^1 W\xi \mathrm{d}\xi \Big/ \int_0^1 W \mathrm{d}\xi, \quad \overline{\boldsymbol{H}} = \int_0^1 W\boldsymbol{H} \mathrm{d}\xi \Big/ \int_0^1 W \mathrm{d}\xi.$$

按照 Crank-Nicholson 的做法，取 $W=1$，则 $\theta = \dfrac{1}{2}$，式(9.10.44)变成为：

$$\left(\boldsymbol{M} + \frac{\Delta t_n}{2}\boldsymbol{S}\right)\boldsymbol{a}_{\mathrm{T}}^{n+1} + \left(-\boldsymbol{M} + \frac{\Delta t_n}{2}\boldsymbol{S}\right)\boldsymbol{a}_{\mathrm{T}}^n + \overline{\boldsymbol{H}}\Delta t_n = 0, \tag{9.10.45}$$

其中 $\overline{\boldsymbol{H}}$ 可以写成 $\overline{\boldsymbol{H}} = \dfrac{1}{2}(\boldsymbol{H}^n + \boldsymbol{H}^{n+1})$.

(3) 网格节点速度的有限元离散化：

在 ALE 方法中，网格节点速度可以在保证网格连续情况下根据需要加以任意指定. 例如，在算例中网格节点速度全部为零(各节点全部取为欧拉节点). 在研究印度大陆与欧亚大陆板块碰撞时，在地表，令部分网格节点随物质点一起运动(取为拉格朗日节点)，部分网格节点速度为零(取为欧拉节点)；在核幔边界处，网格节点速度为零(取为欧拉节点)；在地球内部，网格节点速度满足拉普拉斯方程

$$\nabla^2 U = 0, \quad \nabla^2 V = 0, \quad \nabla^2 W = 0. \tag{9.10.46}$$

下面对其进行离散化：将计算区域 Ω 划分为有限多个有限大小的子区域 Ω_i，在 Ω_i 上设

$$\begin{cases} U = \boldsymbol{N}_U \boldsymbol{a}_U, \\ V = \boldsymbol{N}_V \boldsymbol{a}_V, \\ W = \boldsymbol{N}_W \boldsymbol{a}_W, \end{cases} \tag{9.10.47}$$

$\boldsymbol{N}_U, \boldsymbol{N}_V, \boldsymbol{N}_W$ 分别是 U, V, W 在计算区域的形函数矩阵；$\boldsymbol{a}_U, \boldsymbol{a}_V, \boldsymbol{a}_W$ 分别是各单元节点网格速度向量. 利用变分原理对上述三个方程进行离散化，得到离散化方程

$$\begin{cases} \boldsymbol{K}_U \boldsymbol{a}_U = 0, \\ \boldsymbol{K}_V \boldsymbol{a}_V = 0, \\ \boldsymbol{K}_W \boldsymbol{a}_W = 0, \end{cases} \tag{9.10.48}$$

其中

$$\begin{cases} \boldsymbol{K}_U = \iiint\limits_{\Omega_i} (\nabla \boldsymbol{N}_U)^{\mathrm{T}} (\nabla \boldsymbol{N}_U) \mathrm{d}\Omega, \\ \boldsymbol{K}_V = \iiint\limits_{\Omega_i} (\nabla \boldsymbol{N}_V)^{\mathrm{T}} (\nabla \boldsymbol{N}_V) \mathrm{d}\Omega, \\ \boldsymbol{K}_W = \iiint\limits_{\Omega_i} (\nabla \boldsymbol{N}_W)^{\mathrm{T}} (\nabla \boldsymbol{N}_W) \mathrm{d}\Omega. \end{cases} \tag{9.10.49}$$

4. 求解有限元方程组的步骤.

(1) 由上节得到各变量在子区域 Ω_i 上的有限元离散化方程组：

$$(\boldsymbol{K} + \bar{\bar{\boldsymbol{K}}}) \boldsymbol{a}_{\mathrm{u}} + \boldsymbol{f} = 0,$$

$$\boldsymbol{K}_U \boldsymbol{a}_U = 0,$$

$$\boldsymbol{K}_V \boldsymbol{a}_V = 0,$$

$$\boldsymbol{K}_W \boldsymbol{a}_W = 0,$$

$$\left(\boldsymbol{M} + \frac{\Delta t_n}{2} \boldsymbol{S}\right) \boldsymbol{a}_{\mathrm{T}}^{n+1} + \left(-\boldsymbol{M} + \frac{\Delta t_n}{2} \boldsymbol{S}\right) \boldsymbol{a}_{\mathrm{T}}^{n} + \bar{\boldsymbol{H}} \Delta t_n = 0.$$

(2) 将其组集成总体方程式：

$$([\boldsymbol{K}] + [\bar{\bar{\boldsymbol{K}}}])[\boldsymbol{a}_{\mathrm{u}}] + [\boldsymbol{f}] = 0, \tag{9.10.50}$$

$$[\boldsymbol{K}_U][\boldsymbol{a}_U] = 0, \tag{9.10.51a}$$

$$[\boldsymbol{K}_V][\boldsymbol{a}_V] = 0, \tag{9.10.51b}$$

$$[\boldsymbol{K}_W][\boldsymbol{a}_W] = 0, \tag{9.10.51c}$$

$$\begin{aligned} &\left([\boldsymbol{M}] + \frac{\Delta t_n}{2}[\boldsymbol{S}]\right)[\boldsymbol{a}_{\mathrm{T}}^{n+1}] \\ &\quad + \left(-[\boldsymbol{M}] + \frac{\Delta t_n}{2}[\boldsymbol{S}]\right)[\boldsymbol{a}_{\mathrm{T}}^{n}] + [\bar{\boldsymbol{H}}]\Delta t_n = 0, \end{aligned} \tag{9.10.52}$$

其中$[\boldsymbol{K}]$，$[\bar{\bar{\boldsymbol{K}}}]$，$[\boldsymbol{K}_U]$，$[\boldsymbol{K}_V]$，$[\boldsymbol{K}_W]$，$[\boldsymbol{S}]$分别是单元刚度矩阵 $\boldsymbol{K}, \bar{\bar{\boldsymbol{K}}}, \boldsymbol{K}_U, \boldsymbol{K}_V, \boldsymbol{K}_W, \boldsymbol{S}$ 组集的总体刚度矩阵；$[\boldsymbol{M}]$为总体质量矩阵；$[\bar{\boldsymbol{H}}]$为总体热源矩阵；$[\boldsymbol{a}_{\mathrm{u}}]$是总体速度向量；$[\boldsymbol{f}]$是总体体

力向量；$[\boldsymbol{a}_U]$，$[\boldsymbol{a}_V]$，$[\boldsymbol{a}_W]$是网格节点速度 $\boldsymbol{U}$，$\boldsymbol{V}$，$\boldsymbol{W}$ 组集的总体向量；$[\boldsymbol{a}_{\mathrm{T}}^{n}]$，$[\boldsymbol{a}_{\mathrm{T}}^{n+1}]$分别为 n，$n+1$ 时刻温度总体向量.

(3) 求解总体方程组的步骤：

对于每一个时间步长 Δt_n：

① 根据上一时刻计算得到的速度$[\boldsymbol{a}_{\mathrm{u}}^{n}]$，网格节点速度$[\boldsymbol{a}_U^{n}]$，$[\boldsymbol{a}_V^{n}]$，$[\boldsymbol{a}_W^{n}]$以及温度$[\boldsymbol{a}_{\mathrm{T}}^{n}]$，由式(9.10.52)计算本时刻温度$[\boldsymbol{a}_{\mathrm{T}}^{n+1}]$.

② 由温度$[\boldsymbol{a}_{\mathrm{T}}^{n+1}]$及速度边界条件，运用方程(9.10.50)求速度$[\boldsymbol{a}_{\mathrm{u}}^{n+1}]$.

③ 由式(9.10.26)求 $n+1$ 时刻应变率.

④ 运用公式 $p=-\alpha\dot{\varepsilon}_{\mathrm{v}}$ 求压力，进而由式(9.10.25) 求应力.

⑤ 以本时刻计算得到的速度$[\boldsymbol{a}_{\mathrm{u}}^{n+1}]$在边界点上的数值作为边界条件，由式(9.10.51a)，(9.10.51b)和(9.10.51c)计算本时刻网格节点速度$[\boldsymbol{a}_U^{n+1}]$，$[\boldsymbol{a}_V^{n+1}]$，$[\boldsymbol{a}_W^{n+1}]$.

⑥ 重新剖分网格.

在计算过程中，对于每一个时间步长 Δt_n 重复以上六个步骤，直到时间 t 与 $t_{\max}$(计算前输入的最大时间值)相等为止，则终止计算.

二、影响地幔对流形式的主要因素

建立从地球表面到核幔边界的三维球壳模型，将岩石圈和地幔物质当做高黏度、不可压缩牛顿黏性流体，采用横、纵向不均匀黏性系数，考虑大洋、大陆、洋脊、俯冲带不同构造单元有不同物性参数，指定地表的板块水平速度或者仅指定板块边界的水平速度，利用有限元方法求解流体运动方程组. 在三维球壳模型中，可以讨论速度边界条件、黏度分布及初始温度等因素特别是速度边界条件对地幔对流形式的影响. 以下主要讨论地幔流动和板块水平运动的关系.

1. 有限元模型的建立.

(1) 有限元网格的划分：

采用三维球壳模型，顶部地表忽略地形影响，底部取到核幔边界，依据“地球初步参考模型”(PREM 模型)，将球壳划分为 13 层：0～30 km(地壳层)，30～100 km(地壳与低速带之间区域)，100～220 km(软流层)，220～399 km(软流层到 399 km)，399～401 km(400 km 过渡带)，401～669 km(400～670 km 过渡带)，669～671 km(670 km 过渡带)，671～1050 km(下地幔)，1050～1500 km，1500～2000 km，2000～2500 km，2500～2800 km，2800～3000 km.

如图 9.10.2 所示，模型共有 4102 个节点、3380 个 8 节点空间等参单元、520 个四节点膜单元. 依据现今板块的形状和位置分为大洋区、大陆区、海沟俯冲带区、洋脊区和陆陆碰撞带等. 由于海沟区、碰撞带区和洋脊区为特殊构造分区，与周围单元性质显著不同，计算中应加以特殊处理. 依据 Uyeda 和 Kanamori(1974 年)给出的全球俯冲带的俯冲深度、俯冲角度以及俯冲方向的分布情况模拟俯冲带.

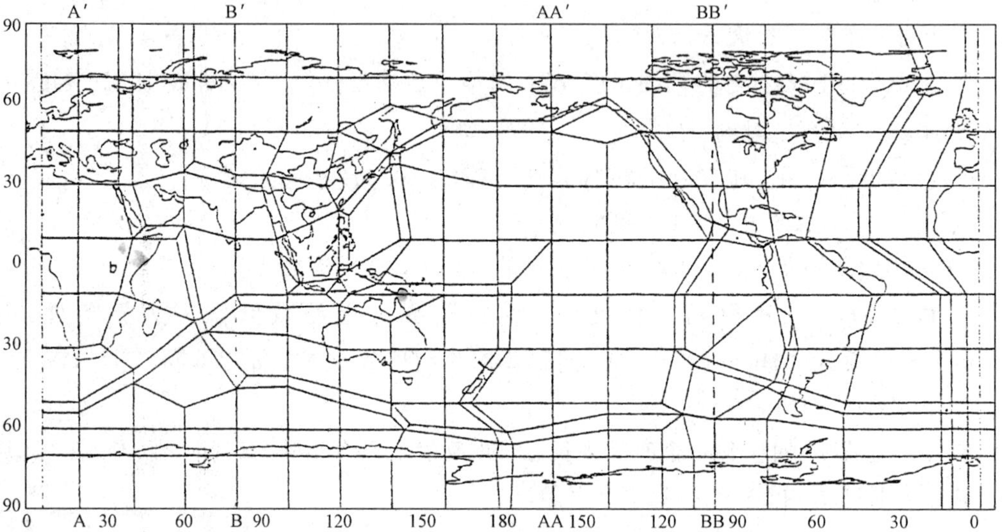

图 9.10.2　地表有限元网格图

(2) 模型参数的选取:

影响计算结果的参数有黏度、密度、热源、热力学常数(热传导系数、比热及热膨胀系数)及初始温度等, 下面分别讨论.

① 黏度:

目前关于地幔内部黏度特征尚未有统一认识. Haskell 最早通过研究 Fennascadia 冰后回升得到地幔在 1000 km 深度以上的黏度; Cathles 也利用冰后回升数据, 研究一个覆盖在低黏度层之上的弹性岩石层, 计算得到在 100～175 km 深处黏度系数为 10^{18} Pa · s, 在 175～1000 km 深处黏度系数为 10^{21} Pa · s; Walcott(1973 年)通过研究 Laurentian 冰川融化造成的地表对卸载变化的反应来估算地幔黏度的量级为 10^{22}～10^{25} Pa · s; Cathles (1975), Peltier(1976)利用同一冰川回升数据, 假设冰川开始融化时地球处于均衡状态, 得到地球黏度为 10^{22} Pa · s; McKenzie 等(1974)通过计算地球温度的演化历史, 得到地幔的平均黏度为 10^{22} Pa · s. Christensen(1984)对比非牛顿流体和牛顿流体的计算结果, 发现在稳态流动中两者计算结果有相似性. 由于本节中采用的运动方程为平衡方程, 所以在计算中可采用牛顿流体. 我们为使计算简单化, 并考虑洋壳、陆壳、洋脊和俯冲板片不同区域的性质不同, 采用分区常黏度: 在 220 km 深度以上, 洋壳、陆壳、洋脊及俯冲板片的黏度取值不同.

表 9.10.1 计算中选用的黏度模型

模型	分区	黏度/(Pa·s)					
		0～30 km	30～100 km	100～220 km	220～671 km	671～2000 km	2000～3000 km
A	大洋区	1×10^{25}	1×10^{23}	1×10^{19}	1×10^{22}	1×10^{22}	1×10^{22}
	大陆区	1×10^{27}	1×10^{25}	1×10^{21}	1×10^{22}	1×10^{22}	1×10^{22}
	洋　脊	1×10^{24}	1×10^{22}	1×10^{18}	1×10^{22}	1×10^{22}	1×10^{22}
	俯冲带	1×10^{26}	1×10^{25}	1×10^{21}	1×10^{22}	1×10^{22}	1×10^{22}
B	大洋区	1×10^{22}	1×10^{21}	1×10^{18}	1×10^{22}	1×10^{24}	1×10^{25}
	大陆区	1×10^{24}	1×10^{23}	1×10^{19}	1×10^{22}	1×10^{24}	1×10^{25}
	洋　脊	1×10^{21}	1×10^{20}	1×10^{17}	1×10^{22}	1×10^{24}	1×10^{25}
	俯冲带	1×10^{23}	1×10^{23}	1×10^{19}	1×10^{22}	1×10^{24}	1×10^{25}

② 密度：

PREM模型给出了地球内部平均密度分布，我们由公式 $\rho=\rho_0+\alpha_v(T_0-T)$，确定同一深度上不同温度区域的密度值. 表 9.10.2 给出本节使用的密度值.

表 9.10.2 PREM模型给出的地球内部平均密度分布

分区	平均密度/(10^3 kg·m^{-3})									
	0 km	30 km	100 km	220 km	399 km	401 km	669 km	671 km	2000 km	3000 km
大陆区	2.60	3.37	3.367	3.50	3.55	3.85	4.20	4.50	4.84	5.55
大洋区	2.90	3.37	3.367	3.50	3.55	3.85	4.20	4.50	4.84	5.55

③ 热源：

关于地幔内部热源的一种观点是：下地幔中含有放射性元素很少，产热率几乎为零. 本节选取的热源模型具体取值见表 9.10.3.

表 9.10.3 模型中选用的单位质量产热率

模型	地壳		上地幔		下地幔
	陆壳	洋壳	30～220 km	220～671 km	671～3000 km
产热率/(10^{-12} W·kg^{-3})	1015	145	1.5	9.2	0.0

④ 热传导系数、比热及热膨胀系数：

热传导系数 k、比热 C_p 及热膨胀系数 α_v 取值见表 9.10.4.

表 9.10.4 模型中热力学参数取值

模型	地壳			地幔		
	C_p/(cal·g^{-1}·K^{-1})	k/(cal·cm^{-1}·s^{-1})	α_v/K^{-1}	C_p/(cal·g^{-1}·K^{-1})	k/(cal·cm^{-1}·s^{-1})	α_v/K^{-1}
A	0.35	8×10^{-3} (大陆)	3.0×10^{-5}	0.35	15×10^{-3}	3.0×10^{-5}
	0.35	5.5×10^{-3} (大洋)	2.4×10^{-5}			

⑤ 初始温度：

初始温度除了纵向随深度变化外，还存在着横向不均匀.以两个基本温度模型——熔点温度模型及绝热自压温度模型为基础，加以处理得到初始温度的分布情况如下.

温度模型A：核幔边界温度为4500 K，区分大陆区、大洋区、洋中脊区和海沟区.大陆区、大洋区以下的温度在220 km深度以上不同，在220 km深度以下相同.在洋中脊处，220 km深度以上温度与周围取值不同，在220 km深度以下，温度取值与周围相同.在海沟处则以俯冲带为界限：在俯冲带上下边界深度之内按俯冲带温度结构指定初始温度，在俯冲带上下边界深度之外温度与周围取值相同.在浅部各分区取值见图9.10.3，图9.10.4，及图9.10.5.

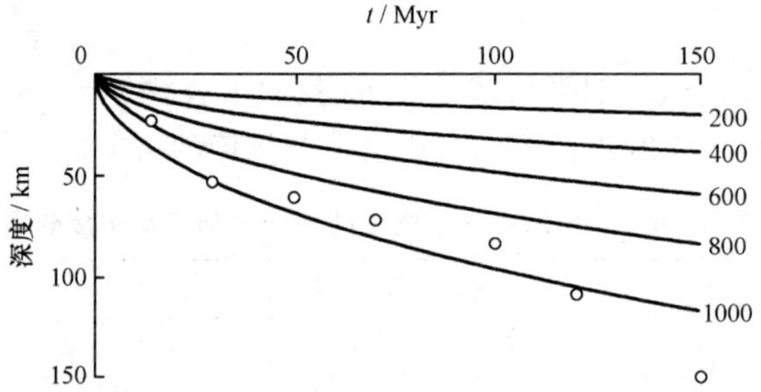

图9.10.3　洋中脊在150 km深度以上的初始温度分布图

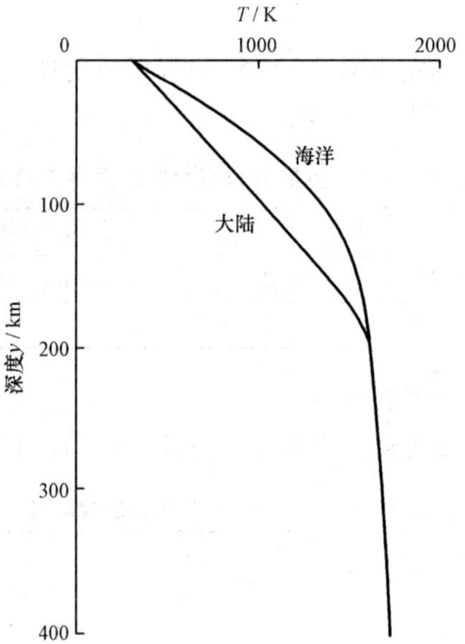

图9.10.4　大陆和大洋在400 km深度以上的初始温度分布图

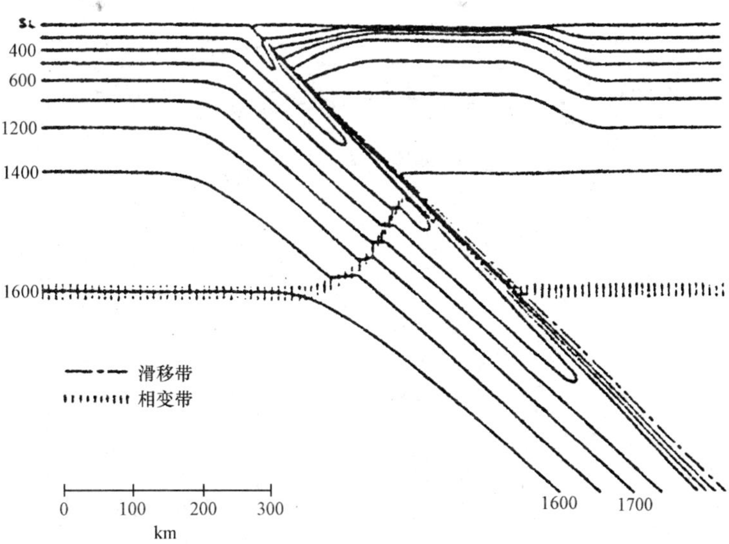

图 9.10.5 俯冲带在 670 km 深度以上的初始温度分布图

注：上述三个图均选自参考文献[4]：p.164 Figure 4-24，p.192 Figure 4-55，p.196 Figure 4-57.

温度模型 B 以绝热自压缩温度为基础，在核幔边界温度为 3000 K，其他地方初始温度值类似于模型 A.

(3) 边界条件的选取：

① 顶部切向速度、应力边界条件有两种：(a) 顶部(表面)各节点水平速度按 AM-2 模型指定板块运动绝对速度值；(b) 按 NUVEL-1 模型指定扩张带和汇聚带边界两侧节点的水平速度值，其余各节点剪应力指定为零.

② 顶部径向速度、应力边界条件也有两种：(a) 径向速度全部指定为零；(b) 径向速度全部自由，而法向应力为零.

③ 底部速度、应力边界条件同样为两种：(a) 速度自由、法向应力为静压力，切向应力为零；(b) 径向速度为零，切向应力为零.

④ 温度边界条件：地表除洋脊外，温度从低纬度向高纬度按 293～273 K 指定，洋脊比同纬度高 500 K；核幔边界温度取为 4500 K 或 3000 K.

三、算例模型的建立

1. 在韩立杰的博士论文中除了第三章计算了 9 个模型以外，还在第四章计算了 4 个模型，此处对后 4 个模型加以介绍：从地表到核幔边界，仍然划分为 9 层，各层深度见图 9.10.6；网格划分见图 9.10.7，共计 4130 个节点、3357 个 8 节点等参单元以及 746 个 4 节点膜单元；各层密度见表 9.10.2；热源见表 9.10.3；热力学参数见表 9.10.4；黏度取值见表 9.10.5.

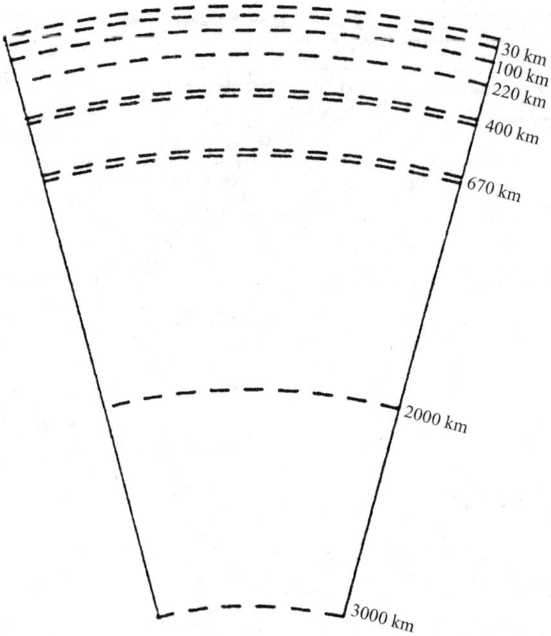

图 9.10.6　三维球壳分层模型

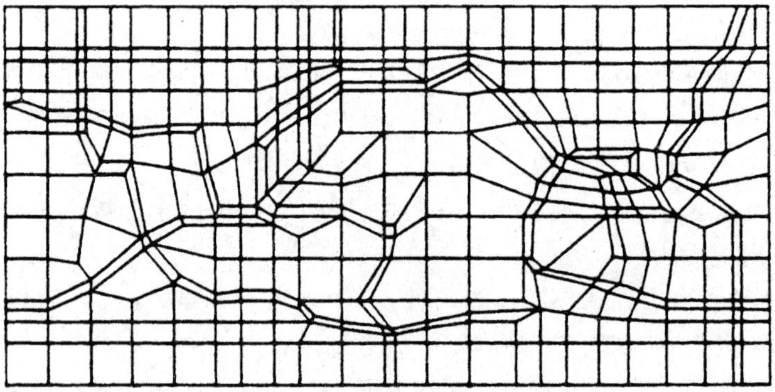

图 9.10.7　第一层(地表层)单元划分图

表 9.10.5　模型中使用的黏度

区域	黏度/(Pa·s)					
	深度/km					
	1～30	30～100	100～220	220～670	670～2000	2000～3000
大洋区	1×10^{22}	1×10^{21}	1×10^{18}	1×10^{22}	1×10^{24}	1×10^{25}
大陆区	1×10^{24}	1×10^{23}	1×10^{19}	1×10^{22}	1×10^{24}	1×10^{25}
洋脊及裂谷	1×10^{21}	1×10^{20}	1×10^{17}	1×10^{22}	1×10^{24}	1×10^{25}
俯冲带	1×10^{24}	1×10^{23}	1×10^{19}	1×10^{22}	1×10^{24}	1×10^{25}

2. 边界条件.

(1) 速度边界条件:

① 顶部球面速度边界条件:顶部(地表)按NUVEL-1模型给出的板间相对速度,经过处理后作为板块边界节点(洋脊和海沟两侧节点)的切向速度,建立四个模型:

模型1:各洋脊处指定径向速度为零;北美大陆西边界是拉张型,其北边界太平洋板块向北美板块下俯冲,北美板块以较低的水平速度仰冲到太平洋板块之上,边界条件取值见图9.10.8(a).

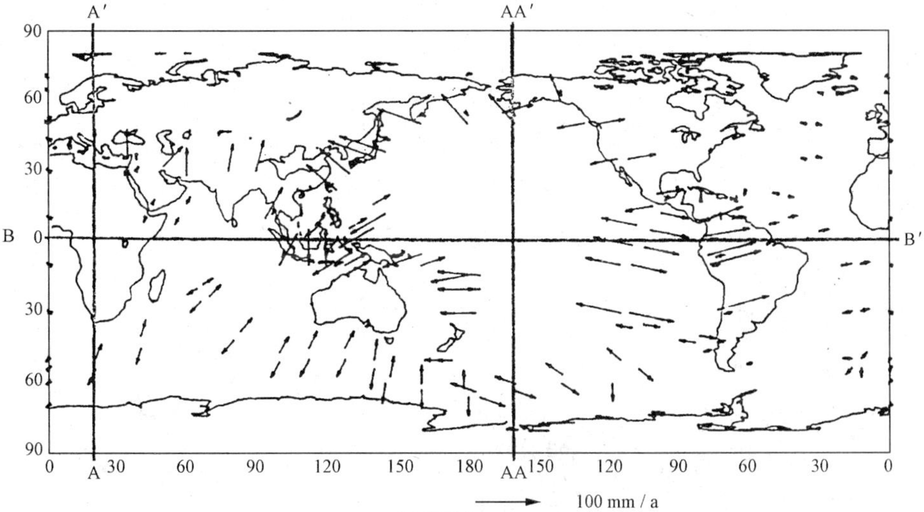

(a) 模型1

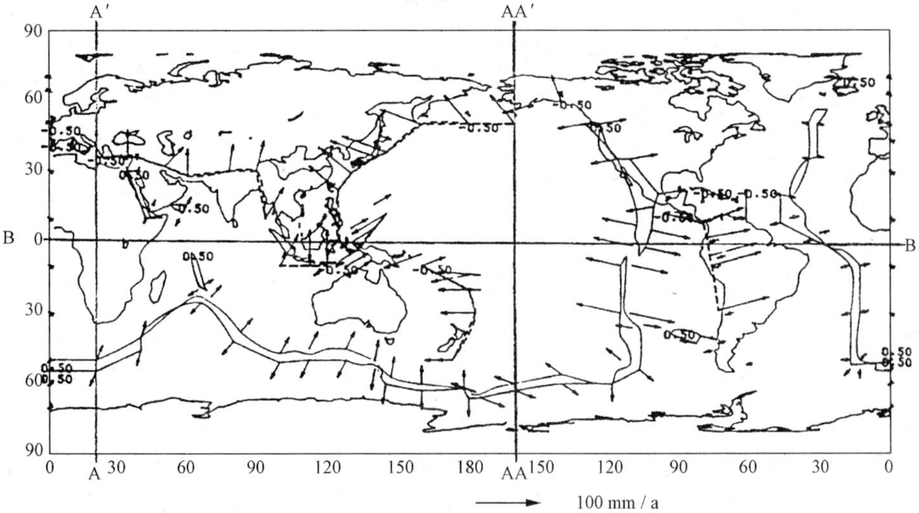

(b) 模型2

(续图)

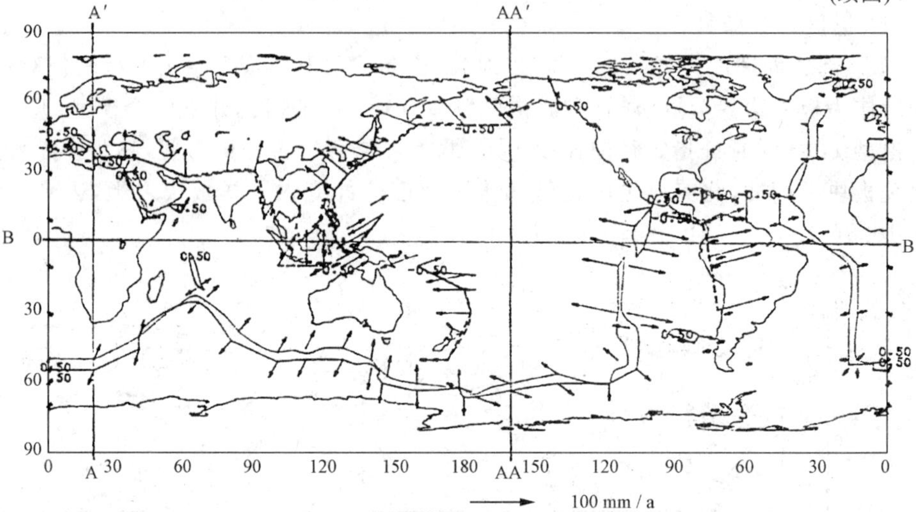

(c) 模型 3

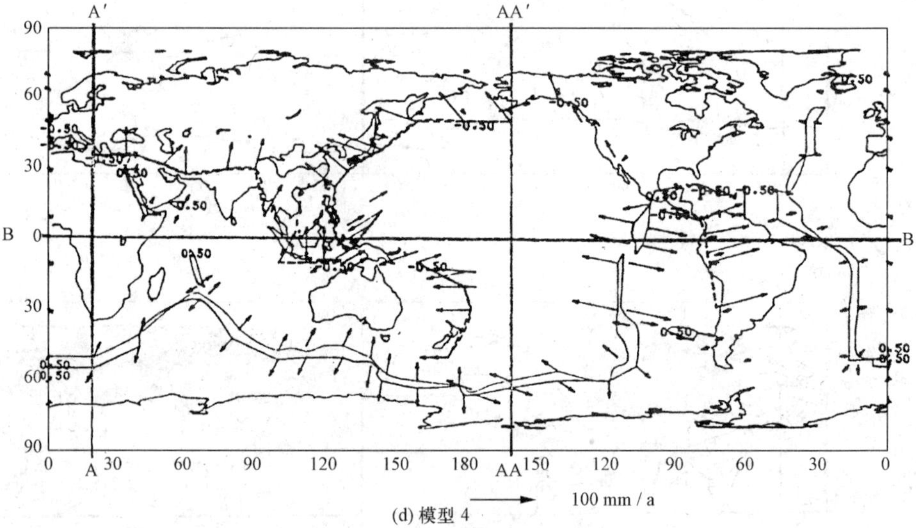

(d) 模型 4

图 9.10.8　地表速度边界条件矢量图

模型 2：在顶部(地表)球面的各洋脊处指定径向速度为 $+0.5\text{mm}\cdot\text{a}^{-1}$；在俯冲带或碰撞带内侧指定径向速度为 $-0.5\text{mm}\cdot\text{a}^{-1}$(模型 3～4 均按此条件指定)，其他各点速度边界条件均与模型 1 相同，边界条件取值见图 9.10.8(b).

模型 3：再把北美板块与太平洋板块之间的边界的南端取为洋脊；在中间一段边界：太平洋板块一侧静止，北美板块一侧向西运动，仰冲到太平洋板块之上；在北端太平洋板块向北美板块下迅速俯冲，北美板块以较低的水平速度仰冲到太平洋板块上，边界条件取值见图 9.10.8(c).

模型 4：北美板块与太平洋板块之间的边界南端取为洋脊；中间一段取为走滑边界；北端取为俯冲带；太平洋板块向北美板块下俯冲，北美板块以较低的水平速度仰冲到太平洋板块之上，边界条件取值见图 9.10.8(d).

顶部节点径向速度自由.

② 底部(核幔边界)径向速度为零.

(2) 应力边界条件：

① 顶部(地表)剪应力为零，法向应力为 1 atm；

② 底部(核幔边界)切向应力为零.

四、计算结果

1. 模型 1 径向速度等值线显示在图 9.10.9 的四幅图中，实线是上升速度等值线，虚线是下降等值线. 由图可见：

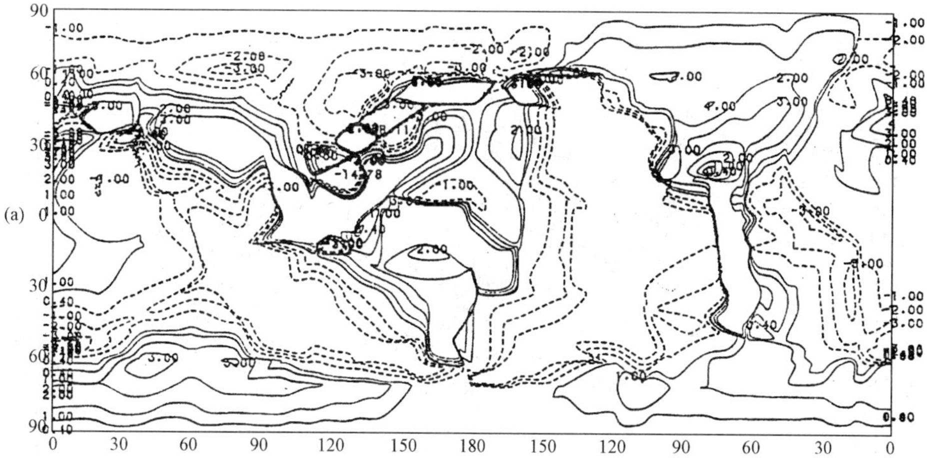

(a)

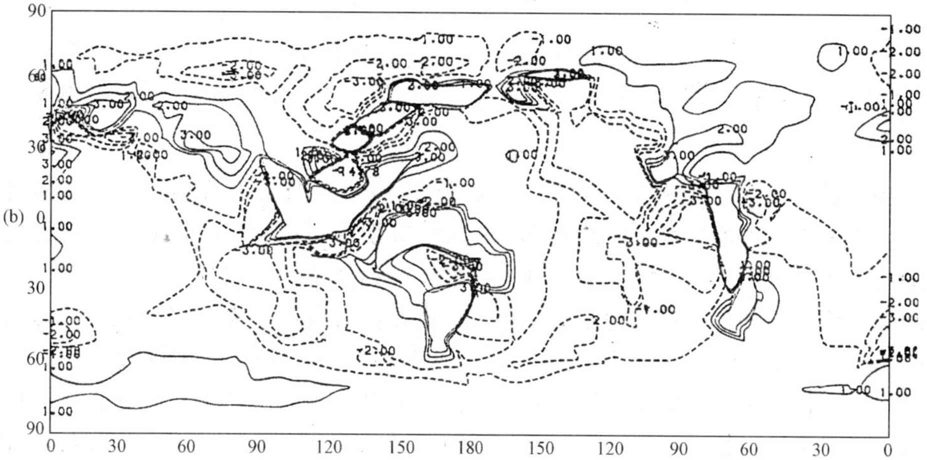

(b)

(续图)

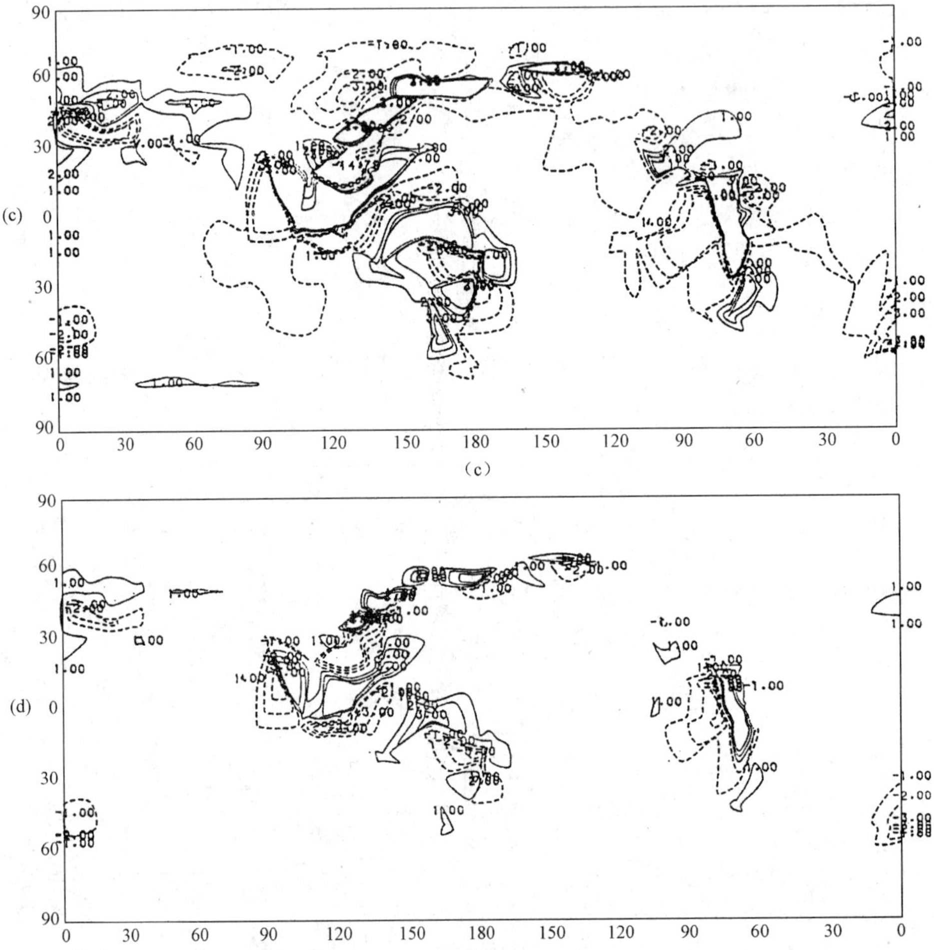

图 9.10.9 模型1径向速度等值线图

(a)(b)(c)(d)分别为地表、100 km、220 km、671 km各层面的计算值. 等值线单位：mm/a；实线代表上升，虚线代表下降.

(1) 板缘造山带：在欧亚大陆与非洲板块、印度板块碰撞带处可见上升速度梯度带，它们分别与阿尔卑斯、大高加索、特提斯和喜马拉雅造山带对应；太平洋板块与北美、南美板块的俯冲带也存在着上升梯度带，能与科迪勒拉及安第斯造山带对应.

(2) 东亚洋陆过渡带：自北向南有四个区：最北区对应白令海、北鄂霍次克海及其周围地区，其洋侧的上升梯度带对应着阿留申群岛，西侧对应着朱格尔山脉；中北区对应着南鄂霍次克海、北日本海及周围地区，其东侧上升梯度带对应着千岛群岛、北海道和本州，西侧对应着锡霍特山脉；中南区对应南日本海、黄海地区，其东侧对应着日本四国、九州，西侧对应着咸镜山、长白山；最南面是一个三角区，包括华南与东海等，其东侧对应琉球群岛、台湾，北侧有东西向上的上升梯度带，对应伏牛山、大别山，两侧梯度带对应巴山、武陵山等山脉. 四个区的边缘造山，中部下降成边缘海.

(3) 南北构造带：在东亚洋陆过渡带的西边有一个下降带.

(4) 太平洋构造带：太平洋有着复杂的垂直构造运动，东太平洋以洋脊为中心存在着一个大的下降区；中太平洋有一个小下降区，周围都是上升区，其北部南北向的上升带对应皇帝火山链，东北部北西向的上升带对应夏威夷火山链，南部东西向的上升带对应加罗林群岛和马绍尔群岛；上升梯度带再往南对应北西向的塔拉克、吉尔伯特和图瓦卢诸群岛；至萨摩亚群岛转成南北向的库克群岛，再折向西、西南直至新西兰群岛；西太平洋南北各有一个小下降区，北边在千岛—日本海沟的东侧，南边对应部分菲律宾板块和南中国海.

(5) 印度洋构造带及大西洋构造带：以印度洋洋脊为中心存在着一个大下降区，形成单一的大洋盆；大西洋南北各自以洋脊为中心形成两个洋盆.

(6) 其他下降构造：非洲东北部有一个明显的下降区，对应着东非裂谷；欧亚板块的北部是大片下降区；巴西北部的下降区对应着亚马逊大平原；澳洲西南角下降区对应着该区的平原和沙漠.

上述模拟结果与实际观测数据吻合较好，例如 Seeber-Gornitz(1983) 估计在过去 15 百万年中喜马拉雅山脉的平均上升速度为 $1\sim1.3\ \mathrm{mm\cdot a^{-1}}$，模型 1 计算得到的在该区的抬升速率为 $1\sim3.15\ \mathrm{mm\cdot a^{-1}}$.

图 9.10.10 中的 8 幅图分别表示模型 1 在地表、30 km、100 km、220 km、401 km、671 km、2000 km、3000 km 深处各层面的水平流动矢量图.

图 9.10.11(a)和 9.10.11(b)为模型 1 在 E20°—W160°子午面，及赤道平面内流动矢量图.

由 E20°－W160°子午面内流动矢量可以看出：速度矢量主要沿水平方向. 在发散带(洋脊)与汇聚带(俯冲带)有明显的垂向运动. 在太平洋和印度洋洋脊下，分流深度在 220 km 深度以上. 在海沟处，标志板片俯冲作用的下降分量存在于大洋板块之下. 而大陆一侧，明显的抬升作用是岛弧形成作用的标志. 它标志着造山作用的上升运动出现于欧亚板块和地中海之间的碰撞带处.

在赤道平面的流动矢量图中，切过非洲板块、印度板块、欧亚板块和菲律宾板块之间的碰撞带、菲律宾板块、太平洋板块、科科—纳兹卡板块、大西洋板块和大西洋洋脊. 在海沟处(智利、爪哇和菲律宾)，大陆一侧地幔流动从 670 km 深度左右上升，而大洋一侧下降运动可以延伸到下地幔去. 在太平洋、印度洋、大西洋洋脊下，在核幔边界或 670 km 深地震间断面处没有上升流存在.

从上面两个剖面图可以清楚地看出：地幔的垂向运动几乎全部局限在上地幔中，在碰撞带或俯冲带处的运动与地表的构造特征相一致. 在碰撞带或俯冲带抬升的一侧，有许多由于该区的地幔抬升作用而对应的岛弧和造山带.

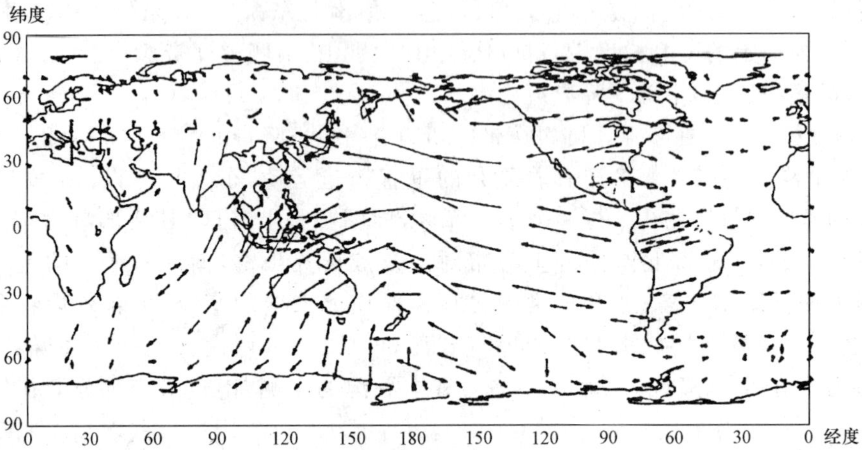

(a) 地表切向速度计算值矢量图

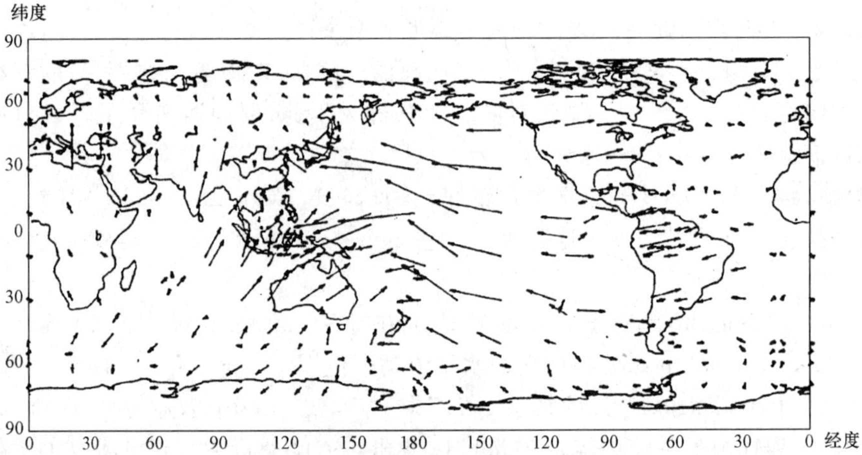

(b) 30 km深处切向速度计算值矢量图

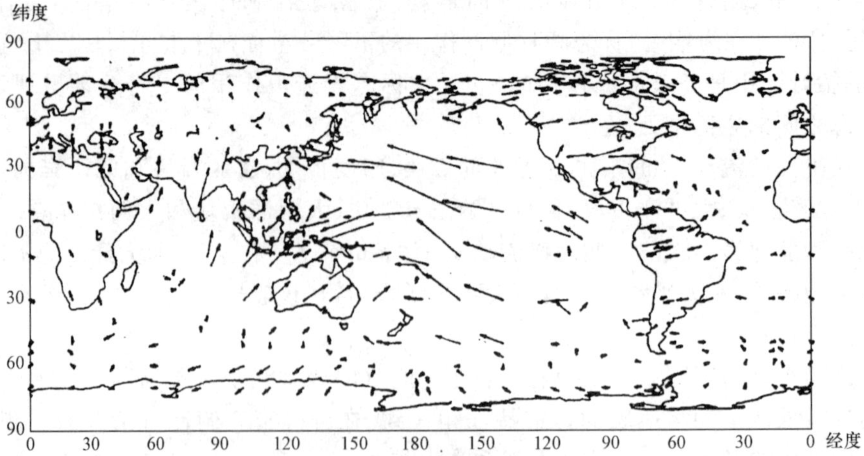

(c) 100 km深处切向速度计算值矢量图

(续图)

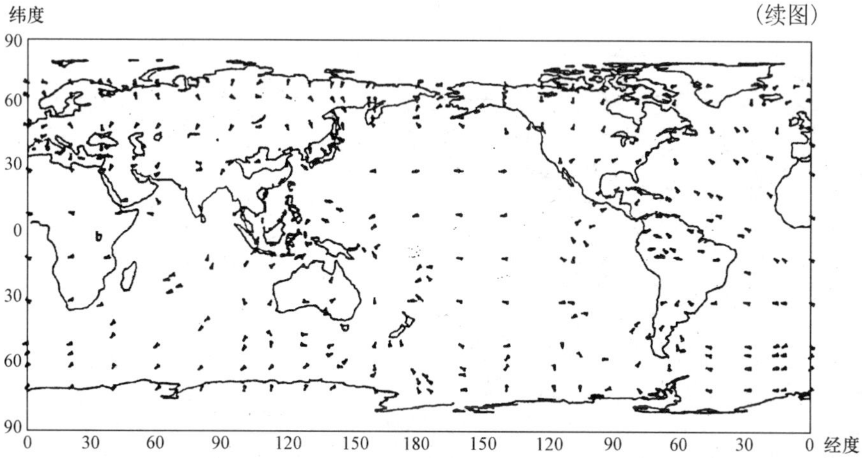

(d) 220 km深处切向速度计算值矢量图

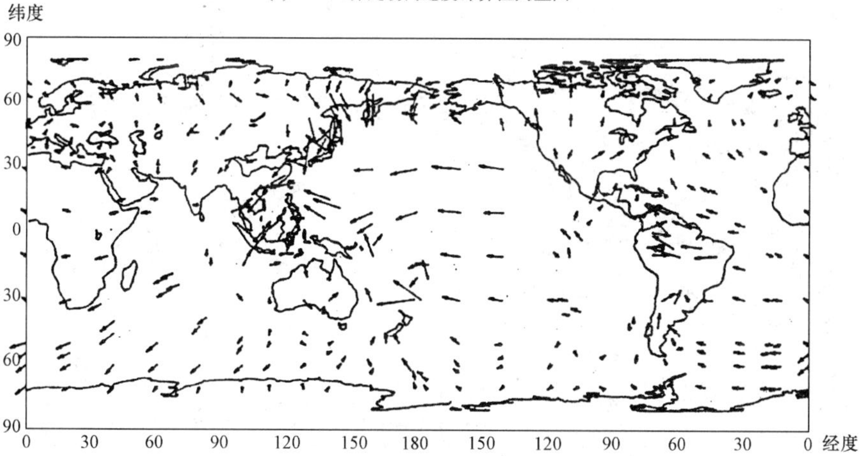

(e) 401 km深处切向速度计算值矢量图

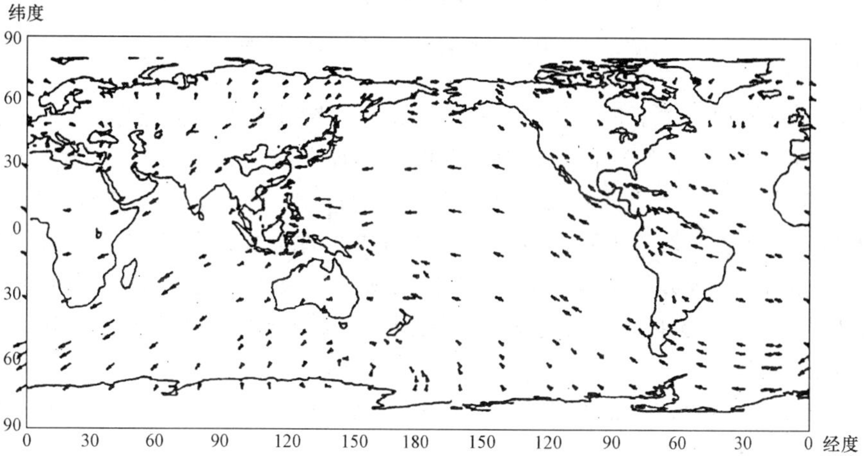

(f) 671 km深处切向速度计算值矢量图

（续图）

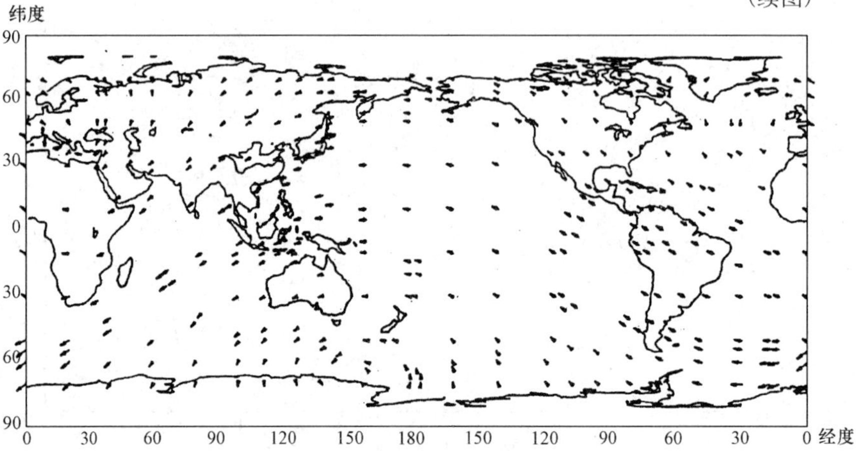

(g) 2000 km深处切向速度计算值矢量图

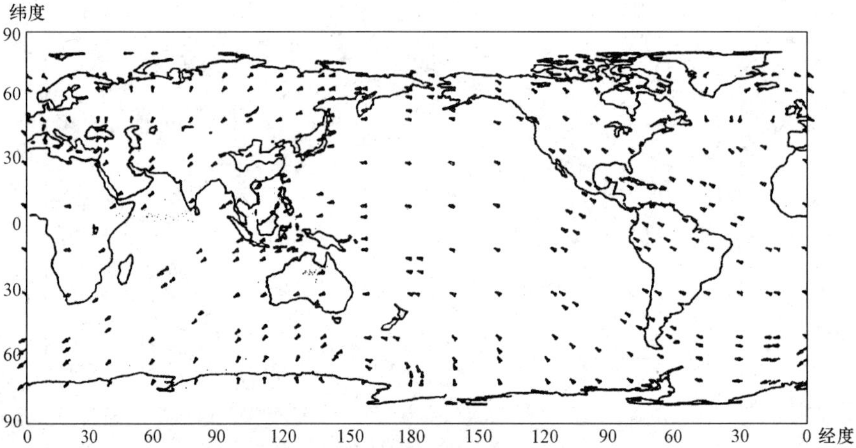

(h) 3000 km深处切向速度计算值矢量图

图 9.10.10　模型 1 各层切向速度计算值矢量图

2. 模型 2 对模型 1 作了稍许改变：将洋脊处的下降流改为上升流，该处地表径向速度指定为$+0.5\ \mathrm{mm\cdot a^{-1}}$；在俯冲带或碰撞带内侧地表径向速度指定为$-0.5\ \mathrm{mm\cdot a^{-1}}$；其他各点速度边界条件、温度边界条件及参数的选取均与模型 1 完全相同，见图 9.10.8(b).

3. 模型 3 将北美板块与太平洋板块之间的边界的南端取为洋脊；中间一段边界：太平洋板块一侧静止，北美板块一侧向西运动，仰冲到太平洋板块之上；北端取为典型的俯冲带性质：太平洋板块向北美板块下迅速俯冲，北美板块以较低的水平速度仰冲到太平洋板块之上，见图 9.10.8(c).

除北美板块外，各处的等值线分布范围及性质在各深度处与模型 1 基本一致. 北美板块没有上升速度区，全部变为下降速度区.

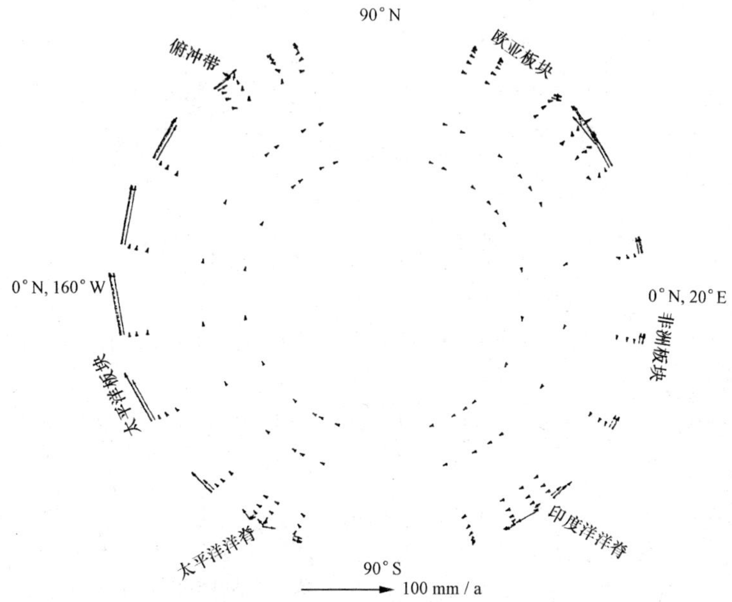

(a) 模型1在E20°—W160°子午面内流动矢量图

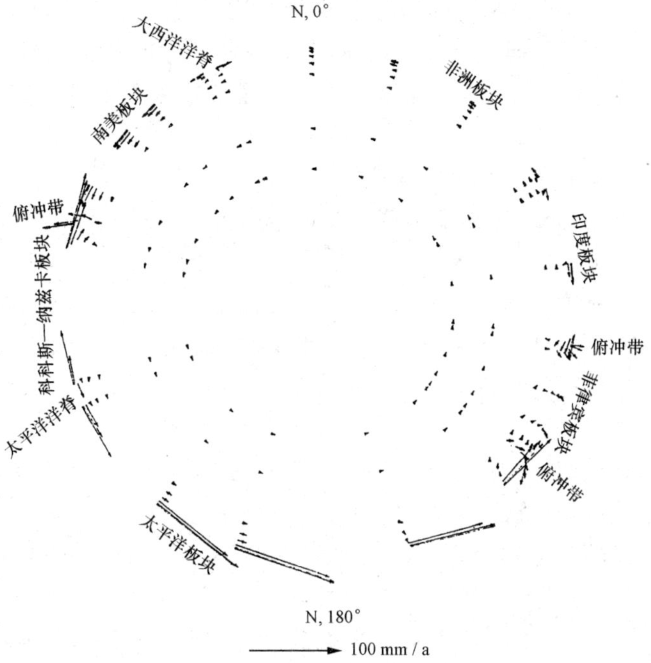

(b) 模型1在赤道面内流动矢量图

图 9.10.11 模型1在赤道平面的速度矢量图

4. 在模型4中,北美板块与太平洋板块之间边界取法如下：南端取为洋脊,中间取为走滑边界,北端取为俯冲带边界见图9.10.8(d). 模型4和模型3在各深度处径向速度等值线图基本一致;除在小于100 km的浅部,北美板块与太平洋板块边界速度有差异外,在其他深度两种模型计算结果基本一致.

五、讨论

1. 计算表明本文采用的ALE方法编写的计算程序可以用于计算地质构造大规模运动随时间的发展过程.

2. 计算结果得到印度板块与亚洲板块碰撞带北侧的喜马拉雅山脉和青藏高原地区发生强烈的抬升作用,抬升速度可达10～15 km/Ma左右.

3. 在印度板块、非洲板块与欧亚板块碰撞带处,欧亚板块一侧的运动状况对数值模拟结果产生以下影响：

模型1建立的是一个参考模型;模型2是考虑现今青藏地区和东南亚地区发生向东或向南的“挤出”作用而选取的;模型3的选取对应于印度板块与欧亚板块碰撞后欧亚板块发生后退作用;模型4是考虑由于西太平洋俯冲带的挤压,碰撞带处为“对冲”模式.

对于径向速度的影响反映在各模型于同一时刻计算所得等值线正负分布有所不同(欧亚板块内部下降区、上升区分布不同);在碰撞带附近的径向速度值随时间变化规律不同. 水平速度计算结果表明：不同模型在相同时刻、相同深度的水平流动图案显著不同,具体差异文中已有详细叙述,说明印度板块与欧亚板块碰撞带处欧亚板块一侧的运动状况对数值模拟结果影响较大.

从4个模型计算得到的各深度处现今切向速度矢量图中发现只有模型3的计算结果给出青藏地区朝北东方向运动,东南亚地区朝东或南东方向运动,呈“挤出”作用.

4. 地形增高的规模.

地形增高是指距地心半径从$r=637$ km向地表上升的位移量. 本文计算表明：阿尔卑斯、喜马拉雅、青藏高原等地区距今0～50 Ma地形增高可达10～15 km. 考虑现今的地形高度及剥蚀量,这个上升速度是合理的.

5. 地壳增厚规模.

各模型算得的青藏地壳增厚在1—2 km/Ma左右,与喜马拉雅、青藏高原等地的真实地壳厚度均未能较好地符合. 原因之一可能是印度板块向欧亚板块下俯冲——双地壳模式是导致该地区地壳增厚的一个重要原因,并非像模型中假设的挤压缩短作用是造成该地区地表隆起和地壳增厚的唯一因素;另一个原因可能是由于我们不清楚印度板块、欧亚板块原始地壳厚度,在计算过程中采用平均地壳厚度为30 km进行计算造成的;还有一个原因是没有考虑因碰撞生热而改变这一地区从岩石层到软流层内黏性系数的改变,因而影响到了计算结果.

六、结束语

在韩立杰的博士论文的第三章中计算了9个模型讨论了速度、应力边界条件、黏度取值、初始温度等对地幔流动形式的影响，重点讨论了速度、应力边界条件对地幔流动形式的影响，结果表明：

(1) 当地表约束其径向速度为零时，在太平洋板块和印度洋板块之下可见封闭对流环：洋脊下的上升流从核幔边界或下地幔开始上升，到俯冲带处下降流穿过670 km间断面，直到核幔边界；对流环充满整个地幔. 当地表径向速度自由时，没有封闭对流环出现. 这两种情形在陆壳下面都没有封闭对流环，整个地幔流动的形式较复杂.

(2) 地表切向速度、应力边界条件若按AM-2模型以各板块边缘的速度作为边界条件，计算得到上升流集中在洋脊附近，下降流集中在海沟俯冲带区；若按NUVEL-1模型仅指定汇聚及扩展型板块边界速度，其余取应力边界条件，计算所得下降流则相对较分散，大洋区内也出现上升流，大陆区内也出现下降流.

(3) 核幔边界径向速度为零，则使深部地幔的径向速度变小，切向速度相应增加. 该约束条件对浅部物质运动情况影响不大.

(4) 黏度取值对地幔流动形式影响很大，若取黏度模型A(下地幔黏度为10^{22} Pa·s)，则下地幔流动速度较大，所见的封闭对流环的起始回流深度为670 km附近. 若取黏度模型B(下地幔黏度从10^{22} Pa·s增至10^{25} Pa·s)，则下地幔流动相对较弱，对流的起始回流深度在软流层附近.

(5) 核幔边界处的初始温度取了两种：3000 K和4500 K，热源分布于上地幔以上. 结果表明影响不大.

(6) 地幔流动与地表垂直构造形迹密切相关：地表径向速度自由，计算表明速度向上的区域能对应地表的隆起区——造山带、岛弧和洋中海岭；速度向下的区域能对应地表的凹陷区——大洋盆地、边缘海及裂谷区.

在韩立杰的博士论文中的第四章重点讨论了地幔对流格局与地表板块构造升降的关系，得到以下结果：

(1) 由地幔流动在地表产生的径向流动能和地表大范围的抬升、沉陷相对应，是这些构造的成因之一.

(2) 讨论了北美板块和太平洋板块之间的边界性质的影响，将该边界考虑为洋脊、走滑等三种模式，不同的计算结果可能表明，不同演化阶段的边界对北美构造运动的不同影响.

(3) 不同黏度组合的计算表明黏度对地表构造形迹数值模拟结果影响较大. 由计算结果看：岩石圈黏度取$10^{23}\sim10^{24}$ Pa·s、软流圈黏度取$10^{18}\sim10^{19}$ Pa·s、软流圈以下地幔物质黏度随深度从10^{22} Pa·s增加到10^{25} Pa·s较为合理，可以较好地模拟地幔流动和地表构造运动形迹之间的关系.

七、附录

本节工作是由本书作者指导韩立杰做出的，使用不可压缩牛顿黏性流体在圆球坐标系下建立的速度、压力与温度相耦合的热对流基本方程组.

1. 准静态运动方程

$$\frac{\partial v_r}{\partial t}+\boldsymbol{v}\cdot\nabla v_r-\frac{v_\theta^2+v_\phi^2}{r}=F_r-\frac{1}{\rho}\frac{\partial p}{\partial r}+\nu\left(\Delta v_r-\frac{2v_r}{r^2}-\frac{2}{r^2\sin\theta}\frac{\partial v_\theta\sin\theta}{\partial\theta}-\frac{2}{r^2\sin\theta}\frac{\partial v_\phi}{\partial\phi}\right),$$

$$\frac{\partial v_\phi}{\partial t}+\boldsymbol{v}\cdot\nabla v_\phi+\frac{v_\phi v_r}{r}+\frac{v_\theta v_\phi\cot\theta}{r}$$

$$=F_\phi-\frac{1}{\rho r\sin\theta}\frac{\partial p}{\partial\phi}+\nu\left(\Delta v_\phi+\frac{2}{r^2\sin\theta}\frac{\partial v_r}{\partial\phi}+\frac{2\cos\theta}{r^2\sin^2\theta}\frac{\partial v_\theta}{\partial\phi}-\frac{v_\phi}{r^2\sin^2\theta}\right),$$

$$\frac{\partial v_\theta}{\partial t}+\boldsymbol{v}\cdot\nabla v_\theta+\frac{v_\theta v_r}{r}+\frac{v_\phi^2\cos\theta}{r}=F_\theta-\frac{1}{\rho r}\frac{\partial p}{\partial\theta}+\nu\left(\Delta v_\theta+\frac{2}{r^2}\frac{\partial v_r}{\partial\theta}-\frac{v_\theta}{r^2\sin^2\theta}-\frac{2\cos\theta}{r^2\sin^2\theta}\frac{\partial v_\phi}{\partial\phi}\right),$$

其中 v_r, v_θ, v_ϕ 分别是径向、纬向、经向速度，p 是总压力，F_r, F_θ, F_ϕ 分别是径向、纬向、经向载荷，ν 是运动黏度系数. 其中

$$\Delta=\frac{1}{r^2}\frac{\partial}{\partial r}\left(r^2\frac{\partial}{\partial r}\right)+\frac{1}{r^2\sin\theta}\frac{\partial}{\partial\theta}\left(\sin\theta\frac{\partial}{\partial\theta}\right)+\frac{1}{r^2\sin^2\theta}\frac{\partial^2}{\partial\phi^2},$$

$$\boldsymbol{v}\cdot\nabla=v_r\frac{\partial}{\partial r}+\frac{v_\theta}{r}\frac{\partial}{\partial\theta}+\frac{v_\phi}{r\sin\theta}\frac{\partial}{\partial\phi}.$$

对运动方程加以整理，得到准静态运动方程

$$-\frac{\partial p}{\partial r}+\mu\left(\nabla^2 v_r-\frac{2}{r^2}-\frac{2\cot\theta}{r^2}v_\theta-\frac{2}{r^2\sin\theta}\frac{\partial v_\phi}{\partial\phi}-\frac{2}{r^2}\frac{\partial v_\theta}{\partial\theta}\right)+F_r=0,$$

$$-\frac{1}{r\sin\theta}\frac{\partial p}{\partial\phi}+\mu\left(\nabla^2 v_\phi-\frac{1}{r^2\sin^2\theta}v_\phi+\frac{2\cot\theta}{r^2\sin\theta}\frac{\partial v_\theta}{\partial\phi}+\frac{2}{r^2\sin\theta}\frac{\partial v_r}{\partial\phi}\right)+F_\phi=0,$$

$$-\frac{1}{r}\frac{\partial p}{\partial\theta}+\mu\left(\nabla^2 v_\theta-\frac{v_\theta}{r^2\sin^2\theta}-\frac{2\cot\theta}{r^2\sin\theta}\frac{\partial v_\theta}{\partial\phi}+\frac{2}{r^2}\frac{\partial v_r}{\partial\theta}\right)+F_\theta=0.$$

忽略转动惯性力，则 $F_r=-\rho_0 g[1-\alpha_v(T-T_0)]$，$F_\theta=0$，$F_\phi=0$. 因为总压力等于静岩压力加上动压力，故 $p=\bar{p}+\tilde{p}=\rho_0 g(r_{\max}-r)+\tilde{p}$，代入准静态运动方程中，得

$$-\frac{\partial\tilde{p}}{\partial r}+\mu\left(\nabla^2 v_r-\frac{2}{r^2}-\frac{2v_\theta\cot\theta}{r^2}-\frac{2}{r^2\sin\theta}\frac{\partial v_\phi}{\partial\phi}-\frac{2}{r^2}\frac{\partial v_\theta}{\partial\theta}\right)+\rho_0 g\alpha_v(T-T_0)=0,$$

$$-\frac{1}{r\sin\theta}\frac{\partial\tilde{p}}{\partial\phi}+\mu\left(\nabla^2 v_\phi-\frac{v_\phi}{r^2\sin^2\theta}+\frac{2\cot\theta}{r^2\sin\theta}\frac{\partial v_\theta}{\partial\phi}+\frac{2}{r^2\sin\theta}\frac{\partial v_r}{\partial\phi}\right)=0,$$

$$-\frac{1}{r}\frac{\partial\tilde{p}}{\partial\theta}+\mu\left(\nabla^2 v_\theta-\frac{v_\theta}{r^2\sin^2\theta}-\frac{2\cot\theta}{r^2\sin\theta}\frac{\partial v_\theta}{\partial\theta}+\frac{2}{r^2}\frac{\partial v_r}{\partial\theta}\right)=0,$$

其中 α_v 为热膨胀系数，$\tilde{p}$ 为动压力，$\bar{p}$ 为静岩压力.

2. 不可压缩连续性方程

$$\frac{\partial v_r}{\partial r}+\frac{1}{r}\frac{\partial v_\theta}{\partial\theta}+\frac{1}{r\sin\theta}\frac{\partial v_\phi}{\partial\phi}+\frac{2}{r}v_\phi+\frac{\cot\theta}{r}v_\theta=0.$$

3. 热传导方程

$$\rho C_p\left(\frac{\partial T}{\partial t}+v_r\frac{\partial T}{\partial r}+\frac{v_\phi}{r\sin\theta}\frac{\partial T}{\partial\phi}+\frac{v_\theta}{r}\frac{\partial T}{\partial\theta}\right)$$
$$=\kappa\left(\frac{\partial^2 T}{\partial r^2}+\frac{1}{r^2\sin\theta}\frac{\partial^2 T}{\partial\phi^2}+\frac{1}{r^2}\frac{\partial^2 T}{\partial\theta^2}+\frac{2}{r}\frac{\partial T}{\partial r}+\frac{\cot\theta}{r^2}\frac{\partial T}{\partial\theta}\right)+H,$$

其中 ρ, C_p, κ, H 分别为密度、比热、热传导系数和热源.

§ 9.11 在并行计算机上实现耦合计算全球板块、地幔运动的有限元方法

目前很多地球物理学家认为地球表面岩石圈的板块运动是由于地幔热对流运动造成的,我们(韩立杰,孙荀英,1996)采用有限元方法对三维球壳不可压缩牛顿流体地幔热对流进行了分析.后来(孙荀英、张怀、梁国平,2002)进一步提出了新的耦合并行有限元算法,这样可以大大提高计算效率.

按照板块理论,从横向看全球地表上有 15 个板块,不仅有大陆板块还有大洋板块,板块之间由海沟和造山带连接,在大洋板块内部尚有洋脊;从纵向看,地球表面是岩石层,其下是地幔,地幔延伸到 2900 km,地球内部在热力的作用下地幔缓慢地进行蠕变流动,带动了岩石层的运动,进而形成了地表大规模的构造运动.张怀、梁国平和本书作者运用四维有限元方法,按照 Gilbert,1995 给出的图形,将地球分为 15 个地区,按照 PREM 模型(Dziewonski,Anderson,1981)从地表到核幔边界分为 9 层不可压缩牛顿黏性流体,以距今 300 万年(De Mets 等,1990 给出的 NUVEL-1 模型适用的时间范围)作为时间零点,研究了时间一维、空间三维、在球壳内不可压缩、非定常、常黏度牛顿地幔对流.在按照 NUVEL-1 模型指定全球地表运动条件下,用 LMDDA(Lagrage 乘子非协调区域分解算法)求解了准静态、不可压缩、常黏度流体的 Navier-Stokes 方程和连续性方程;并用 LMDDA 算法求解了非定常、不可压缩、常黏度 Navier-Stokes 方程、连续性方程及热传导方程.得到全球岩石层和地幔的压力场、速度场、温度场、应力场及其经过 500 年的变化状况.亚洲作为全球的一部分,其压力场、速度场、温度场、应力场及其经过 500 年的变化状况亦被求出.计算中采用梁国平、张怀和本书作者等 2000 年提出的耦合并行有限元算法,可以大大提高计算效率.

一、计算中采用的基本方程、几何模型、材料参数和边界条件、初始条件

1. 基本方程.

准静态的不可压缩常黏度 Navier-Stokes 方程:

$$\eta\nabla^2\boldsymbol{v}+\frac{1}{3}\eta\nabla(\nabla\cdot\boldsymbol{v})=\nabla p-[\alpha_v\rho g(T-T_0)-\rho g]\boldsymbol{r}_0, \tag{9.11.1}$$

本构方程:

$$\hat{\boldsymbol{\sigma}}_{ij}=-p\delta_{ij}+2\mu\hat{\dot{\boldsymbol{\varepsilon}}}_{ij}, \tag{9.11.2}$$

连续性方程：

$$\nabla \cdot (\rho \boldsymbol{v}) + \frac{\partial \rho}{\partial t} = 0, \tag{9.11.3}$$

几何方程：

$$\dot{\boldsymbol{\varepsilon}}_{ij} = \frac{1}{2}(v_{i,j} + v_{j,i}), \tag{9.11.4}$$

热传导方程：

$$\rho C_p \left(\frac{\partial T}{\partial t} + \boldsymbol{v} \cdot \nabla \mathrm{T} \right) = \nabla^{\mathrm{T}} \cdot (k \nabla T) + Q. \tag{9.11.5}$$

2. 几何模型：全球按 Gilbert,1995 方法划分为 14 个板块，其中欧亚板块由乌拉尔山的南北两端端点平行于经线，这样全球就划分为 15 个区域；然后按 Uyeda 和 Kanamori 于 1979 方法给出的全球俯冲带位置、走向、深度、倾角；沿深度从地表到核幔边界按韩立杰和本书作者于 1995 给出的方法，分为 9 层，见图 9.10.6. 以地球球心作为坐标原点，地球球心和地球北极的连线作为 z 轴，而 x 轴过赤道东经 0°点，y 轴过赤道东经 90°点.

3. 材料参数：热传导方程中使用的产热率(热源)、等压比热、热传导系数、密度，以及 Navier-Stokes 方程中使用的热膨胀系数、密度和黏度系数等，都与本书上一节中使用的一样.

4. 边界条件和初始条件.

(1) 全球温度场的边界条件和初始条件：

① 温度场的边界条件：地表除洋脊温度为 773～793 K 外，其余地表温度为 273～293 K，核幔边界温度为 5000 K.

② 温度场的初始条件：除洋脊处地表初始温度为 773～793 K，其余地表初始温度为 273～293 K，核幔边界初始温度均为 5000 K 外，岩石层初始温度随深度按“误差函数”插值；地幔初始温度随深度按线性插值.

(2) 全球速度场的边界条件和初始条件：

速度场的边界条件是混合边界条件. 顶部边界的水平速度在发散带(洋脊)两侧和陆陆碰撞带均按 NUVEL-1 模型给出，汇聚带(海沟)的水平速度值按 Uyeda 和 Kanamori 1979 年的数据指定；另外洋脊两侧指定为 0.5 cm/a 的向上径向速度，海沟的洋侧指定为 0.3 cm/a 向下的径向速度，地表其他未指定速度的地点或方向为应力边界条件——剪应力为 0，法向应力为 1 atm；底部边界切向速度为 0，法向应力为静岩压力.

速度场的初始条件：顶部初始速度与边界速度一样，底部边界是核幔边界，其初始速度值与边界速度值相同.

(3) 全球压力场的边界条件和初始条件：

压力场的边界条件：全球地表压力为 1 atm，核幔边界压力为当地的静岩压力.

压力场的初始条件：全球地表初始压力为 1 atm，核幔边界初始压力为当地静岩压力.

二、在并行计算机上实现耦合并行计算的具体步骤

计算时，每一个从地表到核幔边界、按深度分为9层的子区域用计算机的一个子节点进行计算，总共15个区域用15个子节点，分别计算子区域的刚度矩阵和载荷向量；另外还有一个子节点负责计算各个子区域的边界信息，并合成总体边界刚度矩阵和总体载荷向量.

在每个子区域内部对变量求极小，消去内部变量，得到每个子区域边界的刚度矩阵和等效力；然后，求解出子区域边界上的未知量；最后，回代求解出每个子区域内部的未知量.

这个算法减少了总体刚度矩阵的规模，通讯量小，允许有限元空间在各个子区域的边界上是非协调的，主从节点之间的通讯仅限于各个子区域的边界信息. 其计算步骤为：

(1) 时间步长从 $1\sim N$ 进行迭代.

(2) 在每一个时间步用并行 Lagrange 乘子、非协调区域分解有限元算法(LMDDM)求解温度场：

① 在计算机的各个从节点上并行计算它所属的子区域的刚度矩阵 $\boldsymbol{A}_i$ 和载荷向量 $\boldsymbol{F}_i$，同时在计算机主节点上并行计算边界矩阵 $\boldsymbol{B}_i$，并将 $\boldsymbol{B}_i$ 发回到相应的从节点处.

② 各个从节点接到各自的 $\boldsymbol{B}_i$ 以后，计算 $\boldsymbol{B}_i^{\mathrm{T}}\boldsymbol{A}_i^{-1}\boldsymbol{B}_i$ 和 $\boldsymbol{B}_i^{\mathrm{T}}\boldsymbol{A}_i^{-1}\boldsymbol{F}_i$，并将所得结果发送到计算机的主节点去.

③ 计算机主节点接收到 $\boldsymbol{B}_i^{\mathrm{T}}\boldsymbol{A}_i^{-1}\boldsymbol{B}_i$ 和 $\boldsymbol{B}_i^{\mathrm{T}}\boldsymbol{A}_i^{-1}\boldsymbol{F}_i$ 以后，合成总体刚度矩阵和总体载荷向量，利用迭代算法求解出边界乘子 λ，将所得结果 λ 发送到相应的各个从节点去.

④ 各个从节点得到边界乘子 λ 的值以后，回代求得各个子区域上的温度场 T_i.

(3) 用与(2)同样的步骤，用并行 LMDDA(Lagrange 乘子非连续变形分析算法)求得速度场、压力场.

(4) 再由速度场、压力场通过几何方程及本构方程得到应变率场和应力场的分布，将应变率场对时间积分得应变场.

(5) 时间步到达 N 后退出，否则利用 ALE 算法计算下一个时间步的初始网格、初始速度场、压力场，返回计算步骤(2).

三、速度场、温度场的计算方法

1. 速度场模型有限元全离散化格式和并行算法.

(1) 速度场变形方程的全离散格式和线性化：

首先将求解区域分成若干个子区域 $\Omega_l(l=1,2,\cdots,n)$，Ω_l 是尺度为 d 的拟一致性的子区域，将 Ω_l 剖分成尺度为 h_l 的拟一致性单元，令

$$\Omega^h=\bigcup\Omega_l^{h_l},\quad \Gamma=\bigcup\partial\Omega_l.$$

对时间$(0,T]$做离散化，将时间划分为 N 等份，即

$$0=t_0<t_1<\cdots<t_N,\quad \tau=t_{m+1}-t_m=T/N,\quad t_m=m\tau. \tag{9.11.6}$$

采用不完全广义变分原理，引入 Lagrange 乘子，并用 Newton 法，将式(9.11.1)—(9.11.5)

线性化为

$$\Sigma_l[4\mu(\dot{w}_{ij},\bar{\dot{\varepsilon}}_{ij})_{\Omega_l}]=\Sigma_l[(-p\delta_{ij},\bar{\dot{\varepsilon}}_{ij})_{\Omega_l}+4\mu(\dot{w}_{ij},\bar{\dot{\varepsilon}}_{ij})_{\Omega_l}+\lambda(v_1-v_2)_{\Omega_l}+\bar{\lambda}(v_1-v_2)_{\Omega_l}]$$
$$+\Sigma_l[(\alpha_v\rho g(T-T_0),\bar{v})_{\Omega_l}-(\rho g,\bar{v})_{\Omega_l}]+(f,\bar{v})_{\partial\Omega_l},\qquad(9.11.7)$$

其中

$$\bar{\dot{\varepsilon}}_{ij}=\frac{1}{2}(\bar{v}_{i,j}+\bar{v}_{j,i}),\quad \dot{w}_{ij}=\frac{1}{2}(\mathrm{d}v_{i,j}+\mathrm{d}v_{j,i}),$$
$$v_{l,m+1}=v_{lm}+\mathrm{d}v_{lm}.\qquad(9.11.8)$$

(2) 并行 LMDDA 算法：

首先在每个子区域的内部对变量求极小，消去内部的变量，得到每个子区域边界的刚度矩阵和等效力，然后求解出边界上的未知量，最后回代求解出每个子区域内部的未知量. 这个算法减少了总体刚度矩阵的规模，通讯量小，允许有限元空间在各个子区域的边界上是非协调的，主从节点之间的通讯仅限于各个子区域的边界信息. 将式(9.11.7)写成矩阵表达式

$$\sum_i(\boldsymbol{A}_i\boldsymbol{V}_i+\boldsymbol{B}_i\boldsymbol{\Lambda}_i+\boldsymbol{F}_i)=0\ \text{和}\ \sum_i\boldsymbol{B}_i^{\mathrm{T}}\boldsymbol{V}_i=0,\qquad(9.11.9)$$

其中
$$\boldsymbol{V}_i=\boldsymbol{A}_i^{-1}(\boldsymbol{f}_i-\boldsymbol{B}_i\boldsymbol{\Lambda}_i),\quad i=1,2,3,\cdots,m.\qquad(9.11.10)$$

将式(9.11.9)带入式(9.11.8)，得到

$$\sum_i(\boldsymbol{B}_i^{\mathrm{T}}\boldsymbol{A}_i^{-1}\boldsymbol{B}_i)\boldsymbol{\Lambda}_i=\sum_i\boldsymbol{B}_i^{\mathrm{T}}\boldsymbol{A}_i^{-1}\boldsymbol{F}_i.\qquad(9.11.11)$$

在 $\partial\Omega_i$ 上将边界刚度矩阵 $\boldsymbol{B}_i^{\mathrm{T}}\boldsymbol{A}_i^{-1}\boldsymbol{B}_i$ 和边界载荷 $\boldsymbol{B}_i^{-1}\boldsymbol{A}_i^{-1}\boldsymbol{F}_i$ 叠加得到总体边界刚度矩阵和载荷. 通过迭代法取得界面上的未知量 $\boldsymbol{\Lambda}$，回代到各个子区域，求得各个子区域内部未知量 $\boldsymbol{V}_i$.

(3) 带有不等式约束的边界 Lagrange 乘子的求解算法：

① 初始化 $\boldsymbol{\Lambda}=0,k=0$.

② $i=1\cdots n$ 循环，n 是 Lagrange 乘子的个数.

③ Gauss-Seidel 迭代，$\lambda_i^{k+1}=-\dfrac{1}{a_{ii}}\Big(b_i-\sum\limits_{i\neq j}a_{ij}\lambda_i^k\Big)$，

$$\lambda_i^{k+1}=[(\lambda_i^{k+1})_n,(\lambda_i^{k+1})_{t_1},(\lambda_i^{k+1})_{t_2}].$$

④ 约束处理，$(\lambda_i^{k+1})_n=\max[0,(\lambda_i^{k+1})_n]$，$(\lambda_i^{k+1})_{t_j}=\max\{-\lambda_{t_j}[(\lambda_i^{k+1})_n],(\lambda_i^{k+1})_{t_j}\}$，$(\lambda_i^{k+1})_{t_j}=\min\{\lambda_{t_j}[(\lambda_i^{k+1})_n],(\lambda_i^{k+1})_{t_j}\}$，$j=1,2$，$i=1,n$.

⑤ $i=n$ 迭代结束，否则转到步骤③.

⑥ $\mathrm{errorsum}=\mathrm{sqrt}\Big[\sum\limits_i(\lambda_i^{k+1}-\lambda_i^k)\Big]$，若 $\mathrm{errorsum}<\varepsilon$，迭代结束，否则转到 ②.

2. 温度场模型有限元全离散化格式和并行算法.

(1) 热传导方程的全离散格式：

对式(9.11.5)引入区域分解的 Lagrange 乘子，采用 Galerkin 法，用时间中心差分，引

入记号

$$T^i = T(x,t_i),\quad i = 0,1,\cdots,N,$$

$$T^{(i+1)/2} = \frac{1}{2}(T^{i+1} + T^i),\quad \partial T^{(i+1)/2} = \frac{1}{\tau}(T^{i+1} - T^i),\quad i = 0,1,\cdots,N,$$

其中的 τ 见式(9.11.6).

可以将式(9.11.5)的变分格式写为

$$\begin{cases}\sum_l (\rho C_p T^{i+1},\overline{T})_{\Omega_l} = \sum_l \{(\rho C_p T^i,\overline{T})_{\Omega_l} - [(\rho C_p \mathbf{V}\cdot T^i),\overline{T}]_{\Omega_l} - [\tau\lambda_T(\overline{T}_1^i - \overline{T}_2^i),\overline{T}]_{\Omega_l} \\ \quad + (\tau k\nabla T^i,\nabla\overline{T})_{\Omega_l} + \tau\nabla(k\nabla T^i),\overline{T}\}_{\Omega_l} + (\tau Q,\overline{T})_{\Omega_l}, \\ \sum_l [\overline{\lambda}_T^{i+1}(T_1^i - T_2^i)_{\partial\Omega_l}] = 0,\quad l = 1,2,\cdots,m.\end{cases}$$

(9.11.12)

(2) 并行 LMDDM 算法:

上述问题的并行求解算法与并行 LMDDA 算法类似,其边界乘子是一个等式约束,采用 Gauss-Seidel 迭代法求解.

四、ALE(Arbitrarity Lagrange Euler)算法

采用拉格朗日方法描述,着眼于物体质点的描述,网格随物质的运动而发生相应的运动.这种描述方法可以精确地跟踪流体界面的变形,对自由边界条件和任意形状的曲面边界是比较精确和简单的描述方法.然而这种方法在处理流体大变形问题时,网格会逐渐畸化、扭曲、甚至会出现相互缠绕,严重影响计算结果的精度,使计算很难进行下去.

采用欧拉方法描述流体力学问题,着眼于空间位置内流场的变化,参考坐标(或网格)固定在空间中不动.但是,这种方法不能描述不同时刻变形体的现实构形.

将拉格朗日描述方法与欧拉描述方法相结合克服了上述两种方法的缺点,出现了 ALE 算法.

由于地球的岩石圈除了自身由于挤压、膨胀、摩擦、剪切和重力等方面的影响发生变形外,还有各个板块之间的整体的漂移运动,因此应引入 ALE 算法:

假设拉格朗日描述为 $x=x(X,t)$,欧拉方法描述为 $X=X(x,t)$,为确定各个参考构形中的各个参考点的位置,引入参考随动坐标系 $O\mathscr{X}_1\mathscr{X}_2\mathscr{X}_3$,则 $\mathscr{X}=\mathscr{X}(X,t)$ 描述了质点 X 在参考坐标系中的运动规律.而 $\mathscr{X}=\mathscr{X}(X,t)$ 描述了参考点 $\mathscr{X}$ 在空间中的运动规律.定义质点 X 在空间中的运动速度,

$$v = \left.\frac{\partial\mathscr{X}(X,t)}{\partial t}\right|_X, \tag{9.11.13}$$

参考构形中质点 X 在空间中的运动速度:

$$\breve{v} = \left.\frac{\partial\mathscr{X}(X,t)}{\partial t}\right|_X, \tag{9.11.14}$$

质点 X 在参考构形中的矢量 $\mathscr{X}=\mathscr{X}(X,t)$ 对时间的导数：

$$\psi = \left.\frac{\partial \mathscr{X}(X,t)}{\partial t}\right|_{X}, \tag{9.11.15}$$

则有：

$$v_i = \breve{v}_i + \frac{\partial \mathscr{X}_i(X,t)}{\partial \mathscr{X}_j} \cdot \psi_j. \tag{9.11.16}$$

在 ALE 算法中参考构形(即计算网格)的运动规律可以是任意给定的，也可以根据移动算法给出.指定特殊的网格运动规律可以将 ALE 算法退化为拉格朗日描述方法或欧拉描述方法.

1. $\breve{v}=0$ 即计算网格在空间中固定不动，退化为欧拉方法.

2. $\breve{v}=v$ 即计算网格随物体一起运动，退化为拉格朗日方法.

3. $\breve{v}\neq v$，$\breve{v}\neq 0$ 即计算网格在空间独立运动，对应于一般的 ALE 方法.

本节在计算过程中始终将随动坐标系固定在一个板块上，随动坐标系随板块的平动发生运动.

五、计算结果

在板块间的边界节点引入 Lagrange 乘子 λ，而在板块内部仍然用 Euler 描述法进行计算，叫做“任意 Lagrange 乘子 Euler 计算法”. Lagrange 乘子在计算温度场时，代表板块边界节点温度；在计算速度、压力场时，代表板块边界节点的速度、压力.实际上 Lagrange 乘子就是每个板块边界节点的各个物理量.

因为每个大陆及其地幔都是全球的一部分，以亚洲大陆作为例子，将其计算结果单独取出来，表明如下：

1. 亚洲大陆及其地幔温度场、压力场、速度场、应力场.

图 9.11.1(a)显示初始温度场，(b)显示温度场随时间的变化，可以看出在经历 500 年后只在数值上才略有改变，但顶部冷、底部热的格局仍不改变，说明温度场的变化缓慢，要经过很长时间才能产生温度的变化.

图 9.11.2(a)显示初始压力场，(b)显示压力场经过 500 年后的分布与变化，地壳和地幔的压力值均随时间而增加；在同一层内压力值统一；下地幔的压力比岩石层底部的压力高两个数量级.

图 9.11.3(a)显示亚洲大陆及其地幔 x 方向的初始速度场，(b)显示在经历 500 年后该区域的速度场.以地表南北向为例，从北到南其 x 方向的速度值变小：在最北端 x 方向速度最大，向南 x 方向速度逐渐变小，到最南端其数值最小，已变为负值；同一深度 x 方向的速度值可以相差 3 个数量级；同一纬度 x 方向的速度值沿深度从内到外变大，可以相差半个数量级；各处均随时间变大，但不超过一个数量级.

计算还表明 y 方向速度场在经历 500 年后，从南向北却逐渐减小，到最北端 y 方向速度最小；同一纬度 y 方向速度值沿深度亦减小，但它随时间减小得更快.

整个亚洲大陆的 z 方向速度场在经历 500 年后速度值比沿 x，y 方向速度值在大小上均小一个数量级，其南部为正、北部为负，中纬度地区为正负分界区，表明南部向北运动、北部向南运动，这可能是印度洋板块向北运动造成喜马拉雅隆起以及在中亚及中国西部产生一系列地震、在印度洋北部产生大地震引发大海啸的原因；其负值区的范围比 y 速度场的负值区大；同一纬度 z 方向速度沿深度减小；南、中、北各地区各处 z 方向速度绝对值都随时间增大.

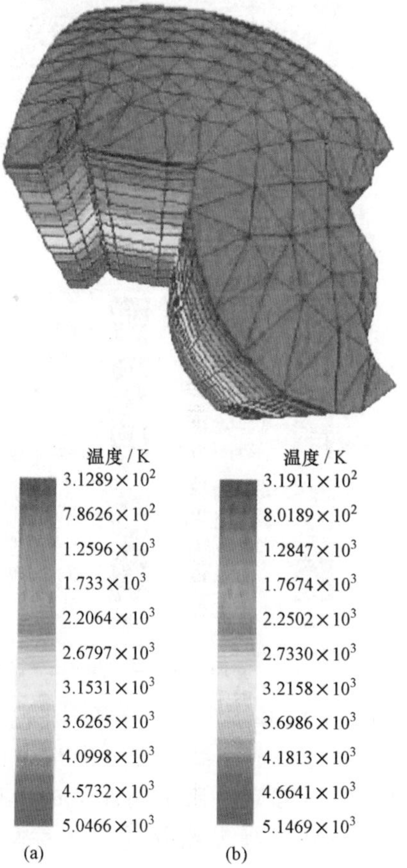

图 9.11.1 亚洲大陆及其地幔温度 T 场

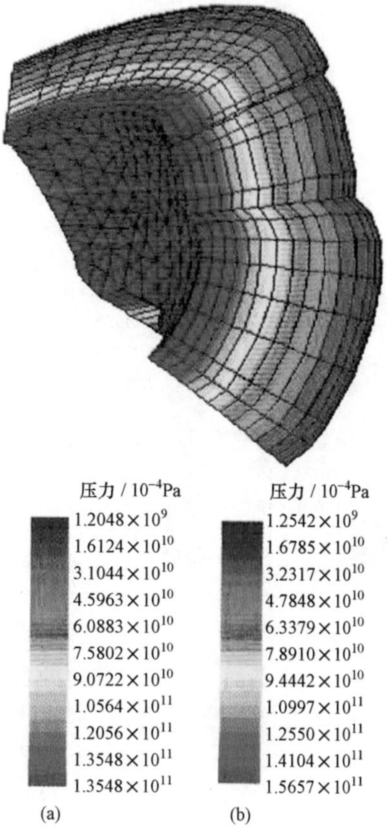

图 9.11.2 亚洲大陆及其地幔压力 p 场

图 9.11.4(a)显示的是亚洲大陆的地表和地幔的初始正应力 σ_{zz} 场，(b)显示的是开始计算后 500 年时的正应力 σ_{zz} 场. 在地表，法向为 z 方向的平面上，其 z 方向正应力均为 0，在其下它们均为负；在核幔边界，其正应力 σ_{zz} 绝对值可达10^7 Pa 量级；从地表到核幔边界正应力 σ_{zz} 的绝对值随深度成层增加，可增加一个数量级；在同样深度，它亦随时间增加.

应力张量中其他 5 个应力即 σ_{xx}，σ_{yy}，τ_{xy}，τ_{yz}，τ_{zx} 没有用图表示出来.

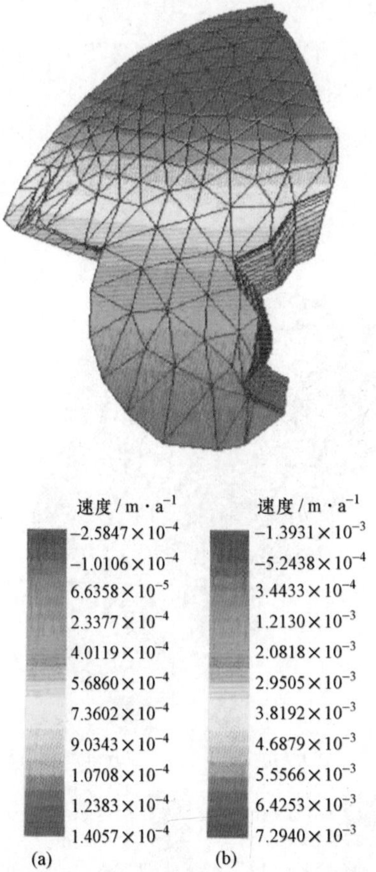

图 9.11.3　亚洲大陆及其地幔 x 方向速度场

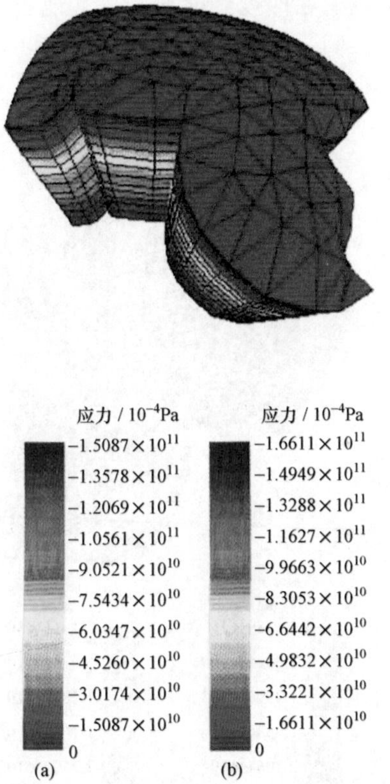

图 9.11.4　亚洲大陆及其地幔 σ_z 正应力场

在法向为 x 的平面上，沿 y 方向的剪应力 τ_{xy} 沿深度基本上成层分布. 在地壳处剪应力 τ_{xy} 是负的，在地幔处剪应力 τ_{xy} 基本上是正的；在同一个经纬度点处剪应力随深度变大；在印度与亚洲大陆碰撞带处，同一层的西侧面上的剪应力比东侧面上的可以大两个数量级；而在福建到广东沿海地区，剪应力 τ_{xy} 从地表到核幔边界沿深度经历从小变大再变小的过程.

在法向为 x 的平面上，沿 z 方向的剪应力 τ_{xz} 沿深度基本也成层分布，从地表到核幔边界剪应力 τ_{xz} 沿深度经历从小变大过程. 在地壳处剪应力 τ_{xz} 是负的，在地幔处剪应力 τ_{xz} 是正的；它沿深度基本也成层分布，在同一层内其数值也可以相差两个数量级，在同一个经纬度点处剪应力随深度变大，在核幔边界处东北角的 τ_{xz} 值比其他地方的值要小一个数量级；在印度与亚洲大陆碰撞带西侧面上的剪应力 τ_{xz} 最大.

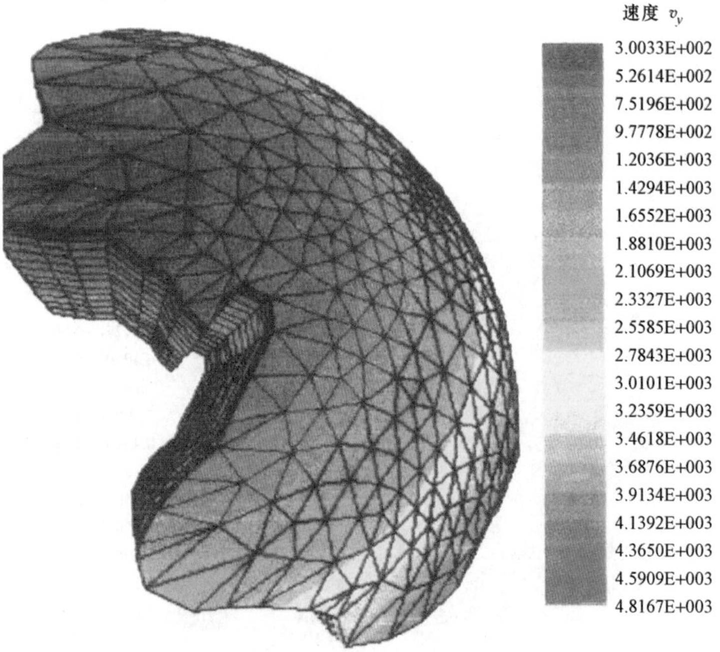

图 9.11.5 计算开始后 500 年太平洋板块的速度 v_y 场的变化

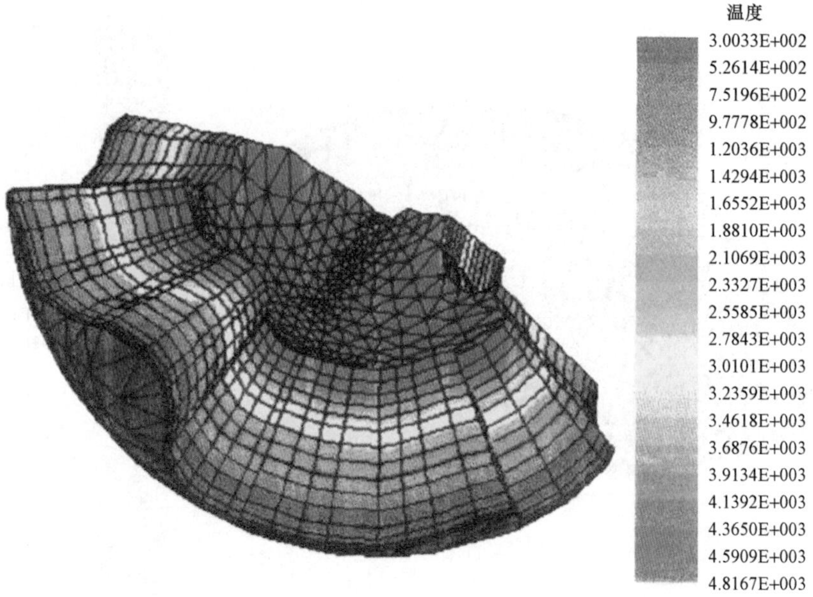

图 9.11.6 计算开始后 500 年太平洋板块的温度 T 场的变化

2. 计算开始后 500 年非洲板块的剪应力 τ_{xz} 场及温度 T 场的变化.

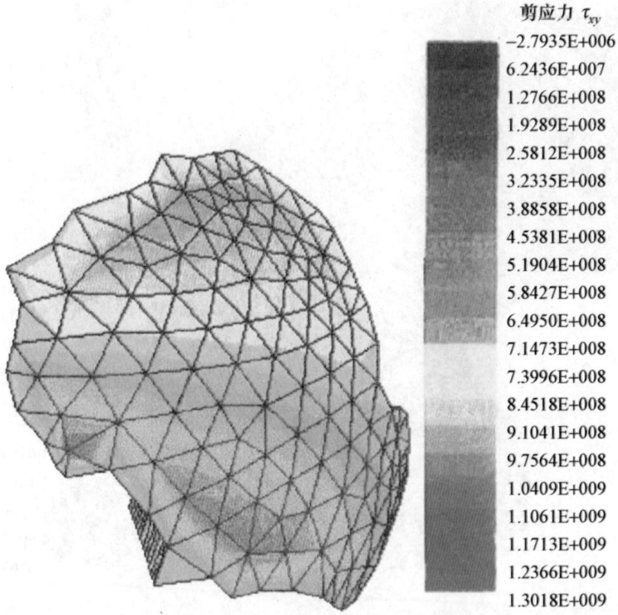

图 9.11.7　计算开始后 500 年非洲板块及其地幔的剪应力 τ_{xy} 场的变化

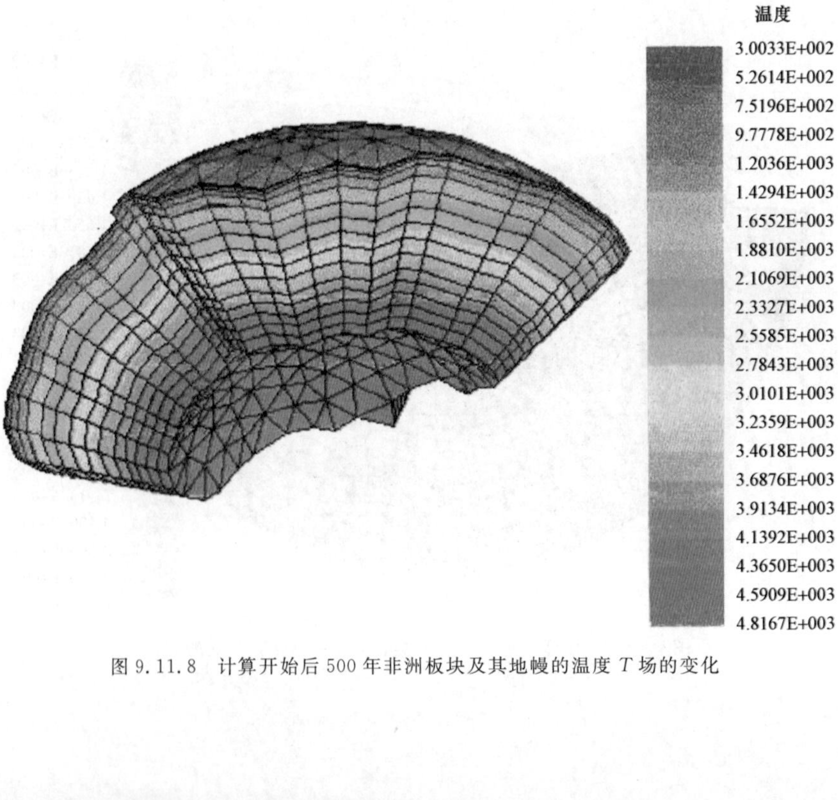

图 9.11.8　计算开始后 500 年非洲板块及其地幔的温度 T 场的变化

3．计算开始后 500 年南极大陆及其地幔的温度 T 场、速度 v_x 场、剪应力 τ_{xz} 场及正应力 σ_{zz} 场的变化，参见图 9.11.9—9.11.12.

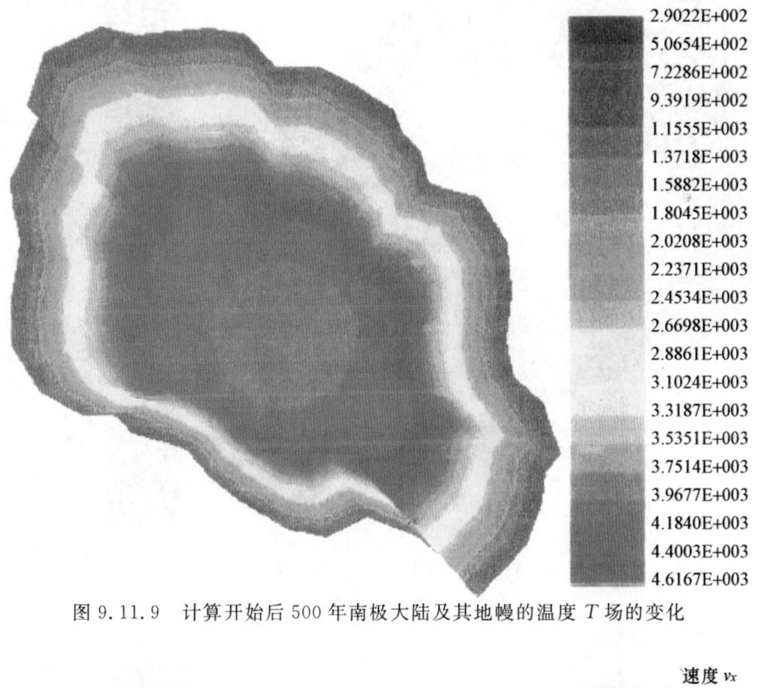

图 9.11.9 计算开始后 500 年南极大陆及其地幔的温度 T 场的变化

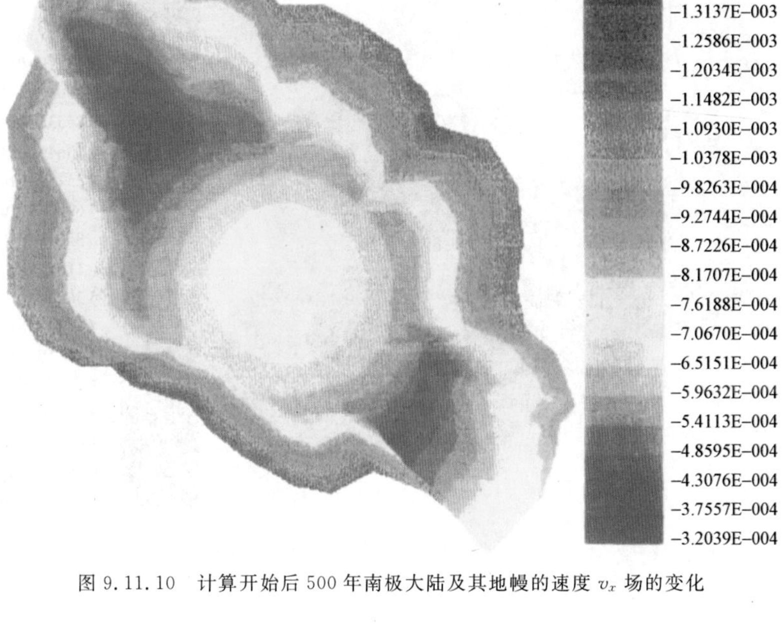

图 9.11.10 计算开始后 500 年南极大陆及其地幔的速度 v_x 场的变化

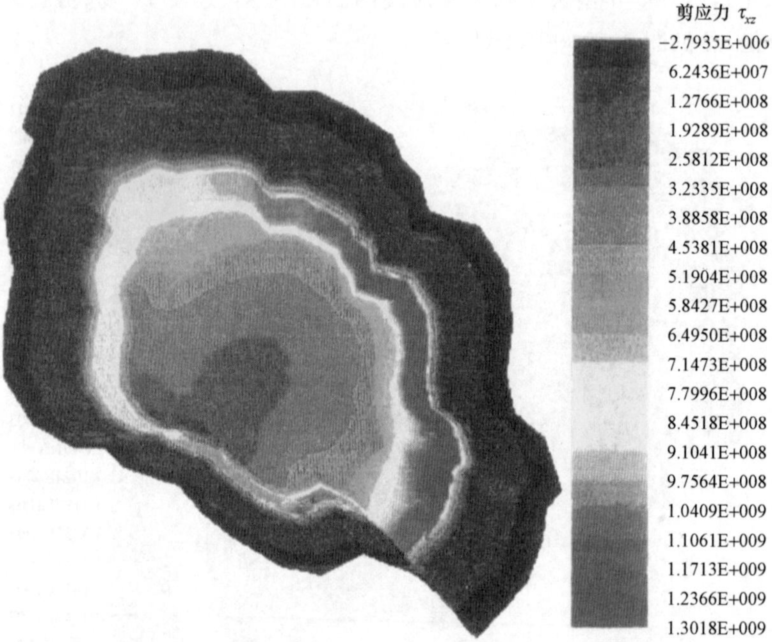

图 9.11.11　计算开始后 500 年南极大陆及其地幔的剪应力 τ_{xz} 场的变化

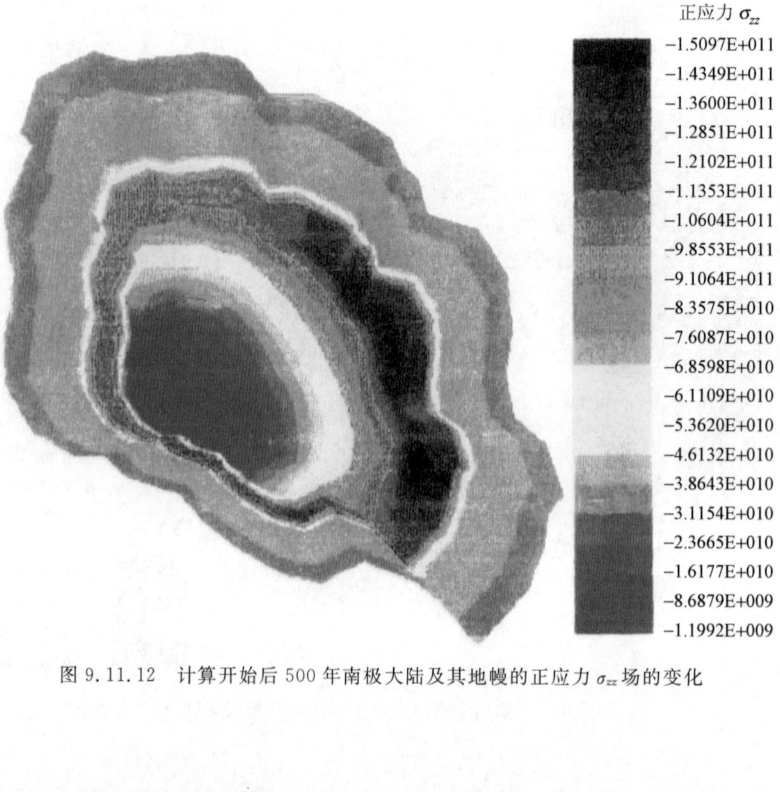

图 9.11.12　计算开始后 500 年南极大陆及其地幔的正应力 σ_{zz} 场的变化

4. 计算开始后 500 年南极板块的温度 T 场、速度 v_x 场、剪应力 τ_{xz} 场及正应力 σ_{zz} 场的变化.

5. 计算开始后 500 年澳大利亚板块的速度 v_x 场和正应力 σ_{yy} 场的变化.

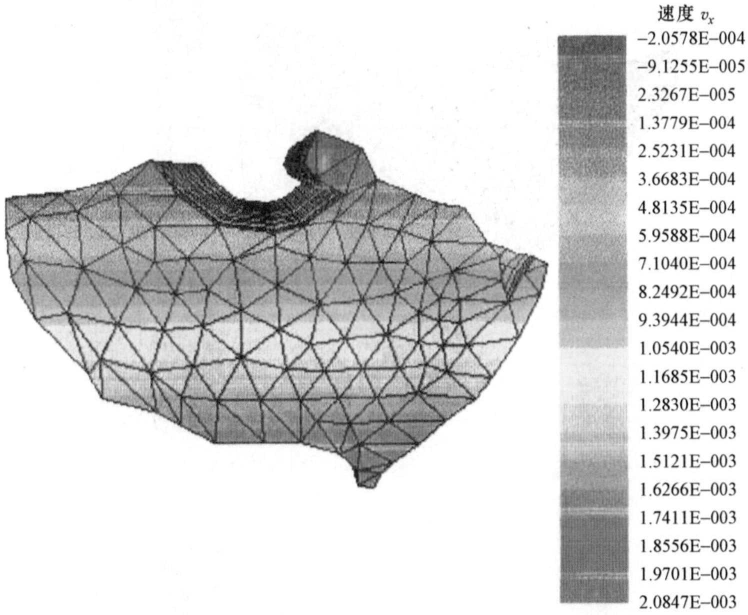

图 9.11.13 计算开始后 500 年澳大利亚板块的速度 v_x 场的变化

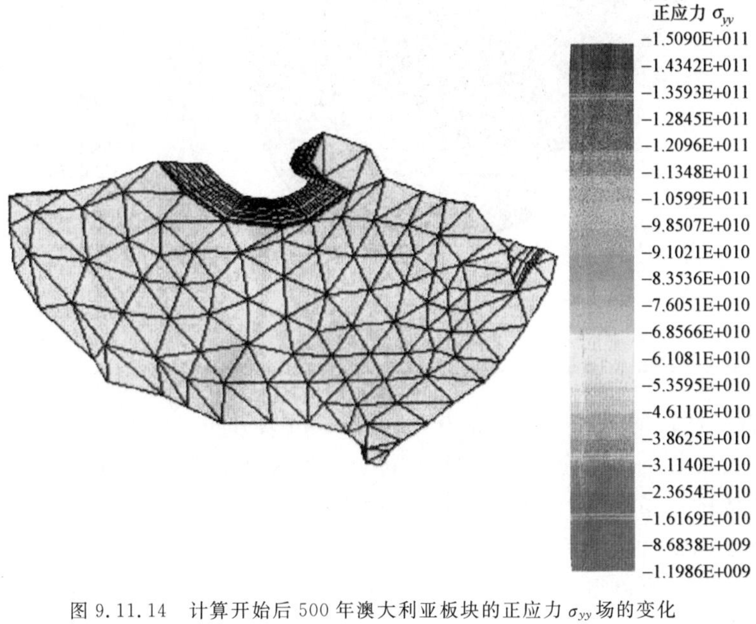

图 9.11.14 计算开始后 500 年澳大利亚板块的正应力 σ_{yy} 场的变化

6. 计算开始后500年北美板块的速度 v_x 场、压力 p 场的变化：

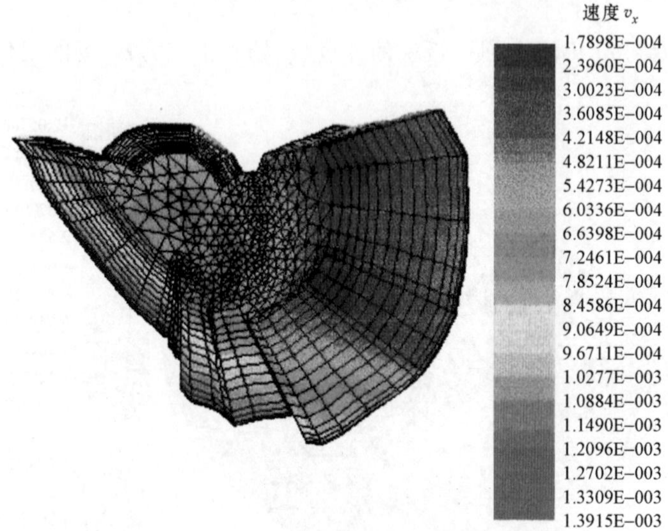

图9.11.15　计算开始后500年北美板块及其地幔的速度 v_x 场的变化

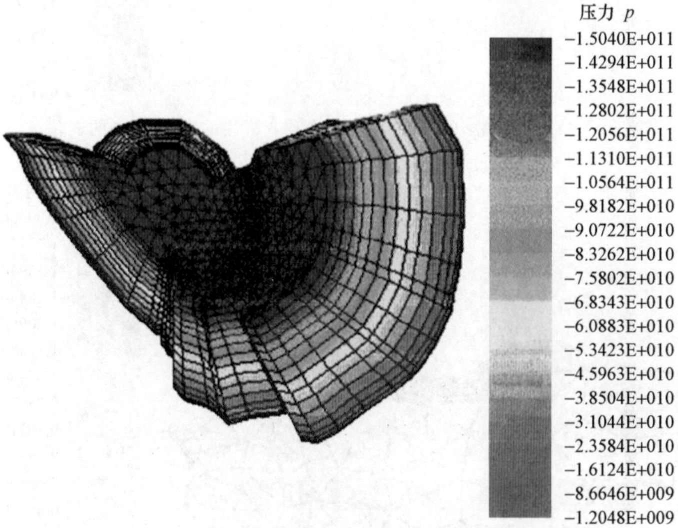

图9.11.16　计算开始后500年北美板块及其地幔的压力 p 场的变化

7. 各个板块周边的温度、速度、压力、应变率和应力分布.

在全球并行计算的每一个时间区间，在每个子区域算得其内部温度、速度、压力的同时还能得到其边界的 Lagrange 乘子，这些乘子代表此板块边界节点的温度、速度、压力分布. 在分别计算板块内部的应变率及应力后，还可以分别得到板块边界的应变率及应力分布. 通过 Lagrange 乘子，可以得到板块与板块间的温度、压力、速度、应变率和应力的相互作用.

因篇幅所限,此处没有用图表示出来.

六、结论

1. 用 LMDDA 算法和 LMDDM 算法在并行机上进行海量并行计算是可行的,可以先分块并行计算板间的速度、压力、温度,进而再并行计算应变和应力,同时还可以算得板间的作用力.

2. 在短时间内,温度、压力都是成层分布;速度除去沿纬度呈线性分布(北面速度大、南面速度小)外,还沿深度呈线性分布(表层速度大、底层速度小);正应力 σ_{yy} 和 σ_{zz} 随深度成层分布,剪应力 τ_{xy},τ_{xz} 沿深度亦成层分布,但在同一层内却有 1～2 个数量级的变化.

3. 本节仅限于方法的探讨,真正的地学问题研究尚须更密的网格、更长的机时以及更多的计算.

该研究使用的所有程序都是在清华大学网络中心 SP-2 并行机上编写的,计算是在国家智能计算中心曙光 2000 并行计算机上进行的.

参考文献

[1] 斯略斯金 H A. 不可压缩黏滞流体动力学. 北京：高等教育出版社，1958.

[2] 基利夫斯基 H A. 张量计算初步及其在力学上的应用. 北京：高等教育出版社，1959.

[3] Anderson D L. Theory of the Earth. BLACKWELL SCIENTIFIC PUBLICATIONS, Seismological Laboratory Califonia Institute of Technology Pasagena California.

[4] Turcotte D L, Schubert G. Geodynamics Applications of Continuum Physics to Geological Problems. John Wiley and Sons Inc, 1982：163—196，264—286.

[5] 李荫亭，关德相. 海底扩张的驱动机理. 中国科学，1979(3)：689—697，7.

[6] 孙荀英，刘激扬，王仁. 1976 年唐山地震震时和震后变形的模拟. 地球物理学报，1994，37(1)：45—55.

[7] 王仁，梁北援，孙荀英. 巷道大变形的黏性流体有限元分析. 力学学报，1985，17(2)：97—105.

[8] Wang Ren, Liang Beiyuan, Sun Xunying. A finite amplitude analysis of tunnel deformation by the finite element method with highly viscous fluid. Acta Mechanica Sinica, 1985-03, 1(1).

[9] 王仁，吴海青，孙荀英. 用黏弹性流体有限元方法反演计算巷道大变形问题. 大自然探索，1986，5(16)：2，27—32.

[10] 孙荀英，王仁，王其允. 海沟后退对地幔对流的影响. 地球物理学报，1994，37(6)：738—748.

[11] 崔晓军. 地球岩浆海固化过程的数值模拟[学位论文]. 北京：北京大学，1997.

[12] Sun Xunying, Han Lijie. 3-D Spherical Shell Modeling of Mantle Flow and Its Implication for Tectogenesis. PAGEOPH, 1995, 145(3, 4)：523—536.

[13] 韩立杰，孙荀英. 三维球壳地幔流动形式探讨. 地球物理学报，1996，39：84—94.

[14] 韩立杰. 三维球壳地幔流动与板块构造运动过程有限元数值模拟[学位论文]. 北京：北京大学，1997.

[15] 孙荀英，韩立杰. 全球造山、造洋和造岛弧作用动力机制的三维球壳数值模拟. 中国图象图形学报，1999，4：161—165.

[16] 孙荀英，张怀. 东亚大陆下的地幔流动及其对东亚的作用力//白以龙，杨卫. 力学 2000. 北京：气象出版社，2000：388—391.

[17] 孙荀英，张怀，梁国平. 亚洲大陆下的地幔流动及其对亚洲地壳的作用力. 地震学报，2002，24(3)：225—230.

[18] Sun Xunying, Zhang Huai, Liang Guoping. Mantle flow beneath the Asian continent and its force to the crust. Acta Seismologica Sinica, 2002, 15(3)：241—246.

[19] 王梓坤. 常用数学公式大全. 重庆：重庆出版社，1991：5，8，505—517.